预拌混凝土
试验检测与质量控制

主　编　王守宪　崔洪涛

副主编　王敏敏

编　委　王龙志　王文奎　沈文忠

四川大学出版社
SICHUAN UNIVERSITY PRESS

图书在版编目（CIP）数据

预拌混凝土试验检测与质量控制 / 王守宪，崔洪涛
主编 . 一 成都：四川大学出版社，2022.7
ISBN 978-7-5690-5568-9

Ⅰ . ①预⋯ Ⅱ . ①王⋯ ②崔⋯ Ⅲ . ①预搅拌混凝土
—试验—检测②预搅拌混凝土—质量控制 Ⅳ .
① TU528.52

中国版本图书馆 CIP 数据核字（2022）第 119152 号

书　　名：	预拌混凝土试验检测与质量控制
	Yuban Hunningtu Shiyan Jiance yu Zhiliang Kongzhi
主　　编：	王守宪　　崔洪涛
选题策划：	梁　平
责任编辑：	梁　平
责任校对：	傅　奕
装帧设计：	璞信文化
责任印制：	王　炜
出版发行：	四川大学出版社有限责任公司
地址：	成都市一环路南一段 24 号（610065）
电话：	（028）85408311（发行部）、85400276（总编室）
电子邮箱：	scupress@vip.163.com
网址：	https://press.scu.edu.cn
印前制作：	四川胜翔数码印务设计有限公司
印刷装订：	成都新恒川印务有限公司
成品尺寸：	185 mm×260 mm
印　　张：	24.5
字　　数：	596 千字
版　　次：	2022 年 7 月 第 1 版
印　　次：	2022 年 7 月 第 1 次印刷
定　　价：	148.00 元

本社图书如有印装质量问题，请联系发行部调换

四川大学出版社
微信公众号

前　言

　　预拌混凝土是现代建筑技术发展史上的重大进步，是建筑施工走向现代化的重要标志。预拌混凝土行业经过三十余年的蓬勃发展，市场竞争日趋激烈，工程应用单位对混凝土的性能和质量稳定性提出了更高要求。高性能混凝土、绿色建材及绿色混凝土生产等的快速发展对从业人员在原材料与产品质量控制、新材料合理使用、混凝土制备技术、工程质量问题的合理解决等方面也相应提出了更高要求。为规范预拌混凝土生产企业的质量管理，保证混凝土质量，提高混凝土行业的整体技术水平，我们组织人员编写了《预拌混凝土试验检测与质量控制》一书。本书根据行业的特点和需求，以提高相关人员混凝土实用技术为目标，对混凝土的基础知识，各种原材料的性能、技术指标、检验方法，混凝土力学性能、强度检验、配合比设计，混凝土常见质量问题的原因分析与处理以及冬期混凝土质量控制等都做了具体介绍。本书对预拌混凝土生产企业的广大技术人员具有较强实用性，也是一本建材检测技术人员和施工人员的实用参考读物。

　　本书共分 6 章，第 1 章介绍基础知识，第 2 章介绍预拌混凝土企业试验室的基本条件与管理，第 3 章介绍预拌混凝土原材料，第 4 章介绍混凝土性能及试验方法，第 5 章介绍普通混凝土配合比设计，第 6 章介绍预拌混凝土的质量控制。

　　本书在编写过程中参考了大量资料文献，得到了许多专家学者的指导和有关部门的支持，在此深表谢意。由于本书专业性强，涉及标准规范繁多，加之编者知识有限，书中难免存在疏漏和错误之处，恳请读者对本书提出宝贵意见，邮件可发送至 sdhnt@sohu.com。

编　者

目　　录

第1章 基础知识

1.1 常用术语和定义

1.1.1 混凝土工程常用术语

1. 预拌混凝土

在搅拌站（楼）生产的、通过运输设备送至使用地点的、交货时为拌合物的混凝土。

2. 普通混凝土

干表观密度为 2000~2800kg/m² 的混凝土。

3. 高强混凝土

强度等级不低于 C60 的混凝土。

4. 自密实混凝土

无须振捣，能够在自重作用下流动密实的混凝土。

5. 纤维混凝土

掺加钢纤维或合成纤维作为增强材料的混凝土。

6. 轻骨料混凝土

用轻粗骨料、轻砂或普通砂等配制的干表观密度不大于 1950kg/m² 的混凝土。

7. 重混凝土

用重晶石等重骨料配制的干表观密度大于 2800kg/m² 的混凝土。

8. 再生骨料混凝土

全部或部分采用再生骨料作为骨料配制的混凝土。

9. 交货地点

供需双方在合同中确定的交接预拌混凝土的地点。

10. 出厂检验

在预拌混凝土出厂前对其质量进行的检验。

11. 交货检验

在交货地点对预拌混凝土质量进行的检验。

12. 混凝土结构

以混凝土为主制成的结构，包括素混凝土结构、钢筋混凝土结构和预应力混凝土结构，按施工方法可分为现浇混凝土结构和装配式混凝土结构。

13. 现浇混凝土结构

在现场原位支模并整体浇筑而成的混凝土结构，简称现浇结构。

14. 装配式混凝土结构

由预制混凝土构件或部件装配、连接而成的混凝土结构，简称装配式结构。

15. 叠合构件

由预制混凝土构件（或既有混凝土结构构件）和后浇混凝土组成，以两阶段成型的整体受力结构构件。

16. 混凝土工作性

在一定施工条件下，便于施工操作且能保证获得均匀密实的混凝土，混凝土拌合物应具备的性能，主要包括流动性、黏聚性和保水性。

17. 施工缝

因设计要求或施工需要分段浇筑而在先、后浇筑的混凝土之间所形成的接缝。

18. 后浇带

考虑环境温度变化、混凝土收缩、结构不均匀沉降等因素，将梁、板（包括基础底板）、墙划分为若干部分，经过一定时间后再浇筑的具有一定宽度的混凝土带。

19. 缺陷

混凝土结构施工质量不符合规定要求的检验项或检验点，按其程度可分为严重缺陷和一般缺陷。

20. 严重缺陷

对结构构件的受力性能、耐久性能或安装、使用功能有决定性影响的缺陷。

21. 一般缺陷

对结构构件的受力性能、耐久性能或安装、使用功能无决定性影响的缺陷。

22. 检验

对被检验项目的特征、性能进行量测、检查、试验等，并将结果与标准规定的要求进行比较，以确定项目每项性能是否合格的活动。

23. 检验批

按相同条件生产或规定的方式汇总起来供抽样检验用的、由一定数量样本组成的检验体。

24. 进场验收

对进入施工现场的材料、构配件、器具及半成品等，按有关标准的要求进行检验，并对其质量达到合格与否做出确认的过程。主要包括外观检查、质量证明文件检查、抽样检验等。

25. 结构性能检验

针对结构构件的承载力、挠度、裂缝控制性能等各项指标所进行的检验。

26. 结构实体检验

在结构实体上抽取试样，在现场进行检验或送至有相应检测资质的检测结构进行的检验。

27. 质量证明文件

随同进场材料、构配件、器具及半成品等一同提供用于证明其质量状况的有效文件。

1.1.2　试验检测常用术语

1. 工程质量检测

按照相关规定的要求，采用试验、检测等技术手段确定建设工程的建筑材料、工程实体质量特性的活动。

2. 工程质量检测机构

具有法人资格，并取得相应资质，对社会出具工程质量检测数据或检测结论的机构。

3. 见证人员

具有相关检测专业知识，受建设单位或监理单位委派，对检测试件的取样、制作、送检及现场工程实体检测过程进行真实性、规范性见证的技术人员。

4. 见证取样

在见证人员的见证下，由取样单位的取样人员，对工程中涉及结构安全的试块、试件和建筑材料在现场进行取样、制作，并送至有资格的检测单位进行检测的活动。

5. 见证检测

在见证人员的见证下，检测机构现场测试的活动。

6. 鉴定检测

为建设工程结构性能可靠性鉴定（包括安全性鉴定和正常使用性鉴定）提供技术评估依据进行测试的活动。

7. 第三方检测机构

第三方检测机构又称公正检验，指两个相互联系的主体之外的某个客体，我们把它叫作第三方。第三方可以和两个主体有联系，也可以独立于两个主体之外。第三方检测是指由处于买卖利益之外的第三方（如专职监督检验机构），以公正、权威的当事人身份，根据有关法律、标准或合同所进行的检验活动。

8. 质量体系

质量体系是指为了实施质量管理所需的组织结构、程序、过程和资源。

9. 质量管理

质量管理是指确定质量方针、目标和职责，并通过质量体系中的质量策划、质量控制、质量保证和质量改进来使其实现全部管理职能的所有活动。

10. 文件受控

文件受控是为保证使用的各种文件现行有效，对文件的编制、审核、标识、发放、保管、修订等各个环节实施控制和管理。

11. 期间核查

期间核查是指根据规定程序，为了确定计量标准、标准物质或测量仪器是否保持原有状态而进行的操作。

12. 测量仪器（计量器具）的检定

测量仪器（计量器具）的检定是指查明和确认测量仪器符合法定要求的活动，它包括检查、加标记和出具检定证书。

13. 计量检定规程

计量检定规程是指为评定计量器具的计量特性，规定了计量性能、法制计量控制要求、检定条件和检定的方法以及检定周期等内容，并对计量器具作出合格与否的判定的计量技术法规。

14. 计量确认

计量确认是指为保证测量设备处于满足预期使用要求的状态所需要的一组操作。

15. 准确度等级

准确度等级是在规定工作条件下，符合规定的计量要求，使测量误差或仪器不确定度保持在规定极限内的测量仪器或测量系统的等级或级别。

注：（1）准确度等级通常约定采用数字或符号表示。

（2）准确度等级也适用于实物量具。

16. 计量溯源性

计量溯源性是指通过文件规定的不间断的校准链，测得结果与参照对象联系起来的特性，校准链中的每项校准均会引入测量不确定度。

17. 测量重复性

测量重复性简称重复性，在一组重复性测量条件下的测量精密度。

18. 重复性测量条件

重复性测量条件简称重复性条件，包括相同的测量程序、相同的操作者、相同的操作条件和相同的地点，并在短时间内对同一或类似被测对象重复测量的一组测量条件。

19. 复现性测量条件

复现性测量条件简称复现性条件，是指不同地点、不同操作者、不同测量系统，对同一或相类似被测对象重复测量的一组测量条件。

1.2　工程材料的组成、结构与基本性能

材料的组成和材料的结构是了解材料、认识材料的基础，是影响材料物理性质、力学性能、耐久性能的重要因素。本节从材料组成和结构的基本概念出发，进一步介绍材料相关的其他性能，以更好地认识材料。

1.2.1　组成与结构

1. 组成

材料的组成包括化学组成、矿物组成和相组成，三者从不同角度分析材料的构成。

(1) 化学组成是指构成材料的化学元素及化合物的种类和数量。

(2) 将无机非金属材料中具有特定的晶体结构、特定的物理力学性能的组成结构称为矿物。矿物组成是指构成材料的矿物的种类和数量。例如水泥熟料的矿物组成为：$3CaO \cdot SiO_2$ 37%～60%、$2CaO \cdot SiO_2$ 15%～37%、$3CaO \cdot Al_2O_3$ 7%～15%、$4CaO \cdot Al_2O_3 \cdot Fe_2O_3$ 10%～18%，若其中硅酸三钙（$3CaO \cdot SiO_2$）含量高，则水泥硬化速度较快，强度较高。

(3) 材料中具有相同物理、化学性质的均匀部分称为相。自然界中的物质可分为气相、液相和固相。建筑材料大多数是多相固体。

2. 结构

组成材料的基本元素，通过不同的存在形态、构成方式组成了材料的微观、细观、宏观结构。

(1) 微观结构是指原子分子层次的结构。可用电子显微镜或 X 射线来分析研究该层次上的结构特征。微观结构的尺寸范围在 10^{-6}～10^{-10} m。在微观结构层次上，材料可分为晶体、玻璃体、胶体。

(2) 细观结构（原称亚微观结构）是指用光学显微镜所能观察到的材料结构。其尺寸范围在 10^{-3}～10^{-6} m。如对天然岩石可分为矿物、晶体颗粒、非晶体组织，对钢铁可分为铁素体、渗碳体、珠光体。

(3) 建筑材料的宏观结构是指用肉眼或放大镜能够分辨的粗大组织。其尺寸在 10^{-3} m 级以上。按其孔隙特征可分为：致密结构、多孔结构、微孔结构。按存在状态或构造特征分为：堆聚结构、纤维结构、层状结构、散粒结构。

1.2.2　基本物理性能

物理性能是材料最直观、最基础的性质，是认识材料其他性质的前提。

1. 密度、表观密度与堆积密度

（1）密度（俗称比重）是指材料在绝对密实状态下，单位体积的质量，按下式计算：

$$\rho = \frac{m}{V} \tag{1.2-1}$$

式中：ρ——密度，kg/m^3；

$\quad\quad m$——材料的质量，kg；

$\quad\quad V$——材料在绝对密实状态下的体积，m^3。

在测定有孔隙材料的密度时，应把材料磨成细粉，干燥后，用李氏瓶测定其密实体积。

在测量某些致密材料（如卵石等）的密度时，直接以块状材料为试样，以排液置换法测量其体积，材料中部分与外部不连通的封闭孔隙无法排除，这时所求得的密度称为近似密度（ρ_a）。

（2）表观密度（俗称容重）是指材料在自然状态下单位体积的质量，按下式计算：

$$\rho_0 = \frac{m}{V_0} \tag{1.2-2}$$

式中：ρ_0——表观密度，kg/m^3；

$\quad\quad m$——材料的质量，kg；

$\quad\quad V_0$——材料在自然状态下的体积或称表观体积，m^3。

在烘干状态下的表观密度，称为干表观密度。

（3）堆积密度（俗称松散容重）是指粉状或粒状材料在堆积状态下单位体积的质量，按下式计算：

$$\rho_0' = \frac{m}{V_0'} \tag{1.2-3}$$

式中：ρ_0'——堆积密度，kg/m^3；

$\quad\quad m$——材料的质量，kg；

$\quad\quad V_0'$——材料的堆积体积，m^3。

2. 密实度与孔隙率

（1）密实度是指材料体积内被固体物质充实的程度，按下式计算：

$$D = \frac{V}{V_0} \times 100\% \tag{1.2-4}$$

或

$$D = \frac{\rho_0}{\rho} \times 100\% \tag{1.2-5}$$

（2）孔隙率是指材料体积内，孔隙体积所占的比例，按下式计算：

$$P = \left(\frac{V_0 - V}{V_0}\right) \times 100\% = \left(1 - \frac{V}{V_0}\right) \times 100\% = \left(1 - \frac{\rho_0}{\rho}\right) \times 100\% \tag{1.2-6}$$

由密实度和孔隙率表达式可知：$D + P = 1$ 或 密实度＋孔隙率＝1。

材料内部孔隙的构造，可分为连通的与封闭的两种。孔隙按尺寸大小又分为极微细孔隙、细小孔隙和较粗孔隙。孔隙的大小及其分布对材料的性能影响较大。

3. 填充率与空隙率

(1) 填充率是指散粒材料在某堆积体积中，被其颗粒填充的程度，按下式计算：

$$D' = \frac{V_0}{V_0'} \times 100\% \tag{1.2-7}$$

或

$$D' = \frac{\rho_0'}{\rho_0} \times 100\% \tag{1.2-8}$$

(2) 空隙率是指散粒材料在某堆积体积中，颗粒之间的空隙体积所占的比例，按下式计算：

$$P' = \left(\frac{V_0' - V_0}{V_0'}\right) \times 100\% = \left(1 - \frac{V_0}{V_0'}\right) \times 100\% = \left(1 - \frac{\rho_0'}{\rho_0}\right) \times 100\% \tag{1.2-9}$$

空隙率的大小反映了散粒材料的颗粒互相填充的致密程度。空隙率可作为控制混凝土骨料级配与计算含砂率的依据。

4. 亲水性与憎水性

润湿是水被材料表面吸附的过程。

当水与材料在空气中接触时，将出现图 1.2-1 (a) 或 (b) 的情况，在材料、水和空气的交界处，沿水滴表面的切线与水和固体接触面所成的夹角（润湿边角）愈小，浸润性愈好。

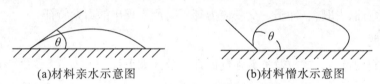

(a)材料亲水示意图　　　　　　　(b)材料憎水示意图

图 1.2-1　材料亲水与憎水示意图

如果润湿边角 θ 为零，则表示该材料完全被水浸润。

当润湿边角 $\theta \leqslant 90°$ 时，如图 1.2-1 (a) 所示，水分子之间的内聚力小于水分子与材料分子间的相互吸引力，此种材料称为亲水性材料。

当 $\theta > 90°$ 时，如图 1.2-1 (b) 所示，水分子之间的内聚力大于水分子与材料分子间的吸引力，则材料表面不会被浸润，此种材料称为憎水性材料。

这一概念也可应用到其他液体对固体材料的浸润情况，相应地称为亲液性材料或憎液性材料。

5. 吸水性

材料在水中吸收水分的性质称为吸水性。吸水性的大小常以吸水率表示，可用质量吸水率和体积吸水率来表示。

(1) 质量吸水率是指材料吸水饱和时，所吸水的质量占材料干燥质量的百分率。质量吸水率计算公式如下：

$$W_m = \frac{m_b - m_g}{m_g} \times 100\% \tag{1.2-10}$$

式中：W_m——材料的质量吸水率，%；

      m_b——材料在吸水饱和状态下和质量，kg；

      m_g——材料在干燥状态下的质量，kg。

（2）体积吸水率是指材料吸水饱和时，所吸水分体积占材料干燥体积的百分率。体积吸水率计算公式如下：

$$W_v = \frac{m_b - m_g}{V_0 \rho_w} \times 100\%$$ （1.2—11）

式中：W_v——材料的体积吸水率，%；

      V_0——干燥材料在自然状态下的体积，m^3；

      ρ_w——水的密度（kg/m^3），在常温下取 $\rho_w = 1000kg/m^3$。

质量吸水率与体积吸水率存在下列关系：

$$W_v = \frac{W_m \rho_0}{1000}$$ （1.2—12）

材料的吸水性与材料的孔隙率和孔隙特征有关。对于细微连通孔隙，孔隙率愈大，则吸水率愈大，闭口孔隙水分不能进去；而开口大孔虽然水分易进入，但不能存留，只能润湿孔壁，所以吸水率仍然较小。

1.2.3 基本力学性能

力学性能是指材料在不同环境（温度、介质、湿度）下，承受各种外加载荷（拉伸、压缩、弯曲、扭转、冲击、交变应力等）时所表现出的力学特征。

1. 强度

（1）材料的抗压、抗拉及抗剪强度的计算公式如下：

$$f = \frac{F_{\max}}{A}$$ （1.2—13）

式中：f——材料强度，MPa；

      $F_{\max}$——破坏时最大荷载，N；

      A——受力截面积，mm^2。

（2）矩形截面试件中点加载抗弯强度用下式计算：

$$f_m = \frac{3F_{\max}L}{2bh^2}$$ （1.2—14）

（3）三分点加载抗弯强度要用下式计算：

$$f_m = \frac{F_{\max}L}{bh^2}$$ （1.2—15）

式中：f_m——抗弯强度，MPa；

      $F_{\max}$——弯曲破坏时最大荷载，N；

      L——两支点的间距，mm；

      b、h——试件横截面的宽及高，mm。

一般孔隙率越大的材料强度越低，其强度与孔隙率具有近似直线的比例关系。砖、石材、混凝土和铸铁等材料的抗压强度较高，而其抗拉及抗弯强度很低。木材的抗拉强度高于抗压强度。钢材的抗拉、抗压强度都很高。因此，砖、石材、混凝土等多用于房屋的墙和基础。钢材则适用于做承受各种外力的构件。大部分建筑材料是根据其强度的大小，将材料划分为若干不同的等级（标号）。将建筑材料划分为若干等级，对掌握材料性质、合理选用材料、正确进行设计和控制工程质量都是非常重要的。

2. 弹性与塑性

材料在外力作用下产生变形，当外力取消后，能够完全恢复原来形状的性质称为弹性，这种完全恢复的变形称为弹性变形（或瞬时变形）。在外力作用下材料产生变形，如果取消外力，仍保持变形后的形状和尺寸，并且不产生裂缝的性质称为塑性，这种不能恢复的变形称为塑性变形（或永久变形）。单纯的弹性材料是没有的。建筑钢材在受力不大的情况下，表现为弹性变形，但受力超过一定限度后，则表现为塑性变形。混凝土在受力后，弹性变形及塑性变形同时产生。

1.2.4　基本耐久性能

耐久性是材料在长期使用过程中抵抗其自身及环境因素长期破坏作用，保持其原有性能而不变质、不破坏的能力。侵蚀破坏作用类型包括：物理作用、化学作用、生物作用。材料的耐久性是一项重要技术性质。材料的耐久性还具有明确的经济意义。从建筑技术发展度看，各国工程技术人员已达成共识，按耐久性进行工程设计取代按强度进行工程设计，更具有科学和实用性。

1. 抗渗性

材料抵抗压力水渗透的性质称为抗渗性，或称不透水性。材料的抗渗性通常用渗透系数表示：

$$K_s = \frac{Qd}{AtH} \tag{1.2-16}$$

式中：K_s——材料的渗透系数，cm/h；

　　　Q——渗透水量，cm^3；

　　　d——渗透的深度，cm；

　　　A——渗水面积，cm^2；

　　　t——渗水时间，h；

　　　H——静水压力水头，cm。

K_s 值愈大，表示材料渗透的水量愈多，即抗渗性愈差。

材料的抗渗性也可用抗渗等级表示。如 P4、P6、P8 等分别表示材料能承受 0.4、0.6、0.8MPa 的水压而不渗水。材料的抗渗性与其孔隙率和孔隙特征有关。抗渗性是决定材料耐久性的重要因素。在设计地下建筑、压力管道、容器等结构时，均需要求其所用材料具有一定的抗渗性能。抗渗性也是检验防水材料质量的重要指标。

2. 抗冻性

材料在水饱和状态下，能经受多次冻融循环作用而不破坏，也不严重降低强度的性质，称为材料的抗冻性。材料的抗冻性用抗冻等级表示。用符号"Fn"表示，其中 n 即为最大冻融循环次数，如 F25、F50 等，材料抗冻等级的选择，是根据结构物的种类、使用条件、气候条件等来决定的。材料受冻融破坏主要是其孔隙中的水结冰所致（水结冰时体积增大约 9%）。材料的抗冻性取决于其孔隙率、孔隙特征及充水程度。材料的变形能力大、强度高、软化系数大时，其抗冻性较高。一般认为软化系数小于 0.80 的材料，其抗冻性较差。抗冻性良好的材料，对于抵抗大气温度变化、干湿交替等风化作用的能力较强。所以抗冻性常作为考查材料耐久性的一项指标。

提高耐久性的措施：

（1）提高材料本身的密实度，改变材料的孔隙构造；

（2）降低湿度，排除侵蚀性物质；

（3）适当改变成分，进行憎水处理，防腐处理；

（4）做保护层，如抹灰、刷涂料。

1.3　测量误差

由于存在一些不可避免对测量有影响的原因，测量结果中存在误差。误差的准确值、总体标准差都是未知的，但可以通过重复条件或复现条件下的有限次数测量列的统计计算或其他非统计方法得出它们的评定值。

计算得到的误差和（或）已确定的系统误差，应尽量消除或对结果进行修正。无法修正的部分，在测量不确定度评定中作为随机误差处理。

1.3.1　测量误差的种类

测量误差是指测量结果与被测量真值之差。它既可用绝对误差表示，也可以用相对误差表示。按其产生的特点，可分为系统误差、随机误差和粗大误差。

1. 系统误差

其指在同一被测量的多次测量过程中，保持恒定或以可预知方式变化的测量误差的分量。按其变化规律可分为两类：

（1）固定值的系统误差。其值（包括正负号）恒定，如采用天平称重中标准砝码误差所引起的测量误差分量。

（2）随条件变化的系统误差。其值以确定的，并通常是已知的规律随某些测量条件变化，如随温度周期变化引起的温度附加误差。

2. 随机误差

其指在同一量的多次测量过程中，以不可预知方式变化的测量误差分量。它引起对同一量的测量列中各次测量结果之间的差异，常用标准差表征。对标准差以及系统误差中不可掌握的部分的估计，是测量不确定度评定的主要对象。

3. 粗大误差

其指明显超出规定条件下预期的误差。它是统计的异常值，测量结果带有的粗大误差应按一定规则剔除。

1.3.2　测量误差的来源

引起误差的原因通常可分为：

（1）装置（包括计量器具）的基本误差；

（2）在非标准工作条件下所增加的附加误差；

（3）所用测量原理以及根据该原理在实施测量中的运用和实际操作的不完善引起的方法误差；

（4）在标准工作条件下，被测量值随时间的变化；

（5）被测量因影响量变化引起的变化；

（6）与观测人员有关的误差因素。

1.4　数值修约

1.4.1　术语和定义

1. 数值修约

其指通过省略原数值的最后若干数字，调整所保留的末位数字，使最后所得到的值最接近原数值的过程。经数值修约后的数值称为（原数值的）修约值。

2. 修约间隔

修约值的最小数值单位。修约间隔的数值一经确定，修约值即应为该数值的整数倍。

例1：如指定修约间隔为0.1，修约值应在0.1的整数倍中选取；相当于将数值修约到一位小数。

例2：如指定修约间隔为100，修约值应在100的整数倍中选取；相当于将数值修约到"百"数位。

1.4.2　数值修约规则

1. 确定修约间隔

（1）指定修约间隔为10^{-n}（n为正整数），或指明将数值修约到n位小数；

（2）指定修约间隔为1，或指明将数值修约到"1"数位；

（3）指定修约间隔为10^n（n为正整数），或指明将数值修约到10^n数位，或指明将数值修约到"十""百""千"……数位。

2. 进舍规则

（1）拟舍弃数字的最左一位数字小于5，则舍去，保留其余各位数字不变。

例：将12.1498修约到个数位，得12；将12.1498修约到一位小数，得12.1。

（2）拟舍弃数字的最左一位数字大于5，则进1，即保留数字的末位数字加1。

例：将1268修约到"百"数位，得13×10^2（修约间隔明确时可写为1300）。

（3）拟舍弃数字的最后一位数字是5，且其后有非0数字时进1，即保留数字的末位数字加1。

例：将10.502修约到个数位，得11。

（4）拟舍弃数字的最左一位数字为5，且其后无数字或皆为0时，若所保留的末位数字为奇数（1，3，5，7，9）则进1，即保留数字的末位数字加1；若所保留的末位数字为偶数（2，4，6，8，0）则舍去。

例1：修约间隔为0.1（或10^{-1}）。

拟修约数值	修约值
1.050	10×10^{-1}（修约间隔明确时可写成为1.0）
0.350	4×10^{-1}（修约间隔明确时可写成为0.4）

例2：修约间隔为1000（或10^3）。

拟修约数值	修约值
2500	2×10^3（修约间隔明确时可写为2000）
3500	4×10^3（修约间隔明确时可写为4000）

（5）负数修约时，先将它的绝对值按（1）～（4）规定进行修约，然后在修约值前面加上负号。

例1：将下列数字修约到"十"数位。

拟修约数值	修约值
−355	-36×10（特定时可写为−360）
−325	-32×10（特定时可写为−320）

例2：将下列数字修约到三位小数，即修约间隔为10^{-3}。

拟修约数值	修约值
−0.0365	-36×10^{-3}（特定时可写为−0.036）

3. 不允许连续修约

（1）拟修约数字应在确定修约间隔或指定修约数位后一次修约获得结果，不得多次按进舍规则连续修约。

例1：修约97.46，修约间隔为1。

正确的做法：97.46→97；

不正确的做法：97.46→97.5→98。

例2：修约15.4546，修约间隔为1。

正确的做法：15.4546→15；

不正确的做法：15.4546→15.455→15.46→15.5→16。

（2）在具体实施中，有时测试与计算部门先将获得数值按指定的修约数位多一位或几位报出，而后由其他部门判定。为避免产生连续修约的错误，应按下述步骤进行。

①报出数值最右的非零数字为5时，应在数值右上角加"＋"或"－"或不加符号，分别表明已进行过舍进或未舍未进。

例：16.50（＋）表示实际值大于16.50，经修约舍弃成为16.50；16.50（－）表示实际值小于16.50，经修约进一成为16.50。

② 如对报出值需要进行修约，当拟舍弃数字的最左一位数字为5，且其后无数字或皆为零时，数值右上角有"＋"者进一，有"－"者舍去，其他仍按进舍的规则进行。

例：将下列数字修约到个数位（报出值多留一位至一位小数）。

实测值	报出值	修约值
15.4546	15.5（－）	15
16.5203	16.5（＋）	17
17.5000	17.5	18
−15.4546	−15.5（－）	−15
−16.5203	−16.5（＋）	−17

4. 0.5单位修约与0.2单位修约

在对数值进标行修约时，若有必要，也可采用0.5单位修约或0.2单位修约。

（1）0.5单位修约（半个单位修约）。

0.5单位修约是指定修约间隔对拟修约的数值0.5单位进行的修约。

0.5单位修约方法如下：将拟修约数值X乘以2，按指定修约间隔对$2X$依进舍规则修约，所得数值（$2X$修约值）再除以2。

例：将下列数字修约到"个"数位的0.5单位修约。

拟修约数值X	$2X$	$2X$修约值	X修约值
60.25	120.50	120	60.0
60.38	120.76	121	60.5
−60.75	−121.50	−122	−61.0
60.28	120.56	121	60.5

（2）0.2 单位修约。

0.2 单位修约是指按指定修约间隔对拟修约的数值，0.2 单位进行的修约。

0.2 单位修约方法如下：将拟修约数值 X 乘以 5，按指定修约间隔对 $5X$ 依进舍规则修约，所得数值（$5X$ 修约值）再除以 5。

例：将下列数字修约到"百"数位的 0.2 单位修约。

拟修约数值 X	$5X$	$5X$ 修约值	X 修约值
830	4150	4200	840
842	4210	4200	840
−930	−4650	−4600	−920
832	4160	4200	840

1.5　法定计量单位

试验检测记录和报告的量值必须使用法定计量单位。我国《计量法》规定："国家采用国际单位制。国际单位制计量单位和国家选定的其他计量单位，为国家法定计量单位。"就是说，国际单位制是我国法定计量单位的主体。

1.5.1　法定计量单位的构成

1. 国际单位制计量单位

（1）国际单位制的构成。

国际单位制以 SI 表示，经过多年的发展、完善，SI 已获得国际上广泛承认和接受。

国际单位制的构成如图 1.5−1 所示。

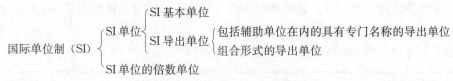

图 1.5−1　国际单位制构成示意图

（2）SI 基本单位。

要建立一种计量单位，首先要确定基本量，即约定的认为在函数上彼此独立的量。SI 选择了长度、质量、时间、电流、热力学温度、物质的量和发光强度等七个基本量，并给基本量规定了严格的定义。这些定义体现了现代科技发展水平，其量值能以高准确度复现出来。SI 基本单位是 SI 的基础，其名称和符号见表 1.5−1。

表 1.5－1　国际单位制的基本单位

量的名称	单位名称	单位符号
长度	米	m
质量	千克（公斤）	kg
时间	秒	s
电流	安［培］	A
热力学温度	开［尔文］	K
物质的量	摩［尔］	mol
发光强度	坎［德拉］	cd

注：①（ ）中的名称是它前面的名称的同义词。

②［ ］中的字在不致引起混淆、误解的情况下，可以省略，去掉方括号中的字即为其名称的简称；无方括号的量的名称与单位名称均为全称。

③本表中所称的符号，除特殊指明外，均指我国法定计量单位中所规定的符号以及国际符号。

④人们在生活和贸易中，习惯称质量为重量。

（3）SI 导出单位。

SI 导出单位遵从一贯性原则，通过比例因数为 1 的量的定义方程式，由 SI 基本单位导出，并由 SI 基本单位以代数形式表示的单位。导出单位是组合形式的单位，它们是由两个以上基本单位（或者以"1"作为单位）幂的乘积表示的。为了读写和实际应用方便，以及便于区分某些具有相同量纲和表达式的单位，历史上出现了一些具有专门名称的导出单位，被 SI 选用的共有 21 个，其中与工程有关的有 18 个，如表 1.5－2 所示。

表 1.5－2　具有专门名称的 SI 导出单位

量的名称	单位名称	单位符号	其他表示示例
［平面］角	弧度	rad	$1rad=1m/m=1$
立体角	球面度	sr	$1sr=1m^2/m^2=1$
频率	赫［兹］	Hz	s^{-1}
力；重力	牛［顿］	N	$kg \cdot m/s^2$
压力，压强	帕［斯卡］	Pa	N/m^2
能［量］；功；热量	焦［耳］	J	$N \cdot m$
功率；辐［射能］能量	瓦［特］	W	J/s
电荷［量］	库［仑］	C	$A \cdot s$
电压；电动势；电位	伏［特］	V	W/A
电容	法［拉］	F	C/V
电阻	欧［姆］	Ω	V/A

量的名称	单位名称	单位符号	其他表示示例
电导	西［门子］	S	A/V
磁通［量］	韦［伯］	Wb	V·s
磁通［量］密度，磁感应强度	特［斯拉］	T	WB/m²
电感	亨［利］	H	WB/A
摄氏温度	摄氏度	℃	
光通量	流［明］	lm	cd·sr
光照度	勒［克斯］	lx	lm/m²
［放射性］活度	贝克［勒尔］	Bq	s^{-1}
吸收剂量	戈［瑞］	Gy	J/kg
剂量当量	希［沃特］	Sv	J/kg

（4）SI 单位的倍数单位。

基本单位、具有专门名称的导出单位，以及直接由它们构成的组合形式的导出单位都称为 SI 单位，它们有主单位的含义。在实际使用时，量值的范围很宽，仅用 SI 单位来表示量值很不方便。为此，SI 中规定了 20 个构成十进倍数和分数单位的词头和所表示的因数。这些词头不能单独使用，也不能重叠使用，它们仅用于与构成 SI 单位（kg 除外）的十进倍数和十进分数单位。需要注意的是，相应于因数 10^3（含 10^3）以下的词头符号要用小写正体，等于或大于 10^6 的词头符号要用大写正体，从 10^3 到 10^{-3} 是十进位，其余的是千进位，如表 1.5－3 所示。

表 1.5－3　用于构成十进倍数和分数单位的词头

所表示的因数	词头名称	词头符号	所表示的因数	词头名称	词头符号
10^{24}	尧［它］	Y	10^{-1}	分	d
10^{21}	泽［它］	Z	10^{-2}	厘	c
10^{18}	艾［可萨］	E	10^{-3}	毫	m
10^{15}	拍［它］	P	10^{-6}	微	μ
10^{12}	太［拉］	T	10^{-9}	纳［诺］	n
10^9	吉［咖］	G	10^{-12}	皮［可］	p
10^6	兆	M	10^{-15}	飞［母托］	f
10^3	千	k	10^{-18}	阿［托］	a
10^2	百	h	10^{-21}	仄［普托］	z
10^1	十	da	10^{-24}	幺［科托］	y

2. 国家选定的其他计量单位

尽管 SI 单位有很大优越性，但并非十全十美。在日常生活和一些领域，还有一些广泛使用的、重要的非 SI 单位尚需继续使用。因此，我国选定了若干非 SI 单位与 SI 单位一起，作为国家的法定计量单位，它们具有同等地位，如表 1.5-4 所示。这些被选定的非 SI 单位，包括 10 个由国际计量大会（CGPM）确定的允许与 SI 并用的单位，3 个暂时保留与 SI 并用的单位（海里、节、公顷）。此外，根据我国的实际需要，还选取了"转每分""分贝"和"特克斯"3 个单位，一共 16 个 SI 制外单位，作为国家法定计量单位的组成部分。

表 1.5-4 国家选定的其他计量单位

量的名称	单位名称	单位符号	换算关系和说明
时间	分 [小]时 天（日）	min h d	1min＝60s 1h＝60min＝3600s 1d＝24h＝1440min＝86400s
平面角	[角]秒 [角]分 度	(″) (′) (°)	$1'' = (\pi/648000)$ rad （π 为圆周率） $1' = 60'' = (\pi/10800)$ rad $1° = 60' = 3600'' = (\pi/180)$ rad
旋转速度	转每分	r/min	$1r/min = (1/60)$ s^{-1}
长度	海里	nmile	1nmile＝1852m（只用于航行）
速度	节	kn	$1kn = 1nmile/h = (1852/3600)$ m/s （只用于航行）
质量	吨 原子质量单位	t u	$1t = 10^3$ kg $1u \approx 1.660540 \times 10^{-27}$ kg
体积	升	L（l）	$1L = 1dm^3 = 10^{-3}$ m^3
能	电子伏	eV	$1eV = 1.602177 \times 10^{-19}$ J
级差	分贝	dB	
线密度	特[克斯]	tex	$1tex = 10^{-6}$ kg/m
面积	公顷	hm²	$1hm^2 = 10^4$ m^2

注：①周、月、年（年的符号为 a）为一般常用时间单位。

②角度单位度、分、秒的符号不处于数字后时，应加括弧。

③升的符号中，小写字母 l 为备用符号。

④公里为千米的俗称，符号为 km。

⑤$10^4$ 称为万，10^8 称为亿，10^{12} 称为万亿，这类数词的使用不受词头名称的影响，但不应与词头混淆。

CGPM（国际计量大会）确定暂时保留与 SI 并用的单位还有 9 个（见表 1.5-5），它们可能出现在国际标准或国际组织的出版物中，但是在我国则不能使用。在个别科学技术领域，如需要使用某些非法定计量单位（如天文上的"光年"），则须与有关国际组织规定的名称、符号相一致。

表 1.5-5　我国没有选用的暂时保留与 SI 并用的单位

单位名称	单位符号	用 SI 单位表示的值
埃	Å	$1Å=0.1nm=10^{-10}m$
公亩	a	$1a=10^4dm^2=10^2m^2$
靶恩	b	$1b=100fm^2=10^{-28}m^2$
巴	bar	$1bar=0.1MPa=10^5Pa$
伽	Gal	$1Gal=1cm/s^2=10^{-2}m/s^2$
居里	Ci	$1Ci=3.7×10^{10}Bq$
伦琴	R	$1R=2.58×10^{-4}C/kg$
拉德	rad	$1rad=1cGy=10^{-2}Gy$
雷姆	rem	$1rem=1cSv=10^{-2}Sv$

1.5.2　法定计量单位的使用规则

1. 法定计量单位名称及其使用

（1）计量单位的名称，一般是指它的中文名称，用于叙述文字和口述中，只有在普通书刊和初中、小学课本中必要时采用，一般不用于公式、数据表、图、刻度盘等处。

（2）组合单位的名称与其符号表示的顺序一致，遇到除号时，读为"每"字，无论分母中有几个单位，"每"字只出现一次。例如，J/（mol·K）的名称应为"焦耳每摩尔开尔文"或"焦每摩开"。书写时也应如此，不能加任何图形和符号，不要与单位的中文符号相混淆。

（3）乘方形式的单位名称举例：m^4 的名称应为"四次方米"，而不是"米四次方"，即幂的名称说在单位名称之前。用长度单位米的二次方或三次方表示面积时，其单位名称应为"平方米"或"立方米"，否则仍应为"二次方米"或"三次方米"。例如，截面系数的单位符号是 m^3，其名称为"三次方米"。

2. 法定计量单位符号及其使用

（1）计量单位的符号分为单位符号（即国际通用符号）和单位的中文符号（即单位名称的简称），后者便于在知识水平不高的场合使用，一般推荐使用单位符号。十进制单位符号应置于数据之后。单位符号按其名称或简称读，不得按字母读音。

（2）单位符号一般用正体小写字母书写，但是以人名命名的单位符号，第一个字母必须正体大写。"升"的符号为"1"，可以用大写字母"L"。单位符号后，不得附加任何标记，也没有复数形式。

组合单位符合书写方式的举例及其说明，见表 1.5-6。

表 1.5-6　组合单位符号书写方式举例

单位名称	符号的正确书写形式	错误或不适当的书写形式
牛顿米	N·m，Nm 牛·米	N－m，mN 牛米，牛－米
米每秒	m/s，m·s^{-1} 米/秒，米·秒$^{-1}$	ms^{-1} 秒米，米秒$^{-1}$
瓦每开尔文米	W/（K·m） 瓦/（开·米）	W/（开·米） W/K/m，W/K·m
每米	m^{-1}，米$^{-1}$	1/m，1/米

注：①分子为 1 的组合单位符号，一般不用分子式，而用负数幂的形式。

②单位符号中，用斜线表示相除时，分子、分母的符号与斜线处于同一行内。分母中包含两个以上的单位符号时，整个分母应加（），斜线不得多于一条。

③单位符号与中文符号不得混合使用。但是非物理量单位（如台、件、人等），可以用汉字与符号构成组合形式单位；摄氏度的符号℃可作为中文符号使用，如 J/℃可写成焦/℃。

3.　词头及其使用

（1）词头的名称紧接单位的名称，作为一个整体，其间不得插入其他词。例如：面积单位 km^2 的名称和含义是"平方千米"，而不是"千平方米"。

（2）仅通过相乘构成的组合单位在加词头时，词头应加在第一个单位之前。例如：力矩单位 kN·m，不宜写成 N·km。

（3）摄氏度和非十进制法定计量单位，不得用 SI 词头构成倍数和分数单位。它们参与构成组合单位时，不应放在最前面。例如：光量单位 lm·h，不应写成 h·lm。

（4）组合单位的符号中，某单位符号同时又是词头符号，则应尽量将它置于单位符号的右侧。例如：力矩单位 Nm，不宜写成 mN。温度单位 K 和时间单位 s 和 h，一般也在右侧。

（5）词头 h、da、d、c（即百、十、分、厘）一般只用于某些长度、面积、体积和早已习用的场合，例如 cm、dB 等。

（6）一般不在组合单位的分子分母中同时使用词头。例如：电场强度单位可用 MV/m，不宜用 kV/mm。词头加在分子的第一个单位符号前，例如：热容单位 J/K 的倍数单位 kJ/K，不应写成 J/mK。同一单位中一般不使用两个以上的词头，但分母中长度、面积和体积单位可以有词头，kg 也作为例外。

（7）选用词头时，一般应使量的数值处于 0.1～1000 范围内。例如：1405Pa 可写成 1.405kPa。

（8）万（10^4）和亿（10^8）可放在单位符号之前作为数词使用，但不是词头。十、百、千、十万、百万、千万、十亿、百亿、千亿等中文词，不得放在单位符号前作数词使用。例如："3 千秒$^{-1}$"应读作"三每千秒"，而不是"三千每秒"；对"三千每秒"，只能表示为 3000 秒$^{-1}$。读音"一百瓦"，应写作"100 瓦"，或"100W"。

（9）计算时，为方便，建议所有量均用 SI 单位表示，词头用 10 的幂代替。这样，所得结果的单位仍为 SI 单位。

1.5.3 基本单位的定义

1. 米

光在真空中 1/299792458 秒的时间间隔内所经过的距离。

2. 千克（公斤）

质量单位，等于国际千克（公斤）原器的质量。

3. 秒

铯－133 原子基态的两个超精细能级之间跃迁所对应的辐射的 9192631770 个周转持续时间。

4. 安〔培〕

一恒定电流，若保持在处于真空中相距 1 米的两个无限长而圆截面可忽略的平行直导线内，则此导线之间产生的力在每米长度上等于 2×10^{-7} 牛顿。

5. 开〔尔文〕

水三相点热力学温度的 1/273.16。

6. 摩〔尔〕

系统的物质量，该系统中所包含的基本单元数与 0.012 千克碳 12 的原子数目相等，为 1 阿伏伽德罗常数（约 6.02×10^{23}）个微粒。在使用摩〔尔〕时应指明基本单元，可以是原子、分子、离子、电子及其他粒子，或是这些粒子的特定组合。

7. 坎〔德拉〕

发射出频率为 540×10^{12} 赫兹单色辐射的光源在特定方向上的发光强度，而且在此方向上的辐射强度为 1/683 瓦特每球面度。

第2章 预拌混凝土企业试验室的基本条件与管理

2.1 预拌混凝土企业试验室的特点和作用

混凝土质量的好坏直接影响着建筑工程的整体质量，因此无论是各级建筑工程质量监督部门、业主、各建筑施工单位以及预拌混凝土的生产企业对预拌混凝土的质量的重视程度日益提高。预拌混凝土企业试验室作为企业的技术部门和质量控制部门，对混凝土的质量控制起着决定性的作用。预拌混凝土企业试验室除了完成日常的试验检测、资料整理、报告签发等任务外，还需对混凝土的生产、浇筑全过程进行控制；需要参与原材料的选择，进厂验收，混凝土生产配合比的设计、选定、调整，混凝土的搅拌参数的制定；还包括施工现场的技术沟通，对浇筑、养护情况的建议，对工程质量问题的调查分析等。可以说试验室对内和每个部门都有联系，贯穿于整个生产活动中。对外是预拌混凝土企业的技术交流和质量管理的代表，所以以加强预拌混凝土企业试验室的管理对促进预拌混凝土企业产品质量的提高，保证建筑工程的质量安全具有十分重要的意义。

由于试验室的重要性日益凸显，我国《建筑业企业资质管理规定》（住房城乡建设部第22号令）、《建筑业企业资质标准》（建市〔2014〕159号）规定，预拌混凝土企业必须设有混凝土试验室。预拌混凝土企业试验室是企业内部产品质量和成本控制的核心部门。在新产品应用、技术服务等方面起关键作用。其人员素质、检测能力技术与管理水平的高低决定和代表了预拌混凝土生产企业的管理水平和企业形象。地方主管部门、质量体系认证机构、建设单位、工程监理及施工单位等，无不把试验室作为重点检查和考评对象。因此，加强试验室的投入与管理，不断完善检测手段，以促进检测水平的不断提高，为顾客提供更好的产品和服务，对企业的生存与发展都具有十分重要的意义。

2.1.1 预拌混凝土企业试验室的特点

预拌混凝土企业试验室一般同时作为预拌混凝土企业的质量控制部门，但首先须完成的是企业的试验检测工作，同时根据检测结果向施工单位提供混凝土相关质量检测数据，作为本企业预拌混凝土质量合格的依据，满足工程验收的要求。所以试验室必须获得企业的授权委托，保证检测工作的独立运行，不受其他经济、社会因素的干扰，保证其试验数据的真实和公正性，同时预拌混凝土企业试验室应符合企业相应资质的要求，并接受建设监督管理部门的监督，且不得对外承揽检测任务。

预拌混凝土企业试验室作为企业的质量控制部门，对产品的质量和成本控制有重要的意义，试验室的质量控制工作贯穿于整个生产活动中。试验室管理的好坏及工作流程的顺畅与否与企业的效益密不可分。只有对试验室进行有效、科学、规范的管理，才能达到保证混凝土产品质量、降低生产成本、提高企业效益的目的。

2.1.2　预拌混凝土企业试验室的作用

试验室是企业内部质量控制、核心技术管理部分，承担着原材料检验、混凝土配合比设计、拌合物性能检验以及后续的其他关键性能检验并确定产品质量的符合性等诸多任务。其重要作用主要表现如下：

1. 预拌混凝土的质量保证

企业在交付预拌混凝土时依旧为未凝结拌合物状态，无法验证混凝土凝结质量，对此预拌混凝土生产企业试验室应提供充分的质量保证，确保产品的适用性、稳定性和安全性。

（1）原材料的质量把关。

混凝土的组成部分包括石、砂、水泥、外加剂和掺合料，这些材料的质量稳定性和使用性能的优劣，将直接影响到混凝土的性能和质量，保证混凝土质量的重要环节，就是把控好原材料检验关。

（2）生产过程监控。

在搅拌站生产中，试验室还应起到质量监控作用，重点做好以下两方面工作。

①正确输入配合比，预拌混凝土配合比，需要满足设计中混凝土的耐久性和强度要求，在配合比完成设计后，需通过试验确定出混凝土的生产配比。在输入配合比之前试验室工作人员应严格进行复核，确认后方可生产，这样就可以有效地避免由于人为输入错误造成的质量事故。

②控制好坍落度，由于混凝土强度检验的滞后性，导致刚生产出的混凝土唯一能确认的指标就是坍落度。坍落度过大，会造成混凝土离析也会造成混凝土强度偏低；坍落度过小，会造成混凝土堵泵。因此应加强监控混凝土的坍落度，定时检查坍落度值，一旦出现异常情况需及时调整，消除隐患。

（3）混凝土质量追溯。

试验室在实际生产中要客观真实地做好质量记录工作，保证质量保证体系能正常可靠地运转，各项数据均可进行追溯。通过质量记录总结出成功经验，避免质量事故发生。预拌混凝土生产企业试验室应按期保存各类资料，一旦发生质量事故可顺利溯源，也可较好地展示企业质量管理能力。

2. 预拌混凝土配合比设计优化、成本控制和技术研发

试验室在日常工作中应根据常用原材和工程的需要设计常用配合比，做好技术储备。这样不仅能满足一般工作的需要，还能通过试验积累宝贵的经验，不断提高技术水平。为控制企业生产成本、实体工程质量与成本，试验室还应该根据原材料的变化情况

和工程的施工条件、所处环境部位、强度耐久性要求等实际需要，不断优化配合比，在保证产品目标性能指标、质量稳定性的基础上降低成本。跟踪混凝土材料领域新产品、新技术方面的最新进展，积极探索新技术、新产品、新工艺在预拌混凝土生产中的应用，通过优选混凝土原材料、优化混凝土生产配比、选用新型矿物掺合料和外加剂、优化生产工艺流程等，提升预拌混凝土的综合性能，开发适应当地需求的高性能混凝土材料。

3. 预拌混凝土的技术沟通、服务

根据施工现场的具体情况，对浇筑、养护情况提出建议和技术交底，对工程进行质量跟踪，协助施工方分析出现的质量问题，采取相应的处置措施，并及时对混凝土配合比进行调整和改进，提升混凝土的质量，提高相应的技术服务水平。

4. 对外窗口作用

由于预拌混凝土企业试验室所起到的重要作用，地方主管部门、质量体系认证机构、建设单位、工程监理及施工单位等，无不把试验室作为重点检查和考评对象。因此，预拌混凝土企业试验室工作的好坏将直接影响到公司的信誉和形象。做好试验室的管理工作，将有益于预拌混凝土生产企业在激烈的市场竞争中占得先机。

2.1.3　预拌混凝土企业试验室工作内容及流程

从预拌混凝土企业试验室工作程序出发，试验室的工作大体可以分为原材料进站、配合比设计、混凝土生产、混凝土交付、技术服务等几个阶段，分别对应原材料检验质量监控、配合比优化验证、混凝土出厂质量监测、混凝土交货检验、混凝土的技术交底等工作，具体内容如图 2.1-1 所示。

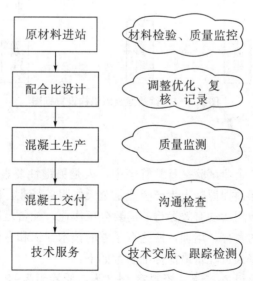

图 2.1-1　预拌混凝土试验室的工作内容和流程

2.2　试验室的组织架构及人员管理

2.2.1　组织架构

预拌混凝土采取集中生产、商品化供应模式，随着行业的逐渐成熟，预拌混凝土生产企业组织架构也不断完善。此类企业常见组织结构如下：企业负责人以下有财务部门、综合管理部门、营销部门、采购部门、生产及运输部门、试验室。预拌混凝土企业试验室需要在总工程师的领导下，由试验室主任负责试验室的全面管理和业务；各种检测要责任到人。

预拌混凝土生产企业试验室与其他建设工程材料质量检测试验室的性质和作用有很大区别，其工作重点并不仅仅局限于"压试块、发报告"，而是产品质量控制、技术开发、成本控制、技术服务等方面的关键部门。一个工作卓有成效的试验室，在确保质量的前提下降低的综合成本将远远大于在加强试验室资源投入和管理的费用，从而取得明显的经济效益。所以，在企业的行政组织机构中必须牢固确立试验室在企业质量管理体系中的核心地位和作用。而试验室为了确保各项工作任务的正常开展，使各项工作处于严密的受控状态，必须设置一个合理的组织机构。组织机构设置可参考图2.2-1。

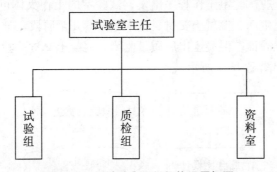

图 2.2-1　试验室组织机构设置框图

2.2.2　人员配备

在预拌混凝土生产企业试验室日常管理中，人是关键性要素，必须做好相关管理、培训与储备工作。由于预拌混凝土生产企业是全天候服务行业，因此，试验室应根据工作范围和工作量以及检测活动有效运行的需要分班作业，配备足够数量的各类人员。所有人员必须经过必要的教育、培训，使之有足够的技术知识和专业经验，以满足相应的任职资格条件，试验室人员配备最低标准参考如下：

设主任1人，试验组2~4人，资料室1~2人，质检组2~4人。其中出厂检验1~2人，交货检验（兼现场调度）1~2人；试验室主任对整个机构的工作全面负责。

2.2.3　人员素质要求

预拌混凝土的质量主要靠试验室来管理和控制，而人员素质是保证质量的重要因素。因此，企业应对试验室人员素质提出更高的要求。

试验室主任：具有工程师或高级工程师职称，多年从事试验工作。能根据原材料及预拌混凝土生产工艺，设计符合国家标准的混凝土配合比；具备较丰富的质量管理经验和良好职业道德，有一定的组织能力，能坚持原则，熟知与本行业有关的各种标准和质量法规，业务上应该有较高的水平。还应在加强质量管理、开展新产品研发、避免发生重大质量事故、降低使用材料成本、对员工进行技术培训等方面都起着重要的作用。

试验员：具有高中（或相当于高中）以上文化水平，工作认真、实事求是，熟悉本岗位的操作规程，能掌握相关质量控制项目、指标范围及检验方法。经专门培训、考核，取得岗位合格证书。

出厂检验员：具有高中（或相当于高中）以上文化水平，责任心强，熟知混凝土配合比设计、检验规则及混凝土拌合物性能测试。经专门培训、考核，取得岗位合格证书。

交货检验员：具有初中（或相当于初中）以上文化水平，责任心强，熟知预拌混凝土检验规则及混凝土拌合物性能测试。经专门培训、考核合格后上岗。

2.2.4　人员培训和考核

人是质量管理中最重要的因素。如果人的素质不高，没有树立"质量第一、用户至上"的思想，没有高度的责任心，没有旺盛的工作热情，没有一定的技术技能，即使有上好的设备和原材料，也生产不出优质的预拌混凝土，更谈不上提供良好的售前、售后服务，也不可能使企业取得良好的经济效益和社会效益。因此，试验室应高度重视人员的培训。

开展技术培训工作，使全室员工都熟练地掌握各个岗位应该掌握的技术技能。提高人员的质量意识和技术素质，使知识与技能不断更新，以达到不断提高人员综合素质的效果，是保证产品质量的重要环节。每年要制订培训和考核计划，对检测人员、新进人员、转岗（换岗）人员进行适时的培训和考核，以及当使用的各类标准、规范、作业指导书等发生较大变化时，应有培训规定。按计划进行质量教育和技术培训、考核，建立人员培训档案，考核成绩应作为评价其技术素质的依据之一，对连续两次考核不合格者，应调离岗位。

2.2.5　人员技术档案

试验室应建立人员技术档案，内容包括：职务任命文件、岗位资格证书、技术职称、培训记录、人员简历、身份证复印件、科研成果、奖惩、学术论文等。当技术人员的相关技术经历发生变化时，应及时进行更新。

2.2.6　人员岗位职责

岗位责任制是试验室的一项重要制度，对各级人员的职责和权限作出明确的规定，使各级人员在不同岗位上同心协作、各负其责、相互配合、共同做好各项工作。发生问题时可以及时查明原因，分清责任，以便今后工作的改进。

1. 试验室主任

试验室主任应具有工程序列中级以上职称或注册建造师执业资格，2年以上混凝土试验室工作经历，熟悉现行相关国家技术标准和本行业生产工艺，全面负责试验室日常管理工作。其岗位职责如下：

（1）负责试验室质量管理手册的编写、修订，并组织实施；

（2）全面监督质量管理体系的有效运行，发现问题及时制定预防措施、纠正措施及跟踪验证，持续改进管理体系；

（3）确定试验室各岗位人员职责；

（4）负责组织、指导、检查和监督试验室人员工作；

（5）负责确定各试验项目所需设备的计量特性、规格型号，组织设备的采购安装；

（6）负责试验室人员培训计划的落实；

（7）编制作业指导书、试验计划等技术文件；

（8）负责组织产品配合比设计、试配、调整和验证，并保证生产时正确使用产品配合比；

（9）监督收集有关标准的最新版本，并及时更新检测方法和资源的配置；

（10）批准试验设备台账、档案和周期检定（校准）计划，并监督执行；

（11）负责质量事故的调查与处理，并编写事故报告；

（12）检查督促试验室各岗位责任落实情况，确保生产过程质量处于受控状态。

2. 试验员

试验员应具有高中或技校以上相关专业学历，从事本行业检测工作1年以上，经过专业培训机构培训考核合格取得试验员上岗证。其岗位职责如下：

（1）熟悉相关技术标准和试验操作程序；

（2）掌握所用仪器设备的性能、维护保养和正确使用；

（3）按规定试验方法对分管的项目进行试（检）验；

（4）做好试（检）验原始记录并签名；

（5）负责所用仪器设备的日常保管、正确使用、维护保养，并做好相关记录；

（6）对试（检）验结果在试（检）验报告上签名；

（7）负责汇总及整理相关试（检）验原始记录；

（8）负责工作场所的环境卫生工作。

3. 样品管理员

样品管理员（可兼职）应具有样品管理和检测工作的基本知识，负责样品的日常管理工作。其岗位职责如下：

（1）按有关标准要求负责样品的封存保管；

（2）接收样品时应记录样品状态，并做好记录；

（3）当样品不符合有关规定要求或出现异常情况时（包括状态和封签），负责上报试验室主任；

（4）负责样品的标识及分类管理；

（5）负责保持样品容器的清洁完好；

（6）负责样品室的环境条件符合该样品的贮存要求；

（7）按有关管理规定负责样品到期处理；

（8）负责样品室的环境卫生。

4．设备管理员

设备管理员（可兼职）应具有试验设备管理和试验工作的基本知识，负责试验设备的日常管理工作。其岗位职责如下：

（1）协助试验室主任确定各试验项目所需设备的计量特性、规格型号，参与设备的采购安装；

（2）负责按计划做好设备的周期检定（校准）工作；

（3）负责标识设备状态，并及时更新；

（4）做好设备状况的检查，督促试验人员按操作规程操作及做好使用记录，并负责仪器设备的报修及确认；

（5）指导、检查试验室正确使用法定计量单位。

5．资料员

资料员（可兼职）应具有高中或技校以上相关专业学历，从事本行业检测工作 1 年以上，经过专业培训机构培训考核合格取得试验员上岗证，熟悉相关技术标准及资料相关管理工作。其岗位职责如下：

（1）负责检测信息和各相关档案管理工作；

（2）督促有关部门和人员做好各相关记录的编写、收集、整理、保管，保质保量按期移交归档；

（3）负责内外有关部门相关资料的收集、登记、传达、传阅、借阅、整理、分类、保管、归档、销毁等管理工作；

（4）负责有效文件的发放和登记，并及时回收失效文件；

（5）负责及时整理、录入、统计试（检）验数据及试（检）验报告的打印和发放；

（6）按规定负责对过期资料的销毁；

（7）负责档案室的防火、防蛀、防盗工作。

6．信息管理员（可兼职）

（1）建立和维护计算机局域网，做好网络设备和计算机系统软、硬件的维护管理；

（2）负责试验室管理信息系统的管理工作，确保网络正常连接，准确、及时地上传试（检）验数据；

（3）采取必要措施，防止计算机网络受到病毒侵袭；

（4）管理及维护相关信息管理系统中本单位的配置信息，如单位基本信息、设备信息、检测方法等；

（5）管理及规划计算机网络资源，根据用户的权限创建及管理用户；

（6）制定数据备份方案并按方案实施备份工作；

（7）对试验室计算机用户进行必要的培训，指导用户正确使用信息管理系统，并提供技术支持。

2.3　试验室设施与检测环境条件

设施和环境条件是检测活动中非常重要的一个子系统，对检测结果、检测人员的健康、安全都有重要影响。

（1）各检测项目应根据不同的检测需求、仪器设备的数量和大小，合理布置需要的操作空间，并充分考虑使用功能和各室之间的关系，确保互不干扰。设备的布置应结合试验室的整体布置。如水泥试验相关仪器应集中于水泥室，以方便试验；对环境要求较高的精密仪器应远离震动和噪声较大的仪器并避免无关人员接触；对于高温仪器如烘箱、沸煮箱、高温炉等，应考虑其通风散热且注意对其他设备的影响；对于需要经常使用和清洗的设备如搅拌机，应接近水源，并应有沉淀收集池。

（2）检测环境应有利于检测工作的顺利进行，不致影响检测结果（如能源、采光、采暖通风、温湿度、卫生、安全、交通工具等）。电器管线布置要整齐且具有安全、防火措施，废试件处理应满足环保部门的要求。

（3）各专项试验室必须严加管理，与试验无关的物品不得存放在试验室内，保持试验室的整齐清洁。

（4）试块成型室、水泥室、养护室、养护箱的建筑与设施，应能保证试验条件符合国家标准中规定的温度和湿度要求，必须设有恒温和恒湿设备，并作记录，条件许可时，应配备自动记录仪。其中水泥室、养护室应采取有效措施尽量减少能源的消耗。

（5）试验场所应合理存放有关材料、物质并有警示标识，确保危险物品安全存放；对试（检）验工作过程中产生的废弃物、影响环境及有毒物质等的处置，应符合环境保护、人身健康、安全等方面的相关规定，并有相应的应急处理预案。

（6）试验室应配备必要的消防器材，存放于明显和便于取用的位置，并应有专人负责管理。

（7）试验室的各功能区的场地面积和温湿度应符合表 2.3-1 的要求。

表 2.3-1　试验室各功能区面积和温湿度要求

序号	功能区（试验场所）	场地面积（不宜少于）（m²）	温度要求	湿度要求
1	水泥室	20	（20±2）℃	≥50%

续表

序号	功能区 （试验场所）		场地面积 （不宜少于） （m²）	温度要求	湿度要求
2	外加剂室		15	相应试验要求	相应试验要求
3	耐久性室		25	相应试验要求	相应试验要求
4	骨料室		25	(20±5)℃	—
5	特性室		15	相应试验要求	相应试验要求
6	样品室		15	—	—
7	力学室	混凝土	30	(20±5)℃	—
		砂浆	15	(20±5)℃（抗压强度）	—
				(23±2)℃（拉伸黏结强度）	45%～75%
				(20±2)℃（收缩）	(60±5)%
8	成型试配室	混凝土	30	(20±5)℃	≥50%
		砂浆	20		—
9	标准养护室	混凝土	30	(20±2)℃	≥95%
		水泥胶砂		(20±1)℃	≥90%
		砂浆	10	(20±2)℃	≥90%
10	资料室		15	—	—

2.3.1　检测能力

试验室检测试验能力的高低对混凝土的生产质量和成本控制具有极其重要的影响。因此，所有检测试验人员应努力学习和掌握有关标准、规范和检测方法，不断提高检测试验能力，为产品生产过程质量控制提供可靠的依据。

预拌混凝土生产企业试验室应具有的检测能力见表2.3-2。

表2.3-2　试（检）验项目

类别	序号	项目名称	试（检）验参数
原材料	1	水泥	细度或比表面积、标准稠度用水量、**凝结时间**、**安定性**、标准稠度、**胶砂强度**
	2	天然砂	含水率、**颗粒级配**、细度模数、**含泥量**、**泥块含量**、表观密度、堆积密度、贝壳含量、氯离子含量
	3	人工砂	含水率、**颗粒级配**、细度模数、泥块含量、表观密度、堆积密度、**人工砂石粉含量（含亚甲蓝试验）**、压碎值指标
	4	石	含水率、**颗粒级配**、**含泥量**、**泥块含量**、针片状颗粒含量、压碎值指标、表观密度、堆积密度

类别	序号	项目名称	试（检）验参数
原材料	5	再生细骨料	微粉含量、颗粒级配、细度模数、含泥量、**表观密度**、压碎值指标、再生胶砂需水量比、**再生胶砂强度比**、泥块含量
	6	再生粗骨料	微粉含量、颗粒级配、**泥块含量**、针片状颗粒含量、**压碎值指标**、**表观密度**、空隙率、吸水率
	7	轻集料	**筛分析、堆积密度、筒压强度（或强度标号）、吸水率**
	8	水	pH 值、氯离子含量
	9	粉煤灰	**细度、需水量比、含水率、烧失量**、三氧化硫含量、游离氧化钙含量、**安定性**（C 类）
	10	矿渣粉	**比表面积、流动度比、含水率、烧失量、活性指数**、三氧化硫含量
	11	硅灰	比表面积、**需水量比**、含水率、**烧失量**、活性指数
	12	复合矿物掺合料	**细度、流动度比、烧失量、活性指数**
	13	石灰石粉	**细度、流动度比、含水量、活性指数**、碳酸钙含量、亚甲蓝值、安定性
	14	泵送剂	pH 值、密度（或细度）、固含量（含水率）、氯离子含量、总碱量、硫酸钠含量、**减水率**、泌水率比、含气量、抗压强度比、**坍落度经时变化量**、收缩率比
	15	缓凝剂	pH 值、密度（或细度）、固含量（含水率）、氯离子含量、总碱量、硫酸钠含量、泌水率比、抗压强度比、**凝结时间之差**、收缩率比
	16	高效减水剂	**pH 值、密度（或细度）、固含量（含水率）**、氯离子含量、总碱量、硫酸钠含量、减水率、泌水率比、含气量、**凝结时间之差**（缓凝型）、抗压强度比、收缩率比
	17	高性能减水剂	**pH 值、密度（或细度）、固含量（含水率）**、氯离子含量、总碱量、硫酸钠含量、**减水率**、泌水率比、含气量、**凝结时间之差**（缓凝型）、**抗压强度比**（早强型）、坍落度经时变化量、收缩率比
	18	防冻泵送剂	**pH 值**、密度（或细度）、固含量（含水率）、**氯离子含量、碱含量**、硫酸钠含量、**减水率**、泌水率比、**含气量**、凝结时间之差、抗压强度比（R_{-7}、R_{-7+28}）、**坍落度 1h 经时变化量、收缩率比**、50 次冻融强度损失率比
	19	防冻剂	**氯离子含量、密度（或细度）、含固量（或含水率）、碱含量、含气量、抗压强度比**（R_{-7}、R_{-7+28}）、复合类防冻剂还应检测减水率
	20	防水剂	**密度（或细度）、含固量（或含水率）**
	21	膨胀剂	**细度、水中 7d 限制膨胀率**

类别	序号	项目名称	试（检）验参数
产品	22	混凝土	表观密度、稠度、凝结时间、抗压强度、水溶性氯离子、泌水率与压力泌水率、含气量、抗折强度、抗水渗透性能、轴心抗压强度、劈裂抗拉强度、抗冻试验
	23	砂浆	稠度、表观密度、稠度损失率、凝结时间、抗压强度、保水性试验、拉伸黏结强度、收缩率、抗渗压力、抗冻性

注：①1~22 为预拌混凝土企业试验室试验项目；

②1~3、5、8~17 及 23 为预拌砂浆企业试验室试验项目；

③粗体为原材料进场检验项目；

④本表为试验室必须具备能力开展的项目及参数，对于国家现行标准有要求而试验室不具备能力开展的项目和参数应外委送检。

2.3.2　试验仪器设备

预拌混凝土生产企业的试验仪器设备，是试验室开展各项检测试验活动必不可缺少的工具和手段，对其配置是否适宜和控制是否有效直接影响试验数据和检测结果的准确性。试验仪器设备的配置应能满足原材料及混凝土性能质量要求的需要，并符合现行标准规定。一般要求：

（1）各试验仪器设备必须经计量检定机构检定，并有相应的检定证书。

（2）试验仪器设备的完好率应达 100%。

（3）试验仪器设备应有操作规程、台账和档案。

（4）试验仪器设备都应合理布置摆放。

（5）执行国家标准，旧的试验仪器设备必须依据新标准更换。应根据检测试验项目的需要配置计量器具和辅助设备，检测试验项目的确定应以能保证混凝土质量控制要求为目的。预拌混凝土生产企业试验室主要试验仪器设备的配置可参考表 2.3-3。

表 2.3-3　试验设备配置

序号	设备名称	备注
1	水泥压力试验机（300kN）*	测量精度为 ±1%
2	水泥抗折试验机（5000N）*	
3	电热恒温干燥箱*	温度控制范围为（105±5）℃
4	比表面积仪*	勃氏比表面积透气仪
5	水泥负压筛析仪*	负压可调范围为 4000~6000Pa
6	负压筛（含 0.08mm 和 0.045mm 筛）	
7	水泥净浆搅拌机*	符合 JC/T 729 的要求
8	水泥标准稠度、凝结时间测定仪	

序号	设备名称	备注
9	雷氏夹	
10	煮沸箱 *	
11	雷氏夹膨胀值测定仪	
12	水泥胶砂搅拌机 *	
13	水泥胶砂振实台 *	
14	水泥胶砂流动度测定仪 *	
15	水泥标准试模	
16	水泥恒温恒湿标准养护箱	
17	水泥抗压夹具	受压面积 40mm×40mm
18	万分之一分析天平 *	分度值为 0.0001g
19	天平（分度值分别为 1g、0.1g、0.01g）	
20	电子秤	100kg 以上，分度值 0.01kg
21	容积升全套	1L、2L、5L、10L、20L、30L、50L
22	马弗炉 *	
23	钢直尺	
24	秒表	
25	游离氧化钙测定仪器 *	
26	氯离子测定仪 *	
27	游标卡尺	
28	砂、石标准筛	砂标准筛：公称直径为 10.0mm、5.00mm、2.50mm、1.25mm、630μm、315μm、160μm 的方孔筛各一只； 石标准筛：筛孔公称直径为 100.0mm、80.0mm、63.0mm、50.0mm、40.0mm、31.5mm、25.0mm、20.0mm、16.0mm、10.0mm、5.00mm 和 2.50mm 的方孔筛，以及筛底盘和筛盖各一只，筛框直径为 300mm
29	砂、石振筛机 *	
30	石粉含量测定仪	转速可调 [最高达 (600±60) r/min]，直径 (75±10) mm
31	波美比重计	
32	截锥试模	
33	pH 测定仪 *	
34	压碎指标值测定仪	

续表

序号	设备名称	备注
35	碎石针片状规准仪	
36	混凝土搅拌机	
37	混凝土坍落度仪	
38	压力泌水仪 *	
39	贯入阻力仪 *	
40	混凝土拌合物含气量测定仪 *	
41	压力试验机（2000kN 或 3000kN 或 5000kN）*	测量精度为±1%
42	混凝土抗折试验机（50kN）	测量精度为±1%
43	混凝土振动台	
44	混凝土抗压、抗折、抗渗标准试模	
45	标准养护室温湿度控制系统	
46	混凝土快速冻融试验机	应符合《混凝土抗冻试验设备》的规定
47	混凝土抗渗仪 *	
48	钻芯机	
49	砂浆搅拌机	
50	砂浆稠度测定仪 *	
51	砂浆密度测定仪	
52	砂浆分层度测定仪 *	
53	砂浆含气量测定仪 *	
54	砂浆凝结时间测定仪 *	
55	砂浆振动台	
56	砂浆抗压、抗渗、收缩率标准试模	
57	拉伸黏结强度拉力试验机 *	
58	砂浆渗透仪 *	
59	立式砂浆收缩仪 *	
60	砂浆回弹仪	
61	贯入砂浆强度检测仪	

注：①1～48 为预拌混凝土企业试验室应配置设备；

②1～33 及 47～61 为预拌砂浆企业试验室应配置设备；

③带"＊"的设备为应编制操作规程和做好使用记录的设备。

2.3.3　仪器设备的购置、验收、维修、维护、保养要求

（1）应优先采购和使用市场上技术成熟、服务可靠且符合新标准规定的仪器设备见表2.3-2。

（2）新购置的仪器设备应按照使用说明书要求进行安装、调试，运转正常应办理验收手续，属于计量仪器设备的应经检定合格后才能办理验收手续。主要仪器设备的配置参考表2.3-2。

（3）当发现仪器设备工作异常时应立即停止使用，并贴上停用标志，直到修复为止。

（4）对修复的仪器设备必须再经过检测、检定或验证，证明满足使用要求后方能投入使用。

（5）发现仪器设备有问题时，技术管理层应组织有关人员检查对以前的检测结果所造成的影响，如果已有影响，应及时取消或追回检测报告，并对相应检测项目进行复检。

（6）设备的硬件、软件已校准后，采取良好的保护措施，防止未经准许的调整。

（7）主要仪器设备要有操作规程和使用维护记录，操作规程应在适宜的位置上墙明示。

（8）应定期或不定期对设备进行检查，对检查中发现问题或已出现故障需要维修时，应及时上报公司领导帮助解决。

（9）为了提高仪器设备的使用寿命，应对仪器设备进行维护、维修、保养，并遵循"清洁、润滑、紧固、调整、防腐"的十字方针。

①清洁。清洁就是要求机械各部位保持无油泥、污垢、尘土，按规定时间检查清洗，减少运动零件的磨损。

②润滑。润滑是按照规定的要求，选择并定期加注或更换润滑油，以保持机械运动零部件间的良好润滑，减少运动零件的磨损，保持机械正常运转。

③紧固。紧固就是要及时检查紧固各部的连接件。机械运转中产生的振动，容易使连接松动，如不及时紧固，不仅能产生漏油、漏电等，有些关键部位的螺钉松动，还会改变原设计部件的受力分布情况，轻者导致零件变形，重者会出现零件断裂、分离，导致操纵失灵而造成机械事故。

④调整。调整就是要对机械众多零件的相关工作参数如间隙、行程、角度、压力、松紧等及时进行检查调整，以保持机械的正常运行。

⑤防腐。防腐就是要做到防潮、防锈、防酸和防止腐蚀机械部件和电器设备。尤其是机械易生锈的外表面必须进行补齐或涂上油脂等防腐涂料。

设备进行维护、保养和维修后，应详细做好记录。

2.3.4　标志化管理

对所有计量仪器设备应实行标志管理，分别贴上三色标志：合格证（绿色）、准用证（黄色）和停用证（红色）。其应用范围分别为：

1. 合格证

（1）计量检定合格者；

（2）设备不必检定，经检查其功能正常者（如计算机、打印机）；

（3）设备无法检定，经对比或鉴定适用者。

2. 准用证

（1）多功能设备某些功能已丧失，但所用功能正常，且经校准合格者；

（2）设备某一量程精度不合格，但所用量程合格；

（3）降级使用者。

3. 停用证

（1）仪器、设备损坏者；

（2）仪器、设备经计量检定不合格者；

（3）仪器、设备性能无法确定者；

（4）仪器、设备超过检定周期者。

2.3.5 仪器设备档案

（1）应按年度建立《仪器设备一览表》《仪器设备周期检定表》《仪器设备使用运转记录》等档案。

（2）应保存对检测（或验证）工作有意义的每一台仪器设备的记录，建立这些仪器设备的档案（一机一档）。内容包括：使用说明书、出厂合格证、操作规程、安装验收记录、历年检定（或校准）证书、仪器验收记录、维护保养、维修记录、报废销账等各个环节所形成的资料。

2.3.6 仪器设备的操作管理

（1）设备操作员应由持有上岗证的检测人员担任，若是操作特殊设备，应由管理层对操作者专门授权。设备使用、维护的有效版本说明书和设备制造商提供的相关手册（复印件也可以）或者设备操作规程应便于相关人员取用。

（2）应按照有关标准规定要求，正确配置满足检测试验所需精度的试验仪器设备，并保持其运转正常。

（3）重要设备、主要设备不应一人单独操作，应有专人负责使用和管理，非本岗位工作人员未经批准不得随意操作。

（4）当发现仪器设备有问题时应立即停止使用，不得带故障操作。

（5）各种用电仪器设备使用完毕后应随手关电闸。

（6）应对主要、精密的仪器设备进行不定期检查，以确保设备使用状态的置信度。

2.3.7 设备计量管理

（1）仪器设备必须通过计量部门检定，且检定证书或鉴定标准证书在有效期内。

（2）配料系统装置必须通过计量部门检定，且检定证书在有效期内。

（3）静态计量装置校准，每半年必须通过计量部门检定，每月进行一次校准，每日做好交接班复核记录。

（4）动态计量装置校准，要求每工作班做好复零记录。

（5）自校设备需要建立自校设备台账，并按照制定的自校规程进行自校，自校过程涉及的数据应客观、翔实、准确记录，根据自校规程确认仪器设备状态。自校过程使用的校准设备须通过计量部门检定，且检定证书或鉴定标准证书在有效期内。用于校准的设备的精度须高于被自校设备的精度。

2.4　样品管理

试验室的样品管理是贯穿于整个检测工作的重要内容，是检测过程中的必须环节和关键控制点，其管理的客观性决定着检测报告是否准确、客观，并且对于进一步调整混凝土配合比，控制预拌混凝土的出厂质量，都具有十分重要的意义。此外，由于进场原材料检测的滞后性，样品管理对于原材料质量的追溯和证据保留也具有重要的意义。因此，加强试验室样品管理对于试验室自身能力建设，以及试验室管理水平的提高至关重要。试验室应该建立和规范检测样品的接收、处置、保护、存储、保留和清理的管理制度，保证样品取样及制作的真实性、代表性、有效性和完整性。设立满足使用要求的专用样品室，并配备样品放置设施；样品室应处受控状态，明确标识出待检区、已检区、留样区，并由专人负责管理。

2.4.1　样品的抽取

原材料、预拌混凝土的样品抽取方法、频次及数量应符合现行国家、行业标准及省、市有关规定和生产质量控制要求。当原材料质量较为稳定时，可按照标准规定的加大批次进行抽样；当原材料质量不稳定时，应适当加大抽样频次，甚至逢进必检，杜绝不合格原材料进场对混凝土生产和质量保证造成的不良影响。原材料应按规定批量在进场运输车（船）或料场上取样，抽样时应从不同部位、不同深度进行抽样，保证所抽样品的代表性和真实性。水泥、砂、石等粉粒状材料取样后，样品应匀样缩分至规定的试样量；液态材料应进行充分搅拌后取样。抽样时应准确、翔实地填写抽样记录，并需将所抽取的样品包装、运输至试验室，完成样品的入库和交接工作。混凝土拌合物应在搅拌地点取样，取样量应多于试验所需量的 1.5 倍且不宜小于 20L；混凝土力学性能试件的制作和养护方法应符合《混凝土物理力学性能试验方法标准》（GB/T 50081）规定；混凝土长期性能和耐久性能试件的制作和养护方法应符合《普通混凝土长期性能和耐久性能试验方法标准》（GB/T 50082）规定。

2.4.2　样品的接受和标识

在接收样品时应对样品的数量外观等进行检查，检查样品是否适宜于检测要求，确认检测方法和样品状态，并由抽样员在委托单上签名，记录样品状态和特性。

对于符合检测要求的样品，正确填写委托单，并进行委托登记。样品登记台账的内容包括：委托编号、试验编号、委托单位、委托人、委托日期、材料名称、规格、样品数量等。对需要留样的样品进行分样后，对待检和留存样品进行标识，样品的标识应具有唯一性和清晰性。

对于袋装或桶装样品将"样品标识"固定在桶表面作为其标识；对于能在其表面做标记且数量较多的块状样品用墨笔或记号笔在每块样品上标写委托编号；混凝土试块的标识，用墨笔或记号笔标写其强度等级、成型日期和单位编号。"样品标识"中的委托编号具有唯一性，可确保检测样品在流转检测过程中不混淆。

2.4.3　样品的储存

留存样品和未传递至检测室的样品存放于样品室，样品应登记、防护及封签（样品名称、生产厂家、进场时间、批号、车号、收料员签字、司机签字等），分类存放于样品室，由样品保管员负责保管，无关人员限制出入，确保样品安全。样品应分类存放，贮存环境应安全、无腐蚀、清洁干燥且通风良好；有特定养护要求的样品应严格控制储存的环境条件、样品留置方式及时间，并定期记录。

胶凝材料、混凝土外加剂（粉状）留样宜采用水泥专用密封留样筒；砂、石等骨料留样宜采用干净袋子；液体样品留样宜采用塑料桶密封；留存样品需做好标识，并在《样品留存处理记录》中记录留样时间。留存的样品应有适宜的储存条件。水泥等受潮易变质的样品，应保存于通风干燥处，防止受潮而结块。混凝土试块应放入混凝土标准养护室中，按标识码放，严格按照规范要求进行养护，由专人每天检查两次，并填写混凝土《标养温湿度记录》。

2.4.4　样品的流转

样品按流转顺序流转，交接签署时应核查样品状态。样品在制备检测、传递过程中应加以防护，遵守有关样品的使用说明，避免受到非检验性损坏，并防止丢失。样品如遇意外丢失，应予以说明，要追查责任。

在检测区的样品"待检"和"已检"要分开放置，做完检测后，应及时将样品标识中样品的状态标识为"已检"，以区分"待检"和"已检"样品。

2.4.5　样品的处理

标准规范明确要求留置的试样，应按其规定的保存期限留置。超过有效期的样品报批后方可处理，并在《样品留存处理记录》中记录处理时间。处理的水泥样品不得用于工业与民用建筑的主体；砂石、混凝土试块等检测后的样品，确认试验方法、检测仪器、检测环境检测结果无误后，才准撤离试验现场（除非用户有特殊要求，一般不再保留）。水泥等样品一般保存三个月，检测结果出来，混凝土强度发展无异常后，方可对备检样品进行处理。外加剂类应在检测结果出来十五天后，方可进行废弃处理。样品在流转、检测、留样等环节中，与检测无关的人员不得领取样品，留样期间的样品不得以任何理由挪作他用，样品丢失按责任事故处理。

2.4.6　试验室危险品管理

试验室危险品的申购、领用按程序和规程执行。检测室应对领用的危险品指定专人妥善保管。危险品试剂不能放在敞开式实验架上，应置于隔离室或隔离柜内。剧毒品必须保存于保险柜内，两人共管。保管人员要定期检查，发现问题及时采取有效措施。各级各类检验人员要熟悉危险物品的种类、使用操作方法及保管贮存措施，熟悉各种意外伤害的处理和中毒解救措施，以防止意外事故的发生和蔓延。

样品管理是一个很复杂、细心、繁琐的工作，很容易被忽略，但我们必须要认识到样品是试验室开展检测工作的主体，为了保证实验数据的可靠、准确，首先要保证样品的准确性以及是否适合开展检测。同时为了便于抽查、复查，分清质量责任和应对索赔案件的处理，保障试验室和预拌混凝土生产企业的利益，必须要做好样品保存工作。所以说，样品管理是试验室管理中不可忽视的重要环节。样品管理水平的高低也充分体现了试验室管理水平的高低。

2.5　制度管理

完善的规章制度是试验室工作顺利开展的可靠基础，一般要求建立以下制度：试验工作质量控制制度、原始记录管理制度、试验仪器和设备使用管理制度、试验报告审核和签发制度、试件标准养护管理制度、样品管理制度、能力对比制度、混凝土配合比管理制度、委托试验管理制度、异常情况及质量监督制度、事故分析上报制度、质检组工作职责、试验组工作职责、资料室工作职责、生产混凝土配合比调整制度。试验室应结合企业实际，制定切实可行的质量管理体系文件，建立各项管理制度，并确保有效运行。质量管理体系文件应包括试验室质量管理手册、程序文件、作业指导书、记录等。

上述所有制度在日常管理中必须得到贯彻执行，真正实现试验室运行的规范化、标准化发展。

2.5.1　试验工作质量控制制度

（1）严格按现行国家标准、规范的试验方法进行原材料的取样复验和混凝土供应的出厂检验和交货检验，对原材料及混凝土的质量负责。

（2）在试验过程中，试验人员一般不应少于两人，记录人员采用复诵法，以防止数据在传递过程中发生差错。

（3）定期进行混凝土强度、原材料质量的统计和分析工作，并按时上报有关领导。

（4）技术负责人收集与混凝土有关的新技术、新产品信息，并积极进行技术开发、创新和技术储备。

（5）发现生产过程中存在重大问题时，质检人员有权暂停生产，并提出处理意见。

（6）严格执行公司制定的有关质量管理的规定，负责试验室人员的组织、教育管理工作，不断提高人员的质量意识和业务素质。

（7）及时向需方提供必需的各项技术资料。

（8）因停水、停电而中断的试验，凡影响质量时，必须重新进行试验，并将情况记录在案备查。

（9）因仪器设备故障损坏中断试验时，可用相同等级满足试验要求的代用仪器重新进行试验，无代用仪器设备且一时无法修复时，应及时送到有对外检测资质的机构进行检验。

（10）试验工作失误或试件本身的原因造成试验数据失真，所有试验数据作废，重新取样试验，试验报告以第二次试验数据为准，并由试验人员写出事故原因，当不能重新取样试验时，应对材料的使用作追溯性检测。

（11）试验室应布局合理，相邻区域如有互不相容的检测工作时（如灰尘、电磁干扰、辐射、温度、湿度、光照和振动），应进行有效的隔离，并采取措施防止交叉污染。

（12）试验结束后，检测人员应对全部试验数据进行认真整理、计算和审核。

2.5.2　原始记录管理制度

原始记录是试验检测过程的真实记载，不允许随意更改删除。

（1）原始记录应印成一定格式的记录表，其格式根据检测的要求不同可以有所不同。原始记录表主要应包括：产品名称、型号、规格，编号或批号、代表数量、生产单位或产地，主要仪器及使用前后的状态，检验编号、检验依据、检验项目、环境温湿度，检验原始数据、数据处理结果、试验日期等。

（2）原始记录应字迹清楚，不得用圆珠笔填写，并有试验人员与审核人员签名。

（3）审核人必须认真审核，确保检验数据、计算结果及评定无误。

（4）为及时向需方提出试验报告，试验组应及时将原始记录移交资料室，并由资料室整理保管。

（5）原始记录中数据不允许随便更改、删减，如需更改时，应在错误处画两条平行线，并由当事人签名或加盖个人印章。

（6）试验人员和审核人员必须经当地建设主管部门统一培训、考核并获得岗位合格证书后，方可有签署权。

（7）不得使用非法定计量单位。

2.5.3　试验仪器、设备使用管理制度

为了提高试验仪器设备的使用寿命，确保其精度和使用处于正常状态，保证检测数据的准确性和可靠性，应制定试验仪器、设备使用管理制度。

（1）所有试验仪器设备应按使用说明书要求进行安装和调试。

（2）试验员应熟悉试验仪器功能和操作规程，并经培训考核合格，未经批准不得随意操作。

（3）使用仪器设备时，应做到事前检查、事后维护保养，如发现有异常情况应立即停止使用，不得带故障操作，并及时向主管领导汇报，以便得到及时解决。

（4）按年度建立"试验仪器设备一览表""检定周期表"等。

（5）仪器设备使用、维修、维护、保养要求：

①应定期或不定期对仪器设备进行检查，对检查中发现问题或已出现故障需要维修时，应及时上报公司领导帮助解决。

②主要仪器设备一般不应一人单独操作，应有专人管理，做到管好、用好、会检查、会排除一般性故障，确保使用的仪器设备处于正常运转状态。并认真填写运转、维修及维护保养记录。

③仪器设备的保养遵循"清洁、润滑、紧固、调整、防腐"的十字方针。

（6）仪器设备的检定与标志：

①计量仪器设备应按周期检定规定实施检定，保证所用的计量仪器设备符合计量法规要求。凡检定不合格或超过检定周期的仪器设备一律不准使用，检定不合格应进行修理，修理后经检定合格方可使用，无法修理申请报废。

②计量仪器设备必须经有资质的计量主管部门检定合格，且在有效期内使用，不可移动使用超过检定周期的仪器设备。

③所有计量仪器设备实行标志管理。分别贴上三色标志：合格证（绿色）、准用证（黄色）和停用证（红色）。监督人员和使用保管人员要经常检查其状态标识的有效性。

（7）所有仪器设备都应有设备编号，并且登记在相关的台账中。

（8）当试验仪器设备出现故障时，有关人员应及时核实对检测结果所造成的影响，如果有影响，应及时采取妥善处理措施。

（9）试验仪器设备的使用环境应符合检验标准的有关要求，防止受到外部不良干扰而影响检测结果的准确性。

（10）各种用电仪器设备使用完毕后应随手关电闸。

（11）主要仪器设备应按要求建立档案（一机一档）。

2.5.4　试验报告审核、签发制度

（1）各种试验报告，按原始记录的内容，加上报告日期和统一编号，经报告人、审核人、签发人签字，加盖有效印章方可发出。

（2）试验报告签字人员资格和责任：

签发人：试验室主任（技术负责人）和质量负责人有试验报告的签发权，并对签发的试验报告负技术责任。

审核人：具有相应上岗证的人员才有审核签字权，对试验报告的正确性负责。

报告人：对出具的试验报告与原始记录一致性负责。

（3）各类试验报告的编号必须连续，不得缺号，并及时归档，由资料员按年度或单位工程装订成册，妥善保存。

（4）试验报告至少一式四份，第一份存档备查，其余三份报送需方。

2.5.5　试件标准养护管理制度

1. 混凝土试件

（1）混凝土试件成型后应立即用不透水的薄膜覆盖表面。

（2）采用标准养护的试件，应在温度为（20±5）℃的环境中静置一昼夜至二昼夜后编号、拆模。拆模后应立即放入温度为（20±2）℃、相对湿度为 95％以上的标准养护室中养护，或在温度为（20±2）℃不流动的 Ca（OH）$_2$饱和溶液中养护。

（3）标准养护室内的试件应放在支架上，彼此间隔 10～20mm，试件表面应保持潮湿，并不得被水直接冲淋。

（4）标准养护龄期为 28d（从搅拌加水开始计时）。

2. 水泥试件

（1）水泥试件成型后做好标记，并立即放入温度保持在（20±1）℃、相对湿度不低于 90％的雾室或湿箱中水平养护。养护时不应将试模放在其他试模上，直到规定的时间取出脱模。

（2）水泥试件脱模做好标识后，立即水平或竖直在（20±1）℃的水中养护，水平放置时刮平面应朝上。

（3）试件应放在不易腐烂的箅子上，彼此间保持一定间距，让水与试体的六个面接触。养护期间试件之间间隔或试体上表面的水深不得少于 5mm。

（4）每个养护池只养护同类型的水泥试件。

（5）强度试验试件龄期从水泥加水搅拌开始时算起。不同龄期强度试验在下列时间里进行：

——24h±15min；

——48h±30min；

——72h±45min；

——7d±2h；

——≥28d±8h。

2.5.6　样品管理制度

1. 样品接收登记

试验室在受理委托检验时，负责对送样样品的完整性和用于检测要求的适宜性进行检查，样品状况符合接收要求并登记编号。

2. 样品识别

收样员应在接收样品包装上或样品瓶上标出明显标识，标识包括"未检""已检""留样"等字样。

3. 样品留样

样品留样入库应有专人负责，接收后应及时登记入库，并分类存放，做到账物一致，样品室要通风干燥，具有一定的安全性。

4. 样品有效期

样品保留的有效期应符合国家现行规范要求，胶凝材料的存放期应不少于三个月，外加剂的存放期应不少于六个月。

5. 样品处理

样品的保留超过有效期由质量负责人批准后处理，并作好处理记录。

2.5.7　内部检测能力质量控制制度

为了不断提高本室和试验人员的检测能力水平，减小试验误差的存在，应制定内部检测能力质量控制制度。

（1）技术负责人负责能力对比试验的组织和实施，并对试验结果进行分析，针对影响试验误差的原因提出纠正或预防措施。

（2）积极参加相关的能力验证工作，本室试验人员间的能力对比试验半年进行一次。

（3）参加能力对比试验的人员可作为能力考核的依据。

（4）由资料室保存能力对比试验的所有资料。

2.5.8　混凝土配合比管理制度

（1）混凝土的配合比应根据《普通混凝土配合比设计规程》（JGJ 55）的规定，以及国家现行有关标准、规范的规定进行设计。

（2）混凝土的配合比应根据原材料性能及混凝土的技术要求进行计算，并经试验试配结果调整后确定。

（3）根据本单位常用的材料，设计出常用的混凝土配合比备用；在使用过程中，应根据原材料情况及混凝土质量检验的结果予以调整。但遇有下列情况之一时，应重新进行配合比设计：

①对混凝土性能指标有特殊要求时；

②水泥、外加剂或矿物掺合料品种、质量有显著变化时；

③该配合比的混凝土生产间断半年以上时。

（4）为保证配合比的适应性和可靠性，常用的混凝土配合比每月至少验证三次。

（5）混凝土配合比在使用过程中，应根据混凝土出厂检验结果及时进行统计分析，必要时应进行调整。

（6）有关混凝土配合比设计的计算书、试配调整及相关的试验记录、原材料试验记录、常用配合比的验证记录等，必须完整齐全，及时归档备查。

2.5.9　委托试验管理制度

（1）原材料进厂由材料员负责按国家标准及有关规范要求进行取样，并委托试验室试验。

（2）委托时应按要求填写"委托试验单"，填写内容包括材料名称、生产厂家或产地、等级、规格或型号、代表数量、出厂编号及委托日期等，填写时字迹清楚整洁，严禁涂改，出现错误重新填写。

（3）收样人应检查所送试样是否与委托单内容相符，凡不符合要求的一律退回，对符合要求的应及时进行登记、编号和标识，送、收双方应在委托试验单上签字。

（4）收样人员及时将样品移交试验人员进行试验，并办理移交手续。

2.5.10　异常情况及质量监督制度

在生产或检测过程中，异常情况有可能发生。为了避免出现异常情况造成混凝土质量问题，特制定本制度。

1. 检测工作异常情况

当出现在检测过程中因特殊情况中断工作或无法得出完整检测数据的情况时，采取如下处理措施，以保证检测工作的质量：

（1）因意外外界干扰（如停电、停水等）而中断检测工作，凡影响检测结果者，必须重新进行试验，并将情况记录备查。

（2）当试验仪器设备发生故障或损坏而中断检测时，可用相同等级的、满足工作要求的备用或代用仪器重新检验。无备用或代用仪器，或备用、代用仪器不能满足要求时，不能用于重新检验。应及时采取其他措施解决样品的检验。

（3）出现异常情况所采取的措施应确保检测工作质量不受不良影响，并有记录以便追溯。

2. 生产过程异常情况

混凝土在生产和出厂检验过程中，发生异常情况时，应及时查明原因，妥善处理，必要时停止生产。

（1）生产计量装置进行校准时，发现误差超过规定范围，应检查装置的灵活性。

（2）混凝土拌合物坍落度出现忽然很小或很大，或浆体含量忽然很小或很大等情况。质检人员应配合操作人员校准设备计量系统，检查骨料是否上错料仓，同时测定骨料含水率。如果与这些情况无关，也许是胶凝材料需水量有较大的变化或新到减水剂减水率发生较大变化造成，应保持水胶比不变调整混凝土配合比，并对胶凝材料和减水剂重新取样进行验证。发生以上情况，也有可能是运输车涮罐时水未放净造成。如果由计量系统故障问题引起，应在维修及校准正常后继续生产。

（3）出现异常情况后，如无法得到及时解决时，有关人员应向技术负责人及生产经理汇报。

2.5.11　事故分析上报制度

处理事故必须分析原因、做出正确的处理决策，这就要以充分的、准确的有关资料作为决策基础和依据。

1. 事故上报

事故的发生部门必须及时处理和上报，书面事故调查分析报告在事后 24h 内上报。

（1）一般性问题主要责任人应上报部门负责人。

（2）严重性问题由主管部门负责人及时上报总经理。

2. 事故调查分析报告内容

（1）事故的情况。包括发生事故的时间、地点、有关的观察记录，事故的发展变化趋势、是否已趋稳定等。

（2）事故性质。应区分是严重性问题，还是一般性问题；是内在的实质性的问题，还是表面性的问题；是否需要及时处理，是否需要采取保护措施。

（3）事故原因。阐明造成事故的主要原因，应附具有说服力的资料、数据说明。

（4）事故评估。应阐明该事故所产生的影响，并应附有详细资料。

2.5.12　生产混凝土配合比调整规定

在生产过程中，由于某个原因造成混凝土拌合物不能满足要求时，需要对配合比进行调整，调整由质检组长负责按以下要求进行。

1. 调整依据

（1）骨料含水率、颗粒级配或粒径发生明显变化时。

（2）胶凝材料需水量比出现较大波动。

（3）减水剂减水率发生变化。

（4）混凝土坍落度损失发生明显变化。

（5）由于其他原因导致产生混凝土的状态不能满足施工要求。

2. 配合比调整的权限

生产混凝土配合比的调整以试配记录为基准，质检组长有以下调整权限：

（1）砂率：允许调整±2%。

（2）外加剂：允许调整胶凝材料总用量的±0.2%。

（3）用水量：允许调整±10kg以下。在以上允许调整范围内仍不能满足要求，质检组长应及时向技术负责人或质量负责人汇报。

3. 调整原则

（1）调整要有足够的理由和依据，防止随意调整。

（2）调整时，水胶比不能发生变化，不得影响混凝土质量。

（3）要做好调整记录。

2.6　档案资料管理

档案资料的管理是试验室承担的一项重要工作，是反映试验室管理水平和技术能力的重要指标。只有做好试验室的资料档案工作，才能在发生质量问题时有据可查。因此应加强试验室中的资料存档归档工作。

2.6.1　档案资料的内容

预拌混凝土企业试验室的档案资料一般包括以下内容：

（1）国家、地方、部门有关预拌混凝土、砂浆等相关质量检验工作的政策和法规；

（2）与试验检测工作有关的标准、规范、规程等；

（3）质量管理体系文件；

（4）试验人员档案；

（5）试验设备管理台账和档案；

（6）企业生产用原材料与生产过程试（检）验资料；

（7）技术质量资料；

（8）其他。

2.6.2　档案资料管理的要求

（1）对于保存的质量记录以及其他资料，要书写规范、完整、及时，标识目录清晰明了，检索存取简易方便，贮藏良好、安全、保密，保存时限按需规定。

（2）各种书面记录应使用钢笔、签字笔填写或计算机打印，填写要求及时、准确、完整、字迹清晰，能正确识别。发现错误时不得随意涂抹，特别是数据，应在错误的数据上画两道横线，并将正确值填写在旁边，改动人应在更改处签名或盖章。

（3）应分类归档、统一编号、相互衔接。不得伪造、随意涂改或损毁、丢失。

（4）可采用书面记录、磁盘、光盘、照片等形式。

2.6.3　档案资料的标识

（1）档案资料必须进行标识，并应保持唯一性。记录标识方法采用编号、名称、填写单位、负责人及签署日期等。

（2）国家和地区、市行政主管部门或行业统一编制的记录表格，采用原表格上的编号标识。

（3）本企业自行编制记录表格的编号标识按本企业规定进行。

2.6.4　档案资料的收集、分类、编目和检索

（1）资料室应汇集备案记录的原始样本，并建立本室所有相关的"档案资料清单"，以便控制和管理。

（2）资料室负责及时收集、整理、分类、编目、标识和保管质量记录。

（3）检测报告可按单位工程集中存放，待混凝土供应完毕及时归档；其他质量记录应按年度分类编目、整理归档。

（4）建立归档质量记录总台账，内容包括质量记录类别、编号、存放位置等，便于存取和检索。

2.6.5　档案资料的保存

（1）按照《档案法》的有关要求，做好质量记录的管理工作，应有专人保管，分类定期保存。记录的识别、收集、索引、存取、存档、存放（环境要求）、安全保护和保密，以及日常的维护、清理销毁等应符合有关规定要求。

（2）记录的保存期限，应按照有关规定要求和工作实际需要情况，分类做出永久保存、有限期保存的规定。试验原始记录及试验报告保存期为永久，其他质量记录保存期

至少为五年（包括计量器具检定证书）。

（3）对损坏或变质的记录资料，应及时修补和复印，确保档案的完整、安全。

（4）记录归档应易于存取和检索。归档后存放在安全、干燥的地方，存放应做到防霉、防潮、防鼠、防虫蛀、防盗、防火。

（5）对于磁带、软盘中的记录还应做到防压、防磁、防晒，并及时备份，防止贮存的内容丢失或遭受未经授权的侵入或修改。

2.6.6 常用标准、规范

标准、规范是科学技术成果，是实践经验的总结，也是检测试验、质量控制和检查的重要依据，应成为预拌混凝土设计、生产和使用共同遵循的基础。试验室常用的标准、规范见表 2.6-1。

表 2.6-1 试验室常用标准和规范

序号	标准名称	备注
1	《检测和校准实验室能力的通用要求》（GB/T 27025）	
2	《房屋建筑和市政基础设施工程质量检测技术管理规范》（GB 50618）	
3	《建筑工程检测试验技术管理规范》（JGJ 190）	
4	《房屋建筑与市政基础设施工程检测分类标准》（JGJ/T 181）	
5	《混凝土结构工程施工质量验收规范》（GB 50204）	
6	《混凝土结构设计规范》（GB 50010）	
7	《预拌混凝土》（GB/T 14902）	
8	《混凝土质量控制标准》（GB 50164）	
9	《普通混凝土拌合物性能试验方法标准》（GB/T 50080）	
10	《混凝土物理力学性能试验方法标准》（GB/T 50081）	
11	《普通混凝土长期性能和耐久性能试验方法》（GB/T 50082）	
12	《混凝土中氯离子含量检测技术规程》（JGJ/T 322）	
13	《混凝土强度检验评定标准》（GB/T 50107）	
14	《普通混凝土配合比设计规程》（JGJ 55）	
15	《混凝土泵送施工技术规程》（JGJ/T 10）	
16	《混凝土耐久性检验评定标准》（JGJ/T 193）	
17	《建筑工程冬期施工规程》（JGJ/T 104）	
18	《地下工程防水技术规范》（GB 50108）	
19	《地下防水工程质量验收规范》（GB 50208）	
20	《建筑地面工程施工质量验收规范》（GB 50209）	
21	《混凝土结构耐久性设计规范》（GB/T 50476）	

续表

序号	标准名称	备注
22	《建筑工程施工质量验收统一标准》（GB 50300）	
23	《回弹法检测混凝土抗压强度技术规程》（JGJ/T 23）	
24	《建筑结构检测技术标准》（GB/T 50344）	
25	《早期推定混凝土强度试验方法标准》（JGJ/T 15）	
26	《混凝土结构加固设计规范》（GB 50367）	
27	《建筑施工安全检查标准》（JGJ 59）	
28	《建筑基桩检测技术规范》（JGJ 106）	
29	《混凝土结构现场检测技术标准》（GB/T 50784）	
30	《混凝土结构工程施工规范》（GB 50666）	
31	《预拌混凝土绿色生产及管理技术规程》（JGJ/T 328）	
32	《预拌混凝土绿色生产及管理技术规程》（DB37/T 5049）	
33	《预拌混凝土质量管理规范》（DB37/T 5092）	
34	《大体积混凝土施工规范》（GB 50496）	
35	《清水混凝土应用技术规程》（JGJ 169）	
36	《纤维混凝土应用技术规程》（JGJ/T 221）	
37	《透水水泥混凝土路面技术规程》（CJJ/T 135）	
38	《人工砂混凝土应用技术规程》（JGJ/T 241）	
39	《补偿收缩混凝土应用技术规程》（JGJ/T 178）	
40	《高强混凝土应用技术规程》（JGJ/T 281）	
41	《钢管混凝土工程施工质量验收规范》（GB 50628）	
42	《自密实混凝土应用技术规程》（JGJ/T 283）	
43	《轻骨料混凝土技术规程》（JGJ 51）	
44	《水泥混凝土路面施工及验收规范》（GBJ 97）	
45	《预应力混凝土路面工程技术规范》（GB 50422）	
46	《混凝土搅拌机》（GB/T 9142）	
47	《混凝土搅拌站（楼）》（GB/T 10171）	
48	《数值修约规则与极限数值的表示和判定》（GB/T 8170）	
49	《通用硅酸盐水泥》（GB 175）	
50	《水泥化学分析方法》（GB/T 176）	
51	《水泥比表面积测定方法　勃氏法》（GB/T 8074）	
52	《水泥细度检验方法　筛析法》（GB/T 1345）	

序号	标准名称	备注
53	《水泥标准稠度用水量、凝结时间、安定性检验方法》（GB/T 1346）	
54	《水泥胶砂强度检验方法（ISO法）》（GB/T 17671）	
55	《水泥胶砂流动度测定方法》（GB/T 2419）	
56	《水泥取样方法》（GB/T 12573）	
57	《水泥胶砂干缩试验方法》（JC/T 603）	
58	《通用水泥质量等级》（JC/T 452）	
59	《水泥强度快速检验方法》（JC/T 738）	
60	《水泥密度测定方法》（GB/T 208）	
61	《用于水泥和混凝土中的粉煤灰》（GB/T 1596）	
62	《粉煤灰混凝土应用技术规范》（GB/T 50146）	
63	《用于水泥和混凝土中的粒化高炉矿渣粉》（GB/T 18046）	
64	《高强高性能混凝土用矿物外加剂》（GB/T 18736）	
65	《矿物掺合料应用技术规范》（GB/T 51003）	
66	《混凝土外加剂》（GB 8076）	
67	《混凝土外加剂定义、分类、命名与术语》（GB/T 8075）	
68	《混凝土外加剂匀质性试验方法》（GB/T 8077）	
69	《混凝土外加剂应用技术规程》（GB 50119）	
70	《聚羧酸系高性能减水剂》（JG/T 223）	
71	《混凝土膨胀剂》（GB 23439）	
72	《混凝土防冻泵送剂》（JG/T 377）	
73	《混凝土外加剂中释放氨的限量》（GB 18588）	
74	《水泥与减水剂相容性试验方法》（JC/T 1083）	
75	《普通混凝土用砂、石质量及检验方法标准》（JGJ 52）	
76	《建设用砂》（GB/T 14684）	
77	《建设用卵石、碎石》（GB/T 14685）	
78	《混凝土用水标准》（JGJ 63）	
79	《轻集料及其试验方法：第一部分 轻集料》（GB/T 17431.1）	
80	《轻集料及其试验方法：第二部分 轻集料试验方法》（GB/T 17431.2）	
81	《预拌砂浆》（GB/T 25181）	
82	《砌体结构设计规范》（GB 50003）	
83	《砌筑砂浆配合比设计规程》（JGJ/T 98）	

序号	标准名称	备注
84	《抹灰砂浆应用技术规程》（JGJ/T 220）	
85	《预拌砂浆应用技术规程》（JGJ/T 223）	
86	《建筑砂浆基本性能试验方法标准》（JGJ/T 70）	
87	《贯入法检测砌筑砂浆抗压》（JGJ/T 136）	
88	《砌体工程现场检测技术标准》（GB/T 50315）	
89	《聚合物水泥防水砂浆》（JC/T 984）	

注：①1~80 为预拌混凝土企业试验室常用标准规范；
②49~76、78~89 为预拌砂浆企业试验室常用标准规范。

2.7 信息化管理

随着信息技术不断发展，试验室中采用先进的计算机技术，将试验室管理工作和先进的计算机技术进行结合，可以有效地提高试验室管理工作的效率。将计算机技术应用于试验室管理工作，需要建立一个高效的检测管理系统，满足日常检测工作、数据的传输和存储等需求。检测系统可以将试验室内部的检测设备相连接，进行批量的数据处理，进行自动的原始数据采集，最后进行结果输出和打印，可以提高试验室检测工作的效率，缩短人工工作时间。

采用计算机新技术对试验室中材料检测工作有很大的意义，计算机技术的检测手段较为先进，可以减少人为因素的干扰，提高检测结果的准确率。采用自动化的数据采集和存储，使得实验员不能私自修改实验数据。对于试验室的检测数据管理上，有效地保证了检测结果的准确、及时、可复制分发，为后续混凝土配合比设计和生产提供科学准确的数据依据。

试验室管理信息系统同时可实现与行业有关单位信息化系统的数据传输，便于实现行业的技术监督管理。

预拌混凝土生产企业试验室管理是一项严谨的工作，只有建立一个技术过硬、管理规范、质量控制有效的试验室，并发挥其质量控制、材料检验和技术开发等方面的重要作用，才能保证预拌混凝土的质量，才能在激烈的市场竞争中占有优势，取得好的社会效益和经济效益。对此，企业必须要加强对试验室各方面的管理，全面落实对试验室各道工作程序的管理，建立完善的试验室管理制度，全面提高试验室日常管理水平，保障试验室各项工作的顺利开展。

第3章 预拌混凝土原材料

3.1 水泥

3.1.1 概述

　　早在公元初期人们就开始认识到在石灰中掺入火山灰，不仅强度高，而且能抵抗水的浸析。古罗马"庞贝"城的遗址以及著名的罗马圣庙等都是用石灰、火山灰材料砌筑而成的。随着生产的发展，人们认识的深化，到1796年出现了用含有确定比例黏土成分的石灰石煅烧而成的"罗马水泥"。由于这种具有特定成分的石灰石很少，所以人们开始研究用石灰石和黏土配制、煅烧水泥，这就是最早的硅酸盐水泥雏形。1824年英国泥瓦工约瑟夫·阿斯普丁（Joseph Aspdin）首先取得了生产硅酸盐水泥的专利权。由于这种水泥的颜色酷似英国一种在建筑业享有盛名的"波特兰"石的颜色而命名为波特兰水泥，我国称为硅酸盐水泥。波特兰水泥的出现，对工程建设起了巨大的推动作用，引起了工程设计、施工技术等领域的重大变革，为各国科学家所瞩目。至此人们开始使用各种手段研究水泥的矿物组成及水化机理，开发了一系列新的水泥品种，并进一步运用物理的、化学的方法，以及现代测试手段改进水泥的生产工艺。

　　水泥属于水硬性无机胶凝材料。加水调制后，经过一系列物理化学作用，由可塑性浆体变成坚硬的石状体，并能将砂石等散粒状材料胶结成具有一定物理力学性质的石状体。水泥浆既能在空气中硬化，又能在潮湿环境或水中更好地硬化，保持并发展其强度。所以，它既可以用于地上工程，也可用于水中及地下工程。

　　水泥有很多品种。通常按其性质和用途可分为通用水泥、专用水泥和特种水泥。通用水泥是工业与民用建筑等土建工程中应用最为广泛的水泥，包括六大品种：硅酸盐水泥、普通硅酸盐水泥、矿渣硅酸盐水泥、火山灰质硅酸盐水泥、粉煤灰硅酸盐水泥和复合硅酸盐水泥。专用水泥是以所用工程的名称来命名的，如油井水泥、砌筑水泥等。特种水泥是具有某种突出特性的水泥，如膨胀水泥、快硬水泥等。按水泥的矿物组成则可分为硅酸盐水泥、铝酸盐水泥、硫铝酸盐水泥、铁铝酸盐水泥等。

　　水泥是建筑、道路、水利、海港和国防工程中用量最大、最重要的建筑材料之一。随着我国现代化工农业的高速发展，它在国民经济中的地位日益提高，应用愈来愈广。水泥工业及其制品的迅速发展，对保证国家建设计划顺利进行起着十分重要的作用。

3.1.2　通用硅酸盐水泥

1. 定义与分类

（1）定义。

通用硅酸盐水泥（Common Portland Cement）：以硅酸盐水泥熟料和适量的石膏，及规定的混合材料制成的水硬性胶凝材料。

（2）分类。

通用硅酸盐水泥按混合材料的品种和掺量分为硅酸盐水泥、普通硅酸盐水泥、矿渣硅酸盐水泥、火山灰质硅酸盐水泥、粉煤灰硅酸盐水泥和复合硅酸盐水泥。各品种的组分和代号应符合表 3.1-1 的规定。

2. 组分与组成

（1）组分。

通用硅酸盐水泥的组分应符合表 3.1-1 的规定。

表 3.1-1　通用硅酸盐水泥组分

品种	代号	组分（质量分数）（%）				
		熟料＋石膏	粒化高炉矿渣	火山灰质混合材	粉煤灰	石灰石
硅酸盐水泥	P·I	100	—	—	—	—
	P·II	≥95	≤5	—	—	—
		≥95	—	—	—	≤5
普通硅酸盐水泥	P·O	≥80 且<95	>5 且≤20ᵃ	—	—	—
矿渣硅酸盐水泥	P·S·A	≥50 且<80	>20 且≤50ᵇ	—	—	—
	P·S·B	≥30 且<50	>50 且≤70ᵇ	—	—	—
火山灰质硅酸盐水泥	P·P	≥60 且<80	—	>20 且≤40ᶜ	—	—
粉煤灰硅酸盐水泥	P·F	≥60 且<80	—	—	>20 且≤40ᵈ	—
复合硅酸盐水泥	P·C	≥50 且<80	>20 且≤50ᵉ			

ᵃ 本组分材料为符合本章 3.1.2 节 2 中（2）下③条的活性混合材料，其中允许用不超过水泥质量 8% 且符合本章 3.1.2 节 2 中（2）下⑤条的非活性混合材料或不超过水泥质量 5% 且符合本章 3.1.2 节 2 中（2）下⑤的窑灰代替。

ᵇ 本组分材料为符合 GB/T 203 或 GB/T 18046 的活性混合材料，其中允许用不超过水泥质量 8% 且符合本章 3.1.2 节 2 中（2）下③条的活性混合材料或符合本章第 3.1.2 节 2 中（2）下④条的非活性混合材料或符合本章 3.1.2 节 2 中（2 下）⑤条的窑灰中的任一种材料代替。

ᶜ 本组分材料为符合 GB/T 2847 的活性混合材料。

ᵈ 本组分材料为符合 GB/T 1596 的活性混合材料。

ᵉ 本组分材料为由两种（含）以上符合本章 3.1.2 节 2 中（2）下③条的活性混合材料或/和符合本章 3.1.2 节 2 中（2）下④条的非活性混合材料组成，其中允许用不超过水泥质量 8% 且符合本章 3.1.2 节 2 中（2）下⑤条的窑灰代替。掺矿渣时混合材料掺量不得与矿渣硅酸盐水泥重复。

（2）组成。

①硅酸盐水泥熟料。

由主要含 CaO、SiO_2、Al_2O_3、Fe_2O_3 的原料，按适当比例磨成细粉烧至部分熔融所得以硅酸钙为主要矿物成分的水硬性胶凝物质。其中硅酸钙矿物含量（质量分数）不小于 66%，氧化钙和氧化硅质量比不小于 2.0。

②石膏。

A. 天然石膏：应符合 GB/T 5483 中规定的 G 类或 M 类二级（含）以上的石膏或混合石膏。

B. 工业副产石膏：以硫酸钙为主要成分的工业副产物。采用前应经过试验证明对水泥性能无害。

③活性混合材料。

应符合 GB/T 203、GB/T 18046、GB/T 1596、GB/T 2847 标准要求的粒化高炉矿渣、粒化高炉矿渣粉、粉煤灰、火山灰质混合材料。

④非活性混合材料。

活性指标分别低于 GB/T 203、GB/T 18046、GB/T 1596、GB/T 2847 标准要求的粒化高炉矿渣、粒化高炉矿渣粉、粉煤灰、火山灰质混合材料；石灰石和砂岩，其中石灰石中的 Al_2O_3 含量（质量分数）应不大于 2.5%。

⑤窑灰。

应符合 JC/T 742 的规定。

⑥助磨剂。

水泥粉磨时允许加入助磨剂，其加入量应不超过水泥质量的 0.5%，助磨剂应符合 JC/T 667 的规定。

3. 强度等级

硅酸盐水泥的强度等级分为 42.5、42.5R、52.5、52.5R、62.5、62.5R 六个等级。

普通硅酸盐水泥的强度等级分为 42.5、42.5R、52.5、52.5R 四个等级。

4. 原料及生产

生产硅酸盐水泥的原料，主要是石灰质和黏土质两类原料。石灰质的原料有石灰岩、白垩、石灰质凝灰岩等，它主要提供 CaO，每生产 1 吨熟料，需用石灰岩 1.1～1.3 吨；用作黏土质的原料有各类黏土、黄土等，它主要提供 SiO_2、Al_2O_3 和 Fe_2O_3，每吨熟料用量为 0.3～0.4 吨。为了补充铁质及改善煅烧条件，还可加入适量铁粉、萤石等。

生产水泥的基本工序：先将原材料破碎并按其化学成分配料，在球磨机中研磨成生料，然后入窑进行煅烧，最后将烧好的水泥熟料配以适量的石膏（加或不加石灰石、矿渣）在球磨机中研磨至一定细度，即得到硅酸盐水泥成品。所以生产水泥的基本工序可以概括为"两磨一烧"，如图 3.1-1 所示。

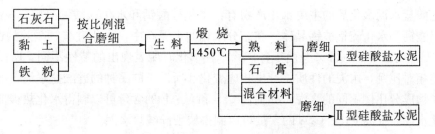

图3.1-1 硅酸盐水泥生产过程示意图

5. 熟料的矿物组成及矿物成分的水化反应。

（1）矿物组成。

硅酸盐水泥熟料由四种主要矿物成分所构成，其名称及含量范围如下：

硅酸三钙 $3CaO \cdot SiO_2$，简写为 C_3S，含量 $37\% \sim 60\%$；

硅酸二钙 $2CaO \cdot SiO_2$，简写为 C_2S，含量 $15\% \sim 37\%$；

铝酸三钙 $3CaO \cdot Al_2O_3$，简写为 C_3A，含量 $7\% \sim 15\%$；

铁铝酸四钙 $4CaO \cdot Al_2O_3 \cdot Fe_2O_3$，简写为 C_4AF，含量 $10\% \sim 18\%$。

其中硅酸钙含量为 $75\% \sim 82\%$，而 $C_3A + C_4AF$ 仅占 $18\% \sim 25\%$。

除四种主要矿物成分外，水泥中尚含有少量游离 CaO、MgO、SO_3 及碱（K_2O、Na_2O）。这些成分均为有害成分，国家标准中有严格限制。

（2）矿物成分的水化反应

工程中使用水泥时，首先要用水拌合。水泥颗粒与水接触，其表面的熟料矿物立即与水发生水化反应并放出一定热量。

$$2（3CaO \cdot SiO_2）+6H_2O =\!\!=\!\!= 3CaO \cdot 2SiO_2 \cdot 3H_2O+3Ca（OH）_2$$

$$2（2CAO \cdot SiO_2）+4H_2O =\!\!=\!\!= 3CaO \cdot 2SiO_2 \cdot 3H_2O+Ca（OH）_2$$

$$3CaO \cdot Al_2O_3+6H_2O =\!\!=\!\!= 3CaO \cdot Al_2O_3 \cdot 6H_2O$$

$$4CaO \cdot Al_2O_3 \cdot Fe_2O_3+7H_2O =\!\!=\!\!= 3CaO \cdot Al_2O_3 \cdot 6H_2O+CaO \cdot Fe_2O_3 \cdot H_2O$$

在上述水化反应进行的同时，水泥熟料磨细时掺入的石膏也参与了化学反应：

$$3（CaSO_4 \cdot 2H_2O）+3CaO \cdot Al_2O_3 \cdot 6H_2O+19H_2O =\!\!=\!\!= 3CaO \cdot Al_2O_3 3CaSO_4 \cdot 31H_2O$$

不同矿物成分的水化特点是不同的。硅酸三钙的水化反应速度很快，水化放热量较高。生成的水化硅酸钙几乎不溶解于水，而立即以胶体微粒析出，并逐渐凝聚而成凝胶体，称为水化硅酸钙凝胶（C-S-H 凝胶）。生成的氢氧化钙在溶液中很快达到饱和，呈六方晶体析出。硅酸三钙的迅速水化，使得水泥强度快速增长。它是决定水泥强度高低（尤其是早期强度）最重要的矿物。

硅酸二钙与水反应的速度慢得多，水化放热量很少，早期强度低，但在后期稳定增长，大约一年左右可接近 C_3S 的强度。

铝酸三钙与水反应的速度最快，水化放热量最多，但强度值不高，增长也甚微。

铁铝酸四钙与水反应的速度较快，水化放热量少，强度值高于 C_3A，但后期增长甚少。

硅酸盐水泥水化后的主要水化产物有：水化硅酸钙和水化铁酸钙凝胶、氢氧化钙、水化铝酸钙和水化硫铝酸钙晶体。在充分水化的水泥石中，水化硅酸钙凝胶约占 70%，$Ca(OH)_2$ 约占 20%~25%。由于各矿物单独水化时所表现出的特性不同，所以改变各矿物的相对比例，水泥的性质将产生相应变化。所谓不同品种的硅酸盐水泥，即为所含四种矿物成分比例不同的水泥，如提高 C_2S 和 C_4AF 的含量可以制得水化热很低的低热硅酸盐水泥，提高 C_3S、C_3A 的含量可以制得快硬硅酸盐水泥。

6. 凝结硬化

水泥加水拌合后，成为可塑的水泥浆，水泥浆逐渐变稠失去塑性，但尚不具有强度的过程，称为水泥的"凝结"。随后产生明显的强度并逐渐变成坚硬的水泥石，这一过程称为水泥的"硬化"。凝结和硬化是人为划分的，实际上是一个连续的复杂的物理化学变化过程。

硅酸盐水泥的凝结硬化过程自从 1882 年雷·查特理（Le Chatelier）首先提出水泥凝结硬化理论以来，已经有了很大发展。目前一般看法如下：

当水泥接触水后，在水泥颗粒表面即发生水化反应，水化产物立即溶于水中。这时，水泥颗粒又暴露出一层新的表面，水化反应继续进行。由于各种水化产物溶解度很小，水化产物的生成速度大于水化产物向溶液中的扩散速度，所以很快使水泥颗粒周围液相中的水化产物浓度达到饱和或过饱和状态，并从溶液中析出，成为高度分散的凝胶体［图 3.1-2（b）］。

随着水化作用继续进行，凝胶体不断增加，并相互搭接，同时游离水分不断减少，水泥将逐渐失去塑性，出现凝结现象。但此时尚不具有强度［图 3.1-2（c）］。

随着水化产物的不断增加，水泥颗粒之间的毛细孔不断被填实，加之水化产物中的氢氧化钙晶体、水化铝酸钙晶体不断贯穿于水化硅酸钙等凝胶体之中，逐渐形成了具有一定强度的水泥石从而进入了硬化阶段［图 3.1-2（d）］。水化产物的进一步增加，水分的不断丧失，使得水泥石的强度进一步增长。

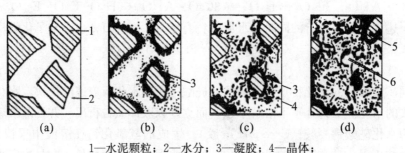

1—水泥颗粒；2—水分；3—凝胶；4—晶体；
5—水泥颗粒的未水化内核；6—毛细孔

图 3.1-2　水泥凝结硬化过程示意

实际上，水泥的水化过程很慢，较粗水泥颗粒的内部很难完全水化。因此，硬化后的水泥石是由晶体、凝胶体、未完全水化颗粒、游离水及气孔等组成的不均质体。

7. 影响水泥凝结硬化的主要因素

(1) 矿物组成。

水泥的矿物组成是影响水泥凝结硬化的最重要内在因素。如前所述。不同矿物成分单独和水起反应时所表现出来的特点是不同的，如 C_3A 的水化速率最快，放热量最大而强度不高；C_2S 水化速率最慢，放热量最少，早期强度低，后期强度增长迅速。因此，改变水泥的矿物组成，其凝结硬化情况将产生明显变化。

(2) 石膏。

石膏是作为延缓水泥凝结时间的组分而掺入水泥的。实践表明，不掺石膏的水泥，由于 C_3A 的迅速水化将导致水泥的不正常急速凝结（即瞬凝或闪凝），使水泥不能正常使用。石膏起缓凝作用的机理可解释为：水泥水化时，石膏能很快与铝酸三钙作用生成水化硫铝酸钙（即钙矾石），钙矾石很难溶解于水，它沉淀在水泥颗粒表面上形成保护膜，从而阻碍了铝酸三钙的水化反应，控制了水泥的水化反应速度，延缓了凝结时间。

水泥中石膏掺量必须严格控制，适宜的石膏掺量主要取决于水泥中 C_3A 的含量和石膏中 SO_3 的含量，同时与水泥细度及熟料中 SO_3 含量有关。石膏掺量一般为水泥重量的 3%～5%。石膏掺入量过多，将引起水泥石的膨胀性破坏。

(3) 水泥细度。

在矿物组成相同的条件下，水泥的细度越细，与水接触时水化反应表面积越大，水化反应产物增长较快，凝结硬化加速，水化放热也越快。

(4) 环境温湿度。

提高温度可以使水泥水化反应加速，强度增长加快；相反，温度降低，则水化反应减慢，强度增长变缓。当降到 0℃ 以下，甚至会因水结冰而导致水泥石结构破坏。实际工程中，常通过蒸汽养护、蒸压养护（如 8～12 个大气压）来加速水泥制品的凝结硬化过程。

水的存在是水泥水化反应的必备条件。当环境十分干燥时，水泥中的水分将很快蒸发，以致水泥不能充分水化，同时因失水导致浆体收缩而形成裂纹，不能形成强度。

所以，水泥混凝土在浇筑后的一段时间里，应十分注意保温（气温低时）保湿养护。

(5) 时间（龄期）。

水泥的凝结硬化是随时间延长而渐进的过程，与此同时，强度不断增长。只要温度、湿度适宜，水泥强度的增长可持续若干年。强度增长的规律：在水泥拌水后的几天内增长最为迅速，如水化 7d 的强度常可达到 28d 强度的 70% 左右，28d 以后强度增长则明显减缓。

3.1.3　技术要求

1. 化学指标

通用硅酸盐水泥化学指标应符合表 3.1-2 规定。

表 3.1-2　通用硅酸盐水泥化学指标

品种	代号	不溶物	烧失量	三氧化硫	氧化镁	氯离子
硅酸盐水泥	P·Ⅰ	≤0.75	≤3.0	≤3.5	≤5.0ª	≤0.06ᶜ
	P·Ⅱ	≤1.50	≤3.5			
普通硅酸盐水泥	P·O		≤5.0			
矿渣硅酸盐水泥	P·S·A	—	—	≤4.0	≤6.0ᵇ	
	P·S·B	—	—		—	
火山灰质硅酸盐水泥	P·P			≤3.5	≤6.0ᵇ	
粉煤灰硅酸盐水泥	P·F	—	—			
复合硅酸盐水泥	P·C	—	—			

ª 如果水泥压蒸试验合格，则水泥中氧化镁的含量（质量分数）允许放宽至 6.0%。
ᵇ 如果水泥中氧化镁的含量（质量分数）大于 6.0% 时，需进行水泥压蒸安定性试验并合格。
ᶜ 当有更低要求时，该指标由买卖双方协商确定。

2. 物理指标

（1）凝结时间。

硅酸盐水泥初凝不小于 45min，终凝时间不大于 390min。

普通硅酸盐水泥、矿渣硅酸盐水泥、火山灰质硅酸盐水泥、粉煤灰硅酸盐水泥和复合硅酸盐水泥初凝不小于 45min，终凝不大于 600min。

（2）安定性。

沸煮法合格。

（3）强度。

不同品种不同强度等级的硅酸盐水泥，其不同龄期的强度应符合表 3.1-3 的规定。

表 3.1-3　通用硅酸盐水泥强度指标要求

品　种	强度等级	抗压强度（MPa）		抗折强度（MPa）	
		3d	28d	3d	28d
硅酸盐水泥	42.5	≥17.0	≥42.5	≥3.5	≥6.5
	42.5R	≥22.0		≥4.0	
	52.5	≥23.0	≥52.5	≥4.0	≥7.0
	52.5R	≥27.0		≥5.0	
	62.5	≥28.0	≥62.5	≥5.0	≥8.0
	62.5R	≥32.0		≥5.5	

续表

品　种	强度等级	抗压强度（MPa）		抗折强度（MPa）	
		3d	28d	3d	28d
普通硅酸盐水泥	42.5	≥17.0	≥42.5	≥3.5	≥6.5
	42.5R	≥22.0		≥4.0	
	52.5	≥23.0	≥52.5	≥4.0	≥7.0
	52.5R	≥27.0		≥5.0	
矿渣硅酸盐水泥 火山灰质硅酸盐水泥 粉煤灰硅酸盐水泥	32.5	≥10.0	≥32.5	≥2.5	≥5.5
	32.5R	≥15.0		≥3.5	
	42.5	≥15.0	≥42.5	≥3.5	≥6.5
	42.5R	≥19.0		≥4.0	
	52.5	≥21.0	≥52.5	≥4.0	≥7.0
	52.5R	≥23.0		≥4.5	
复合硅酸盐水泥	32.5R	≥15.0	≥32.5	≥3.5	≥5.5
	42.5	≥15.0	≥42.5	≥3.5	≥6.5
	42.5R	≥19.0		≥4.0	
	52.5	≥21.0	≥52.5	≥4.0	≥7.0
	52.5R	≥23.0		≥4.5	

（4）细度（选择性指标）。

硅酸盐水泥和普通硅酸盐水泥的细度以比表面积表示，其比表面积不小于300m²/kg；矿渣硅酸盐水泥、火山灰质硅酸盐水泥、粉煤灰硅酸盐水泥和复合硅酸盐水泥的细度以筛余表示，其80μm方孔筛筛余不大于10％或45μm方孔筛筛余不大于30％。

3. 碱含量（选择性指标）

水泥中碱含量按 $Na_2O+0.658K_2O$ 计算值表示。若使用活性骨料，要求提供低碱水泥时，水泥中的碱含量应不大于0.60％或由买卖双方协商确定。

3.1.4　水泥细度检测方法（筛析法）

水泥细度指水泥颗粒的粗细程度。水泥细度是影响水泥一系列建筑性质的重要物理指标。同样成分的水泥，颗粒越细，与水接触的表面积越大，水化反应速度将加快，并且水化反应更充分，其强度特别是早期强度会越高。但是，水泥颗粒过细，硬化时收缩大，易产生裂缝。一般认为，水泥颗粒尺寸小于40μm才具有较高的活性。水泥颗粒尺寸大于90μm几乎接近惰性，仅起填充作用。因此，水泥必须控制一定的粉磨细度，以充分发挥其胶凝性，但粉磨太细，会降低磨机产量，增加电能消耗，使水泥成本提高。若在空气中硬化时，收缩值也会增大，储存时强度下降过快。

1. 检测方法

水泥细度检验按照《水泥细度检验方法　筛析法》（GB/T 1345）进行。采用 45μm 方孔筛和 80μm 方孔筛对水泥试样进行筛析试验，用筛上筛余物的质量百分数来表示水泥样品的细度。为保持筛孔的标准度，在用试验筛应用已知筛余的标准样品来标定。

（1）负压筛析法：用负压筛析仪，通过负压源产生的恒定气流，在规定筛析时间内使试验筛内的水泥达到筛分。

（2）水筛法：将试验筛放在水筛座上，用规定压力的水流，在规定时间内使试验筛内的水泥达到筛分。

（3）手工筛析法：将试验筛在接料盘（底盘）上，用手工按照规定的拍打速度和转动角度，对水泥进行筛析试验。

2. 试验仪器

（1）试验筛。

试验筛由圆形框和筛网组成，筛网符合 GB/T 6005 R20/3 80μm、GB/T 6005 R20/3 45μm 的要求，分负压筛、水筛和手工筛三种。负压筛和水筛的结构尺寸见图 3.1-3。负压筛应附有透明筛盖，筛盖与筛上口应有良好的密封性。手工筛结构符合 GB/T 6003.1，其中筛框高度为 50mm，筛子的直径为 150mm。筛网应紧绷在筛框上，筛网和筛框接触处应用防水胶密封，防止水泥嵌入。筛孔尺寸的检验方法按 GB/T 6003.1 进行。由于物料会对筛网产生磨损，试验筛每使用 100 次后需重新标定，标定方法按水泥试验筛的标定要求进行。

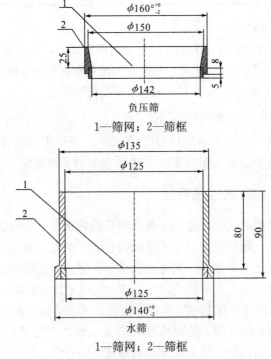

图 3.1-3　负压筛和水筛的结构尺寸（mm）

（2）负压筛析仪。

其由筛座、负压筛、负压源及收尘器组成，其中筛座由转度为（30±2）r/min 的喷气嘴、负压表、控制板、微电机及壳体构成，图 3.1－4 为负压筛析仪筛座示意图。筛析仪负压可调范围为 4000～6000Pa，喷气嘴上口平面与筛网之间距离为 2～8mm。负压源和收尘器由功率≥600W 的工业吸尘器和小型旋风收尘筒组成，或用其他具有相当功能的设备组成。

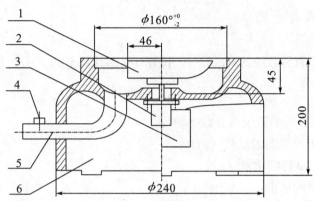

1—喷气嘴；2—微电机；3—控制板接口；4—负压表接口；5—负压源及收尘器接口；6—壳体

图 3.1－4　负压筛析仪筛座示意图（mm）

3. 操作程序

（1）试验准备。

试验前所用试验筛应保持清洁，负压筛和手工筛应保持干燥。试验时，80μm 筛析试验称取试样 25g，45μm 筛析试验称取试样 10g。称取试样精确至 0.01g。

（2）负压筛析法。

筛析试验前应把负压筛放在筛座上，盖上筛盖，接通电源，检查控制系统，调整负压至 4000～6000Pa 范围内。称取的试样置于洁净的负压筛中，放在筛座上，盖上筛盖，接通电源，开动筛析仪连续筛析 2min，在此期间如有试样附着在筛盖上，可轻轻地敲击筛盖使试样落下。筛毕，用天平称量全部筛余物。

（3）水筛法。

筛析试验前，应检查水中无泥、砂，调整好水压及水筛架的位置，使其能正常运转，并控制喷头底面和筛网之间距离为 35～75mm。称取的试样置于洁净的水筛中，立即用淡水冲洗至大部分细粉通过后，放在水筛架上，用水压为（0.05±0.02）MPa 的喷头连续冲洗 3min。筛毕，用少量水把筛余物冲至蒸发皿中，等水泥颗粒全部沉淀后，小心倒出清水；烘干并用天平称量全部筛余物。

（4）手工筛析法。

将称取的水泥试样倒入手筛内。用一只手持筛往复摇动，另一只手轻轻拍打，往复摇动和拍打过程应保持筛近于水平。拍打速度每分钟约 120 次，每 40 次向同一方向转动 60°，使试样均匀分布在筛网上，直至每分钟通过的试样量不超过 0.03g 为止，称量全部筛余物。

（5）其他粉状物料筛析。

对其他粉状物料或采用 $45\sim80\mu m$ 以外规格方孔筛进行筛析试验时，应指明筛子的规格、称样量、筛析时间等相关参数。

（6）试验筛的清洗。

试验筛必须经常保持清洁，筛孔通畅，使用 10 次后要进行清洗。金属筛框，铜筛网清洗时应用专门的清洗剂，不可用弱酸浸泡。

4. 结果计算与评定

（1）计算。

水泥试样筛余百分数按式（3.1—1）计算（结果计算至 0.1%）：

$$F = \frac{R_t}{W} \times 100\% \qquad (3.1-1)$$

式中：F——水泥试样的筛余百分数（%）；

R_t——水泥筛余物的质量（g）；

W——水泥试样的质量（g）。

（2）筛余结果的修正。

试验筛的筛网会在试验中磨损，因此筛析结果应进行修正。修正的方法是将式（3.1—1）的结果乘以该试验筛的有效修正系数，即为最终的结果。例如，用 A 号试验筛对某水泥样的筛余值为 5.0%，而 A 号试验筛的修正系数为 1.10，则该水泥样的最终结果为：5.0%×1.10=5.5%。

试验筛的修正系数由标准试样标定试验筛后得到。

（3）结果评定。

合格评定时，每个样品应称取二个试样分别筛析，取筛余平均值为筛析结果。若两次筛余结果绝对误差大于 0.5%时（筛余值大于 5.0%时可放至 1.0%）应再做一次试验，取两次相近结果的算术平均值，作为最终结果。

负压筛析法、水筛法和手工筛析法测定的结果发生争议时，以负压筛析法为准。

5. 水泥试验筛的标定

（1）标定操作。

将符合 GSB 14—1511 要求，或相同等级的标准样品，装入干燥洁净的密闭广口瓶中，盖上盖子摇动 2 分钟后，消除结块。静置 2 分钟后，用一根干燥洁净的搅拌棒搅匀样品。按照操作程序称量标准样品精确至 0.01g，将标准样品倒进被标定试验筛，中途不得有任何损失，接着操作程序进行筛析试验操作。每个试验筛的标定应称取两个标准样品连续进行，中间不得插做其他样品试验。

（2）标定结果。

两个样品结果的算术平均值为最终值，但当两个样品筛余结果相差大于 0.3%时应称第三个样品进行试验，并取接近的两个结果进行平均作为最终结果。

（3）修正系数计算。

修正系数按式（3.1—2）计算（计算至 0.01）。

$$C=F_s/F_t \hspace{4cm} (3.1-2)$$

式中：C——试验筛的修正系数；

F_s——标准样品的筛余标准值（%）；

F_t——标准样品在试验筛上的筛余值（%）。

（4）合格判定。

当 C 值在 0.80～1.20 范围内时，试验筛可以继续使用，C 可作为结果修正系数。

当 C 值超出 0.80～1.20 范围时，试验筛应予淘汰。

3.1.5　标准稠度用水量、凝结时间、安定性检测方法

1. 检测方法的相关规定

水泥标准稠度用水量、凝结时间、安定性的检验按照《水泥标准稠度用量、凝结时间、体安定性检验方法》（GB/T 1346）进行。

（1）标准稠度用水量。

国家标准规定检验水泥的凝结时间和安定性时需用"标准稠度"的水泥净浆。"标准稠度"是水泥净浆拌水后的一个特定状态。硅酸盐水泥的标准稠度用水量一般在 24%～30% 之间。

测定标准稠度的方法主要是贯入法。

影响标准稠度用水量的因素有矿物成分、细度、混合材料种类及掺量等。熟料矿物中 C_3A 需水性最大，C_2S 需水性最小。水泥越细，比表面积愈大，需水量越大。生产水泥时掺入需水性大的粉煤灰、沸石等混合材料，将使需水量明显增大。

（2）凝结时间。

水泥从加水开始到失去塑性，即从可塑状态发展到固体状态所需的时间称为凝结时间。水泥凝结时间分初凝时间和终凝时间。从水泥加水拌合至水泥浆开始失去塑性的时间称为初凝时间，从水泥加水拌合至水泥浆完全失去塑性并开始产生强度的时间称为终凝时间。

国家标准规定，硅酸盐水泥的初凝时间不早于 45min，终凝时间不迟于 6.5h（390min）。

影响水泥凝结时间的因素主要有：①熟料中 C_3A 含量高，石膏掺量不足，使水泥快凝；②水泥的细度越细，凝结愈快；③水灰比愈小，凝结时的温度愈高，凝结愈快；④混合材料掺量大，将延迟凝结时间。

水泥凝结时间的测定，是以标准稠度的水泥净浆，在规定温度和湿度下，用凝结时间测定仪来测定。测定前需首先测出标准稠度用水量，即水泥净浆达到规定稠度所需的拌合水量。水泥熟料矿物成分不同时，其标准稠度用水量亦有差别。磨得越细的水泥，标准稠度用水量越大。

（3）安定性。

水泥的安定性是指水泥在凝结硬化过程中体积变化的均匀程度，亦简称安定性。如果水泥在凝结硬化过程中产生均匀的体积变化，则为安定性合格，否则即为安定性不良。水泥安定性不良会使水泥制品、混凝土构件产生膨胀性裂缝，降低建筑物质量，甚

至引起严重工程事故。

水泥安定性不良是由其熟料中含有过多的游离 CaO 或游离 MgO，以及水泥粉磨时掺入过多石膏所致。熟料中所含游离 CaO 或游离 MgO（没有结合到铝硅酸网络结构中），在高温下（1450℃）煅烧，结构极其致密，水化极慢，在水泥凝结硬化很长时间后才开始水化，水化时体积膨胀，从而引起不均匀的体积膨胀而使水泥石开裂。另外，当水泥中石膏掺量过多时，在水泥硬化后，这些过多的石膏会与 C_3A 反应生成水化硫铝酸钙晶体，体积膨胀 1.5 倍，致使水泥石开裂。

国家标准规定，由游离 CaO 引起的水泥体积安定性不良可用沸煮法（分试饼法和雷氏法）检测。在有争议时，以雷氏法为准。试饼法是用标准稠度的水泥净浆按规定方法做成试饼，经养护、沸煮 3h 后，观察饼的外形变化，如未发现翘曲和裂纹，即为安定性合格，反之则为安定性不良。雷氏法是按规定方法制成圆柱体试件，然后测定沸煮前后试件尺寸的变化来评定安定性是否合格。

2. 检测原理

（1）标准稠度用水量：水泥标准稠度净浆对标准试杆（或试锥）的沉入具有一定阻力。通过试验不同含水量水泥净浆的穿透性，以确定水泥标准稠度净浆中所需加入的水量。

（2）凝结时间：试针沉入水泥标准稠度净浆至一定深度所需的时间。

（3）安定性：①通过测定水泥标准稠度净浆在雷氏夹中沸煮后试针的相对位移来表征其体积膨胀程度。②通过观测水泥标准稠度净浆试饼煮沸后的外形变化情况来表征其体积安定性。

3. 仪器设备

（1）水泥净浆搅拌机：符合 JC/T 729 的要求。

（2）标准法维卡仪：图 3.1-5 为测定水泥标准稠度和凝结时间用维卡仪及配件示意图。标准稠度试杆由有效长度为（50±1）mm，直径为（10±0.05）mm 的圆柱形耐腐蚀金属制成。初凝用试针由钢制成，其有效长度初凝针为（50±1）mm、终凝针为（30±1）mm，直径为（1.13±0.05）mm。滑动部分的总质量为（300±1）g。与试杆、试针联结的滑动杆表面应光滑，能靠重力自由下落，不得有紧涩和旷动现象。

盛装水泥净浆的试模应由耐腐蚀的、有足够硬度的金属制成。试模为深（40±0.2）mm、顶内径（65±0.5）mm、底内径（75±0.5）mm 的截顶圆锥体。每个试模应配备一个边长或直径约 100mm、厚度 4～5mm 的平板玻璃底板或金属底板。

（3）代用法维卡仪：符合 JC/T 727 要求。

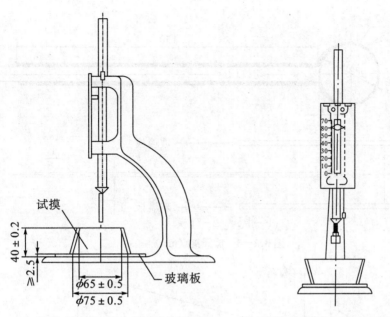

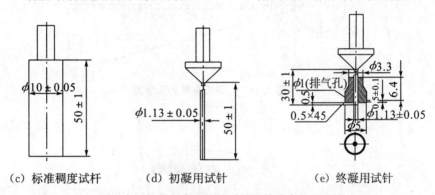

（a）初凝时间测定用立式试模的侧视图　　（b）终凝时间测定用反转试模的前视图

（c）标准稠度试杆　　（d）初凝用试针　　（e）终凝用试针

图 3.1－5　测定水泥标准稠度和凝结时间用的维卡仪及配件（mm）

（4）雷氏夹：由铜质材料制成，其结构如图 3.1－6。当一根指针的根部先悬挂在一根金属丝或尼龙丝上，另一根指针的根部再挂上 300g 质量的砝码时，两根指针针尖的距离增加应在（17.5±2.5）mm 范围内，即 $2x=$（17.5±2.5）mm（见图 3.1－7），当去掉砝码后针尖的距离能恢复至挂砝码前的状态。

（5）沸煮箱：符合 JC/T 955 要求。

（6）雷氏夹膨胀测定仪：如图 3.1－8 所示，标尺最小刻度为 0.5mm。

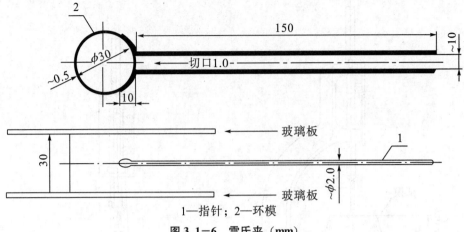

1—指针；2—环模

图 3.1-6　雷氏夹（mm）

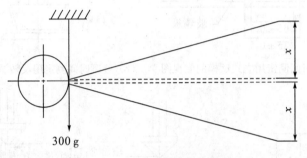

图 3.1-7　雷氏夹受力示意图

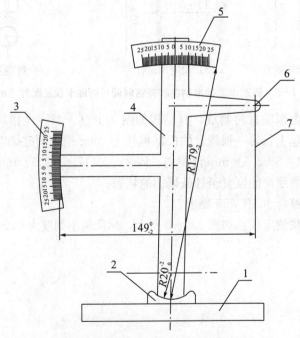

1—底座；2—模子座；3—测弹性标尺；4—立柱；5—测膨胀值标尺；6—悬臂；7—悬丝

图 3.1-8　雷氏夹膨胀测定仪（mm）

（7）量筒或滴定管：精度±0.5mL。

（8）天平：最大称量不小于 1000g，分度值不大于 1g。

4．试验用水

试验用水应是洁净的饮用水，如有争议时应以蒸馏水为准。

5．试验条件

（1）试验室温度为（20±2）℃，相对湿度应不低于 50%；水泥试样、拌合水、仪器和用具的温度应与试验室一致。

（2）湿气养护箱的温度为（20±1）℃，相对湿度不低于 90%。

6．检测流程

（1）标准稠度用水量的检测（标准法）。

①试验前准备工作。

A．维卡仪的滑动杆能自由滑动。试模和玻璃底板用湿布擦拭，将试模放在底板上。

B．调整至试杆接触玻璃板时指针对准零点。

C．搅拌机运行正常。

②水泥净浆的拌制。

用水泥净浆搅拌机搅拌，搅拌锅和搅拌叶片先用湿布擦过，将拌合水倒入搅拌锅内，然后在 5～10s 内小心将称好的 500g 水泥加入水中，防止水和水泥溅出；拌合时，先将锅放在搅拌机的锅座上，升至搅拌位置，启动搅拌机，低速搅拌 120s，停 15s，同时将叶片和锅壁上的水泥浆刮入锅中间，接着高速搅拌 120s 停机。

③标准稠度用水量的测定步骤

拌合结束后，立即取适量水泥净浆一次性将其装入已置于玻璃底板上的试模中，浆体超过试模上端，用宽约 25mm 的直边刀轻轻拍打超出试模部分的浆体 5 次以排除浆体中的孔隙，然后在试模上表面约 1/3 处，略倾斜于试模，分别向外轻轻锯掉多余浆体，再从试模边沿轻抹顶部一次，使浆体表面光滑。在锯掉多余净浆和抹平的操作过程中，注意不要压实浆体；抹平后迅速将试模和底板移到维卡仪上，并将其中心定在试杆下，降低试杆直至与水泥净浆表面接触，拧紧螺丝 1～2s 后，突然放松，使试杆垂直自由地沉入水泥净浆中。在试杆停止沉入或释放试杆 30s 时记录试杆距底板之间的距离，升起试杆后，立即擦净；整个操作应在搅拌后 1.5min 内完成。以试杆沉入净浆并距底板（6±1）mm 的水泥净浆为标准稠度净浆。其拌合水量为该水泥的标准稠度用水量（P），按水泥质量的百分比计。

（2）凝结时间的检测。

①试验前准备工作：调整凝结时间测定仪的试针，使其接触玻璃板时指针对准零点。

②试件的制备：以标准稠度用水量方法制成标准稠度净浆，一次装满试模，振动数次刮平，立即放入湿气养护箱中。记录水泥全部加入水中的时间作为凝结时间的起始时间。

③初凝时间的检测：试件在湿气养护箱中养护至加水后 30min 时进行第一次测定。测定时，从湿气养护箱中取出试模放到试针下，降低试针与水泥净浆表面接触。拧紧螺丝 1~2s 后，突然放松，试针垂直自由地沉入水泥净浆。观察试针停止下沉或释放试针 30s 时指针的读数。临近初凝时间时每隔 5min（或更短时间）测定一次，当试针沉至距底板（4±1）mm 时，为水泥达到初凝状态。由水泥全部加入水中至初凝状态的时间为水泥的初凝时间，用"min"表示。

④终凝时间的检测：为了准确观测试针沉入的状况，在终凝针上安装一个环形附件 [图 3.1-5（e）]。在完成初凝时间测定后，立即将试模连同浆体以平移的方式从玻璃板取下，翻转 180°，直径大端向上，小端向下放在玻璃板上，再放入湿气养护箱中继续养护，临近终凝时间时每隔 15min（或更短时间）测定一次，当试针沉入试体 0.5mm 时，即环形附件开始不能在试体上留下痕迹时，为水泥达到终凝状态。由水泥全部加入水中至终凝状态的时间为水泥的终凝时间，用"min"表示。

⑤注意事项：测定时应注意，在最初测定操作时应轻轻扶持金属柱，使其徐徐下降，以防试针撞弯，但结果以自由下落为准；在整个测试过程中试针沉入的位置至少要距试模内壁 10mm。临近初凝时，每隔 5min（或更短时间）测定一次，临近终凝时每隔 15min（或更短时间）测定一次，到达初凝时应立即重复测一次，当两次结论相同时才能确定到达初凝状态。到达终凝时，需要在试体另外两个不同点测试，确认结论相同才能确定到达终凝状态。每次测定不能让试针落入原针孔，每次测试完毕须将试针擦净并将试模放回湿气养护箱内，整个测试过程要防止试模受振。

（3）安定性的检测。

①试验前准备工作。

每个试样需成型两个试件，每个雷氏夹需配备两个边长或直径约 80mm、厚度 4~5mm 的玻璃板，凡与水泥净浆接触的玻璃板和雷氏夹内表面都要稍稍涂上一层油。

②雷氏夹试件的成型。

将预先准备好的雷氏夹放在已稍擦油的玻璃板上，并立即将已制好的标准稠度净浆一次装满雷氏夹，装浆时一只手轻轻扶持雷氏夹，另一只手用宽约 25mm 的直边刀在浆体表面轻轻插捣 3 次，然后抹平，盖上稍稍涂油的玻璃板，接着立即将试件移至湿气养护箱内养护（24±2）h。

③沸煮。

A. 调整好沸煮箱内的水位，保证水在整个沸煮过程中都超过试件，不需中途添补试验用水，同时又能保证在（30±5）min 内能将水加热至沸腾。

B. 脱去玻璃板取下试件，先测量雷氏夹指针尖端间的距离（A），精确到 0.5mm；接着将试件放入沸煮箱水中的试件架上，指针朝上，然后在（30±5）min 内将水加热至沸腾并恒沸（180±5）min。

C. 结果判别：沸煮结束后，立即放掉沸煮箱中的热水，打开箱盖，待箱体冷却至室温，取出试件进行判别。测量雷氏夹指针尖端的距离（C），准确至 0.5mm。当两个试件煮后增加距离（$C-A$）的平均值不大于 5.0mm 时，即认为该水泥安定性合格；当两个试件煮后增加距离（$C-A$）的平均值大于 5.0mm 时，应用同一样品立即重做一次试验，以复检结果为准。

（4）标准稠度用水量测定（代用法）。

①试验前准备工作。

A. 维卡仪的金属棒能自由滑动。

B. 调整至试锥接触锥模顶面时指针对准零点。

C. 搅拌机运行正常。

②水泥净浆的拌制过程同 3.1.5 节 6 中（1）下②条。

③标准稠度的测定。

采用代用法测定水泥标准稠度用水量可用调整水量和不变水量两种方法的任一种。采用调整水量方法时拌合水量按经验找水，采用不变水量方法时拌合水量用 142.5mL。

拌合结束后，立即将拌制好的水泥净浆装入锥模中，用宽约 25mm 的直边刀在浆体表面轻轻插捣 5 次，刮去多余的净浆；抹平后迅速放到试锥下面固定的位置上，将试锥降至净浆表面，拧紧螺丝 1～2s 后，突然放松，让试锥垂直自由地沉入水泥净浆中。到试锥停止下沉或释放试锥 30s 时记录试锥下沉深度。整个操作应在搅拌后 1.5min 内完成。

用调整水量方法测定时，以试锥下沉深度（30±1）mm 时的净浆为标准稠度净浆。其拌合水量为该水泥的标准稠度用水量（P），按水泥质量的百分比计。如下沉深度超出范围需另称试样，调整水量，重新试验，直至达到（30±1）mm 为止。

用不变水量方法测定时，根据式（3.1-3）（或仪器上对应标尺）计算得到标准稠度用水量 P。当试锥下沉深度小于 13mm 时，应改用调整水量法测定。

$$P = 33.4 - 0.185S \tag{3.1-3}$$

式中：P——标准稠度用水量（%）；

　　　S——试锥下沉深度（mm）。

（5）安定性测定（代用法）。

①试验前准备工作。

每个样品需准备两块边长约 100mm 的玻璃板，凡与水泥净浆接触的玻璃板都要稍稍涂上一层油。

②试饼的成型方法。

将制好的标准稠度净浆取出一部分分成两等份，使之成球形，放在预先准备好的玻璃板上，轻轻振动玻璃板并用湿布擦过的小刀由边缘向中央抹，做成直径 70～80mm、中心厚约 10mm、边缘渐薄、表面光滑的试饼，接着将试饼放入湿气养护箱内养护（24±2）h。

③沸煮。

A. 同 3.1.5 节 6 中（3）下③条。

B. 脱去玻璃板取下试饼，在试饼无缺陷的情况下将试饼放在沸煮箱水中的篦板上，在（30±5）min 内加热至沸腾并恒沸（180±5）min。

C. 结果判别：沸煮结束后，立即放掉沸煮箱中的热水，打开箱盖，待箱体冷却至室温，取出试件进行判别。目测试饼未发现裂缝，用钢直尺检查也没有弯曲（使钢直尺和试饼底部紧靠，以两者间不透光为不弯曲）的试饼为安定性合格，反之为不合格。当两个试饼判别结果有矛盾时，该水泥的安定性为不合格。

3.1.6　水泥强度检测方法

水泥的强度是评价水泥质量的又一个重要指标，也是划分水泥强度等级的依据。强度除受到水泥矿物组成、细度、石膏掺量、龄期、环境温度和湿度的影响外，还与加水量、标准砂、试验条件（搅拌时间、振捣程度等）、试验方法有关。

按照国家标准规定，水泥的强度采用《水泥胶砂强度检验法（ISO法）》（GB/T 17671）进行检验。该法是将水泥、标准砂和水用0.5的水灰比拌制的水泥胶砂，并制成40mm×40mm×160mm的试件，在标准温度为（20±1）℃、相对湿度不低于90%的养护室、雾室或水中养护一定龄期（3d、28d）后测得其强度。

《水泥胶砂强度检验法（ISO法）》（GB/T 17671）规定了水泥胶砂强检验基准方法的仪器、材料、胶砂组成、试验条件、操作步骤和结果计算等。其抗压强度测定结果与ISO 679结果等同。《水泥胶砂强度检验法（ISO法）》（GB/T 17671）同时也列入可代用的标准砂和振实台，当代用后结果有异议时以基准方法为准。本节适用于硅酸盐水泥、普通硅酸盐水泥、矿渣硅酸盐水泥、粉煤灰硅酸盐水泥、复合硅酸盐水泥、石灰石硅酸盐水泥的抗折和抗压强度的检验。

1．引用标准

本节说明时，下列所示标准均为有效，在实际研究中，各方应探讨使用下列标准最新版本的可能性。

GB/T 6003.1—2012　试验筛

JC/T 681—2005　行星式水泥胶砂搅拌机

JC/T 682—2005　水泥胶砂试体成型振实台

JC/T 683—2005　40mm×40mm水泥抗压夹具

JC/T 723—2005　水泥胶砂振动台

JC/T 724—2005　水泥胶砂电动抗折试验机

JC/T 726—2005　水泥胶砂试模

2．检验方法

本方法为40mm×40mm×160mm棱柱试体的水泥抗压强度和抗折强度测定。

试件是由按质量计的1份水泥、3份中国ISO标准砂，用0.5的水胶比拌制的一组塑性胶砂试件。使用中国ISO标准砂的水泥抗压强度结果必须与ISO基准砂的结果相一致。

胶砂用行星搅拌机搅拌，在振实台上成型。也可使用频率2800～3000次/min、振幅0.75mm振动台成型。

试件连模一起在湿气中养护24h，然后脱模在水中养护至试验龄期。

到试验龄期时将试件从水中取出，先进行抗折强度试验，折断后每部分再进行抗压强度试验。

3. 检测要求和检测设备

（1）检测要求。

试件成型试验室的温度应保持在（20±2)℃，相对湿度应不低于50%。

试件带模养护的养护箱或雾室温度保持在（20±1)℃，相对湿度不低于90%。

试件养护池水温度应在（20±1)℃范围内。

试验室空气温度和相对湿度及养护池水温在工作期间每天至少记录一次。

养护箱或雾室的温度与相对湿度至少每4h记录一次，在自动控制的情况下记录次数可以酌减至一天记录二次。在温度给定范围内，控制所设定的温度应为此范围中值。

（2）检测设备。

当定期控制检测发现设备中规定的公差不符合相关规定时，该设备应替换或及时进行调整和修理。控制检测记录应予保存。

对新设备的接收检测应包括标准规定的质量、体积和尺寸范围，对于公差规定的临界尺寸要特别注意。

有的设备材质会影响试验结果，这些材质也必须符合要求。

①试验筛。

金属丝网试验筛应符合GB/T 6003要求，其筛网孔尺寸如表3.1-4（R20系列）。

表 3.1-4　金属丝网试验筛（R20 系列）

系列	网眼尺寸（mm）
R20	2.0 1.6 1.0 0.50 0.16 0.080

②搅拌机。

搅拌机（见图3.1-9）属行星式，应符合JC/T 681要求。

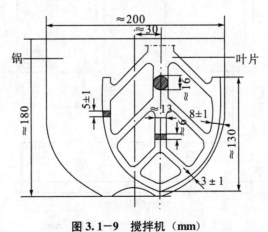

图 3.1-9　搅拌机（mm）

用多台搅拌机工作时，搅拌锅和搅拌叶片应保持配对使用。叶片与搅拌锅之间的间隙是指叶片与锅壁最近的距离，应每月检查一次。

③试模。

试模由 3 个水平的模槽组成（见图 3.1－10），可同时成型 3 条截面为 40mm×40mm、长 160mm 的菱形试体，其材质和制造尺寸应符合 JC/T 726 要求。

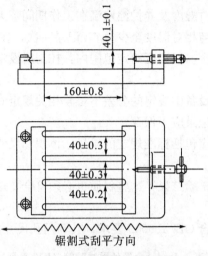

图 3.1－10　胶砂试模示意图（mm）

当试模的任何一个公差超过规定的要求时，就应更换。组装备用的干净试模时，应用黄干油等密封材料涂覆试模的外接缝。试模的内表面应涂上一薄层脱模剂或机油。

成型操作时，应在试模上面固定一个壁高 20mm 的金属模套，当从上往下看时，模套壁与试模内壁应该重叠，超出内壁不应大于 1mm。

为了控制料层厚度和刮平胶砂，应备有图 3.1－11 所示的 2 个播料器和 1 个金属刮平直尺。

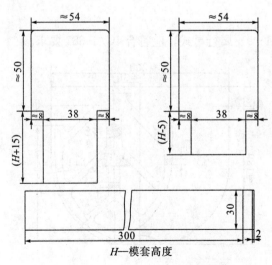

图 3.1－11　播料器和刮平直尺（mm）

④振实台。

振实台（见图 3.1-12）应符合 JC/T 682 要求。振实台应安装在高度约 400mm 的混凝土基座上。混凝土体积约为 $0.25m^3$，重约 600kg。需防外部振动影响振实效果时，可在整个混凝土基座下放一层厚约 5mm 的天然橡胶弹性衬垫。

将仪器用地脚螺丝固定在基座上，安装后设备成水平状态，仪器底座与基座之间要铺一层砂浆以保证它们的完全接触。

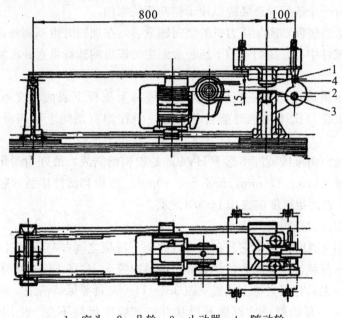

1—突头；2—凸轮；3—止动器；4—随动轮

图 3.1-12　振实台（mm）

⑤抗折强度试验机。

抗折强度试验机应符合 JC/T 724 的要求。抗折强度测定加荷如图 3.1-13。

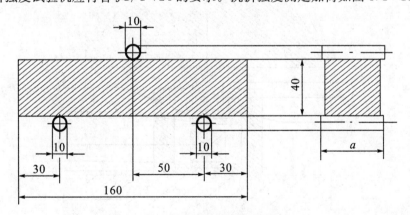

图 3.1-13　抗折强度测定加荷图（mm）

通过三根圆柱轴的三个竖向平面应该平行，并在试验时继续保持平行和等距离垂直试件的方向，其中一根支撑圆柱和加荷圆柱能轻微地倾斜使圆柱与试体完全接触，以便荷载沿试件宽度方向均匀分布，同时不产生任何扭转应力。

抗折强度也可用抗压强度试验机来测定，此时应使用符合上述规定的夹具。

⑥抗压强度试验机。

抗压强度试验机，在较大的五分之四量程范围内使用时记录的荷载应有±1％精度，并具有按（2400±200）N/s 速率的加荷能力，应有一个能指示试件破坏时荷载并把它保持到试验机卸荷以后的指示器，可以用表盘里的峰值指针或显示器来达到。人工操纵的试验机应配有一个速度动态装置以便于控制荷载增加。

压力机的活塞竖向轴应与压力机的竖向轴重合，在加荷时也不例外，而且活塞作用的合力要通过试件中心。压力机的下压板表面应与该机的轴线垂直并在加荷过程中一直保持不变。

压力机上压板球座中心应在该机竖向轴线与上压板下表面相交点上，其公差为±1mm。上压板在与试体接触时能自动调整，但在加荷期间上下压板的位置应固定不变。

试验机压板应由维氏硬度不低于 HV600 的硬质钢制成，最好为碳化钨，厚度不小于 10mm，宽为（40±0.1）mm，长不小于 40mm。压板和试件接触的表面平面度公差应为 0.01mm，表面粗糙度应在 0.1~0.8 之间。

⑦抗压强度试验机用夹具。

当需要使用夹具时，应把它放在压力机的上下压板之间并与压力机处于同一轴线，以便将压力机的荷载传递至胶砂试件表面。夹具应符合 JC/T 683 的要求，受压面积为 40mm×40mm。夹具在压力机上位置见图 3.1－14。夹具要保持清洁，球座应能转动以使其上压板能从一开始就适应试体的形状并在试验中保持不变。使用中夹具应满足 JC/T 683的全部要求。

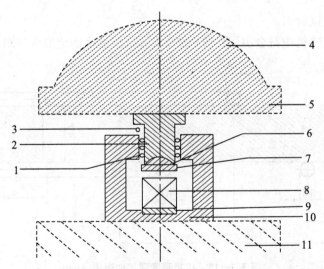

1—滚珠轴承；2—滑块；3—复位弹簧；4—压力机球座；5—压力机上压板；6—夹具球座；

7—夹具上压板；8—试体；9—底板；10—夹具下垫板；11—压力机下压板

图 3.1－14 抗压强度试验夹具

4. 胶砂原材

(1) 砂。

各国生产的 ISO 标准砂都可以用来测定水泥强度。中国 ISO 标准砂符合 ISO 679 中 5.1.3 的要求。对标准砂作全面和明确的规定是困难的，因此在鉴定和质量控制时使砂子与 ISO 标准砂比对标准化是必要的。

①ISO 标准砂。

ISO 标准砂（reference sand）是由德国标准砂公司制备的 SiO_2 含量不低于 98% 的天然的圆形硅质砂组成，其颗粒分布在表 3.1−5 规定的范围内。

表 3.1−5　ISO 标准砂颗粒分布

方孔边长（mm）	累计筛余（%）
2.0	0
1.6	7±5
1.0	33±5
0.5	67±5
0.16	87±5
0.08	99±1

砂的筛析试验应用有代表性的样品来进行，每个筛子的筛析试验应进行至每分钟通过量小于 0.5g 为止。

砂的湿含量是在 105~110℃ 下用代表性砂样烘 2h 的质量损失来测定，以干基的质量百分数表示，应小于 0.2%。

②中国 ISO 标准砂。

中国 ISO 标准砂完全符合上文颗粒分布和湿含量的规定。生产期间这种测定每天应至少进行一次。这些要求不足以保证标准砂与基准砂等同。这种等效性是通过标准砂和基准砂比对检验程序来保持的。

中国 ISO 标准砂可以单级分包装，也可以各级预配合以（1350±5）g 量的塑料袋混合包装，但所用塑料袋材料不得影响强度试验结果。

(2) 水泥。

当试验水泥从取样至试验要保持 24h 以上时，应把它贮存在基本装满和气密的容器里，这个容器应不与水泥起反应。

(3) 水。

仲裁试验或其他重要试验用蒸馏水，其他试验可用饮用水。

5. 胶砂的制备

(1) 配合比。

胶砂的质量配合比应为一份水泥、三份标准砂和半份水（水胶比为 0.5）。一盘胶砂制成三条试件，每盘材料需要量如表 3.1−6 所示。

表 3.1-6　每盘胶砂的材料用量

水泥品种	材料用量（g）		
	水泥	标准砂	水
硅酸盐水泥	450±2	1350±5	225±1
普通硅酸盐水泥			
矿渣硅酸盐水泥			
粉煤灰硅酸盐水泥			
复合硅酸盐水泥			
石灰石硅酸盐水泥			

（2）相关规定。

水泥、砂、水和试验用具的温度与试验室相同，称量用的天平精度应为±1g。当用自动滴管加 225ml 水时，滴管精度应达到±1mL。

（3）搅拌。

每盘胶砂用搅拌机进行机械搅拌。先使搅拌机处于待工作状态，然后按以下的程序进行操作：

把水加入锅里，再加入水泥，把锅放在固定架上，上升至固定位置。然后立即开动机器，低速搅拌 30s 后，在第二个 30s 开始的同时均匀地将砂子加入。当各级砂是分装时，从最粗粒级开始，依次将所需的每级砂量加完。把机器转至高速再拌 30s。停拌 90s，在第 1 个 15s 内用一胶皮刮具将叶片和锅壁上的胶砂刮入锅中。在高速下继续搅拌 60s。各个搅拌阶段，时间误差应在±1s 以内。

6.　试件的制备

（1）试件尺寸。

棱柱体尺寸应是 40mm×40mm×160mm。

（2）试件成型。

①用振实台成型。

胶砂搅拌好后立即进行成型。将空试模和模套固定在振实台上，用一个适当勺子直接从搅拌锅里将胶砂分两层装入试模。装第一层时，每个槽里约放 300g 胶砂，用大播料器垂直架在模套顶部沿每个模槽来回一次将料层播平，接着振实 60 次。再装入第二层胶砂，用小播料器播平，再振实 60 次。移走模套，从振实台上取下试模，用一金属直尺以近似 90°的角度架在试模模顶的一端，然后沿试模长度方向以横向锯割动作慢慢向另一端移动，一次将超过试模部分的胶砂刮去，并用同一直尺以近乎水平的状态下将试体表面抹平。

在试模上做标记或加字条标明试件编号。

②用振动台成型。

当使用代用的振动台成型时，操作如下：

在搅拌胶砂的同时将试模和下料漏斗卡紧在振动台的中心。将搅拌好的全部胶砂均匀地装入下料漏斗中，开动振动台，胶砂通过漏斗流入试模。振动（120±5）s停车。振动完毕，取下试模，用刮平尺以上述规定的刮平手法刮去其高出试模的胶砂并抹平。在试模上做标记或用字条表明试件编号。

7. 试件的养护

（1）脱模前的处理和养护。

去掉留在模子四周的胶砂。立即将做好标记的试模放入雾室或湿气养护箱的水平架子上养护，湿空气应能与试模各边接触。养护时不应将试模叠放。一直养护到规定的脱模时间时取出、脱模。脱模前，用防水墨汁或颜料笔对试件进行编号和做其他标记。二个龄期以上的试件，在编号时应将同一试模中的三条试件分在二个以上龄期内。

（2）脱模。

脱模应非常小心。对于 24h 龄期的，应在破型试验前 20min 内脱模。对于 24h 以上龄期的，应在成型后 20~24h 之间脱模。

已确定作为 24h 龄期试验（或其他不下水直接做试验）的已脱模试体，应用湿布覆盖至做试验时为止。

（3）水中养护。

将做好标记的试件立即水平或竖直放在（20±1）℃水中养护，水平放置时刮平面应朝上。试件放在不易腐烂的篦子上，彼此间保持一定间距，以让水与试件的六个面接触。养护期间试件之间间隔或试体上表面的水深不得小于 5mm。

每个养护池只养护同类型的水泥试件。最初用自来水装满养护池（或容器），随后随时加水保持适当的恒定水位，不允许在养护期间全部换水。除 24h 龄期或延迟至 48h 脱模的试体外，任何到龄期的试件应在试验（破型）前 15min 从水中取出。揩去试体表面沉积物，并用湿布覆盖至试验为止。

（4）试验龄期。

试件龄期从水泥加水搅拌开始试验时算起。不同龄期强度试验应在下列时间内进行。

——24h±15min；

——48h±30min；

——72h±45min；

——7d±2h；

——>28d±8h。

8. 强度测定

用规定的设备以中心加荷法测定抗折强度。使用折断后的棱柱体进行抗压试验，受压面是试体成型时的两个侧面，面积为 40mm×40mm。

当不需要抗折强度数值时，抗折强度试验可以省去。但抗压强度试验应在不使试件受有害应力情况下折断的两截棱柱体上进行。

（1）抗折强度测定。

将试体一个侧面放在试验机支撑圆柱上，试体长轴垂直于支撑圆柱，通过加荷圆柱以（50±10）N/s 的速率均匀地将荷载垂直地加在棱柱体相对侧面上，直至折断。

保持两个半截棱柱体处于潮湿状态直至抗压试验。

抗折强度 R_f 以牛顿每平方毫米（MPa）表示，按式（3.1-4）进行计算：

$$R_f = \frac{1.5F_fL}{b^3} \tag{3.1-4}$$

式中：F_f——折断时施加于棱柱体中部的荷载（N）；

L——支撑圆柱之间的距离（mm）；

b——棱柱正方形截面的边长（mm）。

（2）抗压强度测定。

用规定的仪器在半截棱柱体的侧面上进行抗压强度试验。

半截棱柱体中心与压力机压板受压中心差应在±0.5mm 内，棱柱体露在压板外的部分约有 10mm。

在整个加荷过程中以（2400±200）N/s 的速率均匀地加荷直至破坏。

抗压强度 R_c 以牛顿每平方毫米（MPa）为单位，按式（3.1-5）进行计算：

$$R_c = \frac{F_c}{A} \tag{3.1-5}$$

式中：F_c——破坏时的最大荷载（N）；

A——受压部分面积（mm^2）（40mm×40mm=1600mm^2）。

9. 检测结果的处理

强度测定有两种主要用途，即合格检验和验收检验。本节叙述合格检验，即用它确定水泥是否符合规定的强度要求。

（1）试测结果的确定。

①抗折强度。

以一组三个棱柱体抗折结果的平均值作为试验结果。当三个强度值中有值超出平均值±10％时，应剔除后再取平均值作为抗折强度试验结果。

②抗压强度。

以一组三个棱柱体上得到的六个抗压强度测定值的算术平均值为试验结果。如六个测定值中有一个超出六个平均值的±10％，就应剔除这个结果，而以剩下五个的平均数为结果。如果五个测定值中再有超过它们平均数±10％的，则此结果作废。

（2）检测结果的计算。

各试体的抗折强度记录至 0.1MPa，平均值计算精确至 0.1MPa。

各个半棱柱体得到的单个抗压强度结果计算至 0.1MPa，平均值计算精确至 0.1MPa。

（3）测量报告。

报告应包括所有单个强度结果和计算出的平均值。

（4）检测方法的精确性。

检测方法的精确性通过其重复性和再现性来测量。

合格检验方法的精确性是通过它的再现性来测量的。

验收检验方法和以生产控制为目的检验方法的精确性是通过它的重复性来测量的。

3.1.7 水泥比表面积检测方法

《水泥比表面积测试方法 勃氏法》（GB/T 8074）规定了用勃氏透气仪来测定水泥细度的试验方法。此方法适用于测定水泥的比表面积及适合采用本检测方法的、比表面积在 2000～6000cm²/g 范围的其他各种粉状物料，不适用于测定多孔材料及超细粉状物料。

勃氏法主要根据一定量的空气通过具有一定空隙率和固定厚度的水泥层时，所受阻力不同而引起流速的变化来测定水泥的比表面积。在一定空隙率的水泥层中，空隙的大小和数量是颗粒尺寸的函数，同时也决定了通过料层的气流速度。

1. 术语和定义

（1）水泥比表面积：单位质量的水泥粉末所具有的总表面积，以平方厘米每克（cm²/g）或平方米每千克（m²/kg）来表示。

（2）空隙率：试料层中颗粒间空隙的容积与试料层总的容积之比，以 ε 表示。

2. 试验设备及试验样品

（1）透气仪：本方法采用的勃氏比表面积透气仪，分手动和自动两种，均应符合 JC/T 959 的要求。

（2）烘干箱：控制温度灵敏度±1℃。

（3）分析天平：分度值为 0.001g。

（4）秒表：精确至 0.5s。

（5）水泥样品：水泥样品按 GB 12573 进行取样，先通过 0.9mm 方孔筛，再在（110±5）℃下烘干 1h，并在干燥器中冷却至室温。

（6）基准材料：GSB 14—1511 或相同等级的标准物质。有争议时以 GSB 14—1511 为准。

（7）压力计液体：采用带有颜色的蒸馏水或直接采用无色蒸馏水。

（8）滤纸：采用符合 GB/T 1914 的中速定量滤纸。

（9）汞：分析纯汞。

3. 仪器校准

（1）仪器的校准采用 GSB 14—1511 或相同等级的其他标准物质。有争议时以前者为准。

（2）仪器校准按 JC/T 956 进行。

（3）至少每年进行一次。仪器设备使用频繁则应半年进行一次，仪器设备维修后也要重新标定。

4. 相关规定

（1）水泥密度的测定：按 GB/T 208 测定水泥密度。

（2）密封状态的检查：将透气圆筒上口用橡皮塞塞紧，接到压力计上。用抽气装置从压力计一臂中抽出部分气体，然后关闭阀门，观察是否漏气。如发现漏气，可用活塞油脂加以密封。

(3) 空隙率 (ε) 的确定：P·Ⅰ、P·Ⅱ型水泥的空隙率采用 0.500±0.005，其他水泥或粉料的空隙率选用 0.530±0.005。当按上述空隙率不能将试样压至试料层制备规定的位置时，则允许改变空隙率。空隙率的调整以 2000g 砝码（5 等砝码）将试样压实至规定的位置为准。

5. 试样量的计算

试样量计算按照下式计算：

$$m = \rho V (1-\varepsilon) \tag{3.1-6}$$

式中：m——需要的试样量（g）；

ρ——试样密度（g/cm³）；

V——试料层体积，按 JC/T 956 测定（cm³）；

ε——试料层空隙率。

6. 试料层的制备

(1) 将穿孔板放入透气圆筒的突缘上，用捣棒把一片滤纸放到穿孔板上，边缘放平并压紧。称取确定的试样量，精确到 0.001g 倒入圆筒。轻敲圆筒的边，使水泥层表面平坦。再放入一片滤纸，用捣器均匀捣实试料直至捣器的支持环与圆筒顶边接触，并旋转 1~2 圈，慢慢取出捣器。

(2) 穿孔板上的滤纸为 ϕ12.7mm 边缘光滑的圆形滤纸片。每次测定需用新的滤纸片。

7. 透气试验

(1) 把装有试料层的透气圆筒下锥面涂一层活塞油脂，然后把它插入压力计顶端锥型磨口处，旋转 1~2 圈。要保证紧密连接不致漏气，并不振动所制备的试料层。

(2) 打开微型电磁泵，慢慢从压力计一臂中抽出空气，直到压力计内液面上升到扩大部下端时关闭阀门。当压力计内液体的凹月面下降到第一条线时开始计时，当液体的凹月面下降到第二条刻线时停止计时，记录液面从第一条刻度线到第二条刻度线所需的时间。以秒记录，并记录下试验时的温度（℃）。每次透气试验应重新制备试料层。

8. 计算

(1) 当被测物料的密度、试料层中空隙率与标准试样相同，试验时温差≤3℃时，可按式（3.1-7）计算：

$$S = \frac{S_s \sqrt{T}}{\sqrt{T_s}} \tag{3.1-7}$$

如试验时温差>3℃时，则按式（3.1-8）计算：

$$S = \frac{S_s \sqrt{\eta_s} \sqrt{T}}{\sqrt{\eta} \sqrt{T_s}} \tag{3.1-8}$$

式中：S——被测试样的比表面积（cm²/g）；

S_s——标准试样的比表面积（cm²/g）；

T——被测试样试验时，压力计中液面降落测得的时间（s）；

T_s——标准样品试验时，压力计中液面降落测量的时间（s）；

η——被测试样试验温度下的空气黏度（Pa·s）；

ηs——标准试样试验温度下的空气黏度（Pa·s）。

（2）当被测试样的试料层中空隙率与标准试样试料层中空隙率不同，试验时温差≤3℃时，可按式（3.1-9）计算：

$$S = \frac{S_s \sqrt{T}(1-\varepsilon_s)\sqrt{\varepsilon^3}}{\sqrt{T_s}(1-\varepsilon)\sqrt{\varepsilon_s^3}} \tag{3.1-9}$$

如试验时温差>3℃时，则按式（3.1-10）计算：

$$S = \frac{S_s \sqrt{\eta_s}\sqrt{T}(1-\varepsilon_s)\sqrt{\varepsilon^3}}{\sqrt{\eta}\sqrt{T_s}(1-\varepsilon)\sqrt{\varepsilon_s^3}} \tag{3.1-10}$$

式中：ε——被测试样试料层中的空隙率；

ε_s——标准试样试料层中的空隙率。

（3）当被测试样的密度和空隙率均与标准试样不同，试验时温差≤3℃时，可按式（3.1-11）计算：

$$S = \frac{S_s \rho_s \sqrt{T}(1-\varepsilon_s)\sqrt{\varepsilon^3}}{\rho \sqrt{T_s}(1-\varepsilon)\sqrt{\varepsilon_s^3}} \tag{3.1-11}$$

如试验时温差>3℃时，则按式（3.1-12）计算：

$$S = \frac{S_s \rho_s \sqrt{\eta_s}\sqrt{T}(1-\varepsilon_s)\sqrt{\varepsilon^3}}{\rho \sqrt{\eta}\sqrt{T_s}(1-\varepsilon)\sqrt{\varepsilon_s^3}} \tag{3.1-12}$$

式中：ρ——被测试样的密度（g/cm³）；

ρ_s——标准试样的密度（g/cm³）。

8. 结果处理

（1）水泥比表面积应由二次透气试验结果的平均值确定。如二次试验结果相差 2% 以上时，应重新试验。计算结果保留至 $10\text{cm}^2/\text{g}$。

（2）当同一水泥用手动勃氏透气仪测定的结果与自动勃氏透气仪测定的结果有争议时，以手动勃氏透气仪测定结果为准。

3.1.8　水泥密度检测方法

本检测方法适用于测定水泥的密度，也适用于测定采用本方法的其他粉状物料的密度。将水泥倒入装有一定量液体介质的李氏瓶内，并使液体介质充分地浸透水泥颗粒。根据阿基米德定律，水泥的体积等于它所排开的液体体积，从而算出水泥单位体积的质量即为密度，为使测定的水泥不产生水化反应，液体介质采用无水煤油。

1. 仪器

（1）李氏瓶：横截面形状为圆形，应严格遵守关于公差、符号、长度、间距以及均匀刻度的要求；最高刻度标记与磨口玻璃塞最低点之间的间距至少为 10mm（李氏瓶的结构材料是优质玻璃，透明无条纹，具有抗化学侵蚀性且热滞后性小，要有足够的厚度以确保较好的耐裂性）。

（2）无水灯油符合 GB 253 的要求。

（3）恒温水槽。

2. 测定步骤

（1）将无水煤油注入李氏瓶中至 0mL 到 10mL 之间刻度线后（以弯月面下部为准），盖上瓶塞放入恒温水槽内，使刻度部分浸入水中［水温应控制在（20±1）℃］，恒温 30min，记下初始（第一次）读数。

（2）从恒温水槽中取出李氏瓶，用滤纸将李氏瓶细长颈内没有煤油的部分仔细擦干净。

（3）水泥试样应预先通过 0.90mm 方孔筛，在（110±5）℃温度下干燥 1h，并在干燥器内冷却至室温。称取水泥 60g，准确至 0.01g。

（4）用小匙将水泥样品一点点的装入第（1）条的李氏瓶中，反复摇动（亦可用超声波震动），至没有气泡排出；再次将李氏瓶静置于恒温水槽中，恒温 30min，记下第二次读数。

（5）第一次计数和第二次计数时，恒温水槽的温度差应不大于 0.2℃。

3. 结果计算

（1）水泥体积应为第二次读数减去初始（第一次）读数，即水泥所排开的无水煤油的体积（m_l）。

（2）水泥密度 ρ（g/cm³）按下式计算：水泥密度 ρ（g/cm³）＝水泥质量（g）/排开的体积（cm³）。结果计算到小数，且取整数到 0.01g/cm³。试验结果取两次测定结果的算术平均值，两次测定结果之差不得超过 0.02g/cm³。

3.1.9　水泥胶砂流动度检测方法

检测方法规定了水泥胶砂流动度测定方法的仪器设备、试验条件及材料、试验方法、结果与计算。通过测量一定配比的水泥胶砂在规定振动状态下的扩展范围来衡量其流动性。

1. 仪器和设备

（1）水泥胶砂流动度测定仪。

①技术要求。

跳桌主要由铸铁机架和跳动部分组成。机架是铸铁铸造的坚固整体，有三根相隔 120°分布的增强筋。机架孔周围环状精磨。机架孔的轴线与圆盘上表面垂直。当圆盘下落和机架接触时，接触面保持光滑，并与圆盘上表面成平等状态，同时在 360°范围内完全接触。

跳动部分主要由圆盘桌面和推杆组成，总质量为（4.35±0.15）kg，且以推杆为中心均匀分布。圆盘桌面为布氏硬度不低于 200HB 的铸钢，直径为（300±1）mm，边缘约厚 5mm。其上表面应光滑平整，并镀硬铬。表面粗糙度 Ra 在 0.8～1.6 之间。桌面中心有直径为 125mm 的刻圆，用以确定锥形试模的位置。从圆盘外缘指向中心有 8 条线，相隔 45°分布。桌面下有 6 根辐射状筋，相隔 60°均匀分布。圆盘表面的平面度不超过 0.10mm。跳动部分下落瞬间，托轮不应与凸轮接触。跳桌落距为（10.0±0.2）mm。推杆与机架孔的公差间隙为 0.05～0.10mm。

凸轮由钢制成，其外表面轮廓符合等速螺旋线，表面硬度不低于洛氏 55HRC。当推杆和凸轮接触时不应察觉出有跳动，上升过程中保持圆盘桌面平稳，不抖动。

转动轴与转速为 60r/min 的同步电机，其转动机构能保证胶砂流动度测定仪在（25±1）s 内完成 25 次跳动。

跳桌底座有 3 个直径为 12mm 的孔，以便与混凝土基座连接，三个孔均匀分布在直径 200mm 的圆上。

②安装和润滑。

跳桌宜通过膨胀螺栓安装在已硬化的水平混凝土基座上。基座由容重至少为 2240kg/m³ 的重混凝土浇筑而成，基部约为 400mm×400mm×690mm。

跳桌推杆应保持清洁，并稍涂润滑油。圆盘与机架接触面不应该有油。凸轮表面上涂油可减少操作的摩擦。

③检定。

跳桌安装好后，采用流动度标准样（JBW 01-1-1）进行检定，测得标样的流动度值如与给定的流动度值相差在规定范围内，则该跳桌的使用性能合格。

（2）水泥胶砂搅拌机。

符合 JC/T 681 的要求。

（3）试模。

由截锥圆模和模套组成。金属材料制成，内表面加工光滑。圆模尺寸为：

高度（60±0.5）mm；

上口内径（70±0.5）mm；

下口内径（100±0.5）mm；

下口外径 120mm；

模壁厚大于 5mm。

（4）捣棒。

金属材料制成，直径为（20±0.5）mm，长度约为 200mm。

捣棒底面与侧面成直角，其下部光滑，上部手柄滚花。

（5）卡尺。

量程不小于 300mm，分度值不大于 0.5mm。

（6）小刀。

刀口平直，长度大于 80mm。

（7）天平。

量程不小于 1000g，分度值不大于 1g。

2. 试验条件及材料

（1）试验室、设备、拌合水、样品。

应符合 GB/T 17671 中第 4 条试验室和设备的有关规定。

（2）胶砂组成。

胶砂材料用量按相应标准要求或试验设计确定。

3. 试验方法

（1）如跳桌在 24h 内未被使用，先空跳一个周期 25 次。

（2）胶砂制备按 GB/T 17671 有关规定进行。在制备胶砂的同时，用潮湿棉布擦拭跳桌台面、试模内壁、捣棒以及与胶砂接触的用具，将试模放在跳桌台面中央并用潮湿棉布覆盖。

（3）将拌好的胶砂分两层迅速装入试模，第一层装至截锥圆模高度约三分之二处，用小刀在相互垂直两个方向各划 5 次，用捣棒由边缘至中心均匀捣压 15 次（见图 3.1－15）；随后，装第二层胶砂，装至高出截锥圆模约 20mm，用小刀在相互垂直两个方向各划 5 次，再用捣棒由边缘至中心均匀捣压 10 次（见图 3.1－16）。捣压后胶砂应略高于试模。捣压深度，第一层捣至胶砂高度的二分之一，第二层捣实不超过已捣实底层表面。装胶砂和捣压时，用手扶稳试模，不要使其移动。

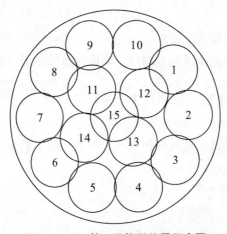

图 3.1－15　第一层捣压位置示意图

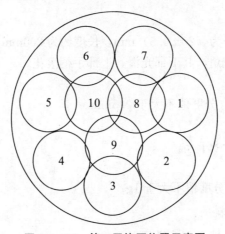

图 3.1－16　第二层捣压位置示意图

（4）捣压完毕，取下模套，将小刀倾斜，从中间向边缘分两次以近水平的角度抹去高出截锥圆模的胶砂，并擦去落在桌面上的胶砂。将截锥圆模垂直向上轻轻提起。立刻开动跳桌，以每秒钟一次的频率，在（25±1）s 内完成 25 次跳动。

（5）流动度试验，从胶砂加水开始到测量扩散直径结束，应在 6min 内完成。

4．结果与计算

跳动完毕，用卡尺测量胶砂底面互相垂直的两个方向直径，计算平均值，取整数，单位为毫米。该平均值即为该水量的水泥胶砂流动度。

3.1.10 通用硅酸盐水泥的性能特点及适用工程

1．硅酸盐水泥

硅酸盐水泥具有凝结时间短、快硬早强高强、抗冻、耐磨、耐热、水化放热集中、水化热较大、抗硫酸盐侵蚀能力较差的性能特点。

硅酸盐水泥用于配制高强混凝、先张预应力制品、道路、低温下施工的工程和一般受热（<250℃）的工程。一般不适用于大体积混凝土和地下工程，特别是有化学侵蚀的工程。

2．普通硅酸盐水泥

普通硅酸盐水泥与硅酸盐水泥性能相近，也具有凝结时间短、快硬早强高强、抗冻、耐磨、耐热、水化放热集中、水化热较大、抗硫酸盐侵蚀能力较差的性能特点。相比硅酸盐水泥，早期强度增进率稍有降低，抗冻性和耐磨性稍有下降，抗硫酸盐侵蚀能力有所增强。

普通硅酸盐水泥可用于任何无特殊要求的工程。一般不适用于受热工程、道路、低温下施工工程、大体积混凝土工程和地下工程，特别是有化学侵蚀的工程。

3．矿渣硅酸盐水泥

矿渣硅酸盐水泥具有需水性小、早强低后期增长大、水化热低、抗硫酸盐侵蚀能力强、受热性好的有点，也具有保水性和抗冻性差的缺点。

矿渣硅酸盐水泥可用于无特殊要求的一般结构工程，适用于地下和大体积等混凝土工程，不宜用于需要早强和受冻融循环、干湿交替的工程中。在一般受热工程（<250℃）和蒸汽养护构件中可优先采用矿渣硅酸盐水泥。

4．火山灰质硅酸盐水泥和粉煤灰质硅酸盐水泥

火山灰质硅酸盐水泥具有较强的抗硫酸盐侵蚀能力、保水性好和水化热低的优点，也具有需水量大、低温凝结慢、干缩性大、抗冻性差的缺点。粉煤灰硅酸盐水泥具有与火山灰质硅酸盐水泥相近的性能，相比火山灰质硅酸盐水泥，其具有需水量小、干缩性小的特点。

火山灰质硅酸盐水泥和粉煤灰硅酸盐水泥可用于一般无特殊要求的结构工程，适用于地下工程、水利和大体积等混凝土工程，不宜用于冻融循环、干湿交替的工程。

5．复合硅酸盐水泥

复合硅酸盐水泥除了具有矿渣硅酸盐水泥、火山灰硅酸盐水泥、粉煤灰硅酸盐水泥

所具有的水化热低、耐蚀性好、韧性好的优点外，能通过混合材料的复掺优化水泥的性能，如改善保水性、降低需水性、减少干燥收缩、适宜的早期和后期强度发展。

复合硅酸盐水泥可用于无特殊要求的一般结构工程，适用于地下、水利和大体积等混凝土工程，特别是有化学侵蚀的工程，不宜用于需要早强和受冻融循环、干湿交替的工程。

3.1.11　水泥的质量控制

（1）水泥品种与强度等级的选用应根据设计、施工要求以及工程所处环境确定。对于一般建筑结构及预制构件的普通混凝土，宜采用通用硅酸盐水泥；高强混凝土和有抗冻要求的混凝土，宜采用硅酸盐水泥或普通硅酸盐水泥；有预防混凝土碱骨料反应要求的混凝土工程宜采用碱含量低于0.6%的水泥；大体积混凝土宜采用中、低热硅酸盐水泥或低热矿渣硅酸盐水泥。水泥应符合现行标准《通用硅酸盐水泥》（GB 175）和《中热硅酸盐水泥　低热硅酸盐水泥　低热矿渣硅酸盐水泥》（GB 200）的有关规定。

在混凝土工程中，根据设计、施工要求以及工程所处环境合理选用水泥是十分重要的。硅酸盐水泥或普通硅酸盐水泥胶砂强度较高并掺加混合材较少，适合配制高强度混凝土，可掺用较多的矿物掺合料来改善高强混凝土的施工性能；由于掺加混合材较少，有利于配制抗冻混凝土。有预防混凝土碱－骨料反应要求的混凝土工程，采用碱含量不大于0.6%的低碱水泥是基本要求。采用低水化热的水泥，有利于限制大体积混凝土由温度应力引起的裂缝。

（2）水泥质量的主要控制项目应包括凝结时间、安定性、胶砂强度、氧化镁和氯离子含量，碱含量低于0.6%的水泥主要控制项目还应包括碱含量，中、低热硅酸盐水泥或低热矿渣硅酸盐水泥主要控制项目应包括水化热。

水泥质量主要控制项目为混凝土工程全过程质量检验的主要项目。细度为选择性指标，没有列入主要控制项目，但水泥出厂检验报告中有细度检验内容；三氧化硫、烧失量和不溶物等化学指标可在选择水泥时检验，工程质量控制可以出厂检验为依据。

（3）水泥的应用应符合下列规定：

①宜采用新型干法窑生产的水泥。

②应注明水泥中的混合材品种和掺加量。

③用于生产混凝土的水泥温度不宜超过60℃。

新型干法窑生产的水泥质量稳定性较好；现行国家标准《通用硅酸盐水泥》（GB 175）已经规定检验报告内容应包括混合材品种和掺加量，落实这一规定对混凝土质量控制很重要；当前建设工程对水泥的需求量很大，存在水泥出厂时温度过高的情况，水泥温度过高时拌制混凝土对混凝土性能不利，应予以控制。

（4）水泥进场时，应对其品种、代号、强度等级、包装或散装编号、出厂日期等进行检查，并应对水泥的强度、安定性和凝结时间进行检验，检验结果应符合现行国家标准《通用硅酸盐水泥》（GB 175）等的相关规定。检查数量：按同一厂家、同一品种、同一代号、同一强度等级、同一批号且连续进场的水泥，袋装不超过200t为一批，散装不超过500t为一批，每批抽样数量不应少于一次。检查方法：检查质量证明文件和抽样检验报告。质量证明文件应包括合格证、有效的型式检验报告、出厂检验报告。

（5）当使用中水泥质量受不利环境影响或水泥出厂超过三个月（快硬硅酸盐水泥超过一个月）时，应进行复验，并应按复验结果使用。这里"应按复验结果使用"的含义是当复验结果表明水泥品质未下降时可继续使用；当复验结果表明水泥强度有轻微下降时可在一定条件下使用；当复验结果表明水泥安定性或凝结时间出现不合格时，不得在工程上使用。

3.2　骨料

3.2.1　概述

1. 骨料的分类及成因

骨料也称集料，在混凝土中起骨架作用。由于骨料具有一定的强度，而且分布范围广，取材容易，加工方便，价格低廉，所以在混凝土施工中得到广泛应用。配制混凝土采用的骨料通常有砂、碎石或卵石。骨料的分类如下：

按粒径区分，粒径在 0.15mm 至 4.75mm 之间为细骨料，如砂；粒径大于 4.75mm 为粗骨料，如碎石和卵石。

按密度区分，绝干密度在 2.3t/m³ 以下，烧成的人造轻骨料与火山渣为轻骨料；绝干密度在 2.3~2.8t/m³，通常混凝土用的天然骨料及人造骨料为普通骨料；绝干密度 2.9t/m³ 以上，多者达 4.0t/m³ 以上为重骨料。

按成因区分为：天然骨料，如砂、卵石；人造骨料，如机制砂、碎石、碎卵石、高炉矿渣等。

生成骨料的岩石有火成岩、沉积岩与变质岩三大类。火成岩中常用的有花岗岩，沉积岩中常用的有凝灰岩、石灰岩，变质岩中常用的有大理岩。骨料中常见有害作用的矿物有云母、泥及泥块等，云母吸水率高，强度及抗磨性差。

2. 骨料的强度

骨料的强度来自岩石母体，在我国 JGJ 52—2006 中规定，采用 50mm 的立方体试件或 ϕ50mm×H50mm 圆柱体，在饱和状态下测定其抗压强度。火成岩强度不宜低于 80MPa，变质岩不宜低于 60MPa，沉积岩不宜低于 30MPa。沉积岩包括石灰岩、砂岩等，变质岩包括片麻岩、石英岩等。深成的火成岩包括花岗岩、正长岩、闪长岩和橄榄岩，喷出的火成岩包括玄武岩和辉绿岩等。碎石或卵石抵抗压碎的能力称为压碎指标值，骨料在生产过程中用压碎指标值测定仪来测压碎值，以间接反映岩石的强度。

对于普通混凝土，不同品种、不同强度骨料对混凝土强度的影响很小，但对高强混凝土，骨料的差别对强度的影响很大。混凝土强度等级为 C60 以上时，应进行岩石抗压试验。岩石抗压强度应为混凝土强度 1.3 倍以上。

混凝土的强度受水泥浆与骨料黏结强度的影响。骨料具有足够的强度时，混凝土强度不受骨料强度的影响。碎石与水泥浆的黏结面积大，黏结强度高，故比用河卵石配制的混凝土抗压强度高。

为了获得高强度，采用碎石比河卵石更有利。碎石中母岩的强度高，致密的硬质砂岩及安山岩是较合适的。水灰比 0.25 的混凝土，采用不同的骨料配制时，由于粗骨料的差别，抗压强度试验结果，强度相差达 40MPa，由于细骨料差别，强度相差 20MPa。

高强度混凝土选择骨料时应注意：首先选用表观密度 2.65 以上，吸水率在 1.0%～1.5% 以下，粒度 2.0～2.5cm 左右，在混凝土中体积含量约占 40% 的碎石。细骨料要采用级配良好的河砂，即中偏粗砂。

3. 骨料的弹性模量

混凝土的弹性模量受骨料品种的影响很大，而泊松比受骨料影响较小。骨料的弹性模量一般为 $3 \times 10^4 \sim 12 \times 10^4$ MPa。一般情况下，骨料的抗压强度越高，弹性模量也高。使用骨料的弹性模量越高，混凝土的弹性模量也增高。

4. 表观密度 ρ、紧密密度 ρ_C、堆积密度 ρ'_L

(1) 表观密度 ρ（kg/m³）是骨料颗粒单位体积（包括内封闭孔隙）的质量。骨料的密度有饱和面干状态与绝干状态两种。

(2) 紧密密度 ρ_C、堆积密度 ρ'_L。

根据所规定的捣实条件，把骨料放入容器中，装满容器后的骨料质量除以容器的体积，称为紧密密度 ρ_C。骨料在自然堆积状态下，单位体积的质量称为堆积密度 ρ'。

5. 级配

骨料中各种大小不同的颗粒之间的数量比例，称为骨料级配。骨料的级配如果选择不当，以至骨料的比表面、空隙率过大，则需要多耗费水泥浆，才能使混凝土获得一定的流动性，以及硬化后的性能指标（如强度、耐久性等）。有时即使多加水泥，硬化后的性能也会受到一定影响。故骨料的级配具有一定的实际意义。分析级配的常用指标如下：

(1) 筛分曲线。

骨料颗粒大小常用筛分确定。骨料的级配采用各筛上的筛余量按质量百分率表示。其筛分结果可以绘成筛分曲线（或称级配曲线）。

砂按 0.600mm 筛孔的累计筛余量（以质量百分率计，下同）分成三个级配区：Ⅰ区属粗砂，Ⅱ区属中砂，Ⅲ区属细砂。

对于粗骨料，有连续级配与间断级配之分。用与细骨料相同的筛分方法求得分计筛余量及累计筛余量百分率。单粒级一般用于组合具有要求级配的连续粒级。它也可以与连续级配的碎石或卵石混合使用，改善它们的级配或配成较大粒度的连续级配。采用单粒级时，必须注意避免混凝土发生离析。

所谓连续级配，即颗粒由小到大，每级粗骨料都占有一定比例，相邻两级粒径之比为 $N=2$；天然河卵石都属连续级配。但是，这种连续级配的粒级之间会出现干扰现象。如果相邻两级粒径比 $D:d=6$，直径小的一级骨料正好填充大一级的骨料的空隙，这时骨料的空隙率最低。

（2）细度模数 μ_f。

细度模数是用来代表骨料总的粗细程度的指标。它等于砂、石或砂石混合物在 0.15mm 以上各筛的总筛余百分率之和（质量）除以 100。按细度模数的概念，习惯上将砂大致分为粗砂、中砂、细砂、特细砂。

（3）空隙率。

骨料颗粒与颗粒之间没有被骨料占领的自由空间，称为骨料的空隙。在单位体积的骨料中，空隙所占的体积百分比，称为空隙率。骨料的空隙率主要取决于其级配。颗粒的粒形和表面粗糙度对空隙率也有影响。颗粒接近球形或者正方形时，空隙率较小；而颗粒棱角尖锐或者扁长者，空隙率较大；表面粗糙，空隙率较大。卵石表面光滑，粒形较好，空隙率一般比碎石小。碎石约为 45％左右，卵石约为 35％～45％。

砂子的空隙率一般在 40％上下。粗砂颗粒有粗有细，空隙率较小；细砂的颗粒较均匀，空隙率较大。对于高强度等级的混凝土，砂的堆积密度不应小于 1500kg/m³；对于低强度等级的混凝土，不应低于 1400kg/m³。

（4）骨料的最大粒径。

骨料的公称粒径的上限为该粒级的最大粒径。骨料的最大粒径大，比表面积小，空隙率也比较小。这就可以节省水泥与用水量，提高混凝土密实度、抗渗性、强度，减小混凝土收缩。所以一般都尽量选用较大的骨料最大粒径。

最大粒径的尺寸受到结构物的尺寸及钢筋的密度限制。一般规定，最大粒径不能大于结构物最小尺寸的 1/4～1/5，不能大于钢筋净距的 3/4，不能大于道路地坪厚度的 1/2。当强制型搅拌机为 400L 以下时，不应超过 100mm。在选择最大粒径时，应该视具体工程特点而定。

（5）粗骨料的针片状含量。

凡岩石颗粒的长度大于该颗粒所属粒级的平均粒径 2.4 倍者为针状颗粒，厚度小于平均粒径 0.4 倍者为片状颗粒。平均粒径指该粒级上、下限粒径的平均值。

粗骨料的针片状颗粒对级配和强度均带来不利影响。规范还规定，混凝土强度等级 ≥C30 时，针片状颗粒含量（以质量计）≤15％；混凝土强度等级 ＜C30 时，针片状颗粒含量 ≤25％。

试验表明，当混凝土配合比相同时，粗骨料针片状颗粒含量增大，拌合物坍落度降低，黏聚性变差，抗压强度和抗拉强度下降，且对高强混凝土的影响更加显著。高强混凝土的强度，除与界面黏结力有关外，还与骨料本身的强度有关，针片状骨料易于劈裂破坏，使混凝土强度降低。

（6）骨料的质量系数。

混凝土用的骨料既要求其级配合格（空隙率要小），也要粗细大小适中，所以采用骨料质量系数综合评价骨料质量的好坏。质量系数越大，骨料质量相对越好。

借助于上述指标的帮助，可以分析骨料的各种级配理论。对于良好的级配，可总结出如下的基本特征：

①砂石混合物空隙率最小，可以减少水泥浆用量，配出性能好的混凝土。

②砂石混合物具有适当小的表面积，因为水泥浆在混凝土中除了填充空隙以外，尚

需将骨料包裹起来。因此，当骨料已达最大密实度的条件下，应力求减小表面积，从而节约水泥，改善工作性能。

6. 杂质含量及其控制

骨料中常见有害作用的矿物有云母、泥及泥块等，云母吸水率高，强度及抗磨性差。

（1）含泥量。

骨料的含泥量是指粒径小于 $75\mu m$ 的颗粒含量。碎石中常含有石粉，随着石粉含量增加，坍落度相应降低，若要求坍落度相同，用水量必然增加。砂石含泥量的测定，一般用冲洗法，求黏土杂质总量占洁净骨料质量百分比。砂子含泥量尚可用膨胀法测定，即将砂放于水中，加 5% 氯化钙溶液，由于黏土粒子同钙离子的作用，形成膨胶体，按照体积膨胀率不应超过 5% 作为含泥量的标准。

含泥量一般会降低混凝土和易性、抗冻性、抗渗性，增加干缩。而且对于高强度的混凝土的抗压、抗拉、抗折、轴压、弹性模量、收缩、抗渗、抗冻等性能，均有较大影响。因此，如果骨料含泥量过多，要进行清洗。

（2）泥块含量。

砂中泥块含量是指粒径大于 1.18mm，经水洗、手捏后变成小于 $600\mu m$ 颗粒的含量。碎石卵石中的泥块含量是指颗粒粒径大于 4.75mm，经过水洗、手捏后变成颗粒小于 2.36mm 颗粒的含量。骨料中的泥块对混凝土的各项性能均产生不利的影响，降低混凝土拌合物的和易性和抗压强度，对混凝土的抗渗性、收缩及抗拉强度影响更大。混凝土的强度越高，影响越明显。

（3）有害物质含量。

有害物质主要指有机物、硫化物和硫酸盐等。有机物是植物的腐烂产物。试验证明，有机物质对混凝土性能影响很大。砂子即使含有 0.1% 的有机物质，也能降低混凝土强度 25%。有机物质的不良影响，特别在耐久性方面更为突出。

骨料中含有颗粒状的硫酸盐和硫化物，对混凝土耐久性影响很大。例如，硫铁矿（FeS）和石膏（$CaSO_4 \cdot 2H_2O$）经过一系列的物理和化学作用而产生体积膨胀，从而引起内应力，使混凝土破坏；还可能生成强的硫酸，对混凝土形成酸性侵蚀。

砂中还含有另外一些有害杂质，如云母，它们易滑、软弱、黏结性差。黑云母易风化，而白云母容易劈裂成很薄的碎片。云母碎片越细小（0.5~0.3mm），不良影响程度可以减弱。砂中相对密度小于 $2000kg/m^3$ 的物质称为轻物质。

7. 骨料的化学性质

（1）碱-骨料反应。

能与水泥或混凝土中的碱发生化学反应的骨料称为碱活性骨料。碱-骨料反应（Alkali-Aggregate Reaction，AAR），就是水泥中的碱与混凝土骨料中的活性矿物组分发生化学反应，生成新的硅酸盐凝胶而产生膨胀的一种破坏作用。由于 AAR 对混凝土耐久性的极大危害，世界各国都对 AAR 十分重视。AAR 可归纳为如下三种类型：

碱-硅反应（Alkali-Silica Reaction，ASR），是指混凝土中的碱与不定形二氧化硅的反应。

碱-硅酸盐反应（Alkali-Silicate Reaction，ASR），是指混凝土中的碱与某些硅酸盐矿物的反应。

碱-碳酸盐反应（Alkali-Carbonate Reaction，ACR），是指混凝土中的碱与某些碳酸盐矿物的反应。

其中碱-硅酸盐反应最为常见，是各国研究的重点。AAR 的发生需要具备三个要素：①碱活性骨料；②有足够量的碱存在（K、Na 离子等）；③水。三个因素共同作用导致了 AAR 的发生。

这三个要素当中，第三个要素虽简单，但作用不可忽视。并不是外界水未大量进入混凝土内部就可确保不发生 AAR。混凝土内部与外界因为保持湿度平衡就可能有充分的水分，而这种水分可能足以达到反应的要求。

第二个是碱的问题。在水泥中总碱量（R_2O）的计算以当量 Na_2O 计，公式为 $R_2O\% = Na_2O\% + 0.658 \times K_2O\%$。国内外经验表明，总碱量在 0.6% 以上的水泥（高碱水泥）容易引起 AAR，因此推荐使用总碱量在 0.6% 以下的水泥（低碱水泥）。但是实践中发现有时水泥含碱量在 0.6% 以下时也发生了 AAR 的破坏，其原因在于混凝土的其他组分，如外加剂、拌合水、掺合料等会引入碱，而且外界环境可能通过扩散或对流等各种物理化学方法向混凝土持续不断地提供碱，所以目前在各国的标准和具体实践中均对混凝土中的总碱量做了限制，一般认为小于 $3kg/m^3$ 时比较安全。

第一个问题是作为骨料的岩石的活性问题。常见的碱活性岩石及其活性组分可归纳于表 3.2-1。

表 3.2-1　常见的碱活性岩石

岩类	岩石	活性成分
火成岩	安山岩 英安岩 流纹岩 凝灰岩 粗面岩 松脂岩 珍珠岩 黑翟岩	中性和酸性富含二氧化硅的火山玻璃、微晶隐晶质石英、磷石英、方石英
沉积岩	硅质岩	微晶、隐晶质石英、玉髓、蛋白石、燧石、碧玉、玛瑙
	碳酸盐岩	含有 10%～20% 黏土质矿物的灰质白云岩（白云石和方解石含量几乎各占 1/2）

骨料具有碱活性是发生碱骨料反应的必要条件，因此，在对骨料进行选型以前，首先要确定骨料是否具有碱活性（这可以通过各种试验来确定）。一般我们将骨料分为三类，即碱活性、潜在碱活性和无碱活性。如果骨料是碱活性骨料，则不能使用这类骨料；如果骨料具有潜在碱活性，则要有条件地使用，如限制混凝土中的碱含量、使用粉煤灰等外掺料、混凝土表面涂刷高分子涂料以堵塞水及碱的外部通道等；而无碱活性骨

料则可以相对自由地使用。

对于碱骨料反应，我们要有充分的认识。前面所述碱－骨料反应的三个条件并非混凝土破坏的充分条件。因为即使发生了碱－骨料反应，但其膨胀量可能不足，或者混凝土在一定范围内能够容纳这种膨胀（比如低标号的混凝土由于水灰比较大，孔隙率较高），从而不破坏混凝土结构，这是完全可能的。因此，我们对碱－骨料反应要引起重视，但也不可盲目惧怕，只需在生产实践中谨慎对待就可以了。

（2）AAR引起膨胀的机理。

①关于ASR。

ASR的反应膨胀过程可分解为如下五个阶段：

A. 水泥中碱的溶解和释放，孔缝溶液pH值达13以上。

B. 活性SiO_2矿物的侵蚀及碱硅溶液或溶胶的形成。

C. 溶解状态的SiO_2单体或离子，在OH^-的催化下重新聚合成一定大小的SiO_2溶胶粒子。

D. 在钙及各种金属阳离子的作用下，凝胶粒子缩聚成各种结构的凝胶。

E. 凝胶吸水膨胀，或凝胶诱发渗透压力，这时可能发生混凝土结构破坏。

②关于ACR。

混凝土中的碱可与白云石质石灰石产生反应，导致混凝土破坏，常称为碱－碳酸盐反应（ACR）。其反应机理尚未完全了解。一般认为，当有碱存在时会发生如下的去白云石化反应：

$$CaCO_3 \cdot MgCO_3 + 2NaOH = CaCO_3 + Mg(OH)_2 + Na_2CO_3$$

通过上述反应使白云石晶体中的黏土包裹物暴露出来，由于黏土的吸水膨胀或由于通过黏土膜产生的渗透压导致混凝土膨胀开裂。而且在有$Ca(OH)_2$存在的条件下，还会按如下反应再生成碱（NaOH）。

$$Na_2CO_3 + Ca(OH)_2 = CaCO_3 + 2NaOH$$

这样就使上述的去白云石化反应继续进行，如此反复循环，有可能造成严重的危害。

（3）AAR的评价方法。

AAR具有很长的潜伏期，甚至可以达到30～50年。因此，尽早确定某种岩石是否具有碱活性具有非常重要的意义。为此，各国通过研究开发了多种检验骨料碱活性的方法，大体上按照判断依据分为三类：一是通过岩相鉴定检验骨料中是否含有活性组分的岩相法，二是以骨料与碱作用后所产生的膨胀率大小作为判据的测长法，三是依骨料在碱液中的反应程度作为判据的化学法。

（4）AAR的抑制措施。

因碱－碳酸盐反应（ACR）破坏事例远不及ASR普遍，国际上对ACR及其抑制措施的研究亦相应较少，在此，AAR主要是指ASR。目前，控制ASR的措施主要从以下几个方面考虑：

①使用非碱活性骨料；

②控制水泥及混凝土中的碱含量；

③控制湿度；

④使用混合材或化学外加剂；

⑤隔离混凝土内外之间的物质交换。

使用非碱活性骨料控制 AAR 是最有效和最安全可靠的措施，但是往往受资源的影响。另外，如前面所述，目前对评定骨料的碱活性特别是慢膨胀骨料的潜在碱活性尚无绝对可靠的方法，正确判定骨料的碱活性也并非易事。

控制混凝土碱含量主要是基于当混凝土中的碱含量低于一定值（通常认为 $3kg/m^3$ Na_2O 当量）时，混凝土孔溶液中 K^+、Na^+ 和 OH^- 浓度低于某临界值，AAR 便难于发生或反应程度较轻，不足以使混凝土开裂破坏。但研究表明，由于混凝土中碱能在化学物理作用下迁移富集，此措施并不总是有效。此外，对存在外部碱的工程，如海工工程、暴露于盐碱地和使用除冰盐的混凝土工程，会不断向混凝土内部提供碱，即使初期混凝土碱含量较低也可发生 AAR。因此，限制混凝土的碱含量只对部分工程有效。

有研究证明，相对降低湿度，可以降低 AAR 膨胀。实际上混凝土所处的环境湿度条件是不易人为控制的，而且干湿循环等因素还可以导致混凝土中碱的迁移，并在局部富集，反而加剧 AAR。

一些初步的研究结果表明，使用某些化学外加剂能抑制 AAR 膨胀，但其长期有效性尚未得到实际工程的证实，抑制机理也不清楚，现有化学外加剂的昂贵价格也使其推广应用受到极大限制。

上述措施在应用上均存在一定的局限性。大量的研究表明，使用某些掺合料置换部分水泥，不仅能够延缓或抑制 AAR，而且对混凝土的某些性能也有一定的改善作用，同时对节约资源、保护环境也有重要意义，因而对这一措施的应用和研究也最为广泛。

（5）其他化学性能。

含有某些矿物的骨料，配制的混凝土硬化后，也会出现化学问题。例如含有黄铁矿骨料的混凝土，在水分和空气渗透下，发生氧化反应，生成酸度极强的硫酸和氢氧化铁；硫酸对混凝土具有腐蚀性是不言而喻的，而氢氧化铁会膨胀，对混凝土也具有腐蚀性。

3.2.2　质量要求

1. 砂的质量要求

砂的粗细程度按细度模数 μ_f 分为粗、中、细、特细四级，其范围应符合以下规定：

粗砂：$\mu_f = 3.7 \sim 3.1$

中砂：$\mu_f = 3.0 \sim 2.3$

细砂：$\mu_f = 2.2 \sim 1.6$

特细砂：$\mu_f = 1.5 \sim 0.7$

砂筛应采用方孔筛。砂的公称粒径、砂筛筛孔的公称直径和方孔筛筛孔边长应符合表 3.2-2 的规定。

表 3.2-2　砂的公称粒径、砂筛筛孔的公称直径和方孔筛筛孔边长尺寸

砂的公称粒径	砂筛筛孔的公称直径	方孔筛筛孔边长
5.00mm	5.00mm	4.75mm
2.50mm	2.50mm	2.35mm
1.25mm	1.25mm	1.18mm
630μm	630μm	600μm
315μm	315μm	300μm
160μm	160μm	150μm
80μm	80μm	75μm

除特细砂外，砂的颗粒级配可按公称直径 630μm 筛孔的累计筛余量（以质量百分率计，下同），分成三个级配区（见表 3.2-3），且砂的颗粒级配应处于表 3.2-3 中的某一区内。

砂的实际颗粒级配与表 3.2-3 中的累计筛余相比，除公称粒径为 5.00mm 和 630μm 的累计筛余外，其余公称粒径的累计筛余可稍有超出分界线，但总超出量不应大于 5%。

当天然砂的实际颗粒级配不符合要求时，宜采取相应的技术措施，并经试验证明能确保混凝土质量后，方允许使用。

表 3.2-3　砂颗粒级配区

公称直径	累计筛余（%）		
	Ⅰ区	Ⅱ区	Ⅲ区
5.00mm	10~0	10~0	10~0
2.50mm	35~5	25~0	15~0
1.25mm	65~35	50~10	25~0
630μm	85~71	70~41	40~16
315μm	95~80	92~70	85~55
160μm	100~90	100~90	100~90

配制混凝土时宜优先选用Ⅱ区砂。当采用Ⅰ区砂时，应提高砂率，并保持足够的水泥用量，满足混凝土的和易性；当采用Ⅲ区砂时，宜适当降低砂率；当采用特细砂时，应符合相应的规定。

配制泵送混凝土宜选用中砂。

天然砂中含泥量应符合表 3.2-4 的规定。

表 3.2－4　天然砂中含泥量

混凝土强度等级	≥C60	C55～C30	≤C25
含泥量（按质量计,%）	≤2.0	≤3.0	≤5.0

对有抗冻、抗渗或其他特殊要求的小于或等于 C25 混凝土用砂，其含泥量应不大于 3.0%。

砂中的泥块含量应符合表 3.2－5 的规定。

表 3.2－5　砂中的泥块含量

混凝土强度等级	≥C60	C55～C30	≤C25
泥块含量（按质量计,%）	≤0.5	≤1.0	≤2.0

对于有抗冻、抗渗或其他特殊要求的小于或等于 C25 混凝土用砂，其泥块含量不应大于 1.0%。

人工砂或混合砂中石粉含量应符合表 3.2－6 的规定。

表 3.2－6　人工砂或混合砂中石粉含量

混凝土强度等级		≥C60	C55～C30	≤C25
石粉含量（%）	亚甲蓝值（MB）<1.4（合格）	≤5.0	≤7.0	≤10.0
	亚甲蓝值（MB）≥1.4（不合格）	≤2.0	≤3.0	≤5.0

砂的坚固性应采用硫酸钠溶液检验，试样经 5 次循环后，其质量损失应符合表 3.2－7的规定。

表 3.2－7　砂的坚固性指标

混凝土所处的环境条件及其性能要求	5 次循环后的质量损失（%）
在严寒及寒冷地区室外使用并经常处于潮湿或干湿交替状态下的混凝土 对于有抗疲劳、耐磨、抗冲击要求的混凝土 有腐蚀介质作用或经常处于水位变化区的地下结构混凝土	≤8
其他条件下使用的混凝土	≤10

人工砂的总压碎值指标应小于 30%。

当砂中含有云母、轻物质、有机物、硫化物及硫酸盐等有害物质时，其含量应符合表 3.2－8 的规定。

表 3.2－8　砂中的有害物质限值

项目	质量指标
云母含量（按质量计,%）	≤2.0
轻物质含量（按质量计,%）	≤1.0

项目	质量指标
硫化物及硫酸盐含量 （折算成 SO$_3$，按质量计，%）	≤1.0
有机物含量（用比色法试验）	颜色不应深于标准色，当颜色深于标准色时，应按水泥胶砂强度试验方法进行强度对比试验，抗压强度比不应低于 0.95

对于有抗冻、抗渗要求的混凝土，其中云母含量不应大于 1.0%。

当砂中含有颗粒状的硫酸盐或硫化物杂质时，应进行专门检验，确认能满足混凝土耐久性要求后，方可采用。

对于长期处于潮湿环境的重要混凝土结构用砂，应采用砂浆棒（快速法）或砂浆长度法进行骨料的碱活性检验。经上述检验判断为有潜在危害时，控制混凝土中的碱含量不超过 3kg/m³，或采用能抑制碱－骨料反应的有效措施。

砂中氯离子含量应符合下列规定：

（1）对于钢筋混凝土用砂，其氯离子含量不得大于 0.06%（以干砂的质量百分率计）；

（2）对于预应力混凝土用砂，其氯离子含量不得大于 0.02%（以干砂的质量百分率计）。

海砂中贝壳含量应符合表 3.2－9 的规定。

表 3.2－9 海砂中贝壳含量

混凝土强度等级	≥C40	C35～C30	C25～C15
贝壳含量（按质量计，%）	≤3	≤5	≤8

对于有抗冻、抗渗或其他特殊要求的小于或等于 C25 混凝土用砂，其贝壳含量不应大于 5%。

2. 石的质量要求

石筛应采用方孔筛。石的公称粒径、石筛筛孔的公称直径与方孔筛筛孔边长应符合表 3.2－10 的规定。

表 3.2－10 石筛筛孔的公称直径与方孔筛尺寸

石的公称粒径（mm）	石筛筛孔的公称直径（mm）	方孔筛筛孔边长（mm）
2.50	2.50	2.36
5.00	5.00	4.75
10.0	10.0	9.5
16.0	16.0	16.0
20.0	20.0	19.0

续表

石的公称粒径（mm）	石筛筛孔的公称直径（mm）	方孔筛筛孔边长（mm）
25.0	25.0	26.5
31.5	31.5	31.5
40.0	40.0	37.5
50.0	50.0	53.0
63.0	63.0	63.0
80.0	80.0	75.0
100.0	100.0	90.0

　　碎石或卵石的颗粒级配应符合表 3.2-11 的要求。混凝土用石应采用连续粒级。

　　单粒级宜用于组合成满足要求级配的连续粒级；也可与连续粒级混合使用，以改善其级配或配成较大粒度的连续粒级。

　　当卵石的颗粒级配不符合表 3.2-11 要求时，应采取措施并经试验证实能确保工程质量后，方允许使用。

表 3.2-11　碎石或卵石的颗粒级配范围

级配情况	公称粒级（mm）	累计筛余，按质量计（%）											
		方孔筛筛孔边长尺寸（mm）											
		2.36	4.75	9.5	16.0	19.0	26.5	31.5	37.5	53.0	63.0	75.0	90
连续粒级	5～10	95～100	80～100	0～15	0	—	—	—	—	—	—	—	—
	5～16	95～100	85～100	30～60	0～10	0	—	—	—	—	—	—	—
	5～20	95～100	90～100	40～80	—	0～10	0	—	—	—	—	—	—
	5～25	95～100	90～100	—	30～70	—	0～5	0	—	—	—	—	—
	5～31.5	95～100	90～100	70～90	—	15～45	—	0～5	0	—	—	—	—
	5～40	—	95～100	70～90	—	30～65	—	—	0～5	0	—	—	—
单粒级	10～20	—	95～100	85～100	—	0～15	0	—	—	—	—	—	—
	16～31.5	—	95～100	—	85～100	—	—	0～10	0	—	—	—	—
	20～40	—	—	95～100	—	80～100	—	—	0～10	0	—	—	—
	31.5～63	—	—	—	95～100	—	—	75～100	45～75	—	0～10	0	—
	40～80	—	—	—	—	95～100	—	—	70～100	—	30～60	0～10	0

　　碎石或卵石中针、片状颗粒含量应符合表 3.2-12 的规定。

表 3.2-12　针、片状颗粒含量

混凝土强度等级	≥C60	C55～C30	≤C25
针、片状颗粒含量（按质量计,%）	≤8	≤15	≤25

　　碎石或卵石中的含泥量应符合表 3.2-13 的规定。

表 3.2－13　碎石或卵石中的含泥量

混凝土强度等级	≥C60	C55～C30	≤C25
含泥量（按质量计,%)	≤0.5	≤1.0	≤2.0

对于有抗冻、抗渗或其他特殊要求的混凝土，其所用碎石或卵石的含泥量不应大于 1.0%。当碎石或卵石的含泥是非黏土质的石粉时，其含泥量可由表 4.13 的 0.5%、1.0%、2.0%分别提高到 1.0%、1.5%、3.0%。

碎石或卵石中的泥块含量应符合表 3.2.2－14 的规定。

表 3.2－14　碎石或卵石中泥块含量

混凝土强度等级	≥C60	C55～C30	≤C25
泥块含量（按质量计,%)	≤0.2	≤0.5	≤0.7

对于有抗冻、抗渗和其他特殊要求的强度等级小于 C30 的混凝土，其所用碎石或卵石中泥块含量应不大于 0.5%。

碎石的强度可用岩石的抗压强度和压碎值指标表示。岩石的抗压强度应比所配制的混凝土强度至少高 20%。当混凝土强度等级大于或等于 C60 时，应进行岩石抗压强度检验。岩石强度首先应由生产单位提供，工程中可采用压碎值指标进行质量控制。碎石的压碎值指标宜符合表 3.2－15 的规定。

表 3.2－15　碎石的压碎值指标

岩石品种	混凝土强度等级	碎石压碎值指标（%）
沉积岩	C60～C40	≤10
	≤C35	≤16
变质岩或深成的火成岩	C60～C40	≤12
	≤C35	≤20
喷出的火成岩	C60～C40	≤13
	≤C35	≤30

注：沉积岩包括石灰岩、砂岩等。变质岩包括片麻岩、石英岩等。深成的火成岩包括花岗岩、正长岩、闪长岩和橄榄岩等。喷出的火成岩包括玄武岩和辉绿岩等。

卵石的强度可用压碎值指标表示。其压碎值指标宜符合表 3.2－16 的规定。

表 3.2－16　卵石的压碎指标值

混凝土强度等级	C60～C40	≤C35
压碎指标值（%）	≤12	≤16

碎石和卵石的坚固性应用硫酸钠溶液法检验，试样经 5 次循环后，其质量损失应符合表 3.2－17 的规定。

表 3.2－17　碎石或卵石的坚固性指标

混凝土所处的环境条件及其性能要求	5 次循环后的质量损失（%）
在严寒及寒冷地区室外使用，并经常处于潮湿或干湿交替状态下的混凝土；有腐蚀性介质作用或经常处于水位变化区的地下结构或有抗疲劳、耐磨、抗冲击等要求的混凝土	≤8
在其他条件下使用的混凝土	≤12

碎石或卵石中的硫化物和硫酸盐含量以及卵石中有机物等有害物质含量应符合表 3.2－18 的规定。

表 3.2－18　碎石或卵石中的有害物质含量

项目	质量指标
硫化物及硫酸盐含量（折算成 SO_3，按质量计，%）	≤1.0
卵石中有机物含量（用比色法试验）	颜色应不深于标准色。当颜色深于标准色时，应配制成混凝土进行强度对比试验，抗压强度比应不低于 0.95。

当碎石或卵石中含有颗粒状硫酸盐或硫化物杂质时，应进行专门检验，确认能满足混凝土耐久性要求后，方可采用。

对于长期处于潮湿环境的重要结构混凝土，其所使用的碎石或卵石应进行碱活性检验。

3.2.3　验收、运输和堆放

供货单位应提供砂或石的产品合格证或质量检验报告。

使用单位应按砂或石的同产地同规格分批验收。采用大型工具（如火车、货船、汽车）运输的，应以 400m³ 或 600t 为一验收批；采用小型工具（如拖拉机等）运输的，应以 200m³ 或 300t 为一验收批。不足上述数量者，应按一个验收批进行验收。

每验收批砂石至少应进行颗粒级配、含泥量、泥块含量检验。对于碎石或卵石，还应检验针片状颗粒含量；对于海砂或有氯离子污染的砂，还应检验其氯离子含量；对于海砂，还应检验贝壳含量；对于人工砂及混合砂，还应检验石粉含量。对于重要工程或特殊工程，应根据工程要求增加检测项目。对其他指标的合格性有怀疑时，应予以检验。

当砂或石的质量比较稳定、进料量又较大时，可以 1000t 为一验收批。

当使用新产源的砂或石时，供货单位应按 3.2.2 的质量要求进行全面的检验。

使用单位的质量检验报告内容应包括：委托单位、样品编号、工程名称、样品产地、类别、代表数量、检测依据、检测条件、检测项目、检测结果、结论等。

砂或石的数量验收，可按质量计算，也可按体积计算。测定质量，可以汽车地量衡或船舶吃水线为依据。测定体积，可以车皮或船舶的容积为依据。采用其他小型工具运输时，可按量方确定。

砂或石在运输、装卸和堆放过程中，应防止颗粒离析和混入杂质，并应按产地、种类和规格分别堆放。碎石或卵石的堆料高度不宜超过 5m，对于单粒级或最大粒径不超过 20mm 的连续粒级，其堆料高度可增加到 10m。

3.2.4 取样与缩分

1. 取样

每验收批取样方法应按下列规定执行：

（1）在料堆上取样时，取样部位应均匀分布。取样前应先将取样部位表层铲除，然后由各部位抽取大致相等的砂 8 份、石 16 份，组成各自一组样品。

（2）从皮带运输机上取样时，应在皮带运输机机尾的出料处用接料器定时抽取砂 4 份、石 8 份组各自一组样品。

（3）从火车、汽车、货船上取样时，应从不同部位和深度抽取大致相等的砂 8 份、石 16 份组成各自一组样品。

除筛分析外，当其余检验项目存在不合格项时，应加倍取样进行复验。当复验仍有一项不满足标准要求时，应按不合格品处理。

注：如经观察，认为各节车皮间（汽车、货船间）所载的砂、石质量相差甚为悬殊时，应对质量有怀疑的每节列车（汽车、货船）分别取样和验收。

对于每一项检验项目，砂、石的每组样品取样数量应分别满足表 3.2－19 和表 3.2－20 的规定。当需要做多项检验时，可在确保样品经一项试验后不致影响其他试验结果的前提下，用同组样品进行多项不同的试验。

表 3.2－19　每一单项检验项目所需砂的最少取样质量

检验项目	最少取样数量（g）
筛分析	4400
表观密度	2600
吸水率	4000
紧密密度和堆积密度	5000
含水率	1000
含泥量	4400
泥块含量	20000
石粉含量	1600
人工砂压碎值指标	分成公称粒级 5.00～2.50mm、2.50～1.25mm、1.25mm～630μm、630～315μm、315～160μm，每个粒级各需 1000g
有机质含量	2000
云母含量	600

续表

检验项目	最少取样数量（g）
轻物质含量	3200
坚固性	分成公称粒级 5.00～2.50mm、2.50～1.25mm、1.25mm～630μm、630～315μm、315～160μm，每个粒级各需 100g
硫化物及硫酸盐含量	50
氯离子含量	2000
贝壳含量	10000
碱活性	20000

表 3.2－20　每一单项检验项目所需碎石或卵石的最少取样数量（kg）

试验项目	最大公称粒径（mm）							
	10.0	16.0	20.0	25.0	31.5	40.0	63.0	80.0
筛分析	8	15	16	20	25	32	50	64
表观密度	8	8	8	8	12	16	24	24
含水率	2	2	2	2	3	3	4	6
吸水率	9	8	16	13	16	24	24	32
堆积密度、紧密密度	40	40	40	40	80	80	120	120
含泥量	8	8	24	24	40	40	80	80
泥块含量	8	8	24	24	40	40	80	80
针、片状含量	1.2	4	8	12	20	40	—	—
硫化物及硫酸盐	1.0							

注：有机物含量、坚固性、压碎值指标及碱－骨料反应检验，应按试验要求的粒级及质量取样。

　　每组样品应妥善包装，避免细料散失，防止污染，并附样品卡片，标明样品的编号、取样时间、代表数量、产地、样品量、要求检验项目及取样方式等。

　　2. 样品的缩分

　　砂的样品缩分方法可选择下列两种方法之一：

　　（1）用分料器缩分（见图 3.2－1）：将样品在潮湿状态下拌合均匀，然后将其通过分料器，留下两个接料斗中的一份，并将另一份再次通过分料器，重复上述过程，直至把样品缩分到试验所需量为止。

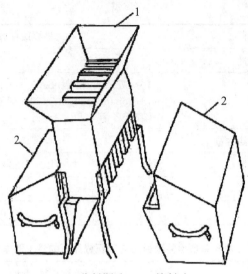

1—分料漏斗；2—接料斗

图 3.2-1 分料器

（2）人工四分法缩分：将样品置于平板上，在潮湿状态下拌合均匀，并堆成厚度约为 20mm 的"圆饼"，然后沿互相垂直的两条直径把"圆饼"分成大致相等的四份，取其对角的两份重新拌匀，再堆成"圆饼"状。重复上述过程，直至把样品缩分后的材料量略多于进行试验所需的量为止。

碎石或卵石缩分时，应将样品置于平板上，在自然状态下拌均匀，并堆成锥体，然后沿互相垂直的两条直径把锥体分成大致相等的四份，取其对角的两份重新拌匀，再堆成锥体。重复上述过程，直至把样品缩分至试验所需的量为止。

砂、碎石或卵石的含水率、堆积密度、紧密密度检验所用的试样，可不经缩分，拌匀后直接进行试验。

3.2.5 检验方法

1. 砂的检验方法

（1）砂的筛分析试验。

本方法适用于测定普通混凝土用砂的颗粒级配及细度模数。

①仪器设备：

A. 试验筛——公称直径为 10.0mm、5.00mm、2.50mm、1.25mm、630μm、315μm、160μm 的方孔筛各一只，筛的底盘和盖各一只，筛框直径为 300mm 或 200mm。其产品质量要求符合现行国家标准《金属丝纺织网试验筛》和《金属穿孔板试验筛》的规定；

B. 天平——称量 1000g，感量 1g；

C. 摇筛机；

D. 烘箱——温度控制范围为（105±5）℃；

E. 浅盘、硬、软毛刷等。

②试样制备：

用于筛分析的试样，其颗粒的公称直径不应大于10.0mm。试验前应先将来样通过公称直径10.0mm的方孔筛，并计算出筛余。称取经缩分后样品不少于550g两份，分别装入两个浅盘，在（105±5）℃的温度下烘干到恒重，冷却至室温备用。

注：恒重是指在相邻两次称量间隔时间不小于3h的情况下，前后两次称量之差小于该项试验所要求的称量精度。

③试验步骤：

准确称取烘干试样500g（特细砂可称250g），置于按筛孔大小顺序排列（大孔在上、小孔在下）的套筛的最上一只筛（公称直径为5.00mm的方孔筛）上；将套筛装入摇筛机内固紧，筛分10min；然后取出套筛，再按筛孔由大到小的顺序，在清洁的浅盘上逐一进行手筛，直至每分钟的筛出量不超过试样总量的0.1%时为止；通过的颗粒并入下一个筛子，并和下一只筛子中的试样一起进行手筛。按这样顺序依次进行，直至所有的筛子全部筛完为止。

注：当试样含泥量超过5%时，应先将试样水洗，然后烘干至恒重，再进行筛分；无摇筛机时，可改用手筛。

试样在各只筛子上的筛余量均不得超过按式（3.2-1）计算得出的剩留量，否则应将该筛的筛余试样分成两份或数份，再次进行筛分，并以其筛余量之和作为该筛的筛余量。

$$m_r = \frac{A\sqrt{d}}{300} \tag{3.2-1}$$

式中：m_r——某一筛上的剩余量（g）；

A——筛的面积（mm²）；

d——筛孔边长（mm）。

称取各筛筛余试样的质量（精确至1g），所有各筛的分计筛余量和底盘中剩余量之总和与筛分前的试样总量相比，相差不得超过1%。

④结果计算：

A. 计算分计筛余（各筛上的筛余量除以试样总量的百分率），精确至0.1%。

B. 计算累计筛余（该筛上的分计筛余与筛孔大于该筛的各筛的分计筛余之和），精确至0.1%。

C. 根据各筛两次试验累计筛余的平均值，评定该试样的颗粒级配分布情况，精确至0.1%。

D. 砂的细度模数应按下式计算，精确至0.01：

$$\mu_f = \frac{(\beta_2 + \beta_3 + \beta_4 + \beta_5 + \beta_6) - 5\beta_1}{100 - \beta_1} \tag{3.2-2}$$

式中：β_1、β_2、β_3、β_4、β_5、β_6——分别为公称直径5.00mm、2.50mm、1.25mm、630μm、315μm、160μm方孔筛上的累计筛余。

E. 以两次试验结果的算术平均值为测定值，精确至0.1。当两次试验所得的细度模数之差大于0.20时，应重新取试样进行试验。

（2）砂的表观密度试验（标准方法）。

本方法适用于测定砂的表观密度。

①仪器设备：

A. 天平——称量 1000g，感量 1g；

B. 容量瓶——容量 500mL；

C. 烘箱——温度控制范围为（105±5)℃；

D. 干燥器、浅盘、铝制料勺、温度计等。

②试样制备：

经缩分后不少于 650g 的样品装入浅盘，在温度为（105±5)℃的烘箱中烘干至恒重，并在干燥器内冷却至室温。

③试验步骤：

A. 称取烘干的试样 300g（m_0），装入盛有半瓶冷开水的容量瓶中。

B. 摇转容量瓶，使试样在水中充分搅动以排除气泡，塞紧瓶塞，静置 24h；然后用滴管加水至瓶颈刻度线平齐，再塞紧瓶塞，擦干容量瓶外壁的水分，称其重量（m_1）。

C. 倒出容量瓶中的水和试样，将瓶的内外壁洗净，再向瓶内加入与步骤 B 水温相差不超过 2℃的冷开水至瓶颈刻度线。塞紧瓶塞，擦干容量瓶外水分，称其重量（m_2）。

注：在砂的表观密度试验过程中应测量并控制水的温度，试验的各项称量可在 15~25℃的温度范围内进行。从试样加水静置的最后 2h 起至试验结束，其温度相差不应超过 2℃。

④结果计算：

表观密度（标准法）应按下式计算，精确至 10kg/m³：

$$\rho = \left(\frac{m_0}{m_0 + m_2 - m_1} - \alpha_t \right) \times 1000 \qquad (3.2-3)$$

式中：ρ——表观密度（kg/m³）；

m_0——试样的烘干质量（g）；

m_1——试样、水及容量瓶总质量（g）；

m_2——水及容量瓶总质量（g）；

α_t——水温对砂的表观密度影响的修正系数，见表 3.2-21。

表 3.2-21 不同水温对砂的表观密度影响的修正系数

水温℃	15	16	17	18	19	20
α_t	0.002	0.003	0.003	0.004	0.004	0.005
水温℃	21	22	23	24	25	
α_t	0.005	0.006	0.006	0.007	0.008	

以两次试验结果的算术平均值作为测定值。当两次结果之差大于 20kg/m³ 时，应重新取样进行试验。

（3）砂的表观密度试验（简易法）。

本方法适用于测定砂的表观密度。

①主要仪器设备：

A. 天平——称量 1000g，感量 1g；

B. 李氏瓶——容量 250mL；

C. 烘箱——温度控制范围为（105±5）℃。

②试样制备：

将样品缩分至不少于 120g，在（105±5）℃的烘箱中烘干至恒重，并在干燥器中冷却至室温，分成大致相等的两份备用。

③试验步骤：

A. 向李氏瓶中注入冷开水至一定刻度处，擦干瓶颈内部附着水，记录水的体积（V_1）；

B. 称取烘干试样 50g（m_0），徐徐装入盛水的李氏瓶中；

C. 试样全部倒入瓶中后，用瓶内的水将黏附在瓶颈和瓶壁的试样洗入水中，摇转李氏瓶以排除气泡，静置约 24h 后，记录瓶中水面升高后的体积（V_2）。

注：在砂的表观密度试验过程中应测量并控制水的温度，允许在 15～25℃的温度范围内进行体积测定，但两次体积测定（指 V_1 和 V_2）的温差不得大于 2℃。从试样加水静置的最后 2h 起，直至记录完瓶中水面高度时止，其相差温度不应超过 2℃。

④结果计算：

表观密度（简易法）应按下式计算，精确至 10kg/m³：

$$\rho = (\frac{m_0}{V_2 - V_1} - \alpha_t) \times 1000 \tag{3.2-4}$$

式中：ρ——表观密度（kg/m³）；

　　　m_0——试样的烘干质量（g）；

　　　V_1——水的原有体积（mL）；

　　　V_2——倒入试样后的水和试样的体积（mL）；

　　　α_t——水温对砂的表观密度影响的修正系数，见表 3.2-21。

以两次试验结果的算术平均值作为测定值，两次结果之差大于 20kg/m³ 时，应重新取样进行试验。

（4）砂的吸水率试验。

本方法适用于测定砂的吸水率，即测定以烘干质量为基准的饱和面干吸水率。

①仪器设备：

A. 天平——称量 1000g，感量 1g；

B. 饱和面干试模及质量为（340±15）g 的钢制捣棒（见图 3.2-2）；

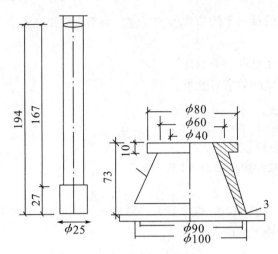

图 3.2－2　饱和面干试模及其捣棒（mm）

C. 干燥器、吹风机（手提式）、浅盘、铝制料勺、玻璃棒、温度计等；

D. 烧杯——容量 500mL；

E. 烘箱——温度控制范围为（105±5）℃。

②试样制备：

饱和面干试样的制备，是将样品在潮湿状态下用四分法缩分至 1000g，拌匀后分成两份，分别装入浅盘或其他合适的容器中，注入清水，使水面高出试样表面 20mm 左右［水温控制在（20±5）℃］。用玻璃棒连续搅拌 5min，以排除气泡。静置 24h 以后，细心地倒去试样上的水，并用吸管吸去余水。再将试样在盘中摊开，用手提吹风机缓缓吹入暖风，并不断翻拌试样，使砂表面的水分在各部位均匀蒸发。然后将试样松散地一次装满饱和面干试模中，捣 25 次（捣棒端面距试样表面不超过 10mm，任其自由落下），捣完后，留下的空隙不用再装满，从垂直方向徐徐提起试模。试样呈 3.2－3（a）形状时，说明砂中尚含有表面水，应继续按上述方法用暖风干燥，并按上述方法进行试验，直至试模提起后试样呈图 3.2－3（b）的形状为止。试模提起后，试样呈图 3.2－3（c）的形状，则说明试样已干燥过分，此时应将试样洒水约 5mL，充分拌匀，并静置于加盖容器中 30min 后，再按上述方法进行试验，直至试样达到如图 3.2－3（b）的形状为止。

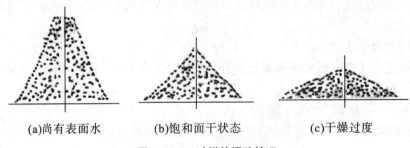

(a)尚有表面水　　　(b)饱和面干状态　　　(c)干燥过度

图 3.2－3　试样的塌陷情况

③试验步骤：

立即称取饱和面干试样 500g，放入已知质量（m_1）烧杯中，于温度为（105±5）℃的烘箱中烘干至恒重，并在干燥器内冷却至室温后，称取干样与烧杯的总重（m_2）。

④结果计算：

吸水率 ω_{wa} 应按式（3.2-5）计算，精确至 0.1%。

$$\omega_{wa} = \frac{500 - (m_2 - m_1)}{m_2 - m_1} \times 100\% \qquad (3.2-5)$$

式中：ω_{wa}——吸水率（%）；

　　m_1——烧杯质量（g）；

　　m_2——烘干的试样与烧杯的总质量（g）。

以两次试验结果的算术平均值作为测定值，当两次结果之差大于 0.2% 时，应重新取样进行试验。

（5）砂的堆积密度、紧密密度和空隙率。

本方法适用于测定砂的堆积密度、紧密密度及空隙率。

①所用仪器设备：

A. 秤——称量 5kg，感量 5g；

B. 容量筒——金属制，圆柱形，内径 108mm，净高 109mm，筒壁厚 2mm，容积 1L，筒底厚为 5mm；

C. 漏斗（见图 3.2-4）或铝制料勺；

D. 烘箱——温度控制范围为（105±5）℃；

E. 直尺、浅盘等。

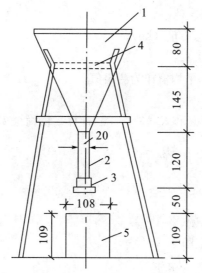

1—漏斗；2—下料管；3—活动门；4—筛子；5—量筒

图 3.2-4　标准漏斗（mm）

②试样制备：

先用公称直径 5.00mm 的筛子过筛，然后取经缩分后的样品不少于 3L，装入浅盘，在温度为（105±5）℃烘箱中烘干至恒重，取出并冷却至室温，分成大致相等的两份备用。试样烘干后若有结块，应在试验前先予捏碎。

③试验步骤：

A. 堆积密度。

取试样一份，用漏斗或铝制料勺，将它徐徐装入容量筒（漏斗出料口或料勺距容量筒筒口不应超过 50mm）直至试样装满并超出容量筒筒口。然后用直尺将多余的试样沿筒口中心线向相反方向刮平，称其质量（m_2）。

B. 紧密密度。

取试样一份，分两层装入容量筒。装完一层后，在筒底垫放一根直径为 10mm 的钢筋，将筒按住，左右交替颠击地面各 25 下，然后再装入第二层；第二层装满后用同样方法颠实（但筒底所垫钢筋的方向应与第一层放置方向垂直）；第二层装完并颠实后，加料直至试样超出容量筒筒口，然后用直尺将多余的试样沿筒口中心线向两个相反方向刮平，称其质量（m_2）。

④结果计算：

A. 堆积密度（ρ_L）及紧密密度（ρ_C）。

堆积密度（ρ_L）及紧密密度（ρ_C）应按式（3.2-6）计算（精确至 10kg/m³）。

$$\rho_L(\rho_C) = \frac{m_2 - m_1}{V} \times 1000 \tag{3.2-6}$$

式中：ρ_L（ρ_C）——堆积密度（紧密密度）（10kg/m³）；

m_1——容量筒的质量（kg）；

m_2——容量筒和砂总质量（kg）；

V——容量筒容积（L）。

以两次试验结果的算术平均值作为测定值。

B. 空隙率。

空隙率应按式（3.2-7）和式（3.2-8）计算，精确至 1%。

$$v_L = (1 - \frac{\rho_L}{\rho}) \times 100\% \tag{3.2-7}$$

$$v_C = (1 - \frac{\rho_C}{\rho}) \times 100\% \tag{3.2-8}$$

式中：v_L——堆积密度的空隙率（%）；

v_C——紧密密度的空隙率（%）；

ρ_L——砂的堆积密度（kg/m³）；

ρ——砂的表观密度（kg/m³）；

ρ_C——砂的紧密密度（kg/m³）。

⑤容量筒容积的校正方法：

以温度为（20±2）℃的饮用水装满容量筒，用玻璃板沿筒口滑移，使其紧贴水面。

擦干筒外壁水分，然后称其质重。用式（3.2-9）计算筒的容积：

$$V = m_2' - m_1' \qquad (3.2-9)$$

式中：V——容量筒容积（L）；

m_1'——容量筒和玻璃板质量（kg）；

m_2'——容量筒、玻璃板和水总质量（kg）。

（6）砂的含水率（标准法）。

本方法适用于测定砂的含水率。

①所用仪器设备：

A. 烘箱——温度控制范围为（105±5）℃；

B. 天平——称量 1000g，感量 1g；

C. 容器——如浅盘等。

②试验步骤：

由密封的样品中取各重 500g 的试样两份，分别放入已知质量的干燥容器（m_1）中称重，记下每盘试样与容器的总重（m_2）。将容器连同试样放入温度为（105±5）℃的烘箱中烘干至恒重，称量烘干后的试样与容器的总质重（m_3）。

③结果计算：

砂的含水率 ω_{uc} 应按式（3.2-10）计算（精确至 0.1%）。

$$\omega_{uc} = \frac{m_2 - m_3}{m_3 - m_1} \times 100\% \qquad (3.2-10)$$

式中：ω_{uc}——砂的含水率（%）；

m_1——容器质量（g）；

m_2——未烘干的试样与容器的总质量（g）；

m_3——烘干后的试样与容器的总质量（g）。

以两次试验结果的算术平均值作为测定值。

（7）砂的含水率试验（快速法）。

本方法适用于快速测定砂的含水率，对含泥量过大及有机杂质含量较多的砂不宜采用。

①所用仪器设备：

A. 电炉（或火炉）；

B. 天平——称量 1000g，感量 1g；

C. 炒盘（铁制或铝制）；

D. 油灰铲、毛刷等。

②试验步骤：

由密封样品中取 500g 试样放入干净的炒盘（m_1）中，称取试样与炒盘的总质重（m_2）；

置炒盘于电炉（或火炉）上，用小铲不断地翻拌试样，到试样表面全部干燥后，切断电流（或移出火外），再继续翻拌 1min，稍予冷却（以免损坏天平）后，称干样与炒盘的总重（m_3）。

③结果计算：

砂的含水率 ω_{wc} 应按式（3.2-11）计算，精确至 0.1%：

$$\omega_{wc} = \frac{m_2 - m_3}{m_3 - m_1} \times 100\%$$（3.2-11）

式中：ω_{wc}——砂的含水率（%）；

m_1——炒盘质量（g）；

m_2——未烘干的试样与炒盘的总质量（g）；

m_3——烘干后的试样与炒盘的总质量（g）。

以两次试验结果的算术平均值作为测定值。

（8）砂的含泥量试验（标准法）。

本方法适用于测定粗砂、中砂与细砂的含泥量。

①含泥量试验应采用下列仪器设备：

A. 天平——称量 1000g，感量 1g；

B. 烘箱——温度控制范围为（105±5）℃；

C. 试验筛——筛孔公称直径为 80μm 及 1.25mm 的方孔筛各一个；

D. 洗砂用的容器及烘干用的浅盘等。

②试样制备：

样品缩分至 1100g，置于温度为（105±5）℃的烘箱中烘干至恒重，冷却至室温后，称取各为 400g（m_0）的试样两份备用。

③试验步骤：

A. 取烘干的试样一份置于容器中，并注入饮用水，使水面高出砂面约 150mm，充分拌匀后，浸泡 2h，然后用手在水中淘洗试样，使尘屑、淤泥和黏土与砂粒分离，并使之悬浮或溶于水中。缓缓地将浑浊液倒入公称直径为 1.25mm、80μm 的方孔套筛（1.25mm 筛放置于上面）上，滤去小于 80μm 的颗粒。试验前筛子的两面应先用水润湿，在整个试验过程中应避免砂粒丢失。

B. 再次加水于筒中，重复上述过程，直到筒内洗出的水清澈为止。

C. 用水淋冲剩留在筛上的细粒，并将 80μm 筛放在水中（使水面略高出筛中砂粒的上表面）来回摇动，以充分洗除小于 80μm 的颗粒。然后将两只筛上剩留的颗粒和容器中已经洗净的试样一并装入浅盘，置于温度为（105±5）℃的烘箱中烘干至恒重。取出来冷却至室温后，称试样的质量（m_1）。

④结果计算：

砂的含泥量 ω_c 应按式（3.2-12）计算，精确至 0.1%：

$$\omega_c = \frac{m_0 - m_1}{m_0} \times 100\%$$（3.2-12）

式中：ω_c——砂中含泥量（%）；

m_0——试验前的烘干试样质量（g）；

m_1——试验后的烘干试样质量（g）。

以两个试样试验结果的算术平均值作为测定值。两次结果之差大于 0.5% 时，应重新取样进行试验。

(9) 砂的含泥量试验（虹吸管法）。

本方法适用于测定砂中的含泥量。

①主要仪器设备：

A. 虹吸管——玻璃管的直径不大于 5mm，后接胶皮弯管；

B. 玻璃容器或其他容器——高度不小于 300mm，直径不小于 200mm。

②试样制备：

应按砂的含泥量试验（标准法）的规定制备试样。

③含泥量试验应按下列步骤进行：

A. 称取烘干的试样 500g（m_0），置于容器中，并注入饮用水，使水面高出砂面约 150mm，浸泡 2h，浸泡过程中每隔一段时间搅拌一次，确保尘屑、淤泥和黏土与砂分离；

B. 用搅拌棒均匀搅拌 1min（单方向旋转），以适当宽度和高度的闸板闸水，使水停止旋转。经 20~25s 后取出闸板，然后，从上到下用虹吸管细心地将浑浊液吸出，虹吸管吸口的最低位置应距离砂面不少于 30mm；

C. 再倒入清水，重复上述过程，直到吸出的水与清水的颜色基本一致为止；

D. 后将容器中的清水吸出，把洗净的试样倒入浅盘并在（105±5）℃的烘箱中烘干至恒重，取出，冷却至室温后称砂质量（m_1）。

④结果计算：

砂的含泥量应按式（3.2-13）计算，精确 0.1%：

$$\omega_c = \frac{m_0 - m_1}{m_0} \times 100\% \tag{3.2-13}$$

式中：ω_c——砂中含泥量（%）；

m_0——试验前的烘干试样质量（g）；

m_1——试验后的烘干试样质量（g）。

以两个试样试验结果的算术平均值作为测定值。两次结果之差大于 0.5% 时，应重新取样进行试验。

(10) 砂的泥块含量试验。

本方法适用于测定砂中泥块含量。

①所用仪器设备：

A. 天平——称量 1000g，感量 1g；称量 5000g，感量 5g。

B. 烘箱——温度控制范围为（105±5）℃。

C. 试验筛——筛孔公称直径为 630μm 及 1.25mm 的方孔筛各一个。

D. 洗砂用的容器及烘干用的浅盘等。

②试样制备：

将样品缩分至 5000g，置于温度为（105±5）℃的烘箱中烘干至恒重，冷却至室温后，用公称直径 1.25mm 的方孔筛筛分，取筛上的砂不少于 400g 分为两份备用。特细砂按实际筛分量。

③试验步骤：

A. 称取试样 200g（m_1）置于容器中，并注入饮用水，使水面高出砂面 150mm。充分拌匀后，浸泡 24h，然后用手在水中碾碎泥块，再把试样放在公称直径 $630\mu m$ 的方孔筛上，用水淘洗，直至水清澈为止。

B. 保留下来的试样应小心地从筛里取出，装入水平浅盘后，置于温度为（105±5）℃烘箱中烘干至恒重，冷却后称重（m_2）。

④结果计算：

砂中泥块含量，应按式（3.2－14）计算，精确至 0.1％：

$$\omega_{c,L} = \frac{m_1 - m_2}{m_1} \times 100\% \qquad (3.2-14)$$

式中：$\omega_{c,L}$——泥块含量（％）；

m_1——试验前的干燥试样质量（g）；

m_2——试验后的干燥试样质量（g）。

以两次试样试验结果的算术平均值作为测定值。

（11）砂中有机物含量试验。

本方法适用于近似地判断天然砂中有机物含量是否会影响混凝土质量。

①有机物含量试验应采用下列仪器设备：

A. 天平——称量 100g，感量 0.1g；称量 1000g，感量 1g 的天平各一台。

B. 量筒——250mL、100mL 和 10mL。

C. 烧杯、玻璃棒和筛孔公称直径为 5.00mm 的方孔筛。

D. 氢氧化钠溶液——氢氧化钠与蒸馏水之质量比为 3∶97。

E. 鞣酸、酒精等。

②试样制备与标准溶液的配制：

筛除样品中的公称粒径 5.00mm 以上的颗粒，用四分法缩分至约 500g，风干备用。

称取鞣酸粉 2g，溶解于 98mL 的 10％酒精溶液中，即配得所需的鞣酸溶液；然后取该溶液 2.5mL，注入 97.5mL 浓度为 3％的氢氧化钠溶液中，加塞后剧烈摇动，静置24h，即配得标准溶液。

③试验步骤：

A. 向 250mL 量筒中倒入试样至 130mL 刻度处，再注入浓度为 3％的氢氧化钠溶液至 200mL 刻度处，剧烈摇动后静置 24h；

B. 比较试样上部溶液和新配制标准溶液的颜色，盛装标准溶液与盛装试样的量筒容积应一致。

④结果评定：

当试样上部的溶液颜色浅于标准溶液的颜色，则试样的有机物含量判定合格。

当两种溶液的颜色接近时，则应将该试样（包括上部溶液）倒入烧杯中放在温度为60～70℃的水浴锅中加热 2～3h，然后再与标准溶液比色。

当溶液颜色深于标准色时，则应按下法进一步试验：

取试样一份，用 3％氢氧化钠溶液洗除有机杂质，再用清水淘洗干净，直至试样上部溶液颜色浅于标准溶液的颜色，然后用洗除有机质和未洗除的试样分别按现行的国家标准《水泥胶砂强度方法（ISO）法》（GB/T 17671）配制两种水泥砂浆，测定 28d 的抗压强度，当未经洗除有机杂质的砂的砂浆强度与经洗除有机物后的砂的砂浆强度比不低于 0.95 时，则此砂可以采用，否则不可采用。

（12）砂的坚固性试验。

本方法适用于通过测定硫酸钠饱和溶液渗入砂中形成结晶时的裂胀力对砂的破坏程度，来间接地判断其坚固性。

①坚固性试验应采用下列仪器设备和试剂：

A. 烘箱——温度控制范围为（105±5）℃；

B. 天平——称量 1000g，感量 1g；

C. 试验筛——筛孔公称直径为 160μm、315μm、630μm、1.25mm、2.50mm、5.00mm 的方孔筛各一只；

D. 容器——搪瓷盆或瓷缸，容器不小于 10L；

E. 三脚网篮——内径及高均为 70mm，由铜丝或镀锌铁丝制成，网孔的孔径不应大于所盛试样粒级下限尺寸的一半；

F. 试剂——无水硫酸钠；

G. 比重计；

H. 氯化钡——浓度为 10％。

②试样制备、溶液配制：

硫酸钠溶液的配制按下述方法：

取一定数量的蒸馏水（取决于试样及容器大小，加温至 30~50℃，每 1000mL 蒸馏水加入无水硫酸钠（Na_2SO_4）300~350g，用玻璃棒搅拌，使其溶解并饱和，然后冷却至 20~25℃，在此温度下静置两昼夜，其密度应为 1151~1174kg/m³；

将缩分后的样品用水冲洗干净，在（105±5）℃的温度下烘干，冷却至室温备用。

③试验步骤：

称取公称粒径分别为 315~630μm、630μm~1.25mm、1.25~2.50mm 和 2.50~5.00mm 的试样各 100g。若是特细砂，应筛去公称粒径 160μm 以下和 2.50mm 以上的颗粒，称取公称粒径分别为 315~630μm、630μm~1.25mm、1.25~2.50mm、2.50~5.00mm 的试样各 100g，分别装入网篮并浸入盛有硫酸钠溶液的容器中，溶液体积应不小于试样总体积的 5 倍，其温度应保持在 20~25℃。三脚网篮浸入溶液时，应先上下升降 25 次以排除试样中的气泡，然后静置于该容器中。此时，网篮底面应距容器底面约 30mm（由网篮脚高控制），网篮之间的间距应不小于 30mm，试样表面至少应在液面以下 30mm。

浸泡 20h 后，从溶液中提出网篮，放在温度为（105±5）℃的烘箱中烘烤 4h，至此，完成了第一次试验循环。待试样冷却至 20~25℃后，即开始第二次循环，从第二次循环开始，浸泡及烘烤时间均为 4h。

第五次循环完后，将试样置于 20~25℃的清水中洗净硫酸钠，再在（105±5）℃的烘箱中烘干至恒重，取出并冷却至室温后，用孔径为试样粒级下限的筛，过筛并称量各粒级试样试验后的筛余量。

试样中硫酸钠是否洗净，可按下法检验：取冲洗过试样的水若干毫升，滴入少量 10％的氯化钡（$BaCl_2$）溶液，如无白色沉淀，则说明硫酸钠已被洗净。

④结果计算：

试样中各粒级颗粒的分计质量损失百分率 δ_{ji} 应按下式计算：

$$\delta_{ji} = \frac{m_i - m_i'}{m_i} \times 100\%$$
(3.2—15)

式中：δ_{ji}——各粒级颗粒的分计质量损失百分率（％）；

m_i——每一粒级试样试验前的质量（g）；

m_i'——经硫酸钠溶液试验后，每一粒级筛余颗粒的烘干质量（g）。

$300\mu m \sim 4.75mm$ 粒级试样的总质量损失百分率 δ_j 应按下式计算，精确至 1％：

$$\delta_j = \frac{\alpha_1\delta_{j1} + \alpha_2\delta_{j2} + \alpha_3\delta_{j3} + \alpha_4\delta_{j4}}{\alpha_1 + \alpha_2 + \alpha_3 + \alpha_4} \times 100\%$$
(3.2—16)

式中：δ_j——试样的总质量损失百分率（％）；

α_1、α_2、α_3、α_4——公称粒径分别为 $315\sim630\mu m$、$630\mu m\sim1.25mm$、$1.25\sim2.50mm$ 和 $2.50\sim5.00mm$ 粒级在筛除小于公称粒径 $315\mu m$ 及大于公称粒径 $5.00mm$ 颗粒后原试样中所占的百分率（％）。

δ_{j1}、δ_{j2}、δ_{j3}、δ_{j4}——公称粒径分别为 $315\sim630\mu m$、$630\mu m\sim1.25mm$、$1.25\sim2.50mm$ 和 $2.50\sim5.00mm$ 各粒级的分计质量损失百分率（％）。

特细砂按下式计算，精确至 1％：

$$\delta_j = \frac{\alpha_0\delta_{j0} + \alpha_1\delta_{j1} + \alpha_2\delta_{j2} + \alpha_3\delta_{j3}}{\alpha_0 + \alpha_1 + \alpha_2 + \alpha_3} \times 100\%$$
(3.2—17)

式中：δ_j——试样的总质量损失百分率（％）；

α_0、α_1、α_2、α_3——公称粒径分别为 $160\sim315\mu m$、$315\sim630\mu m$、$630\mu m\sim1.25mm$、$1.25\sim2.50mm$ 粒级在筛除小于公称粒径 $160\mu m$ 及大于公称粒径 $2.50mm$ 颗粒后原试样中所占的百分率（％）；

δ_{j0}、δ_{j1}、δ_{j2}、δ_{j3}——公称粒径分别为 $160\sim315\mu m$、$315\sim630\mu m$、$630\mu m\sim1.25mm$、$1.25\sim2.50mm$ 各粒级的分计质量损失百分率（％）。

(13) 砂中氯离子含量试验。

本方法适用于测定砂中的氯离子含量。

①所用仪器设备和试剂：

A. 天平——称量 1000g，感量 1g；

B. 带塞磨口瓶——1L；

C. 三角瓶——容量 300mL；

D. 滴定管——容量 10mL 或 25mL；

E. 容量瓶——容量 500mL；

F. 移液管——容量 50mL、2mL；

G. 5％（W/V）铬酸钾指示剂溶液；

H. 0.01mol/L 氯化钠标准溶液；

Ⅰ. 0.01mol/L 硝酸银标准溶液。

②试样制备：

取经缩分后样品 2kg，在温度（105±5）℃的烘箱中烘干至恒重，经冷却至室温备用。

③试验步骤：

称取试样 500g（m），装入带塞磨口瓶中，用容量瓶取 500mL 蒸馏水，注入磨口瓶内，加上塞子，摇动一次，放置 2h，然后每隔 5min 摇动一次，共摇动 3 次，使氯盐充分溶解。将磨口瓶上部已澄清的溶液过滤，然后用移液管吸取 50mL 滤液，注入三角瓶中，再加入浓度为 5％的（W/V）铬酸钾指示剂 1mL，用 0.01mol/L 硝酸银标准溶液滴定至呈现砖红色为终点，记录消耗的硝酸银标准溶液的毫升数（V_1）。

空白试验：用移液管准确吸取 50mL 蒸馏水到三角瓶内，加入 5％铬酸钾指示剂 1mL，并用 0.01mol/L 硝酸银标准溶液滴定至溶液呈砖红色为止，记录此点消耗的硝酸银标准溶液的毫升数（V_2）。

④结果计算：

砂中氯离子含量 ω_{Cl^-} 应按下式计算，精确至 0.001％：

$$\omega_{Cl^-} = \frac{C_{AgNO_3}(V_1 - V_2) \times 0.0355 \times 10}{m} \times 100\%　\text{(3.2-18)}$$

式中：ω_{Cl^-}——砂中氯离子含量（％）；

　　　C_{AgNO_3}——硝酸银标准溶液的浓度（mol/L）；

　　　V_1——样品滴定时消耗的硝酸银标准溶液的体积（mL）；

　　　V_2——空白试验时消耗的硝酸银标准溶液的体积（mL）；

　　　m——试样质量（g）。

（14）砂的碱活性试验（快速法）。

本方法适用于在 1mol/L 氢氧化钠溶液中浸泡试样 14d 以检验硅质骨料与混凝土中的碱产生潜在反应的危害性，不适用于碱碳酸盐反应活性骨料检验。

①所用仪器设备：

烘箱——温度控制范围为（105±5）℃。

天平——称量 1000g，感量 1g。

试验筛——筛孔公称直径为 5.00mm、2.50mm、1.25mm、630μm、315μm、160μm 的方孔筛各一只。

测长仪——测量范围 280～300mm，精度 0.01mm。

水泥胶砂搅拌机——应符合现行行业标准《行星式水泥胶砂搅拌机》（JC/T 681）的规定。

恒温养护箱或水浴——温度控制范围为（80±2）℃。

养护筒——由耐碱耐高温的材料制成，不漏水，密封，防止容器内湿度下降，筒的容积可以保证试件全部浸没在水中。筒内设有试件架，试件垂直于试件架放置。

试模——金属试模，尺寸为 25mm×25mm×280mm，试模两端正中有小孔，装有不锈钢测头。

镘刀、捣棒、量筒、干燥器等。

②试样制作符合下列规定：

将砂样缩分成约 5kg，按表 3.2-22 中所示级配及比例组合成试验用料，并将试样洗净烘干或晾干备用。

表 3.2-22　砂级配表

公称粒级	5.00～2.50mm	2.50～1.25mm	1.25mm～630μm	630～315μm	315～160μm
分级质量（%）	10	25	25	25	15

注：对特细砂分级质量不作规定。

水泥应采用符合现行国家标准《通用硅酸盐水泥》（GB 175）要求的普通硅酸盐水泥。水泥与砂的质量比为 1:2.25，水灰比为 0.47，试件规格 25mm×25mm×280mm，每组三条，称取水泥 440g、砂 990g。

成型前 24h，将试验所用材料（水泥、砂、拌合水等）放入（20±2）℃的恒温室中。

将称好的水泥与砂倒入搅拌锅，应按现行国家标准《水泥胶砂强度检验方法（ISO 法）》（GB/T 17671）的规定进行搅拌。

搅拌完成后，将砂浆分两层装入试模内，每层捣 40 次，测头周围应填实，浇捣完毕后用镘刀刮除多余砂浆，抹平表面，并标明测定方向及编号。

③快速法试验步骤：

将试件成型完毕后，带模放入标准养护室，养护（24±4）h 后脱模。

脱模后，将试件浸泡在装有自来水的养护筒中，并将养护筒放入温度（80±2）℃的烘箱或水浴箱中养护 24h。同种骨料制成的试件放在同一个养护筒中。

然后将养护筒逐个取出。每次从养护筒中取出一个试件，用抹布擦干表面，立即测试试件的基长（L_0）。每个试件至少重复测试两次，取差值在仪器精度范围内的两个读数的平均值作为长度测定值（精确至 0.02mm），每次每个试件的测量方向应一致，待测的试件须用湿布覆盖，防止水分蒸发；从取出试件擦干至读数完成应在（15±5）s 内结束，读完数后的试件应用湿布覆盖。全部试件测完基准长度后，把试件放入装有浓度为 1mol/L 氢氧化钠溶液的养护中，并确保试件被完全浸泡。溶液温度应保持在（80±2）℃，将养护筒放回烘箱或水浴箱中。

自测定基准长度之日起，第 3d、7d、10d、14d 再分别测其长度（L_t）。测长方法与测基长方法相同。每次测量完毕后，应将试件调头放入原养护筒，盖好筒盖，放回（80±2）℃的烘箱或水浴箱中，继续养护到下一个测试龄期。操作时防止氢氧化钠溶液溢溅，避免烧伤皮肤。

在测量时应观察试件的变形、裂缝、渗出物等，特别应观察有无胶体物质，并作详细记录。

④结果计算：

试件中的膨胀率应按下式计算，精确至 0.01%：

$$\varepsilon_t = \frac{L_t - L_0}{L_0 - 2\Delta} \times 100\% \qquad (3.2-19)$$

式中：ε_t——试件在 t 天龄期的膨胀率（%）；

L_t——试件在 t 天龄期的长度（mm）；

L_0——试件的基长（mm）；

Δ——测头长度（mm）。

以三个试件膨胀率的平均值作为某一龄期膨胀率的测定值。任一试件膨胀率与平均值均应符合下列规定：

当平均值小于或等于 0.05% 时，其差值均应小于 0.01%；

当平均值大于 0.05% 时，单个测值与平均值的差值应小于平均值的 20%；

当三个试件的膨胀率均大于 0.10% 时，无精度要求；

当不符合上述要求时，去掉膨胀率最小的，用其余两个试件的平均值作为该龄期的膨胀率。

⑤结果评定应符合下列规定：

当 14d 膨胀率小于 0.10% 时，可判定为无潜在危害；

当 14d 膨胀率大于 0.20% 时，可判定为有潜在危害；

当 14d 膨胀率在 0.10%～0.20% 时，应按砂浆长度法的方法再进行试验判定。

(15) 砂的碱性活性试验（砂浆长度法）。

本方法适用于鉴定硅质骨料与水泥（混凝土）中的碱产生潜在反应的危害性，不适用于碱碳酸盐反应活性骨料检验。

①仪器设备：

试验筛——公称直径为 10.0mm、5.00mm、2.50mm、1.25mm、630μm、315μm、160μm 的方孔筛各一只，筛的底盘和盖各一只，筛框直径为 300mm 或 200mm。其产品质量要求符合现行国家标准《金属丝纺织网试验筛》和《金属穿孔板试验筛》的规定；

水泥胶砂搅拌机——应符合现行行业标准《行星式水泥胶砂搅拌机》（JC/T 681）规定；

镘刀及截面为 14mm×13mm、长 120～150mm 的钢制捣棒；

量筒、秒表；

试模和测头——金属试模，规格为 25mm×25mm×280mm，试模两端正中应有小孔，测头在此固定埋入砂浆，测头用不锈钢金属制成；

养护筒——用耐腐蚀材料制成，应不漏水，不透气，加盖后放在养护室中能确保筒内空气相对湿度为 95% 以上，筒内设有试件架，架下盛有水，试件垂直立于架上并不与水接触；

测长仪——测量范围 280～300mm，精度 0.01mm；

室温为（40±2）℃的养护室；

天平——称量 2000g，感量 2g；

跳桌——应符合现行行业标准《水泥胶砂流动度测定仪》（JC/T 958）要求。

②试件制备：

制作试件的应符合下列规定：

水泥——在做一般骨料活性鉴定时，应使用高碱水泥，含碱量为 1.2%；低于此值时，掺浓度为 10% 的氢氧化钠溶液，将碱含量调至水泥量的 1.2%；对于具体工程，当该工程拟用水泥的含碱量高于此值，则应采用工程所使用的水泥。

注：水泥含碱量以氧化钠（Na_2O）计，氧化钾（K_2O）换算为氧化钠时乘以换算系数 0.658.

砂——将样品缩分成约 5kg，按表 3.2-23 中所示级配及比例组合成试验用料，并将试样洗净晾干。

表 3.2-23　试样级配表

公称粒径	5.00~2.50mm	2.50~1.25mm	1.25mm~630μm	630μm~315μm	315~160μm
分级质量（%）	10	25	25	25	15

注：对特细砂分级质量不作规定。

制作试件用的砂浆配合比应符合下列规定：

水泥与砂的质量比为 1:2.25。每组 3 个试件，共需水泥 440g、砂料 990g，砂浆用水量应按现行国家标准《水泥胶砂流动度测定方法》（GB/T 2419）确定，跳桌次数改为 6s 跳动 10 次，以流动度在 105~120mm 为准。

砂浆长度法试验所用试件应按下列方法制作：

成型前 24h，将试验所用材料（水泥、砂、拌和用水等）放入（20±2）℃的恒温室中；

先将称好的水泥与砂倒入搅拌锅内，开动搅拌机，拌合 5s 后徐徐加水，20~30s 加完，自开动机器起搅拌（180±5）s 停机，将黏在叶片上的砂浆刮下，取下搅拌锅；

砂浆分两层装入试模内，每层捣 40 次；测头周围应填实，浇捣完毕后用镘刀刮除多余砂浆，抹平表面并标明测定方向和编号。

③试验步骤：

试件成型完毕，带模放入标准养护室，养护（24±4）h 后脱模（当试件强度较低时，可延至 48h 脱模），脱模后立即测量试件的基长（L_0）。测长应在（20±2）℃的恒温室中进行，每个试件至少重复测试两次，取差值在仪器精度范围内的两个读数的平均值作为长度测定值（精确至 0.02mm）。待测的试件须用湿布覆盖，以防止水分蒸发。

测量后将试件放入养护筒中，盖严后放入（40±2）℃养护室里养护（一个筒内的品种应相同）。

自测基长之日起，14d、1 个月、2 个月、3 个月、6 个月再分别测其长度（L_t），如有必要还可适当延长。在测长前一天，应把养护筒从（40±2）℃养护室中取出，放入（20±2）℃的恒温室。试件的测长方法与测基长相同，测量完毕后，应将试样调头放入养护筒中，盖好筒盖，放回（40±2）℃养护室继续养护到下一测龄期。

在测量时应观察试件的变形、裂缝和渗出物，特别应观察有无胶体物质，并作详细记录。

④结果计算：

试件的膨胀率应按下式计算，精确至 0.001%：

$$\varepsilon_t = \frac{L_t - L_0}{L_0 - 2\Delta} \times 100\%$$ (3.2-20)

式中：ε_t——试件在 t 天龄期的膨胀率（%）；

　　　L_t——试件在 t 天龄期的长度（mm）；

　　　L_0——试件的基长（mm）；

　　　Δ——测头长度（mm）。

以三个试件膨胀率的平均值作为某一龄期膨胀率的测定值。任一试件膨胀率与平均值均应符合下列规定：

当平均值小于或等于 0.05% 时，其差值均应小于 0.01%；

当平均值大于 0.05% 时，其差值均应小于平均值的 20%；

当三个试件的膨胀率均超过 0.10% 时，无精度要求；

当不符合上述要求时，去掉膨胀率最小的，用其余两个试件的平均值作为该龄期的膨胀率。

⑤结果评定应符合下列规定：

当砂浆 6 个月膨胀率小于 0.10% 或 3 个月的膨胀率小于 0.05%（只有在缺少 6 个月膨胀率时才有效）时，判为无潜在危害。否则，应判为有潜在危害。

(16) 人工砂及混合砂中石粉含量试验（亚甲蓝法）。

本方法适用于测定人工砂和混合砂中石粉含量。

①仪器设备：

烘箱——温度控制范围为 (105±5)℃。

天平——称量 1000g，感量 1g；称量 100g，感量 0.01g。

试验筛——筛孔公称直径为 80μm 及 1.25mm 的方孔筛各一只。

容器——要求淘洗试样时，保持试样不溅出（深度大于 250mm）。

移液管——5mL、2mL 移液管各一个。

三片或四片式叶轮搅拌器——转速可调 [最高达 (600±6) r/min]，直径 (75± 10) mm。

定时装置——精度 1s。

玻璃容量瓶——容量 1L。

温度计——精度 1℃。

玻璃棒——2 支，直径 8mm，长 300mm；

滤纸——快速。

搪瓷盘、毛刷、容量为 1000mL 的烧杯等。

②溶液配制及试样制备：

将亚甲蓝（$C_{16}H_{18}ClN_3S \cdot 3H_2O$）粉末在 (105±5)℃ 下烘干至恒重，称取烘干亚甲蓝粉末 10g，精确至 0.01g。倒入盛有约 600mL 蒸馏水（水温加热至 35~40℃）的烧杯中，用玻璃棒持续搅拌 40min，直至亚甲蓝粉末完全溶解，冷却至 20℃。将溶液倒入

1L 容量瓶中，用蒸馏水淋洗烧杯等，使所有亚甲蓝溶液全部移入容量瓶，容量瓶和溶液的温度应保持在（20±1）℃，加蒸馏水至容量瓶 1L 刻度。振荡容量瓶以保证亚甲蓝粉末完全溶解。将容量瓶中溶液移入深色储藏瓶中，标明制备日期、失效日期（亚甲蓝溶液保质期应不超过 28d），并置于阴暗处保存。

将样品缩分至 400g，放在烘箱中于（105±5）℃下烘干至恒重，待冷却至室温后，筛除大于公称直径 5.0mm 的颗粒备用。

③试验步骤：

亚甲蓝试验应按下述方法进行：

称取试样 200g，精确至 1g，将试样倒入盛有（500±5）mL 蒸馏水的烧杯中，用叶轮搅拌机以（600±60）r/min 转速搅拌 5min，形成悬浮液，然后以（400±40）r/min 转速持续搅拌，直至试验结束。

悬浮液中加入 5mL 亚甲蓝溶液，以（400±40）r/min 转速搅拌至少 1min，用玻璃棒蘸取一滴悬浮液（所取悬浮液应使沉淀物直径在 8—12mm 内），滴于滤纸（置于空烧杯或其他合适的支撑物上，以使滤纸表面不与任何固体或液体接触）上。若沉淀物周围未出现色晕，再加入 5mL 亚甲蓝溶液，继续搅拌至少 1min，再用玻璃棒蘸取一滴悬浮液，滴于滤纸上，若沉淀物周围仍未出现色晕，重复上述步骤，直至沉淀物周围出现约 1mm 宽的稳定浅蓝色色晕。此时，应继续搅拌，不加亚甲蓝溶液，每 1min 进行一次蘸染试验。若色晕在第 4min 内消失，再加入 5mL 亚甲蓝溶液；若色晕在 5min 内消失，再加入 2mL 亚甲蓝溶液。两种情况下，均应进行搅拌和蘸染试验，直至色晕可持续 5min。

记录色晕持续 5min 时所加入的亚甲蓝溶液总体积，精确至 1mL。

亚甲蓝值（MB）按下式计算：

$$MB = \frac{V}{G} \times 10 \qquad (3.2-21)$$

式中：MB——亚甲蓝值（g/kg），表示每千克 0~2.36mm 粒级试样所消耗的亚甲蓝克数，精确至 0.01g；

V——所加入的亚甲蓝溶液的总量（mL）；

G——试样质量（g）。

结果判定：当 $MB<1.4$ 时，则判定是以石粉为主；当 $MB \geqslant 1.4$ 时，则判定是以泥粉为主的石粉。

亚甲蓝快速试验应按下述方法进行：

称取试样 200g，精确至 1g，将试样倒入盛有（500±5）mL 蒸馏水的烧杯中，用叶轮搅拌机以（600±60）r/min 转速搅拌 5min，形成悬浮液，然后以（400±40）r/min 转速持续搅拌，直至试验结束。

一次性向烧杯中加入 30mL 亚甲蓝溶液，以（400±40）r/min 转速持续搅拌 8min，然后用玻璃棒蘸取一滴悬浊液，滴于滤纸上，观察沉淀物周围是否出现明显色晕，出现色晕的为合格，否则为不合格。

人工砂及混合砂中的含泥量或石粉含量试验步骤及计算按砂中含泥量的标准法规定

进行。

（17）人工砂压碎值指标试验。

本方法适用于测定粒级为 $315\mu m\sim5.00mm$ 的人工砂的压碎指标。

①试验仪器设备：

压力试验机——荷载 300kN；

受压钢模——如图 3.2-5；

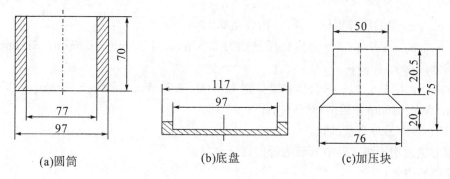

(a)圆筒　　(b)底盘　　(c)加压块

图 3.2-5　受压钢模示意图（mm）

天平——称量为 1000g，感量 1g；

试验筛——筛孔公称直径分别为 5.00mm、2.50mm、1.25mm、$630\mu m$、$315\mu m$、$160\mu m$、$80\mu m$ 的方孔筛各一只；

烘箱——温度控制范围为 (105 ± 5)℃；

其他——瓷盘 10 个，小勺 2 把。

②试样制备：

将缩分后的样品置于 (105 ± 5)℃的烘箱内烘干至恒重，待冷却至室温后，筛分成 $5.00\sim2.50mm$、$2.50\sim1.25mm$、$1.25mm\sim630\mu m$、$630\sim315\mu m$ 四个粒级，每级试样质量不得少于 1000g。

③试验步骤：

置圆筒于底盘上，组成受压模，将一单级砂样约 300g 装入模内，使试样距底盘约为 50mm；

平整试模内试样的表面，将加压块放入圆筒内，并转动一周使之与试样均匀接触；

将装好砂样的受压钢模置于压力机的支承板上，对准压板中心后，开动机器，以 500N/s 的速度加荷，加荷至 25kN 时持荷 5s，而后以同样速度卸荷；

取下受压模，移去加压块，倒出压过的试样并称其质量（m_0），然后用该粒级的下限筛（如砂样为公称粒级 $5.00\sim2.50mm$ 时，其下限筛为筛孔公称直径 2.50mm 的方孔筛）进行筛分，称出该粒级试样的筛余量（m_1）。

④结果计算：

第 Ⅰ 单级砂样的压碎指标按下式计算，精确至 0.1%：

$$\delta_i=\frac{m_0-m_1}{m_0}\times100\%$$

（3.2-22）

式中：δ_i——第 i 单级砂样压碎指标（%）；

　　m_0——第 i 单级试样的质量（g）；

　　m_1——第 i 单级试样的压碎试验后筛余的试样质量（g）。

以三份试样试验结果的算术平均值作为各单粒级试样的测定值。

四级砂样总的压碎指标按下式计算：

$$\delta_{sa} = \frac{\alpha_1\delta_1 + \alpha_2\delta_2 + \alpha_3\delta_3 + \alpha_4\delta_4}{\alpha_1 + \alpha_2 + \alpha_3 + \alpha_4} \times 100\% \qquad (3.2-23)$$

式中：δ_{sa}——总的压碎指标（%），精确至 0.1%；

　　α_1、α_2、α_3、α_4——公称直径分别为 2.50mm、1.25mm、630μm、315μm 各方孔筛的分计筛余（%）；

　　δ_1、δ_2、δ_3、δ_4——公称粒级分别为 5.00~2.50mm、2.50~1.25mm、1.25mm~630μm、630~315μm 单级试样压碎指标（%）。

（18）砂中云母含量试验。

本方法适用于测定砂中云母的近似百分含量。

①试验设备：

放大镜（5 倍）；

钢针；

试验筛——筛孔公称直径为 5.00mm 和 315μm 的方孔筛各一只；

天平——称量 100g，感量 0.1g。

②试样制备：

称取经缩分的试样 50g，在温度（105±5）℃的烘箱中烘干至恒重，冷却至室温后备用。

③试验步骤：

先筛出粒径大于公称粒径 5.00mm 和小于公称粒径 315μm 的颗粒，然后根据砂的粗细不同称取试样 10~20g（m_0），放在放大镜下观察，用钢针将砂中所有云母全部挑出，称取所挑出云母质量（m）。

④结果计算：

砂中云母含量 ω_m 应按下式计算，精确至 0.1%：

$$\omega_m = \frac{m}{m_0} \times 100\% \qquad (3.2-24)$$

式中：ω_m——砂中云母含量（%）；

　　m_0——烘干试样质量（g）；

　　m——云母质量（g）。

2. 碎石或卵石检验方法

（1）碎石或卵石的筛分析试验。

本方法适用于测定碎石或卵石的颗粒级配。

①所用仪器设备：

试验筛——筛孔公称直径为 100.00mm、80.0mm、63.0mm、50.0mm、40.0mm、

31.5mm、25.0mm、20.0mm、16.0mm、10.0mm、5.00mm 和 2.50mm 的方孔筛以及筛的底盘和盖各一只，其规格和质量要求应符合现行国家标准《金属穿孔板试验筛》（GB 6003.2）的要求，筛框直径为 300mm。

天平和秤——天平的称量 5kg，感量 5g；秤的称量 20kg，感量 20g。

烘箱——温度控制范围为（l05±5）℃。

浅盘。

②试样制备：

试验前，应将样品缩分至表 3.2-24 所规定的试样最少质量，并烘干或风干后备用。

表 3.2-24　筛分析所需试样的最小重量

公称粒径（mm）	10.0	16.0	20.0	25.0	31.5	40.0	63.0	80.0
试样最小质量（kg）	2.0	3.2	4.0	5.0	6.3	8.0	12.6	16.0

③试验步骤：

按表 3.2-24 的规定称取试样；

将试样按筛孔大小顺序过筛，当每只筛上的筛余层厚度大于试样的最大粒径值时，应将该筛上的筛余分成两份，再次进行筛分，直至各筛每分钟的通过量不超过试样总量的 0.1%。

注：当筛余试样的颗粒粒径比公称粒径大 20mm 以上时，在筛分过程中，允许用手拨动颗粒。

称取各筛筛余的质量，精确至试样总质量的 0.1%。各筛的分计筛余量和筛底剩余量的总和与筛分前测定的试样总量相比，其相差不得超过 1%。

④结果计算：

计算分计筛余（各筛上的筛余量除以试样的百分率），精确至 0.1%；

计算累计筛余（该筛的分计筛余与筛孔大于该筛的各筛的分计筛余百分率之总和），精确至 1%；

根据各筛的累计筛余百分率，评定该试样的颗粒级配。

（2）碎石或卵石的表观密度试验（标准法）。

本方法适用于测定碎石或卵石的表观密度。

①表观密度试验应采用下列仪器设备：

液体天平——称量 5kg，感量 5g，其型号及尺寸应能允许在臂上悬挂盛试样的吊篮，并在水中称重（见图 3.2-6）；

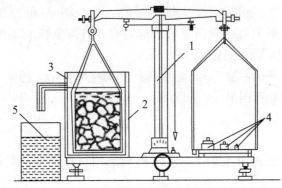

1—5kg 天平；2—吊篮；3—带溢流孔的金属容器；4—砝码；5—容器

图 3.2-6　液体天平

吊篮——直径和高度均为 150mm，由孔径为 1~2mm 的筛网或钻有孔径为 2~3mm 孔洞的耐锈蚀金属板制成；

盛水容器——有溢流孔；

烘箱——温度控制范围为（105±5）℃；

试验筛——筛孔公称起码径为 5.00mm 的方孔筛一只；

温度计——0~100℃；

带盖容器、浅盘、刷子和毛巾等。

②试样制备：

试验前，将样品筛除公称粒径 5.00mm 以下的颗粒，并缩分至略大于两倍于表 3.2-25 所规定的最少质量，冲洗干净后分成两份备用。

表 3.2-25　表观密度试验所需的试样最少质量

最大公称粒径（mm）	10.0	16.0	20.0	25.0	31.5	40.0	63.0	80.0
试样最少质量（kg）	2.0	2.0	2.0	2.0	3.0	4.0	6.0	6.0

③试验步骤：

按表 3.2-25 的规定称取试样。

取试样一份装入吊篮，并浸入盛水的容器中，水面至少高出试样 50mm。

浸水 24h 后，移放到称量用的盛水容器中，并用上下升降吊篮的方法排除气泡（试样不得露出水面）。吊篮每升降一次约为 1s，升降高度为 30~50mm。

测定水温（此时吊篮应全浸在水中），用天平称取吊篮及试样在水中的重量（m_2）。称量时盛水容器中水面的高度由容器的溢流孔控制。

提起吊篮，将试样置于浅盘中，放入（105±5）℃的烘箱中烘干至恒重。取出来放在带盖的容器中冷却至室温后称重（m_0）。

注：恒重是指相邻两次称重间隔时间不小于 3h 的情况下，其前后两次称量之差小于该项试验所要求的称量精度。下同。

称取吊篮在同样温度的本中重量（m_1），称量时盛水容器的水面高度仍应由溢流口控制。

注：试验的各项称重可以在 15～25℃ 的温度范围内进行，但从试样加水静置的最后 2h 起直至试验结束，其温度相差不应超过 2℃。

④结果计算：

表观密度应按下式计算，精确至 10kg/m³：

$$\rho = (\frac{m_0}{m_0 + m_1 - m_2} - \alpha_t) \times 1000 \tag{3.2-25}$$

式中：ρ——表观密度（kg/m³）；

m_0——试样的烘干质量（g）；

m_1——吊篮在水中的质量（g）；

m_2——吊篮及试样在水中的质量（g）；

α_t——水温对静观密度影响的修正系数，见表 3.2－26。

表 3.2－26　不同水温下碎石或卵石的表观密度影响的修正系数

水温（℃）	15	16	17	18	19	20	21	22	23	24	25
α_t	0.002	0.003	0.003	0.004	0.004	0.005	0.005	0.006	0.006	0.007	0.008

以两次试验结果的算术平均值作为测定值。如两次结果之差大于 20kg/m³ 时，应重新取样进行试验。对颗粒材质不均匀的试样，两次试验结果之差大于 20kg/m³ 时，可取四次测定结果的算术平均值作为测定值。

（3）碎石或卵石表观密度试验（简易法）。

本方法适用于测定碎石或卵石的表观密度，不宜用于最大粒径超过 40mm 的碎石或卵石的表观密度。

①所用仪器设备：

烘箱——温度控制范围为（105±5）℃；

秤——称量 20kg，感量 20g；

广口瓶——1000mL，磨口，并带玻璃片；

试验筛——筛孔直径为 5.00mm 的方孔筛一只；

毛巾、刷子等。

②试样制备：

试验前，筛除样品中公称粒径为 5.00mm 以下的颗粒，缩分至略大于表 3.2－25 所规定的量的两倍。洗刷干净后，分成两份备用。

③试验步骤：

按表 3.2－5 规定的数量称取试样。

将试样浸水饱和，然后装入广口瓶中。装试样时，广口瓶应倾斜放置，注入饮用水，用玻璃片覆盖瓶口，以上下左右摇晃的方法排除气泡。

气泡排尽后，向瓶中添加饮用水直至水面凸出瓶口边缘。然后用玻璃片沿瓶口迅速滑行，使其紧贴瓶口水面。擦干瓶外水分后，称取试样、水、瓶和玻璃片总质量（m_1）。

将瓶中的试样倒入浅盘中，放在（105±5）℃的烘箱中烘干至恒重。取出，放在带盖的容器中冷却至室温后称取质量（m_0）。

将瓶洗净，重新注入饮用水，用玻璃片紧贴瓶口水面，擦干瓶外水份后称重（m_2）。

注：试验时各项称重可以在 $15\sim25℃$ 的温度范围内进行，但从试样加水静置的最后 2h 起直至试验结束，其温度相差不应超过 2℃。

④结果计算：

表观密度 ρ 应按下式计算，精确至 $10kg/m^3$：

$$\rho = (\frac{m_0}{m_0 + m_2 - m_1} - \alpha_t) \times 1000 \qquad (3.2-25)$$

式中：ρ——表观密度（kg/m^3）；

　　　m_0——烘干后试样质量（g）；

　　　m_1——试样、水、瓶和玻璃片的总质量（g）；

　　　m_2——水、瓶和玻璃片的总质量（g）；

　　　α_t——水温对静观密度影响的修正系数，见表 3.2-26。

以两次试验结果的算术平均值作为测定值。如两次结果之差大于 $20kg/m^3$，应重新取样进行试验。对颗粒材质不均匀的试样，如两次试验结果之差大于 $20kg/m^3$，可取四次测定结果的算术平均值作为测定值。

（4）碎石或卵石的含水率试验。

本方法适用于测定碎石或卵石的含水率。

①所用仪器设备：

烘箱——温度控制范围为（105 ± 5）℃；

秤——称量 20kg，感量 20g；

容器——如浅盘等。

②试验步骤：

按表 3.2-20 的要求称取试样，分成两份备用；

将试样置于干净的容器中，称取试样和容器的总质量（m_1），并在（105 ± 5）℃的烘箱中烘干至恒重；

取出试样，冷却后称取试样与容器的总质量（m_2），并称取容器的质量（m_3）。

③结果计算：

含水率 ω_{wx} 应按下式计算，精确至 0.1%：

$$\omega_{wx} = \frac{m_1 - m_2}{m_2 - m_3} \times 100\% \qquad (3.2-26)$$

式中：ω_{wx}——含水率（%）；

　　　m_1——烘干前试样与容器总质量（g）；

　　　m_2——烘干后试样与容器总质量（g）；

　　　m_3——容器质量（g）。

以两次试验结果的算术平均值作为测定值。

注：碎石或卵石含水率简易测定法可采用"烘干法"。

（5）碎石或卵石的吸水率试验。

本方法适用于测定碎石或卵石的吸水率，即测定以烘干重量为基准的饱和面干吸水率。

①所用仪器设备：

烘箱——温度控制范围为（105±5）℃；

秤——称量20kg，感量2g；

试验筛——筛孔公称直径为5.00mm的方孔筛一只；

容器、浅盘、金属丝刷和毛巾等。

②试样的制备：

试验前，筛除样品中公称粒径5.00mm以下的颗粒，然后缩分至两倍于表3.2－27所规定的质量，分成两份，用金属丝刷刷净后备用。

表 3.2－27 吸水率试验所需的试样最小重量

最大公称粒径（mm）	10.0	16.0	20.0	25.0	31.5	40.0	63.0	80.0
试样最少质量（kg）	2	2	4	4	4	6	6	8

③试验步骤：

取试样一份置于盛水的容器中，使水面高出试样表面5mm左右，24h后从水中取出试样，并用拧干的湿毛巾将颗粒表面的水分拭干，即成为饱和面干试样。然后，立即将试样放在浅盘中称取质量（m_2），在整个试验过程中，水温须保持在（20±5）℃；

将饱和面干试样连同浅盘置于（105±5）℃的烘箱中烘干至恒重。然后取出，放入带盖的容器中冷却0.5～1h，称取烘干试样与浅盘的总质量（m_1），称取浅盘的质量（m_3）。

④结果计算：

吸水率 ω_{wa} 应按下式计算，精确至0.01%：

$$\omega_{wa} = \frac{m_2 - m_1}{m_1 - m_3} \times 100\% \tag{3.2－27}$$

式中：ω_{wa}——吸水率（%）；

　　　m_1——烘干后试样与浅盘总质量（g）；

　　　m_2——烘干前饱和面干试样与浅盘总质量（g）；

　　　m_3——浅盘质量（g）。

以两次试验结果的算术平均值作为测定值。

（6）碎石或卵石的堆积密度、紧密密度及空隙率试验。

本方法适用于测定碎石或卵石的堆积密度、紧密密度及空隙率。

①所用仪器设备：

秤——称量100kg，感量100g；

容量筒——金属制，其规格见表3.2－28；

表 3.2－28　容量筒的规格要求

碎石或卵石的最大公称粒径（mm）	容量筒的容积（L）	容量筒规格		
		内径（mm）	净高（mm）	筒壁厚度（mm）
10.0、16.0、20.0、25.0	10	208	294	2
31.5、40.0	20	294	294	3
63.0、80.0	30	360	294	4

注：测定紧密密度时，对最大公称粒径为 31.5mm、40.0mm 的骨料，可采用 10L 的容量筒；对最大公称粒径为 63.0mm、80.0mm 的骨料，可采用 20L 容量筒。

平头铁锹；

烘箱——温度控制范围为（105±5）℃。

②试样制备：

按表 3.2－20 的规定称取试样，放入浅盘，在（105±5）℃的烘箱中烘干，也可摊在清洁的地面上风干，拌匀后分成两份备用。

③试验步骤：

堆积密度：取试样一份，置于平整干净的地板（或铁板）上，用平头铁锹铲起试样，使石子自由落入容量筒内。此时，从铁锹的齐口至容量筒上口的距离应保持为50mm 左右。装满容量筒，除去凸出筒口表面的颗粒，并以合适的颗粒填入凹陷部分，使表面稍凸起部分和凹陷部分的体积大致相等，称取试样和容量筒质量（m_2）。

紧密密度：取试样一份，分三层装入容量筒。装完第一层后，在筒底垫放一根直径为 25mm 的钢筋，将筒按住并左右交替颠击各 25 下，然后装入第二层。第二层装满后，用同样方法颠实（但筒底所垫钢筋的方向应与第一层放置方向垂直），然后再装入第三层，如法颠实。待三层试样装填完毕后，加料直到试样超出容量筒筒口，用钢筋沿筒口边缘滚转，刮下高出筒口的颗粒，用合适的颗粒填平凹处，使表面稍凸起部分和凹陷部分的体积大致相等，称取试样和容量筒质量（m_2）。

④结果计算：

堆积密度（ρ_L）或紧密密度（ρ_C）按下式计算，精确至 10kg/m^3：

$$\rho_L(\rho_C) = \frac{m_2 - m_1}{V} \times 1000 \qquad (3.2-28)$$

式中：ρ_L——堆积密度（kg/m^3）；

ρ_C——紧密密度（kg/m^3）；

m_1——容量筒的质量（kg）；

m_2——容量筒和试样总质量（kg）；

V——容量筒的容积（L）。

以两次试验结果的算术平均值作为测定值。

空隙率（v_L、v_C）按下式计算，精确至 1%：

$$v_L = \left(1 - \frac{\rho_L}{\rho}\right) \times 100\% \qquad (3.2-29)$$

$$v_C = (1 - \frac{\rho_C}{\rho}) \times 100\% \qquad (3.2-30)$$

式中：v_L、v_C——空隙率（%）；

　　　ρ_L——碎石或卵石的堆积密度（kg/m³）；

　　　ρ——碎石或卵石的表观密度（kg/m³）；

　　　ρ_C——碎石或卵石的紧密密度（kg/m³）。

（7）碎石或卵石的含泥量试验。

本方法适用于测定碎石或卵石中的含泥量。

①所用仪器设备：

秤——称量20kg，感量20g；

烘箱——温度控制范围为（105±5）℃；

试验筛——筛孔公称直径为1.25mm及80μm方孔筛各一只；

容器——容积约10L的瓷盘或金属盒；

浅盘。

②试样制备：

将样品缩分至表3.2-29所规定的量（注意防止细粉丢失），并置于温度为（105±5）℃烘箱内烘干至恒重，冷却至室温后分成两份备用。

表 3.2-29　含泥量试验所需的试样最小质量

最大公称粒径（mm）	10.0	16.0	20.0	25.0	31.5	40.0	63.0	80.0
试样量不少于（kg）	2	2	6	6	10	10	20	20

③试验步骤：

称取试样一份（m_0）装入容器中摊平，并注入饮用水，使水面高出石子表面150mm；浸泡2h后，用手在水中淘洗颗粒，使尘屑、淤泥和黏土与较粗颗粒分离，并使之悬浮或溶解于水。缓缓地将浑浊液倒入公称直径为1.25mm及80μm的方孔套筛（1.25mm筛放置上面）上，滤去小于80μm的颗粒。试验前筛子的两面应先用水湿润。在整个试验过程中应注意避免大于80μm的颗粒丢失。

再次加水于容器中，重复上述过程，直至洗出的水清澈为止。

用水冲洗剩留在筛上的细粒，并将公称直径为80μm的方孔筛放在水中（使水面略高出筛内颗粒）来回摇动，以充分洗除小于80μm的颗粒。然后，将两只筛上剩留的颗粒和筒中已洗净的试样一并装入浅盘，置于温度为（105±5）℃的烘箱中烘干至恒重。取出冷却至室温后，称取试样的重量（m_1）。

④结果计算：

碎石或卵石的含泥量 ω_c 应按下式计算，精确至0.1%：

$$\omega_c = \frac{m_0 - m_1}{m_0} \times 100\% \qquad (3.2-31)$$

式中：ω_c——含泥量（%）；

　　　m_0——试验前烘干试样的质量（g）；

m_1——试验后烘干试样的质量（g）。

以两个试样试验结果的算术平均值作为测定值。两次结果之差大于0.2%时，应重新取样进行试验。

（8）碎石或卵石中泥块含量试验方法。

本方法适用于测定碎石或卵石中泥块的含量。

①泥块含量试验应采用下列仪器设备：

秤——称量20kg，感量20g；

试验筛——筛孔公称粒径2.50mm及5.00mm的方孔筛各一只；

水筒及浅盘；

烘箱——温度控制范围为（105±5）℃。

②试样制备应符合下列规定：

将样品缩分至略大于表3.2-29所示的量，缩分时应防止所含黏土块被压碎。缩分后的试样在（105±5）℃烘箱内烘至恒重，冷却至室温后分成两份备用。

③试验步骤：

筛去公称粒径5.00mm以下颗粒，称取质量（m_1）。

将试样在容器中摊平，加入饮用水使水面高出试样表面，24h后把水放出，用手碾压泥块，然后把试样放在公称直径2.50mm的方孔筛上摇动淘洗，直至洗出的水清澈为止。

将筛上的试样小心地从筛里取出，置于温度为（105±5）℃烘箱中烘干至恒重。取出冷却至室温后称取质量（m_2）。

④结果计算：

泥块含量$\omega_{c,L}$应按下式计算，精确至0.1%：

$$\omega_{c,L} = \frac{m_1 - m_2}{m_1} \times 100\% \qquad (3.2-32)$$

式中：$\omega_{c,L}$——泥块含量（%）；

m_1——公称直径5mm筛上筛余量（g）；

m_2——试验后烘干试样的质量（g）。

以两个试样试验结果的算术平均值作为测定值。

（9）碎石或卵石中针状和片状颗粒的总含量试验。

本方法适用于测定碎石或卵石中针状和片状颗粒的总含量。

①针状和片状颗粒含量试验应采用下列仪器设备：

针状规准仪和片状规准仪（见图3.2-7），或游标卡尺。

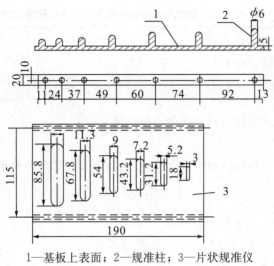

1—基板上表面；2—规准柱；3—片状规准仪

图 3.2-7　针片状规准仪（mm）

天平和秤——称量 2kg，感量 2g；秤的称量 20kg，感量 20g。

试验筛——筛孔公称直径分别为 5.00mm、10.0mm、20.0mm、25.0mm、31.5mm、40.0mm、63.0mm 和 80.0mm 的方孔筛各一只，根据需要选用。

卡尺。

②试样制备：

将样品在室内风干至表面干燥，并缩分至表 3.2-30 规定的数量，称量（m_0），然后筛分成表 3.2-31 所规定的粒级备用。

表 3.2-30　针状和片状颗粒的总含量试验所需的试样最少质量

最大公称粒径（mm）	10.0	16.0	20.0	25.0	31.5	≥40.0
试样最少质量（kg）	0.3	1	2	3	5	10.0

表 3.2-31　针状和片状颗粒的总含量试验的粒级划分及其相应的规准仪孔宽或间距

公称粒径（mm）	5.00~10.0	10.0~16.0	16.0~20.0	20.0~25.0	25.0~31.5	31.5~40.0
片状规准仪上相对应孔宽（mm）	2.8	5.1	7.0	9.1	11.6	13.8
针状规准仪上相对应间距（mm）	17.1	30.6	42.0	54.6	69.6	82.8

③试验步骤：

按表 3.2-31 所规定的粒级用规准仪逐粒对试样进行鉴定，凡颗粒长度大于针状规准仪上相对应间距者，为针状颗粒。厚度小于片状规准仪上相应孔宽者，为片状颗粒。

公称粒径大于 40mm 的可用游标卡尺鉴定其针片状颗粒，卡尺卡口的设定宽度应符合表 3.2-32 的规定。

表 3.2-32 公称粒径大于 40mm 的用卡尺卡口的设定宽度

公称粒级（mm）	40.0～63.0	63.0～80.0
片状颗粒的卡口宽度（mm）	18.1	27.6
针状颗粒的卡口宽度（mm）	108.6	165.6

称量由各粒级挑出的针状和片状颗粒的总质量（m_1）。

④结果计算：

碎石或卵石中针状和片状颗粒总含量 ω_p 应按下式计算，精确至 1%：

$$\omega_p = \frac{m_1}{m_0} \times 100\% \qquad (3.2-33)$$

式中：ω_p——针状和片状颗粒的总含量（%）；

m_1——试样中所含针状和片状颗粒的总质量（g）；

m_2——试样总质量（g）。

（10）卵石中有机物含量试验。

本方法适用于定性地测定卵石中的有机物含量是否达到影响混凝土质量的程度。

①有机物含量试验应采用下列仪器、设备和试剂：

天平——称量 2kg，感量 2g 和称量 100g，感量 0.1g。

量筒——容量为 100mL、250mL、1000mL。

烧杯、玻璃棒和筛孔直径为 20mm 的试验筛。

浓度为 3% 的氢氧化钠溶液——氢氧化钠与蒸馏水之质量比为 3：97。

鞣酸、酒精等。

②试样、标准溶液配制：

试样制备：筛除样品中 20mm 以上的颗粒，缩分至约 1kg，风干后备用。

标准溶液的配制方法：称取 2g 鞣酸溶液，溶解于 98mL 的 10% 酒精溶液中，即得所需的鞣酸溶液。然后取该溶液 2.5mL，注入 97.5mL 浓度为 3% 的氢氧化钠溶液中，加塞后剧烈摇动，静置 24h 即得标准溶液。

③试验步骤：

向 1000mL 量筒中，倒入干试样至 600mL 刻度处，再注入浓度为 3% 的氢氧化钠溶液至 800mL 刻度处，剧烈搅动后静置 24h；

比较试样上部溶液和新配制标准溶液的颜色，盛装标准溶液与盛装试样的量筒容积应一致。

④结果评定：

若试样上部的溶液颜色浅于标准溶液的颜色，则试样有机质含量鉴定合格。

若两种溶液的颜色接近，则应将该试样（包括上部溶液）倒入烧杯中放在温度为 60～70℃ 的水浴锅中加热 2～3h，然后再与标准溶液比色。

若试样上部的溶液的颜色深于标准色，则应配制成混凝土作进一步检验。其方法为如下：取试样一份，用浓度 3% 的氢氧化钠溶液洗除有机物，再用清水淘洗干净，直至试样上部溶液颜色浅于标准色；然后将洗除了有机物的试样和未经清洗的试样用相同的水泥、砂配成配合比相同、坍落度基本相同的两种混凝土，测其28d抗压强度。如未经洗除有机物的卵石混凝土强度与经洗除有机物的混凝土强度的比不低于0.95，则此卵石可以使用。

（11）碎石或卵石的坚固性试验。

本方法适用于以硫酸钠饱和溶液法间接地判断碎石或卵石的坚固性。

①所用仪器设备、试剂：

烘箱——温度控制范围为（105±5）℃。

台秤——称量5kg，感量5g。

试验筛——根据试样粒级，按表3.2－33选用。

表3.2－33　坚固性试验所需的各粒级试样量

公称粒径（mm）	5.00～10.0	10.0～20.0	20.0～40.0	40.0～63.0	63.0～80.0
试样量（g）	500	1000	1500	3000	3000

注：公称粒级为10.0～20.0mm试样中，应含有40%的10.0～16.0mm粒级颗粒、60%的16.0～20.0mm粒级颗粒；

公称粒级为20.0～40.0mm的试样中，应含有40%的20.0～31.5mm粒级颗粒、60%的31.5～40.0mm粒级颗粒。

容器——搪瓷盆或瓷盆，容积不小于50L。

三脚网篮——网篮的外径为100mm，高为150mm，采用网孔公称直径不大于2.50mm的网，由铜丝制成；检验公称粒径为40.0～80.0mm的颗粒时，应采用外径和高度均为150mm的网篮。

试剂——无水硫酸钠。

②硫酸钠溶液的配制及试样的制备：

硫酸钠溶液的配制：取一定数量的蒸馏水（取决于试样及容器的大少）。加温至30～50℃，每1000mL蒸馏水加入无水硫酸钠（Na_2SO_4）300～350g，用玻璃棒搅拌，使其溶解至饱和，然后冷却至20～25℃。在此温度下静置两昼夜。其密度应保持在1151～1174kg/m³范围内。

试样的制备：将试样按表3.2－33的规定分级，并分别擦洗干净，放入105～110℃烘箱内烘24h，取出并冷却至室温，然后按表3.2－33对各粒级规定的量称取试样（m_1）。

③试验步骤：

将所称取的不同粒级的试样分别装入三脚网篮并浸入盛有硫酸钠溶液的容器中。溶液体积应不小于试样总体积的5倍，其温度保持在20～25℃的范围内。三脚网篮浸入溶液时应先上下升降25次以排除试样中的气泡，然后静置于该容器中。此时，网篮底面应距容器底面约30mm（由网篮脚控制），网篮之间的间距应不小于30mm，试样表面至少应在液面以下30mm。

浸泡20h后，从溶液中提出网篮，放在（105±5）℃的烘箱中烘4h。至此，完成了第一个试验循环。待试样冷却至20～25℃后，即开始第二次循环。从第二次循环开始，浸泡及烘烤时间均可为 4h。

第五次循环完后，将试样置于 25～30℃的清水中洗净硫酸钠，再在（105±5）℃的烘箱中烘干至恒重。取出冷却至室温后，用筛孔孔径为试样粒级下限的筛过筛，并称取各粒级试样试验后的筛余量（m_i'）。

试样中硫酸钠是否洗净，可按下法检验：取洗试样的水数毫升，滴入少量氯化钡（$BaCl_2$）溶液，如无白色沉淀，即说明硫酸钠已被洗净。

对公称粒径大 20.0mm 的试样部分，应在试验前后记录其颗粒数量，并作外观检查，描述颗粒的裂缝、开裂、剥落、掉边和掉角等情况所占颗粒数量，以作为分析其坚固性时的补充依据。

④结果计算：

试样中各粒级颗粒的分计重量损失百分率（δ_{ji}）应按下式计算：

$$\delta_{ji} = \frac{m_i - m_i'}{m_i} \times 100\% \tag{3.2-34}$$

式中：δ_{ji}——各粒级颗粒的分计质量损失百分率（%）；

m_i——各粒级试样试验前的烘干质量（g）；

m_i'——经硫酸钠溶液试验后，各粒级筛余颗粒的烘干质量（g）。

试样的总质量损失百分率 δ_j 应按下式计算，精确至 1%：

$$\delta_j = \frac{\alpha_1 \delta_{j1} + \alpha_2 \delta_{j2} + \alpha_3 \delta_{j3} + \alpha_4 \delta_{j4} + \alpha_5 \delta_{j5}}{\alpha_1 + \alpha_2 + \alpha_3 + \alpha_4 + \alpha_5} \times 100\% \tag{3.2-35}$$

式中：δ_j——总质量损失百分率（%）；

α_1、α_2、α_3、α_4、α_5——试样中分别为 5.00～10.0mm、10.0～20.0mm、20.0～40.0mm、40.0～63.0mm、63.0～80.0mm 各公称粒级的分计百分含量（%）；

δ_{j1}、δ_{j2}、δ_{j3}、δ_{j4}、δ_{j5}——各粒级的分计质量损失百分率（%）。

（12）岩石的抗压强度试验。

本方法适用于测定碎石的原始岩石在水饱和状态下的抗压强度。

①所用仪器设备：

压力试验机——荷载 1000kN；

石材切割机或钻石机；

岩石磨光机；

游标卡尺、角尺等。

②试样制备：

试验时，取有代表性的岩石样品用石材切割机切割成边长为 50mm 的立方体，或用钻石机钻取直径与高度均为 50mm 的圆柱体。然后用磨光机把试件与压力机压板接触的两个面磨光并保持平行，试件形状须用角尺检查。至少应制作六个试块。对有显著层理的岩石，应取两组试件（12块）分别测定其垂直和平行于层理的强度值。

③试验步骤：

用游标卡尺量取试件的尺寸（精确至 0.1mm），对于立方体试件，在顶面和底面上各量取其边长，以各个面上相互平行的两个边长的算术平均值作为宽或高，由此计算面积。对于圆柱体试件，在顶面和底面上各量取相互垂直的两个直径，以其算术平均值计算面积。取顶面和底面面积的算术平均值作为计算抗压强度所用的截面积。

将试件置于水中浸泡48h，水面应至少高出试件顶面20mm。

取出试件，擦干表面，放在有防护网的压力机上进行强度试验，防止岩石碎片伤人。试验时加压速度应为每秒钟0.5～1.0MPa。

④结果计算：

岩石的抗压强度应按下式计算，精确至1MPa：

$$f = \frac{F}{A} \tag{3.2-36}$$

式中：f——岩石抗压强度（MPa）；

F——破坏荷载（N）；

A——试件的截面积（mm^2）。

⑤结果评定：

以六个试件试验结果的算术平均值作为抗压强度测定值；当其中两个试件的抗压强度与其他四个试件抗压强度的算术平均值相差三倍以上时，应以试验结果相接近的四个试件的抗压强度算术平均值作为抗压强度测定值。

对具有显著层理的岩石，应以垂直于层理及平行于层理的抗压强度的平均值作为其抗压强度。

（13）碎石或卵石的压碎指标值试验。

本方法适用于测定碎石或卵石抵抗压碎的能力，以间接地推测其相应的强度。

①所用仪器设备：

压力试验机——荷载300kN；

压碎指标值测定仪（图3.2-8）；

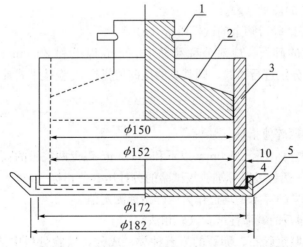

1—把手；2—加压头；3—圆筒；4—底盘；5—手把

图3.2-8 压碎指标值测定仪（mm）

秤——称量 5kg，感量 5g；

试验筛——筛孔公称直径为 10.0mm 和 20.0mm 的方孔筛各一只。

②试样制备：

标准试样一律应采用公称粒级为 10.0～20.0mm 的颗粒，并在风干状态下进行试验。

对多种岩石组成的卵石，当其公称粒径大于 20.0mm 颗粒的岩石矿物成分与 10.0～20.0mm 粒级有显著差异时，应将大于 20.0mm 的颗粒应经人工破碎后，筛取 10.0～20.0mm 标准粒级另外进行压碎值指标试验。

将缩分后的样品先筛除试样中公称粒径 10.0mm 以下及 20.0mm 以上的颗粒，再用针状和片状规准仪剔除其针状和片状颗粒，然后称取每份 3kg 的试样 3 份备用。

③试验步骤：

置圆筒于底盘上，取试样一份，分两层装入圆筒。每装完一层试样后，在底盘下面垫放一直径为 10mm 的圆钢筋，将筒按住，左右交替颠击地面各 25 下。第二层颠实后，试样表面距盘底的高度应控制为 100mm 左右。

整平筒内试样表面，把加压头装好（注意应使加压头保持平正），放到试验机上在 160～300s 内均匀地加荷到 200kN，稳定 5s，然后卸荷，取出测定筒。倒出筒中的试样并称其质量（m_0）。用公称直径为 2.50mm 的方孔筛筛除被压碎的细粒，称量剩留在筛上的试样质量（m_1）。

④结果计算：

碎石或卵石的压碎指标值 δ_a 应按下式计算，精确至 0.1%：

$$\delta_a = \frac{m_0 - m_1}{m_0} \times 100\% \qquad (3.2-37)$$

式中：δ_a——压碎指标（%）；

m_0——试样的质量（g）；

m_1——压碎试验后筛余的试样质量（g）。

多种岩石组成的碎石，应对公称粒径 20.0mm 以下和 20.0mm 以上的标准粒级（10.0～20.0mm）分别进行检验，则其总的压碎值指标 δ_a 应按下式计算：

$$\delta_a = \frac{\alpha_1 \delta_{a1} + \alpha_2 \delta_{a2}}{\alpha_1 + \alpha_2} \times 100\% \qquad (3.2-38)$$

式中：δ_a——总的压碎值指标（%）；

α_1、α_2——公称粒径 20.0mm 以下和 20.0mm 以上两粒级的颗粒含量百分率；

δ_{a1}、δ_{a2}——两粒级以标准粒级试验的分计压碎值指标（%）。

以三次试验结果的算术平均值作为压碎指标测定值。

（14）碎石或卵石的碱活性试验（岩相法）。

本方法适用于鉴定碎石、卵石的岩石种类、成分，检验骨料中活性成分的品种和含量。

①仪器设备工具：

试验筛——筛孔公称直径为 80.0mm、40.0mm、20.0mm、5.00mm 的方孔筛以及筛的底盘和盖各一只；

  秤——称量 100kg，感量 100g；

  天平——称量 2000g，感量 2g；

  切片机、磨片机；

  实体显微镜、偏光显微镜。

②试件制备：

经缩分后将样品风干，并按表 3.2－34 的规定筛分、称取试样。

表 3.2－34　岩相试验样最少质量

公称粒级（mm）	40.0～80.0	20.0～40.0	5.00～20.0
试验最少质量（kg）	150	50	10

  注：大于 80.0mm 的颗粒，按照 40.0～80.0mm 一级进行试验；试样最少数量也可以以颗粒计，每级至少 300 颗。

③试验步骤：

用肉眼逐粒观察试样，必要时将试样放在砧板上用地质锤击碎（应使岩石碎片损失最小），观察颗粒新鲜断面。将试样按岩石品种分类。

每类岩石先确定其品种及外观品质，包括矿物质成分、风化程度、有无裂缝、坚硬性、有无包裹体及断口形状等。

每类岩石均应制成若干薄片，在显微镜下鉴定矿物质组成、结构等，特别应测定其隐晶质、玻璃质成分的含量。测定结果填入表 3.2－35 中。

表 3.2－35　骨料活性成分含量测定表

			样品编号	
委托单位			样品编号	
样品产地、名称			检测条件	
公称粒级（mm）		40.0～80.0	20.0～40.0	5.00～20.0
质量百分数（%）				
岩石名称及外观品质				
碱活性矿物	品种及占本级配试样的质量百分含量（%）			
	占试样总重的百分含量（%）			
	合计			
结论			备注	

  注：硅酸类活性硬度物质包括蛋白石、火山玻璃体、玉髓、玛瑙、蠕石英、磷石英、方石英、微晶石英、燧石、具有严重波状消光的石英；

  碳酸盐类活性矿物为具有细小菱形的白云石晶体。

④结果处理：

根据岩相鉴定结果，对于不含活性矿物的岩石，可评定为非碱活性骨料。

评定为碱活性骨料或可疑时，应按相关规定进行进一步鉴定。

（15）碎石或卵石的碱活性试验（快速法）。

本方法适用于检验硅质骨料与混凝土中的碱产生潜在反应的危害性，不适用于碳酸盐骨料检验。

①所用仪器设备：

烘箱——温度控制范围为（105±5）℃。

台秤——称量5000g，感量5g。

试验筛——筛孔公称直径为5.00mm、2.50mm、1.25mm、630μm、315μm、160μm的方孔筛各一只。

测长仪——测量范围280.00～300.00mm，精度0.01mm。

水泥胶砂搅拌机——应符合现行行业标准《行星式水泥胶砂搅拌机》（JC/T 681）的规定。

恒温养护箱或水浴——温度控制范围为（80±2）℃。

养护筒——由耐碱耐高温的材料制成，不漏水，密封，防止容器内湿度下降，筒的容积可以保证试件全部浸没在水中。筒内设有试件架，试件垂直于试件架放置。

试模——金属试模，尺寸为25mm×25mm×280mm，试模两端正中有小孔，可装入不锈钢测头。

镘刀、捣棒、量筒、干燥器等；

破碎机。

②试样制备符合下列规定：

将试样缩分成约5kg，把试样破碎后筛分成按表3.2-22中所示级配及比例，组合成试验用料，并将试样洗净烘干或晾干备用。

水泥应采用符合现行国家标准《通用硅酸盐水泥》（GB 175）要求的普通硅酸盐水泥。水泥与砂的质量比为1:2.25，水灰比为0.47；每组称取水泥440g，石料990g。

将称好的水泥与砂倒入搅拌锅，应按现行国家标准《水泥胶砂强度检验方法（ISO法）》（GB/T 17671）的规定的方法进行。

搅拌完成后，将砂浆分两层装入试模内，每层捣40次，测头周围应填实。浇捣完毕后用镘刀刮除多余砂浆，抹平表面，并标明测定方向及编号。

③快速法试验步骤：

将试件成型完毕后，带模放入标准养护室，养护（24±4）h后脱模。

脱模后，将试件浸泡在装有自来水的养护筒中，并将养护筒放入温度（80±2）℃的恒温养护箱或水浴箱中，养护24h。同种骨料制成的试件放在同一个养护筒中。

然后将养护筒逐个取出，每次从养护筒中取出一个试件，用抹布擦干表面，立即测量试件的基长（L_0），测长应在（20±2）℃恒温室中进行，每个试件至少重复测试两次，取差值在仪器精度范围内的两个读数的平均值作为长度测定值（精确至0.02mm）。每次每个试件的测量方向应一致，待测的试件须用湿布覆盖，防止水分蒸发。从取出试件擦干至读数完成应在（15±5）s 内结束，读完数后的试件应用湿布覆盖。全部试件测完基准长度后，把试件放入装有浓度为 1mol/L 的氢氧化钠溶液养护筒中，确保试件被完全浸泡。且溶液温度应保持在（80±2）℃，将养护筒放回恒温养护箱或水浴箱中。

注：用测长仪测定任一组试件的长度时，均应先调整测长仪的零点。

自测定基准长度之日起，第 3d、7d、10d、14d 再分别测长度（L_t）。测长方法与测基长方法相同。测量完毕后，应将试件调头放入原养护筒中，盖好筒盖放回（80±2)℃的恒温箱或水浴箱中，继续养护至下一个测试龄期。操作时应防止氢氧化钠溶液溢溅烧伤皮肤。

在测量时应观察试件的变形、裂缝和渗出物等，特别应观察有无胶体物质，并作详细记录。

④结果计算：

试件中的膨胀率应按下式计算，精确至 0.01％：

$$\varepsilon_t = \frac{L_t - L_0}{L_0 - 2\Delta} \times 100\% \tag{3.2-39}$$

式中：ε_t——试件在 t 天龄期的膨胀率（％）；

　　　L_t——试件在 t 天龄期的长度（mm）；

　　　L_0——试件的基长（mm）；

　　　Δ——测头长度（mm）。

以三个试件膨胀率的平均值作为某一龄期膨胀率的测定值。任一试件膨胀率与平均值均应符合下列规定：

当平均值小于或等于 0.05％时，单个测值与平均值的差值均应小于 0.01％；

当平均值大于 0.05％时，单个测值与平均值的差值均应小于平均值的 20％；

当三个试件的膨胀率均大于 0.10％时，无精度要求；

当不符合上述要求时，去掉膨胀率最小的，用其余两个试件的平均值作为该龄期的膨胀率。

⑤结果评定应符合下列规定：

当 14d 膨胀率小于 0.10％时，可判定为无潜在危害；

当 14d 膨胀率大于 0.20％时，可判定为有潜在危害；

当 14d 膨胀率在 0.10％～0.20％之间时，应按砂浆长度法的方法再进行试验判定。

(16) 碎石或卵石碱活性试验（砂浆长度法）。

本方法适用于鉴定硅质骨料与水泥（混凝土）中的碱产生潜在反应的危害性，不适用于碱碳酸盐反应活性骨料检验。

①仪器设备：

试验筛——公称直径为 160μm、315μm、630μm、1.25mm、2.50mm、5.00mm 的方孔筛各一只；

水泥胶砂搅拌机——应符合现行行业标准《行星式水泥胶砂搅拌机》（JC/T 681）规定；

镘刀及截面为 14mm×13mm、长 130～150mm 的钢制捣棒；

量筒、秒表；

试模和测头（埋钉）——金属试模，规格为 25mm×25mm×280mm，试模两端板正中有小孔，测头以耐锈蚀金属制成；

养护筒——耐腐材料（如塑料）制成，应不漏水、不透气，加盖后在养护室能确保筒内空气相对湿度为 95% 以上，筒内设有试件架，架下盛有水，试件垂直立于架上并不与水接触；

测长仪——测量范围 160~185mm，精度 0.01mm；

恒温箱（室）——温度为（40±2）℃；

台秤——称量 5kg，感量 5g；

跳桌——应符合现行行业标准《水泥胶砂流动度测定仪》（JC/T 958）要求。

②试样制备：

制作试件的应符合下列规定：

水泥：水泥含碱量应为 1.2%；低于此值时，可掺浓度 10% 的氢氧化钠溶液，将碱含量调至水泥量的 1.2%。当具体工程所用水泥含碱量高于此值时，则应采用工程所使用的水泥。

注：水泥含碱量以氧化钠（Na_2O）计，氧化钾（K_2O）换算为氧化钠时乘以换算系数 0.658。

石料：将样品缩分成约 5kg，破碎筛分后，各粒级都应在筛上用水冲净黏附在骨料上的淤泥和细粉，然后烘干备用。石料按表 3.2-36 的级配配成试验用料。

表 3.2-36　碎石级配表

公称粒径	5.00~2.50mm	2.50~1.25mm	1.25mm~630μm	630~315μm	315~160μm
分级质量（%）	10	25	25	25	15

制作试件用的砂浆配合比应符合下列规定：

水泥与石料的质量比为 1:2.25。每组 3 个试件，共需水泥 440g、石料 990g，砂浆用水量应按现行国家标准《水泥胶砂流动度测定方法》（GB/T 2419）确定，跳桌跳动次数应为 6s 跳动 10 次，流动度应为 105~120mm。

砂浆长度法试验所用试件应按下列方法制作：

成型前 24h，将试验所用材料（水泥、骨料、拌合水等）放入（20±2）℃的恒温室中。

石料水泥浆制备：先将称好的水泥、石料倒入搅拌锅内，开动搅拌机。拌合 5s 后，徐徐加水，20~30s 加完，自开动机器起搅拌 120s。将黏在叶片上的料刮下，取下搅拌锅。

砂浆分两层装入试模内，每层捣 40 次；测头周围应捣实，浇捣完毕后用镘刀刮除多余砂浆，抹平表面，并标明测定方向及编号。

③试验步骤：

试件成型完毕后，带模放入标准养护室，养护 24h 后，脱模（当试件强度较低时，可延至 48h 脱模）。脱模后立即测量试件的基长（L_0），测长应在（20±2）℃的恒温室中进行，每个试件至少重复测试两次，取差值在仪器精度范围内的两个读数的平均值作为测定值。待测的试件须用湿布覆盖，防止水分蒸发。

测量后将试件放入养护筒中，盖严筒盖放入（40±2）℃养护室里养护（同一筒内的试件品种应相同）。

自测量基长起，第 14d、1 个月、2 个月、3 个月、6 个月再分别测长（L_t），需要时可以适当延长。在测长前一天，应把养护筒从（40±2）℃养护室中取出，放入（20±2）℃的恒温室。试件的测长方法与测基长相同，测量完毕后，应将试件调头放入养护筒中。盖好筒盖，放回（40±2）℃养护室继续养护到下一测龄期。

在测量时应观察试件的变形、裂缝和渗出物等，特别应观察有无胶体物质，并作详细记录。

④结果计算：

试件的膨胀率应按下式计算，精确至 0.001％：

$$\varepsilon_t = \frac{L_t - L_0}{L_0 - 2\Delta} \times 100\% \tag{3.2-40}$$

式中：ε_t——试件在 t 天龄期的膨胀率（％）；

　　　L_t——试件在 t 天龄期的长度（mm）；

　　　L_0——试件的基长（mm）；

　　　Δ——测头长度（mm）。

以三个试件膨胀率的平均值作为某一龄期膨胀率的测定值。任一试件膨胀率与平均值均应符合下列规定：

当平均值小于或等于 0.05％时，单个测值与平均值的差均应小于 0.01％；

当平均值大于 0.05％时，单个测值与平均值的差均应小于平均值的 20％；

当三个试件的膨胀率均超过 0.10％时，无精度要求；

当不符合上述要求时，去掉膨胀率最小的，用其余两个试件膨胀率的平均值作为该龄期的膨胀率。

⑤结果评定应符合下列规定：

当砂浆半年膨胀率低于 0.10％或 3 个月的膨胀率低于 0.05％时（只有在缺半年膨胀率资料时才有效），可判定为无潜在危害。否则，应判定为具有潜在危害。

（17）碎石或卵石碱活性试验（岩石柱法）。

本方法适用于检验碳酸盐岩石是否具有碱活性。

①所用仪器设备：

钻机——配有小圆筒钻头；

锯石机、磨平机；

试件养护瓶——耐碱材料制成，能盖严以避免溶液变质和改变浓度；

测长仪——量程 25～50mm，精度 0.01mm；

1mol/L 氢氧化钠溶液——（40±1）g 氢氧化钠（化学纯）溶于 1L 蒸馏水中。

②试样的制备：

应在同块岩石的不同岩性方向取样；岩石层理不清时，应在三个相互垂直的方向上各取一个试件。

钻取的圆柱体试件直径为（9±1）mm，长度为（35±5）mm，试件两端面应磨光、互相平等且与试件的主轴线垂直，试件加工时应避免表面变质而影响碱溶液渗入岩样的速度。

③试验步骤：

将试件编号后，放入盛有蒸馏水的瓶中，置于（20±2）℃的恒温室内，每隔 24h 取出擦干表面水分，进行测长，直到试件前后两次测得的长度变化不超过 0.02％为止，以最后一次测得的试件长度为基长（L_0）。

将测完基长的试件浸入盛有浓度为 1mol/L 的氢氧化钠溶液瓶中，液面应超过试件顶面至少 10mm，每个试件的平均液量至少应为 50mL。同一瓶中不得浸泡不同品种的试件，盖严瓶盖，置于（20±2）℃的恒温室中，溶液每 6 个月更换一次。

在（20±2）℃的恒温室中进行测长（L_t）。每个试件测长方向应始终保持一致。测量时，试件从瓶中取出，先用蒸馏水洗涤，将表面水擦干后再测量。测长龄期从试件泡入碱液时算起，在 7 天、14 天、21 天、28 天、56 天、84 天时进行测量，如有需要，以后每 1 个月一次，一年后每 3 个月一次。

试件在浸泡期间，应观测其形态的变化，如开裂、弯曲、断裂等，并作记录。

④结果计算与处理：

试件长度变化应按下式计算，精确至 0.001％：

$$\varepsilon_{st} = \frac{L_t - L_0}{L_0} \times 100\% \qquad (3.2-41)$$

式中：ε_{st}——试件浸泡 t 天后的长度变化率（％）；

L_t——试件浸泡 t 天后的长度（mm）；

L_0——试件的基长（mm）。

注：测量精度要求为同一试验人员、同一仪器测量同一试件，其误差不应超过 ±0.02％；不同试验人员，同一仪器测量同一试件，其误差不应超过 ±0.03％。

⑤结果评定：

同块岩石所取的试样中以其膨胀率最大的一个测值作为分析该岩石碱活性的依据；试件浸泡 84 天的膨胀率超过 0.10％，应判定为具有潜在碱活性危害。

3.2.6 骨料的质量控制

（1）混凝土原材料中的粗骨料、细骨料质量应符合现行行业标准《普通混凝土用砂、石质量及检验方法标准》（JGJ 52）的规定，使用经过净化处理的海砂应符合现行行业标准《海砂混凝土应用技术规范》（JGJ 206）的规定，再生混凝土骨料应符合现行国家标准《混凝土用再生粗骨料》（GB/T 25177）和《混凝土和砂浆用再生细骨料》（GB/T 25176）的规定。

（2）粗骨料质量主要控制项目应包括颗粒级配、针片状颗粒含量、含泥量、泥块含量、压碎值指标和坚固性，用于高强混凝土的粗骨料主要控制项目还应包括岩石抗压强度。《混凝土质量控制标准》（GB 50164）没有将有害物质列入主要控制项目，实际工程中一般在选择料场时根据情况需要才进行检验。

（3）粗骨料宜选用粒形良好、质地坚硬的洁净碎石或卵石，并应符合下列规定：

①粗骨料最大粒径不应超过构件截面最小尺寸的1/4，且不应超过钢筋最小净间距的3/4；对混凝土板，粗骨料的最大粒径不宜超过板厚的1/3，且不应超过40mm；对于大体积混凝土，粗骨料的最大公称粒径不宜小于31.5mm。

混凝土中粗骨料最大公称粒径应考虑到结构或构件的截面尺寸及钢筋间距，粗骨料最大公称粒径太大不利于混凝土浇筑成型。对于大体积混凝土，粗骨料最大公称粒径太小则限制混凝土变形作用较小。

②粗骨料宜采用连续粒级，也可用单粒级组合成满足要求的连续粒级。选用级配良好的粗骨料可改善混凝土的均匀性和密实度。连续级配粗骨料堆积相对紧密，空隙率比较小，有利于节约其他原材料，而其他原材料一般比粗骨料价格高，也有利于改善混凝土性能。

③含泥量、泥块含量指标应符合《普通混凝土用砂、石质量及检验方法标准》（JGJ 52）的规定。

（4）细骨料质量主要控制项目应包括颗粒级配、细度模数、含泥量、泥块含量、坚固性、氯离子含量和有害物质含量；海砂主要控制项目除应包括上述指标外尚应包括贝壳含量；人工砂主要控制项目除应包括上述指标外尚应包括石粉含量和压碎值指标，人工砂主要控制项目可不包括氯离子含量和有害物质含量。

（5）细骨料宜选用级配良好、质地坚硬、颗粒洁净的天然砂或机制砂，并应符合下列规定：

①泵送混凝土宜采用中砂，且 $300\mu m$ 筛孔的颗粒通过量不宜少于 15%。

②混凝土细骨料中氯离子含量，对于钢筋混凝土，按干砂的质量百分率计算不得大于 0.06%；对于预应力混凝土，按干砂的质量百分率计算不得大于 0.02%。

③含泥量、泥块含量指标应符合《普通混凝土用砂、石质量及检验方法标准》（JGJ 52）的规定。

④海砂应符合现行行业标准《海砂混凝土应用技术规范》（JGJ 206）的有关规定。对于海砂，由于其含有大量氯离子及硫酸盐、镁盐等成分，会对钢筋混凝土和预应力混凝土的性能与耐久性产生严重危害。

（6）强度等级为C60及以上的混凝土所用骨料，除应符合上述规定外，尚应符合下列规定：

①粗骨料的压碎指标的控制值应经试验确定；

②粗骨料最大粒径不宜大于25mm，针片状颗粒含量不应大于 8.0%，含泥量不应大于 0.5%，泥块含量不应大于 0.2%；

③细骨料细度模数宜控制在 2.6%~3.0%，含泥量不应大于 2.0%，泥块含量不应大于 0.5%。

岩石在形成过程中，其内部会产生一定的纹理和缺陷，在受压条件下，会在纹理和缺陷部位形成应力集中效应而产生破坏。研究表明，混凝土强度等级越高，其所用粗骨料粒径应越小，较小的粗骨料，其内部的缺陷在加工过程中会得到很大程度的消除。工程实践和研究证明，强度等级为 C60 及以上的混凝土，其所用粗骨料粒径不宜大于 25mm。

（7）有抗渗、抗冻融要求或其他特殊要求的混凝土，宜选用连续级配的粗骨料，最大粒径不宜大于 40mm，含泥量不应大于 1.0%，泥块含量不应大于 0.5%；所用细骨料含泥量不应大于 3.0%，泥块含量不应大于 1.0%。

3.3 混凝土矿物掺合料

3.3.1 概述

混凝土矿物掺合料通常是指在混凝土搅拌过程中加入的，具有一定的活性和细度，作为辅助胶凝材料，掺入混凝土中后不但可以取代部分水泥，改善新拌混凝土的工作性，而且可以改善硬化后混凝土性能的组分。

1. 矿物掺合料的种类

混凝土用矿物掺合料的种类主要有粉煤灰、粒化高炉矿渣粉、石灰石粉、硅灰、沸石粉、磷渣粉、钢铁渣粉和复合矿物掺合料等。对各种矿物掺合料，均应符合相应的标准要求，例如《矿物掺合料应用技术规范》（GB/T 51003）、《用于水泥和混凝土中的粉煤灰》（GB/T 1596）、《用于水泥、砂浆和混凝土中的粒化高炉矿渣粉》（GB 18046）、《石灰石粉在混凝土中的应用技术规范》（JGJ/T 318）、《砂浆和混凝土用硅灰》（GB/T 27690）、《钢铁渣粉》（GB/T 28293）等。矿物掺合料的掺量应通过试验确定，并符合《普通混凝土配合比设计规程》（JGJ 55）的规定。

（1）粒化高炉矿渣粉（简称矿渣粉）。

矿渣粉作为混凝土高性能化的重要矿物掺合料，生产规模日益壮大，业已成为独立于水泥的另一个产业板块。为了规范矿渣粉的生产和推广其使用，我国自 20 世纪 90 年代末开始，陆续颁布了多个地方标准、行业标准和国家标准，对矿渣粉的定义及其相关产品的品质做了相应的规定和要求。

《用于水泥、砂浆和混凝土中的粒化高炉矿渣粉》（GB/T 18046—2017）于 2017 年 12 月 29 日正式发布，2018 年 11 月 1 日开始实施。GB/T 18046—2017 将粒化高炉矿渣粉定义为：以粒化高炉矿渣为主要原料，可掺加少量石膏磨制成一定细度的粉体。高炉矿渣是冶炼生铁时的副产品，粒化高炉矿渣粉是炼铁高炉排渣通过水淬（急冷）成粒后，再经过磨细而得的粉体材料。其玻璃体含量一般在 80% 以上，具有较好的水硬活性。矿渣的活性取决于其化学组分和冷却质量。

（2）粉煤灰。

粉煤灰：从煤粉炉烟道气体中收集的粉末，分为 F 类和 C 类。

F类粉煤灰——由无烟煤或烟煤煅烧收集的粉煤灰；

C类粉煤灰——由褐煤或次烟煤煅烧收集的粉煤灰，其氧化钙含量一般大于10%。

粉煤灰是一种火山灰质矿物掺合料，是火力发电厂燃煤锅炉排出的烟道灰。粉煤灰的化学成分主要是硅、铝质氧化物，由结晶体、玻璃体以及少量未燃尽的碳粒所组成。在结晶体中，有石英、莫来石；在玻璃体中，有光滑的球状玻璃体粒子，有形状不规则的致密小颗粒，有疏松多孔的形状不规则的玻璃体，还有疏松多孔的未燃尽碳粒。

《用于水泥和混凝土中的粉煤灰》（GB 1596—2017）规定，用于水泥和混凝土中的粉煤灰不包括以下情形：①和煤一起煅烧城市垃圾或其他废弃物时；②在焚烧炉中煅烧工业或城市垃圾时；③循环流化床锅炉然后收集的粉末。

（3）硅灰。

硅灰是冶炼硅铁合金或工业硅时通过烟道排出的粉尘，经收集得到的以无定形二氧化硅为主要成分的粉体材料。

硅灰颜色在浅灰色与深灰色之间，密度2.2g/cm³左右，比水泥（3.1g/cm³）要轻，与粉煤灰相似，堆积密度一般在200~350kg/m³。硅灰颗粒非常微小，大多数颗粒的粒径小于$1\mu m$，平均粒径$0.1\mu m$左右，仅是水泥颗粒平均直径的1/100~1/50。硅灰的比表面积介于15000~25000m²/kg（采用氮吸附法即BET法测定）。硅灰的物理性质决定了硅灰的微小颗粒具有高度的分散性，可以充分地填充在水泥颗粒之间，提高浆体硬化后的密实度。

硅灰的主要化学成分为非晶态的无定型二氧化硅（SiO_2），一般占90%以上（通常用于高性能混凝土中的硅灰的SiO_2最低要求含量是90%），其成分则根据合金品种不同而有变化。高细度的无定型SiO_2具有较高的火山灰活性，即在水泥水化产物氢氧化钙（$Ca(OH)_2$）的碱性激发下，SiO_2能迅速与$Ca(OH)_2$反应，生成水化硅酸钙凝胶（C—S—H），提高混凝土强度并改善混凝土性能。

（4）钢铁渣粉。

钢渣粉是指从炼钢炉中排出的，以硅酸盐为主要成分的熔融物，经消解稳定化处理后粉磨所得的粉体材料。将钢渣与粒化高炉矿渣制成钢铁渣粉用作混凝土掺合料，可以大量地消纳工业废料，节约土地和资源，且已有产品标准和混凝土中应用技术规程，技术相对成熟，故本章将钢铁渣粉列入。

（5）石灰石粉。

石灰石粉是以一定品位纯度的石灰石为原料，经粉磨至规定细度的粉状材料。

石灰石粉作为混凝土掺合料是近几年发展起来的新技术，不仅可以节约水泥，还可以改善混凝土工作性能、降低混凝土水化温升及减小混凝土的收缩等性能，可以缓解矿粉、粉煤灰等供应不足的现状，石灰石粉混凝土的制备及工程应用已有成功的工程实例和国家行业标准。故本章混凝土矿物掺合料增加了石灰石粉。

（6）复合矿物掺合料。

复合矿物掺合料指采用两种或两种以上的矿物原料，单独粉磨至规定的细度后再按一定的比例复合，或者两种或两种以上的矿物原料按一定的比例混合后粉磨达到规定细度并符合规定活性指数的粉体材料。

近年来，混凝土技术迅猛发展，高强高性能混凝土的应用越来越广泛，单一的矿物掺合料已不能满足其要求。为了充分发挥各种矿物掺合料的技术优势，使用两种或两种以上的复合矿物掺合料可以产生更好的超叠加效应，可获得更加优良的混凝土性能。

2. 矿物掺合料的作用

（1）粉煤灰。

粉煤灰的活性主要来自活性 SiO_2（玻璃体 SiO_2）和活性 Al_2O_3（玻璃体 Al_2O_3）在一定碱性条件下的水化作用。因此，粉煤灰中活性 SiO_2、活性 Al_2O_3 和 $f-CaO$（游离氧化钙）都是活性的有利成分。硫在粉煤灰中一部分以可溶性石膏（$CaSO_4$）的形式存在，对粉煤灰早期强度的发挥有一定作用，因此粉煤灰中的硫对粉煤灰活性也是有利组成。粉煤灰按 CaO 含量的多少分为两类：C 类粉煤灰具有轻微的自硬性，但因游离 CaO 高，易造成体积不安定，使用时要慎重，故应用不广；F 类粉煤灰依其品质又分 Ⅰ、Ⅱ、Ⅲ 三个级别。

粉煤灰在水泥混凝土中主要有三个基本效应，即形态效应、火山灰效应和微集料效应。

①形态效应。

粉煤灰的形态效应，主要是指粉煤灰的颗粒形貌、粗细、表面粗糙程度等特征在混凝土中的效应。粉煤灰微珠颗粒可以起到滚珠的作用，降低混凝土拌合物的内摩擦力而提高流动性。粉煤灰的密度小于水泥，因而等量替代后可增加浆体的体积，从而改善对粗细集料的润滑程度，也有利于提高混凝土拌合物的流动性。此外，还可以提高混凝土的匀质性、粘聚性和保水性。

劣质粉煤灰由于含有较多不规则的多孔颗粒和未燃尽的碳，可导致需水量增加和保水性变差，对混凝土带来负面效应。

②火山灰效应（活性效应）。

粉煤灰属于活性矿物掺合料。粉煤灰中含有的玻璃态的氧化硅和氧化铝属于活性氧化硅和活性氧化铝，它们可以与水泥水化生成的氢氧化钙和水发生水化反应（该水化反应亦称二次反应），生成具有水硬性特点的水化硅酸钙、水化铝酸钙等，并填充于毛细孔隙内。这些水化产物同样具有强度，特别是水化硅酸钙，该水化反应在 28d 内较弱，特别是在 7d 以内，而在 28d 以后逐步明显。粉煤灰的细度越大，即颗粒越小，活性越高，水化反应能力越高；温度越高水化反应能力越强，强度增长越快。当温度低于 5℃ 时该水化反应基本停止，强度发展缓慢。

③微集料效应。

粉煤灰微珠具有极高的强度，其填充在水泥颗粒间的空隙内，既减少了毛细孔隙，又起到了微骨架作用。随水化的不断进行，粉煤灰的水化产物与未水化的粉煤灰内核的黏结力不断提高，这也有利于提高粉煤灰的微集料效应。

除上述三个基本效应外，粉煤灰还有许多其他效应，如免疫效应（抑制碱集料反应效应、提高耐腐蚀性效应等）、减热效应（降温升效应）、泵送效应等，不过这些效应都离不开上述三个基本效应。

（2）粒化高炉矿渣粉。

研究表明，矿渣粒径＞$45\mu m$ 的颗粒很难参与水化反应，所以要磨细，用于混凝土的矿渣要磨细到比表面积超过 $4000cm^2/g$，才能充分发挥其活性，减小泌水性。细度越大，活性越高。但磨得太细，早期水化热大不利于降低混凝土的温升，而且混凝土早期的自身收缩也会随着磨细矿渣掺量的增加而增大，况且粉磨矿渣要提高成本，所以不宜磨得太细。但磨细矿渣比普通矿渣优越，掺入混凝土中可以取代部分水泥，可提高流动度，降低泌水性，早期强度相当，但后期强度高、耐久性好，掺 30％时，可提高强度22％左右。试验表明，磨细矿渣的最佳掺量是 30％～50％，最大掺量可到 70％，此时水化热可降低，收缩也可减小。

磨细矿渣的独特化学组成及颗粒尺寸使粒化高炉矿渣在混凝土中起到了非常重要的作用。主要包括：

①火山灰效应。

矿渣微粉颗粒呈球状，表面光滑致密，其主要化学成分为 SiO_2、Al_2O_3、CaO，并具有超高活性，将其掺入水泥中，水化时活化 SiO_2、Al_2O_3 与混合胶凝体系中产生的$Ca(OH)_2$ 反应，进一步形成水化硅酸钙产物，填充于空隙中。较细的矿渣掺合料将增加与其他掺合料的接触面积，即影响其与 $Ca(OH)_2$ 发生反应的有效面积，从而影响其与 $Ca(OH)_2$ 反应程度及水化产物的数量和质量。

在矿渣粉磨时，会暴露出更多的内部缺陷，增大颗粒反应面积，从而提高反应活性和反应机会。

②微集料效应。

矿渣微粉包裹在水泥粒子周围及集料周围，由于其超细化，增加了界面处的质量，较多的硅质材料、水泥粒子密集于界面处，产生较多的水化物，使界面连接牢固。水化产物（水化硅酸钙凝胶）填充于空隙中，增加密实度，大小粒子堆积，降低了填充空隙尺寸，所得到的微细结构与孔结构均比普通水泥石细得多，这样能够减小离子扩散率，获得好的抗侵蚀性、耐久性和高强度。同时，磨细矿渣吸附水和外加剂较少，有一定的减水作用，一般可使混凝土减少用水量 5％左右，可替代水泥 15％～30％。将其掺入水泥中，拌制混凝土，能增大混凝土的坍落度，降低混凝土坍落度的损失，其效果比掺入缓凝剂等外加剂更有效，且可显著改善混凝土流动性能。

③晶核效应。

掺入足够数量的活性细磨掺合料之后，微细粉在水化过程中能起到晶核作用，促进硅酸盐矿物的水化，提高水泥石结构的密实度。掺料中的活性 SiO_2 能逐步与水泥石中的$Ca(OH)_2$ 和高碱性水化硅酸钙产生二次反应，生成低碱性水化硅酸钙，同时$Ca(OH)_2$ 也与掺合料中的活性 Al_2O_3 反应，生成水化铝酸钙，或与 SiO_2 及 Al_2O_3 生成水化铝酸钙。这样，水化产物的数量增多，且不稳定的高碱性水化物转向低碱性的稳定的水化物，使水泥石结构致密、稳定，从而使其强度及耐久性得到大幅度提高和改善。

（3）硅灰。

硅灰之所以可以作为一种辅助性胶凝材料改善硬化水泥浆体的微结构，首先是因为硅灰具有很高的火山灰活性。虽然硅灰本身基本上与水不发生水化作用，但它能够在水泥水化产物 Ca (OH)$_2$ 及其他一些化合物的激发作用下发生二次水化反应而生成具有胶凝性的产物，且硅灰均匀分散在水泥浆中时可在水泥水化过程中起到类似"晶核效应"作用，一方面减少 Ca (OH)$_2$ 总数量而形成 C−S−H 凝胶；另一方面使 Ca (OH)$_2$ 单晶体和凝胶细粒化，类似金属材料的合金元素晶粒细化，使水化产物在整个浆体内部分布趋于均匀。其次是因为硅灰的微集料特性，它不仅自身可以填充硬化水泥浆体中的有害孔，其二次水化产物也可以填充硬化水泥浆体中的有害孔。

硅灰对混凝土的作用主要体现在：

①增强，增密，改善和易性，增加黏稠性，降低泌水。

②改善微结构与界面结构，改变相组成，缩小过渡带。

③改善孔结构，增实、减轻、减热、减缩、减徐变。

④提高耐久性（抗渗、抗冻、抗蚀、抗碱−骨料反应、耐磨等）。

（4）矿物掺合料的主要作用。

①矿物掺合料可代替部分水泥，成本低廉，经济效益显著。

②增大混凝土的后期强度。矿物细掺料中含有活性的 SiO$_2$ 和 Al$_2$O$_3$，与水泥中的石膏及水泥水化生成的 Ca (OH)$_2$ 反应，生成 C−S−H 和 C−A−H、水化硫铝酸钙，提高了混凝土的后期强度。但是值得提出的是除硅灰外的矿物细掺料，混凝土的早期强度随着掺量的增加而降低。

③改善新拌混凝土的工作性。混凝土提高流动性后，很容易使混凝土产生离析和泌水，掺入矿物细掺料后，混凝土具有很好的黏聚性。像粉煤灰等需水量小的掺合料还可以降低混凝土的水胶比，提高混凝土的耐久性。

④降低混凝土温升。水泥水化产生热量，而混凝土又是热的不良导体，在大体积混凝土施工中，混凝土内部温度可达到 50~70℃，比外部温度高，产生温度应力，混凝土内部体积膨胀，而外部混凝土随着气温降低而收缩。内部膨胀和外部收缩使得混凝土中产生很大的拉应力，导致混凝土产生裂缝。掺合料的加入，可减少水泥的用量，进一步降低水泥的水化热，降低混凝土温升。

⑤抑制碱−骨料反应。试验证明，矿物掺合料掺量较大时，可以有效地抑制碱−骨料反应。内掺 30% 的低钙粉煤灰能有效地抑制碱硅反应的有害膨胀。利用矿渣抑制碱−骨料反应，其掺量宜超过 40%。

⑥提高混凝土的耐久性。混凝土的耐久性与水泥水化产生的 Ca (OH)$_2$ 密切相关，矿物细掺料和 Ca (OH)$_2$ 发生化学反应，降低了混凝土中的 Ca (OH)$_2$ 含量，同时减少混凝土中大的毛细孔，优化混凝土孔结构，降低混凝土孔径，使混凝土结构更加致密，提高了混凝土的抗冻性、抗渗性、抗硫酸盐侵蚀等耐久性能。

⑦不同矿物细掺料复合使用的"超叠效应"。不同矿物细掺料在混凝土中的作用有各自的特点，例如矿渣火山灰活性较高，有利于提高混凝土强度，但自干燥收缩大；掺优质粉煤灰的混凝土需水量小，且自干燥收缩和干燥收缩都很小，在低水胶比下可保证较好的抗碳化性能。

3.3.2　矿物掺合料的技术要求

1. 粉煤灰

（1）理化性能要求。

拌制砂浆和混凝土用粉煤灰应满足表 3.3-1 中的技术要求。

表 3.3-1　拌制混凝土用粉煤灰技术要求

项目		技术要求		
		Ⅰ级	Ⅱ级	Ⅲ级
细度（45μm 方孔筛筛余），不大于/%	F 类粉煤灰	12.0	30.0	45.0
	C 类粉煤灰			
需水量比，不大于（%）	F 类粉煤灰	95	105	115
	C 类粉煤灰			
烧失量，不大于（%）	F 类粉煤灰	5.0	8.0	10.0
	C 类粉煤灰			
含水量，不大于（%）	F 类粉煤灰	1.0		
	C 类粉煤灰			
三氧化硫，不大于（%）	F 类粉煤灰	3.0		
	C 类粉煤灰			
游离氧化钙，不大于（%）	F 类粉煤灰	1.0		
	C 类粉煤灰	4.0		
二氧化硅、三氧化二铝和三氧化二铁总质量分数（%）	F 类粉煤灰	≥70		
	C 类粉煤灰	≥50		
密度（g/cm³）	F 类粉煤灰	≤2.6		
	C 类粉煤灰			
安定性（雷氏法）（mm）	C 类粉煤灰	≤5.0		
强度活性指数（%）	F 类粉煤灰	≥70.0		
	C 类粉煤灰			

（2）放射性。

符合 GB 6566 中建筑主体材料规定指标要求。

（3）碱含量。

用 $Na_2O+0.658K_2O$ 计算值表示。当粉煤灰应用中有碱含量要求时，由供需双方协商确定。

（4）半水亚硫酸钙。

采用干法或半干法脱硫工艺排出的粉煤灰应检测半水亚硫酸钙含量，其含量不得大于 3.0%。

（5）均匀性。

以细度表征，单一样品的细度不应超过前 10 个样品细度平均值（如样品少于 10 个时，则为所有前述样品试验的平均值）的最大偏差，最大偏差范围由买卖双方协商确定。

2. 粒化高炉矿渣粉

混凝土用粒化高炉矿渣粉应符合 3.3-2 中的技术要求。

表 3.3-2　粒化高炉矿渣粉技术要求

项目			级别		
			S105	S95	S75
密度（g/cm³）		≥	2.8		
比表面积（m²/kg）		≥	500	400	300
活性指数（%）	7d	≥	95	70	55
	28d	≥	105	95	75
流动度比（%）		≥	95		
初凝时间比（%）		≤	200		
含水量（%）		≤	1.0		
三氧化硫（质量分数）（%）		≤	4.0		
氯离子（质量分数）（%）		≤	0.06		
烧失量（质量分数）（%）		≤	1.0		
不溶物（质量分数）（%）		≤	3.0		
玻璃体含量（质量分数）（%）		≥	85		

3. 硅灰

混凝土用硅灰应满足表 3.3-3 中的技术要求。

表 3.3-3　混凝土用硅灰技术要求

项目	技术要求
固含量（液料）	按生产厂控制值的 ±2%
总碱量	≤1.5%
SiO₂ 含量	≥85.0%
氯含量	≤0.1%

项目	技术要求
含水率（粉体）	≤3.0％
烧失量	≤4.0％
需水量比	≤125％
比表面积（BET法）	≥15m²/g
活性指数（7d快速法）	≥105％
放射性	I_{Ra}≤1.0 和 I_r≤1.0
抑制碱骨料反应性	14d膨胀率降低值≥35％
抗氯离子渗透性	28d电通量之比≤40％

注1：硅灰浆折算为固体含量按此表进行检验。

注2：抑制碱－骨料反应性和抗氯离子渗透性为选择性试验项目，由供需双方协定决定。

4. 钢铁渣粉

混凝土用钢铁渣粉应符合表 3.3－4 中的技术要求。

表 3.3－4　钢铁渣粉技术要求

项目		G95 级	G85 级	G75 级
密度（g/cm³）		≥2.9		
比表面积（m²/kg）		≥400		
含水量（％）		≤1.0		
氯离子含量（％）		≤0.06		
三氧化硫含量（％）		≤4.0		
烧失量（％）		≤3.0		
活性指数（％）	7d	≥75	≥65	≥55
	28d	≥95	≥85	≥75
流动度比（％）		≥95		
沸煮安定性		合格		
压蒸安定性		6h 压蒸膨胀率≤0.50％		
放射性	I_{Ra}	≤1.0		
	I_r	≤1.0		

5. 石灰石粉

混凝土用石灰石粉应符合表 3.3－5 中的技术要求。

表 3.3-5　石灰石粉技术要求

项目		技术指标
碳酸钙含量（%）		≥75
细度（45μm 方孔筛筛余）（%）		≤15
活性指数（%）	7d	≥60
	28d	≥60
流动度比（%）		≥95
含水率（%）		≤1.0
MB 值		≤1.4
安定性（压蒸法）		合格

6. 复合掺合料

混凝土用复合掺合料应符合表 3.3-6 中的技术要求。

表 3.3-6　复合掺合料技术要求

项目		技术指标
细度	45μm 方孔筛筛余（%）	≤12
	比表面积（m²/kg）	≥350
活性指数（%）	7d	≥50
	28d	≥75
流动度比（%）		≥100
含水量（%）		≤1.0
三氧化硫含量（%）		≤3.5
烧失量（%）		≤5.0
氯离子含量（%）		≤0.06

注：C 类粉煤灰不宜用于复合掺合料。

3.3.3　试验方法

1. 细度试验方法

细度指标可通过比表面积和筛余百分比表示。

（1）比表面积法。

硅灰的比表面积应用 BET 氮吸附法测定；除硅灰外，水泥、矿渣粉等的比表面积应按《水泥比表面积测定方法（勃氏法）》（GB 8074）测定。

（2）矿物掺合料细度试验方法（气流筛法）。

①所用仪器设备：

A. 负压筛析仪：负压筛析仪主要由 $45\mu m$ 或 $80\mu m$ 方孔筛、筛座、真空源和收尘器等组成，其中方孔筛内径为 150mm，高度为 25mm。

B. 天平：量程不小于 50g，最小分度值不大于 0.01g。

②试验步骤：

A. 将测试用矿物掺合料样品置于温度为 105~110℃烘干箱内烘至恒重，取出放在干燥器中冷却至室温。

B. 称取试样约 10g，精确至 0.01g，倒在 $45\mu m$ 或 $80\mu m$ 方孔筛筛网上，将筛子置于筛座上，盖上筛盖。

C. 接通电源，将定时开关固定在 3min 开始筛析。

D. 开始工作后，观察负压表，使负压稳定在 4000~6000Pa，若负压小于 4000Pa，则应停机，清理收尘器的积灰后再进行筛析。

E. 在筛析过程中，发现有细灰吸附在筛盖上，可用木锤轻轻敲打筛盖，使吸附在筛盖的灰落下。

F. 3min 后筛析自动停止工作，停机后观察筛余物，如出现颗粒成球、黏筛或有细颗粒沉积在筛框边缘，用毛刷将细颗粒轻轻刷开，将定时开关固定在手动位置，再筛析 1~3min 直至筛分彻底为止。将筛网内的筛余物收集并称量，准确至 0.01g。

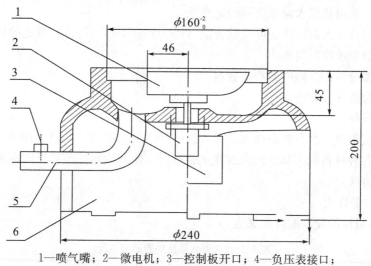

1—喷气嘴；2—微电机；3—控制板开口；4—负压表接口；

5—负压源及吸尘器接口；6—壳体

图 3.3-1　筛座示意图（mm）

③计算结果：

$45\mu m$ 或 $80\mu m$ 方孔筛筛余应按式（3.3-1）计算：

$$F = \frac{G_1}{G} \times 100\% \qquad (3.3-1)$$

式中：F——$45\mu m$ 或 $80\mu m$ 方孔筛筛余（%），计算至 0.1%。

G_1——筛余物的质量（g）；

G——称取试样的质量（g）。

④筛网的校正：

筛网的校正采用粉煤灰细度标准样品或其他同等级标准样品，按标准要求测定标准样品的细度，筛网校正系数按式（3.3-2）计算：

$$K = \frac{m_0}{m} \times 100\% \qquad (3.3-2)$$

式中：K——筛网校正系数（筛网校正系数范围0.8~1.2），计算至0.1%。

m_0——标准样品筛余标准值（%）；

m——标准样品筛余实测值（%）。

2. 矿物掺合料的密度试验方法

矿物掺合料的密度按《水泥密度测定方法》（GB/T 208）测定。

3. 矿物掺合料胶砂需水量比、流动度比及活性指数试验方法

本方法适用于粉煤灰、粒化高炉矿渣粉、硅灰、钢铁渣粉及其复合矿物掺合料胶砂需水量比、流动度比及活性指数的试验。

（1）试验用仪器。

采用《水泥胶砂强度检验方法（ISO）》（GB/T 17671）中所规定的试验用仪器。

（2）试验用材料。

①水泥：采用基准水泥或合同约定水泥。

②砂：符合《水泥胶砂强度检验方法（ISO）》（GB/T 17671）规定的标准砂。

③水：自来水或蒸馏水。

④矿物掺合料：受检的矿物掺合料。

（3）试验条件及方法。

①试验条件：

试验室应符合《水泥胶砂强度检验方法（ISO）》（GB/T 17671—1999）中4.1的规定。试验用各种材料和用具应预先放在试验室内，使其达到试验室相同温度。

②试验方法：

A. 胶砂配合比。

a. 需水量比的胶砂配合比见表3.3-7。

表3.3-7　需水量比的胶砂配合比

材　料	对比胶砂	受检胶砂		
		粉煤灰	硅灰	沸石粉
水泥（g）	450±2	315±1	405±1	405±1
矿物掺合料（g）	—	135±1	45±1	45±1
ISO砂（g）	1350±5	1350±5	1350±5	1350±5
水（mL）	225±1	按使受检胶砂流动度达基准胶砂流动度值±5mm调整		

注：表中所示均为一次搅拌量。

b. 流动度比及活性指数的胶砂配合比见表3.3-8。

表 3.3－8　流动度比及活性指数的胶砂配合比

材　料	对比胶砂	受检胶砂		
		复合矿物掺合料 粒化高炉矿渣粉	钢渣粉	沸石粉 * 石灰石粉
水泥（g）	450±2	225±1	315±1	405±1
矿物掺合料（g）	—	225±1	135±1	45±1
ISO 砂（g）	1350±5	1350±5	1350±5	1350±5
水（mL）	225±1			

注：①＊在此沸石粉只进行活性指数检验；②表中所示均为一次搅拌量。

B. 搅拌。

把水加入搅拌锅里，再加入预先混匀的水泥和矿物掺合料，把锅放置在固定架上，上升至固定位置。然后按《水泥胶砂强度检验方法（ISO)》（GB/T 17671—1999）中的 6.3 进行搅拌，开动机器，低速搅拌 30s 后，在第二个 30s 开始的同时均匀地将砂子加入。当各级砂是分装时，从最初粒级开始，依次将所需的每级砂量加完。把机器转至高速再搅拌 30s。停拌 90s，在第一个 15s 内用一个胶皮刮具将叶片和锅具上的胶砂刮入锅中间。再高速下继续搅拌 60s。各个搅拌阶段，时间误差应在±1s 以内。

C. 试件的制备。

按《水泥胶砂强度检验方法（ISO)》（GB/T 17671—1999）中要求进行。

D. 试件的养护。

试件脱模前处理和养护、脱模、水中养护按《水泥胶砂强度检验方法（ISO)》（GB/T 17671—1999）中 8.1、8.2 和 8.3 进行。

E. 强度和试验龄期。

试体龄期是从水泥加水搅拌开始时算起，不同龄期强度试验在下列时间里进行。

3d～72h±45min；

7d～7d±2h；

28d～28d±8h；

（4）结果与计算。

①需水量比：

根据表 3.3－7 配合比，测得受检砂浆的用水量，按式（3.3－3）计算相应矿物掺合料的需水量比（RW），计算结果取整数。

$$RW = \frac{W_t}{225} \times 100\%　　　　　　（3.3-3）$$

式中：RW——受检胶砂的需水量比（%）；

W_t——受检胶砂的用水量（g）；

225——基准胶砂的用水量（g）。

②流动度比：

根据表 3.3-8 配合比，按《水泥胶砂流动度测定方法》（GB/T 2419）进行试验，分别测定对比胶砂和受检胶砂的流动度 L_0、L，按式（3.3-4）计算受检胶砂的流动度比（F），计算结果取整数。

$$F = \frac{L}{L_0} \times 100\% \qquad (3.3-4)$$

式中：F——受检胶砂的流动度比（%）；

L_0——受检胶砂的流动度（mm）；

L——基准胶砂的流动度（mm）。

③矿物掺合料活性指数：

在测得相应龄期对比胶砂和受检胶砂抗压强度后，按式（3.3-5）计算矿物掺合料相应龄期的活性指数，计算结果取整数。

$$A = \frac{R_t}{R_0} \times 100\% \qquad (3.3-5)$$

式中：A——矿物掺合料的活性指数（%）；

R_t——受检胶砂相应龄期的强度（MPa）；

R_0——对比胶砂相应龄期的强度（MPa）。

4. 钢渣粉、C 类粉煤灰的安定性试验方法

钢渣粉、C 类粉煤灰的安定性试验以 30% 等量取代水泥，按《水泥标准稠度用水量、凝结时间、安定性检验方法》（GB/T 1346）和《水泥压蒸安定试验方法》（GB/T 750）进行测定。

5. 矿物掺合料的含水量试验方法

（1）试验原理。

将矿物掺合料放入规定温度的烘干箱内烘至恒重，以烘干前和烘干后的质量之差与烘干前的质量之比确定矿物掺合料的含水量。

（2）仪器设备。

①烘干箱。

可控制温度不得低于 110℃，最小分度值不得大于 2℃。

②天平

量程不得小于 50g，最小分度值不得大于 0.01g。

（3）试验流程：

①称取矿物掺合料试样约 50g，应准确至 0.01g，倒入蒸发皿中。

②将烘干箱温度调整并控制在 105~110℃。

③将矿物掺合料试样放入烘干箱内烘至恒重，取出放在干燥器中冷却至室温后称量，准确至 0.01g。

④含水量计算

$$W = \frac{\omega_1 - \omega_0}{\omega_1} \times 100\% \qquad (3.3-6)$$

式中：W——含水量（%），计算至 0.1%；

　　　ω_1——烘干前试样的质量（g）；

　　　ω_0——烘干后试样的质量（g）。

3.3.4　检验与验收规则

矿物掺合料应按批进行检验，供应单位应出具出厂合格证或出厂检验报告。检验报告的内容包括厂名、合格证或检验报告编号、级别、生产日期、代表数量及本批检验结果和结论等，并应定期提供型式检验报告。检验项目及结果应满足 3.3.2 节中相关技术要求。

1. 取样检验规则

矿物掺合料进场时，应按下列规定及时取样检验。

（1）取样应符合下列规定：

①散装矿物掺合料：应从同一批次任一罐体的三个不同部位各取等量试样一份，每份不少于 5.0kg，混合搅拌均匀，用四分法缩取比试验需要量大一倍的试样量。

②袋装矿物掺合料：应从每批中任抽 10 袋，从每袋中各取等量试样一份，每份不少于 1.0kg，按上款规定的方法缩取试样。

（2）矿物掺合料进场检验项目、组批条件及批量应符合表 3.3－9 的规定。

表 3.3－9　矿物掺合料进场检验项目、组批条件及批量

序号	矿物掺合料名称	检验项目	验收组批条件及批量	检验项目的依据及要求
1	粉煤灰	细度 需水量比 烧失量 安定性（C 类粉煤灰）	同一厂家、相同级别、连续供应 200 t （不足 200t，按一批计）	《用于水泥和混凝土中的粉煤灰》（GB/T 1596）
2	粒化高炉矿渣粉	比表面积 流动度比 活性指数	同一厂家、相同级别、连续供应 500 t （不足 500t，按一批计）	《用于水泥和混凝土中的粒化高炉矿渣粉》（GB/T 18046）
3	硅灰	需水量比 烧失量	同一厂家连续供应 30 t （不足 30t，按一批计）	《砂浆和混凝土用硅灰》（GB/T 27690）
4	钢渣粉	比表面积 活性指数 流动度比 安定性	同一厂家、相同级别、连续供应 200 t （不足 200t，按一批计）	《用于水泥和混凝土中的钢渣粉》（GB/T 20491） 《钢铁渣粉》（GB/T 28293）
6	石灰石粉	细度 活性指数 流动度比 MB 值	同一厂家、连续供应 200 t （不足 200t，按一批计）	《石灰石粉在混凝土中应用技术规程》（JGJ/T 318）

续表

序号	矿物掺合料名称	检验项目	验收组批条件及批量	检验项目的依据及要求
7	复合矿物掺合料	细度（比表面积或筛余量） 流动度比 活性指数	同一厂家、连续供应500 t（不足500t，按一批计）	

2. 验收规则

（1）矿物掺合料的验收按批进行，符合检验项目规定技术要求的可以使用。

（2）当检验项目不符合规定要求时，应降级使用或按不合格品处理。

3.3.5 矿物掺合料的质量控制

（1）用于混凝土中的矿物掺合料可包括粉煤灰、粒化高炉矿渣粉、硅灰、沸石粉、钢渣粉、磷渣粉、石灰石粉等，可采用两种或两种以上的矿物掺合料按一定比例混合使用。粉煤灰应符合现行国家标准《用于水泥和混凝土中的粉煤灰》（GB/T 1596）的有关规定，粒化高炉矿渣粉应符合现行国家标准《用于水泥、砂浆和混凝土中的粒化高炉矿渣粉》（GB/T 18046）的有关规定，钢渣粉应符合现行国家标准《用于水泥和混凝土中的钢渣粉》（GB/T 20491）的有关规定，其他矿物掺合料应符合相关现行国家标准的规定并满足混凝土性能要求；矿物掺合料的放射性应符合现行国家标准《建筑材料放射性核素限量》（GB 6566）的有关规定。

（2）粉煤灰的主要控制项目应包括细度、需水量比、烧失量和三氧化硫含量，C类粉煤灰的主要控制项目还应包括游离氧化钙含量和安定性；粒化高炉矿渣粉的主要控制项目应包括比表面积、活性指数和流动度比；钢渣粉的主要控制项目应包括比表面积、活性指数、流动度比、游离氧化钙含量、三氧化硫含量、氧化镁含量和安定性；磷渣粉的主要控制项目应包括细度、活性指数、流动度比、五氧化二磷含量和安定性；硅灰的主要控制项目应包括比表面积和二氧化硅含量。矿物掺合料的主要控制项目还应包括放射性。

（3）矿物掺合料的应用应符合下列规定：

①掺用矿物掺合料的混凝土，宜采用硅酸盐水泥和普通硅酸盐水泥。因为硅酸盐水泥和普通硅酸盐水泥中混合材掺量相对较少，有利于掺加矿物掺合料，其他通用硅酸盐水泥中混合材掺量较多，再掺加矿物掺合料易于过量。

②在混凝土中掺用矿物掺合料时，矿物掺合料的种类和掺量应经试验确定。由于矿物掺合料品种多，质量差异比较大，掺量范围较宽，用于混凝土时只有经过试验验证，才能实施混凝土的质量控制。

③矿物掺合料宜与高效减水剂或高性能减水剂同时使用。

④对于高强混凝土或有抗渗、抗冻融、耐磨等其他特殊要求的混凝土，不宜采用低于Ⅱ级的粉煤灰。

⑤对于高强混凝土和有耐腐蚀要求的混凝土，当需要采用硅灰时，不宜采用二氧化硅含量小于 90％的硅灰。

3.3.6　矿物掺合料的工程应用

1. 粉煤灰

粉煤灰是指火力发电厂中磨细煤粉在锅炉中燃烧后从烟道排出、被收尘器收集的细颗粒粉末，是工业"三废"之一。

粉煤灰是有一定活性的火山灰质材料，呈灰褐色，通常呈酸性，尺寸从几微米到几百微米，通常为球形颗粒。我国大多数粉煤灰的主要化学成分为 SiO_2、Al_2O_3、Fe_2O_3、CaO，此外，还有未燃尽的炭以及少量的 Mg、TI、S、K、Na 等氧化物。

一种材料单独调水后本身并不硬化，但与石灰或水泥水化生成的 $Ca(OH)_2$ 作用生成水化硅酸钙和水化铝酸钙，这种性能称为火山灰活性。粉煤灰的活性来源从物理相结构上看，主要来自低铁玻璃体，含量越高，活性也越高；石英、莫来石、赤铁矿、磁铁矿不具有活性，含量多则活性下降。从化学成分上看，活性主要来自游离 SiO_2 和 Al_2O_3，含量越高，活性也越高。粉煤灰越细，表面能越大，化学反应面积越大，活性也越高。颗粒形状对活性也有影响，细小密实球形玻璃体含量越高，标准稠度需水量低，活性也越高。不规则的多孔玻璃体含量多，粉煤灰标准稠度需水量增多，活性下降。

（1）粉煤灰对混凝土性能的影响。

①对混凝土和易性的影响。

粉煤灰的形态效应和微集料效应直接影响混凝土的流动性，即玻璃微珠的含量、细度是影响流动性的内因，这一点与锅炉形式、收尘方式等相关。另外，粉煤灰中的含碳量（即烧失量）对流动性也有直接影响。特别是掺外加剂时，由于碳粒对外加剂的吸附作用较强，导致外加剂的作用效果下降，混凝土流动性会受到严重影响。

②对混凝土强度的影响。

对于优质的 Ⅰ 级粉煤灰来说，在掺入量小于 10％时，不仅强度提高，而且早期强度也不下降。但当掺量超过一定值后，混凝土早期强度会下降，但后期强度与不掺粉煤灰的混凝土强度相当，甚至高于不掺粉煤灰的混凝土强度。

③对混凝土耐久性的影响。

粉煤灰对混凝土的耐久性影响主要反映在抗冻性、抗渗性、抗硫酸盐腐蚀性、抗碳化和对钢筋的保护作用等方面。

综上所述，粉煤灰应用于混凝土中有以下优点：

降低混凝土的生产成本；改善新拌混凝土的工作性能（流动性、黏聚性和保水性），使混凝土拌合料易于泵送、浇筑成型，并且可以减少混凝土的坍落度经时损失；改善混凝土的长期性能（耐久性）；与外加剂叠加效应，使减水效果更加明显；减少混凝土中的水泥用量，降低混凝土的水化热等。

（2）当前粉煤灰面临的问题。

①假粉煤灰。

所谓"假粉煤灰"是指粉煤灰的某些主要质量能满足规范要求但不满足施工质量要求的粉煤灰。作为试验人员，应在进厂检测的过程中严格鉴别。

A. 粉煤灰质量造假。

随着市场对粉煤灰的需求量增大，供应商为了满足需求和更大的经济利益，经常以次充好，罐车的上部装符合质量要求的粉煤灰，罐车底部装质量差的粉煤灰。往往送来的样品合格，但在混凝土生产过程中需水量过大，混凝土流动性差，坍落度损失严重。所以试验人员在混凝土质量不稳定时，应逐车检验，还要注意所取粉煤灰具有代表性。

B. 粉煤灰成分造假。

有些粉煤灰供应商为追求更高的经济效益，从燃煤电厂购买粉煤灰，然后加入石灰石、砖渣等建筑材料进行复合磨细，再进行销售。这种"假粉煤灰"仅仅通过细度是检测不出来的，还要检测其需水量比、烧失量和活性指数等技术指标。如粉煤灰中掺有磨细石灰石粉可以通过烧失量进行检测，石灰石粉的主要成分是碳酸钙，高温分解为氧化钙和二氧化碳。如果粉煤灰的烧失量很高应引起足够的重视。需水量比要严格检测，粉煤灰需水量比的增加会给混凝土的质量和生产控制带来难度。活性指数是最直观的检测方法，但试验周期过长。

②脱硫灰。

随着国家对环境保护的力度逐年增大，燃煤企业采用循环流化床锅炉来提高燃烧高硫煤的燃烧效率，并采用一些脱硫措施，减少 SO_2 的排放，采用这种工艺生产的粉煤灰被称为"脱硫灰"。

氨法脱硫技术是近几年采用的技术措施，该措施适用范围广，不受燃煤含硫量、锅炉容积的限制。氨法脱硫工艺通常采用氨类化合物为原料，回收烟气中的 SO_2。这种工艺会造成一些氨类化合物残留在粉煤灰中，在碱性环境下，含有氨的化合物分解，其化学反应方程式为：

$$NH_4^+ + OH^- \longrightarrow NH_3 \uparrow + H_2O$$

在混凝土中使用这种粉煤灰通常会有气泡产生并伴有刺鼻的氨味，氨类物质是国家标准中严禁使用于人居建筑物中的。"脱硫灰"中也含有大量的硫化物或硫酸盐（如石膏等），如果未经检测试验，贸然使用"脱硫灰"会造成严重的混凝土开裂和崩解现象。现行的粉煤灰标准虽有 SO_3 含量的限制，但对于"脱硫灰"的检测判定缺乏针对性。为了避免这种现象的发生，应注意粉煤灰安定性的检测，对于来源不明的粉煤灰应在安定性合格以后方可使用。

③含铝粉杂质的粉煤灰。

粉煤灰成分因电厂所用煤的种类、产地、品质等不同而差异很大，如果煤粉中含有一定量的铝化物或杂质中含有金属铝，在碱性溶液中、一定温度（约 60℃左右）的条件下，铝粉会与碱性溶液中的氢氧根（OH^-）发生化学反应生成氢气（H_2）。

水泥水化过程是一个放热过程，大体积混凝土或者在炎热的夏季混凝土温度均有可能达到 60℃，形成上述化学反应的条件，产生气泡并膨胀。含有铝粉的粉煤灰用于混凝土生产时具有极大的危险和风险，要防止这类事故的发生，就要加强粉煤灰检测。

④浮黑灰。

电厂为了提高燃煤工艺，会在燃煤过程中添加柴油或其他油性物质作为助燃剂。这些助燃剂有时不能完全燃烧，有部分残留在粉煤灰中。使用这种粉煤灰生产混凝土，会发现混凝土表面漂浮一些黑色油状物，硬化后混凝土构件表面有黑斑产生。预防误收浮黑灰的措施是，在验收检测时，将粉煤灰与水按 1∶9 的比例混合搅拌，澄清后观察水面上是否有油状物漂浮，如果有，就可能是"浮黑灰"。对表面色差有严格要求的混凝土构件如墩柱、箱梁等构件，严禁使用"浮黑灰"。

(3) 粉煤灰质量控制。

Ⅰ级、Ⅱ级和Ⅲ级粉煤灰的细度、需水量比和烧失量等技术指标有比较大的区别，Ⅲ级粉煤灰需水量比可高达 115%，掺入混凝土中会增加混凝土的用水量，相应带来混凝土胶凝材料用量的增加；同时Ⅲ级粉煤灰细度偏大，烧失量可达 10%，其活性和后期强度均不高。另外，如此高的含碳量对混凝土的耐久性和施工质量也有不利影响，所以预应力混凝土中不宜掺用Ⅲ级粉煤灰，其他混凝土中掺入Ⅲ级粉煤灰时应经试验论证。优质粉煤灰，特别是Ⅰ级粉煤灰，它的形态效应、微集料效应和火山灰效应在混凝土中可以得到充分发挥，有利于全面改善混凝土的性能，在技术和经济上都有突出的优势。

(4) 粉煤灰的掺量范围。

粉煤灰最大掺量的确定，除了与早期强度、施工时的环境温度、大体积混凝土等有关外，混凝土的抗冻性、抗碳化性能等耐久性指标也很重要。对于钢筋混凝土，粉煤灰掺量过大可导致混凝土碱度降低，使钢筋保护层碳化，进而对混凝土中钢筋锈蚀产生不利影响。工程经验和实验结果表明，粉煤灰掺量越大，钢筋锈蚀敏感性增加。因此，在钢筋保护层厚度偏薄时，应适当减少粉煤灰用量，以提高混凝土碱度，减缓碳化和钢筋的锈蚀速度。同时，试验结果表明，水胶比对混凝土的抗冻性有着较为明显的影响。在等强度等含气量条件下，掺粉煤灰混凝土与不掺粉煤灰混凝土具有相当的抗冻融耐久性。

2. 矿渣粉

(1) 矿渣粉的行业地位。

矿渣是钢铁企业在炼铁过程中产生的最主要的副产品，也是生产优质水泥混合材以及高性能混凝土掺合料的重要原材料。根据发达国家的应用实例，矿渣粉在建筑胶凝材料中的掺合量已达到 70% 以上，一些欧洲国家甚至允许掺到 85%~90%，是重要的资源再生型低碳绿色建筑材料。

我国大型立磨矿渣粉生产和应用虽然起步较晚（1997 年建成第一条立磨矿渣粉生产线），但发展十分迅速。中国矿渣粉网的统计数据显示，2013 年，我国矿渣粉产量已超过 1.2 亿吨，位列世界第一。虽然近几年我国矿渣粉总产量略有下降，但基本徘徊在 1 亿吨左右。

矿渣粉由于具有"产量大""掺量大"以及在水泥混凝土中"性能优"三大特征，决定了矿渣粉具有完全独立于其他混合材的优先地位；矿渣粉行业的生产规模使其成为仅次于水泥行业的一个独立的行业板块，矿渣粉的行业地位是粉煤灰、硅灰、磷渣粉等其他混合材无法比拟的。

（2）矿渣粉行业面临的问题。

我国矿渣粉行业也产生了一些新问题，而且越来越突出，急需解决。

①矿渣粉行业规模大，但缺乏相关规范认证以及监管制度。目前矿渣粉企业较多，但生产水平差距大；另外，生产规模仅次于水泥，但并没有颁布类似于《水泥企业质量管理规程》的相关规范化文件，也未明确矿渣粉产品质量管理的相关监督检查部门。

②各种"掺假"现象严重，危及建筑质量。具体包括：A. 以次充好。部分小企业使用小球磨机生产比表面积较低的矿渣粉，冒充大企业立式磨机生产比表面积较高（S95 级以上）的矿渣粉。B. 混掺石粉。掺加价格便宜的石灰石粉，生产不符合标准要求的矿渣粉产品，增加利润。C. 混掺劣质粉煤灰。劣质粉煤灰活性差、需水量大，大量掺入将影响混凝土强度。D. 混掺钢渣粉。钢渣粉与矿渣粉混掺成钢铁渣粉，以矿渣粉的名义出售。矿渣粉和钢铁渣粉是两个产品，性能完全不同，而且钢渣粉的掺入可能引发安定性不良等问题。

③《通用硅酸盐水泥》（GB 175—2007）第 2 号修改单（国标委 2014 年 12 月 2 日）明文规定"取消 P.C 32.5 等级"。我国 P.C 32.5 水泥的市场占有率高达 50％左右，如果按照 2014 年产 24 亿吨计算，P.C 32.5 水泥约为 12 亿吨，其中混合材的掺量为 20％～50％，这就意味着将会有 2.4 亿～6.0 亿吨的混合材从水泥行业进入掺合料行业。如何能够把这类品质和性能都明显低于矿渣粉的混合材坚决拒之于门外，对于矿渣粉行业无疑将是另一个重大的挑战。

④各地区、各钢铁企业水渣的质量相差较大，许多矿渣粉生产企业（包括大型钢铁企业的矿渣粉厂）和质检单位反映，旧版标准中 S95 矿渣粉 7d 活性指数指标偏高，很难达到规定的不低于 75％的技术要求。故新标准《用于水泥、砂浆和混凝土中的粒化高炉矿渣粉》（GB 18046—2017）技术要求中，S95 矿渣粉的 7d 活性指数由"不小于75％"改为"不小于 70％"

（3）矿渣粉的质量指标及质量控制。

矿渣粉的活性与矿渣的化学成分及细度有关。CaO 含量越高，矿渣活性越好；SiO_2 含量越高，矿渣活性下降。试验研究表明：当粒径大于 $45\mu m$ 时，矿渣颗粒很难参与水化反应。因此，S95 矿渣粉的比表面积应超过 $400m^2/kg$，才能比较充分地发挥其活性，改善并提高混凝土的性能。

研究资料表明，矿渣粉等量取代水泥用量 30％的混凝土，细度为 $600\sim800m^2/kg$ 的矿渣粉，其混凝土的绝热温升比细度为 $400m^2/kg$ 的矿渣粉混凝土有十分显著的提高；在配制低水胶比并掺有较大量的矿渣粉的高强混凝土或高性能混凝土时，要考虑矿渣粉的细度，细度越细混凝土产生的早期的自收缩将更严重；矿渣粉磨得越细，所耗电能也越大，成本将大幅度提高。因此，综合考虑以上因素，常用 S95 矿渣粉的细度必须达到 $400m^2/kg$ 以上。

（4）矿渣粉的掺量范围。

试验研究表明，掺入矿渣粉的混凝土与空白混凝土相比，早强强度发展略缓慢，后期强度增长较快，矿渣粉在适宜掺量范围内能改善混凝土的各项物理力学性能。通过合理的配合比设计，矿渣粉在混凝土中的用量可以达到 $50\sim150kg/m^3$，既降低了混凝土原材料的成本，同时更重要的是显著改善了混凝土的和易性和耐久性，降低了混凝土的水化热，提高了混凝土的综合物理性能。

研究表明，随着 S95 矿渣粉掺量增大，混凝土的坍落度增大、坍落度经时损失降低、和易性改善、水化热降低、早期强度增长趋缓、后期强度增长加快、抗氯离子渗透性增强、抗硫酸盐侵蚀性提高。

（5）矿渣粉混凝土的耐久性。

矿渣粉的微粉效应和二次水化作用可以优化混凝土的孔结构、提高密实度、降低水渗透和氧离子扩散速度，抗冻性、钢筋保护、抗硫酸盐腐蚀、抑制碱集料反应等耐久性指标均有明显的改善。矿渣粉混凝土的耐久性能主要通过对矿渣粉水泥混凝土的抗氯离子渗透性进行测定。实验研究表明，掺入 $40\%\sim70\%$ 的矿渣粉可以明显降低混凝土中电通量，掺入矿渣粉能明显提高混凝土的抗渗性。矿渣粉对低强度等级混凝土的抗氯离子渗透性改善作用优于高强度等级混凝土。混凝土随矿渣粉掺量的提高，电通量降低，抗氯离子渗透性提高。因此，大掺量矿渣粉混凝土可广泛应用于大体积混凝土结构，以及处于严酷环境、对耐久性有较高要求的地下工程混凝土结构、水下工程混凝土结构和海水工程混凝土结构。

3.4　混凝土外加剂

3.4.1　概述

混凝土外加剂的应用改善了新拌和硬化混凝土性能，促进了混凝土新技术的发展，推动了工业副产品在胶凝材料系统中更多的应用，有助于节约资源和保护环境，已经逐步成为优质混凝土必不可少的材料。近年来，国家基础建设保持高速增长，铁路、公路、机场、煤矿、市政工程、核电站、大坝等工程对混凝土外加剂的需求一直很旺盛，我国的混凝土外加剂行业也一直处于高速发展阶段。

1. 定义与分类

（1）定义。

依据 GB/T 8075—2017，混凝土外加剂是混凝土中除胶凝材料、骨料、水和纤维组分以外，在混凝土拌制之前或拌制过程中加入的，用以改善新拌混凝土和（或）硬化混凝土性能，对人、生物及环境安全无有害影响的材料。

（2）分类。

混凝土外加剂按其主要使用功能分为四类：

①改善混凝土拌合物流变性能的外加剂，如各种减水剂和泵送剂等；

②调节混凝土凝结时间、硬化性能的外加剂，如缓凝剂、促凝剂和速凝剂等；

③改善混凝土耐久性的外加剂，如引气剂、防水剂、阻锈剂等；

④改善混凝土其他性能的外加剂，如膨胀剂、防冻剂和着色剂等。

2. 产品术语

（1）普通减水剂——在混凝土坍落度基本相同的条件下，减水率不小于 8％ 的外加剂。

①标准型普通减水剂——具有减水功能且对混凝土凝结时间没有显著影响的普通减水剂。

②缓凝型普通减水剂——具有缓凝功能的普通减水剂。

③早强型普通减水剂——具有早强功能的普通减水剂。

④引气型普通减水剂——具有引气功能的普通减水剂。

（2）高效减水剂——在混凝土坍落度基本相同的条件下，减水率不小于 14％ 的减水剂。

①标准型高效减水剂——具有减水功能且对混凝土凝结时间没有显著影响的高效减水剂。

②缓凝型高效减水剂——具有缓凝功能的高效减水剂。

③早强型高效减水剂——具有早强功能的高效减水剂。

④引气型高效减水剂——具有引气功能的高效减水剂。

（3）高性能减水剂——在混凝土坍落度基本相同的条件下，减水率不小于 25％，与高效减水剂相比坍落度保持性能好、干燥收缩小，且具有一定引气性能的减水剂。

①标准型高性能减水剂——具有减水功能且对混凝土凝结时间没有显著影响的高性能减水剂。

②缓凝型高性能减水剂——具有缓凝功能的高性能减水剂。

③早强型高性能减水剂——具有早强功能的高性能减水剂。

④减缩型高性能减水剂——28d 收缩率比不大于 90％ 的高性能减水剂。

（4）防冻剂——能使混凝土在负温下硬化，并在规定养护条件下达到预期性能的外加剂。

①无氯盐防冻剂——氯离子含量不大于 0.1％ 的防冻剂。

②复合防冻剂——兼有减水、早强、引气等功能，由多种组分复合而成的防冻剂。

（5）泵送剂——能改善混凝土拌合物泵送性能的外加剂。

防冻泵送剂——既能使混凝土在负温下硬化，并在规定养护条件下达到预期性能，又能改善混凝土拌合物泵送性能的外加剂。

（6）调凝剂——能调节混凝土凝结时间的外加剂。

①促凝剂——能缩短混凝土凝结时间的外加剂。

②速凝剂——能使混凝土迅速凝结硬化的外加剂。

③无碱速凝剂——氧化钠当量不大于 1％ 的速凝剂。

④有碱速凝剂——氧化钠当量含量大于 1％ 的速凝剂。

⑤缓凝剂——能延长混凝土凝结时间的外加剂。

（7）减缩剂——通过改变孔溶液离子特征以及降低孔溶液表面张力等作用来减少砂浆或混凝土收缩的外加剂。

（8）早强剂——能加速混凝土早期强度发展的外加剂。

（9）引气剂——通过物理作用引入均匀分布、稳定而封闭的微小气泡，且能将气泡保留在硬化混凝土中的外加剂。

（10）加气剂——或称发泡剂，是在混凝土制备过程中因发生化学反应，生产气体，使硬化混凝土中有大量均匀分布气孔的外加剂。

（11）泡沫剂——通过搅拌工艺产生大量均匀而稳定的泡沫，用于制备泡沫混凝土的外加剂。

（12）消泡剂——能抑制气泡产生或消除已产生气泡的外加剂。

（13）防水剂——能降低砂浆、混凝土在静水压力下透水性能的外加剂。

水泥基渗透结晶型防水剂——以硅酸盐水泥和活性化学物质为主要成分制成的、掺入水泥混凝土拌合物中用以提高混凝土致密性与防水性的外加剂。

（14）着色剂——能稳定改变混凝土颜色的外加剂。

（15）保水剂——能减少混凝土或砂浆失水的外加剂。

（16）黏度改性剂——能改善混凝土拌合物的黏聚性，减少混凝土离析的外加剂。

①增稠剂——通过提高混凝土的黏度，增加稠度以减少混凝土拌合物组分分离趋势的外加剂。

②絮凝剂——在水中施工时，能增加混凝土拌合物的黏聚性，减少水泥浆体和骨料分离的外加剂。

（17）保塑剂——在一定时间内，能保持新拌混凝土塑性状态的外加剂。

混凝土坍落度保持剂——在一定时间内，能减少新拌混凝土坍落度损失的外加剂。

（18）膨胀剂——在混凝土硬化过程中因化学作用能使混凝土产生一定体积膨胀的外加剂。

①硫铝酸钙类膨胀剂——与水泥、水拌合后经水化反应生产钙矾石的混凝土膨胀剂。

②氧化钙类膨胀剂——与水泥、水拌合后经水化反应生产氢氧化钙的混凝土膨胀剂。

③硫铝酸钙-氧化钙类膨胀剂——与水泥、水拌合后经水化反应生成钙矾石和氢氧化钙的混凝土膨胀剂。

（19）抗硫酸盐侵蚀剂——用以抵抗硫酸盐类物质侵蚀，提高混凝土耐久性的外加剂。

（20）阻锈剂——能抑制或减轻混凝土或砂浆中钢筋或其他金属预埋件锈蚀的外加剂。

混凝土防腐阻锈剂——用于抵抗硫酸盐对混凝土的侵蚀、抑制氯离子对钢筋锈蚀的外加剂。

（21）碱-骨料反应抑制剂——能抑制或减轻碱-骨料反应发生的外加剂。

（22）管道压浆剂、预应力孔道灌浆剂——由减水剂、膨胀剂、矿物掺合料及其他功能性材料拌制而成的，用以制备预应力结构管道压浆料的外加剂。

（23）多功能外加剂——能改善新拌和（或）硬化混凝土两种或两种以上性能的外

加剂。

3. 性能术语

依据 GB/T 8075—2017 规定，外加剂相关性能术语如下：

（1）匀质性——外加剂产品呈均匀、同一状态的性能。

（2）黏聚性——新拌混凝土的组成材料之间有一定的黏聚力、不离析分层、保持整体均匀的性能。

（3）碱含量——外加剂中当量 Na_2O 的含量，以百分数表示，当量 Na_2O ═ Na_2O $+0.658K_2O$。

（4）含固量——液体外加剂中除水以外其他有效物质的质量百分数。

（5）含水率——固体外加剂在规定温度下烘干后所失去的水的质量占其质量的百分比。

（6）水泥净浆流动度——在规定的试验条件下，水泥浆体在玻璃平板上自由流淌后，净浆底部互相垂直的两个方向直径的平均值。

（7）胶砂流动度——在规定的试验条件下，水泥胶砂在跳桌台面上以每秒钟一次的频率连续跳动 25 次后，胶砂底部互相垂直的两个方向直径的平均值。

（8）砂浆扩展度——在规定的试验条件下，水泥砂浆在玻璃平面上自由流淌后，砂浆底部互相垂直的两个方向直径的平均值。

（9）胶砂减水率——在胶砂流动度基本相同时，基准胶砂和掺外加剂的受检胶砂用水量之差与基准胶砂用水量之比，以百分数表示。

（10）减水率——在混凝土坍落度基本相同时，基准混凝土和掺外加剂的受检混凝土单位用水量之差与基准混凝土单位用水量之比，以百分数表示。

（11）泌水率—— 单位质量新拌混凝土泌出水量与其用水量之比，以百分数表示。

（12）泌水率比——受检混凝土和基准混凝土的泌水率之比，以百分数表示。

①常压泌水率比——受检混凝土与基准混凝土在常压条件下的泌水率之比，以百分数表示。

②压力泌水率比——受检混凝土与基准混凝土在压力条件下的泌水率之比，以百分数表示。

（13）凝结时间——混凝土从加水拌合开始，至失去塑性或达到硬化状态所需时间。

①初凝时间——混凝土从加水拌合开始，到贯入阻力达到 3.5MPa 所需的时间。

②终凝时间——混凝土从加水拌合开始，到贯入阻力达到 28MPa 所需的时间。

（14）抗压强度比——受检混凝土与基准混凝土同龄期抗压强度之比，以百分数表示。

（15）弯拉强度比——检验外加剂时，受检混凝土与基准混凝土同龄期弯拉强度之比，以百分数表示。

（16）抗折强度比——检验外加剂时，受检胶砂与基准胶砂同龄期抗折强度之比，以百分数表示。

（17）收缩率比——受检混凝土与基准混凝土同龄期收缩率之比，以百分数表示。

（18）含气量——混凝土拌合物中的气体体积占混凝土体积的百分比。

（19）含气量经时变化量——掺有引气剂或引气减水剂的混凝土拌合物，经过一定时间后含气量的变化值。

（20）初始坍落度——混凝土搅拌出机后，立刻测定的坍落度。

（21）坍落度保留值——混凝土拌合物按规定条件存放一定时间后的坍落度。

（22）坍落度经时变化量——混凝土拌合物按规定条件存放一定时间后坍落度的变化值。

（23）坍落度损失——混凝土初始坍落度与某一规定时间的坍落度保留值的差值。

（24）坍落度增加值——水灰比相同时，受检混凝土与基准混凝土坍落度之差。

（25）抗渗压力比——受检混凝土抗渗压力与基准混凝土抗渗压力之比，以百分数表示。

（26）渗透高度比——受检混凝土渗透高度与基准混凝土渗透高度之比，以百分数表示。

（27）透水压力比——试验防水剂时，受检砂浆的透水压力与基准砂浆透水压力之比，以百分数表示。

（28）相对耐久性指标——受检混凝土经快冻快融 200 次后动弹性模量的保留值，以百分数表示。

（29）抗冻融循环次数——受检混凝土经快冻快融相对动弹性模量折减为 60% 或质量损失 5% 时的最大冻融循环次数。

（30）有害物质限量——混凝土外加剂中对人、生物、环境或混凝土耐久性能产生危害影响的组分的最大允许值。

①释放氨的限量——用于室内混凝土的外加剂中释放氨量的最大允许值。

②残留甲醛的限量——用于室内混凝土的外加剂中以折固含量计的游离态甲醛的最大允许值。

（31）气泡间距系数——或称气泡间隔系数，表示硬化混凝土或水泥浆体中相邻气泡边缘之间的平均距离的参数。

（32）流锥时间——掺管道压浆剂或预应力孔道灌浆剂的浆体从流动锥中流下的时间。

（33）充盈度——掺管道压浆剂或预应力孔道灌浆剂的浆体填充管道的饱满程度。

（34）发泡倍数——泡沫混凝土生产过程中，制得的泡沫体积与形成该泡沫的泡沫液的体积之比。

（35）1h 沉降距——泡沫混凝土固化 1h 后料浆凹面最低点与模具上表面之间的距离。

（36）第二次抗渗压力——水泥基渗透结晶型防水材料的抗渗试件经第一次抗渗试验透水后，在标准养护条件下，带模在水中继续养护 56d，进行第二次抗渗试验所测定的抗渗压力。

（37）相容性——混凝土原材料共同使用时相互匹配、协同发挥作用的能力。

（38）混溶性——液体复合外加剂各组分在正常使用条件下形成均匀相态的能力。

（39）吸水量比——受检砂浆的吸水量与基准砂浆的吸水量之比，以百分数表示。

（40）限制膨胀率——掺有膨胀剂的试件在规定的纵向限制膨胀器具限制下的膨胀率。

（41）鲁棒性——掺有外加剂的混凝土拌合物在环境条件和材料性能发生变化时，维持其新拌性能的能力。

4. 检验术语

（1）胶凝材料总量——每立方米混凝土中水泥和矿物掺合料质量总和。

（2）外加剂掺量——外加剂占胶凝材料总量的质量百分数。

①推荐掺量范围——由供应方推荐给使用方的外加剂掺量范围。

②适宜掺量——满足相应外加剂标准要求时的外加剂掺量，由供应方提供，适宜掺量应在推荐掺量的范围之内。

③推荐最大掺量——推荐掺量范围的上限。

④推荐检验掺量——供应方提供给检验机构的，用于按照产品标准评定外加剂产品质量时的外加剂掺量，以占胶凝材料总量的质量百分数表示。

⑤折固掺量——掺加到混凝土中液体外加剂的固体物质占胶凝材料总量的质量百分数。

（3）型式检验——依据产品标准，由质量技术监督部门或检验机构对产品各项指标进行的抽样全面检查。

（4）出厂检验——生产商或经销商在发货前按照产品标准规定的出厂检验项目进行的检验，应在型式检验结果合格的基础上进行。

（5）进场检验——外加剂产品进场时，按相关规定或规范进行的检验。

（6）重复性条件——在同一实验室，由同一操作员使用相同的设备，按相同的试验方法，在短时间内对同一试验样品相互独立进行的试验条件。

（7）重复性限——一个数值，在重复性条件下，两个试验结果的绝对差小于或等于次数的概率为95%。

（8）再现性条件——在不同的实验室，由不同的操作员使用不同设备，按相同的试验方法，对同一实验样品相互独立进行的试验条件。

（9）再现性限——一个数值，在再现性条件下，两个试验结果的绝对差小于或等于次数的概率为95%。

（10）基准水泥——符合相关标准规定的、专门用于检测混凝土外加剂性能的水泥。

（11）基准砂浆——符合相关标准试验条件规定的、未掺有外加剂的水泥砂浆。

（12）受检砂浆——符合相关标准试验条件规定的、掺有外加剂的水泥砂浆。

（13）基准混凝土——符合相关标准试验条件规定的、未掺有外加剂的混凝土。

（14）受检混凝土——符合相关标准试验条件规定的、掺有外加剂的混凝土。

（15）标准养护——在温度为（20±2）℃、相对湿度＞95%条件下进行的养护。

（16）受检标养混凝土——按照相关规定条件配制的、掺有防冻剂或防冻泵送剂的标准养护混凝土。

（17）受检负温混凝土——按照相关标准规定条件配制的、掺有防冻剂或防冻泵送剂并按规定条件养护的混凝土。

（18）规定温度——检测防冻剂或防冻泵送剂时，受检混凝土在负温养护时的温度，分别为-5℃、-10℃、-15℃。该温度允许波动范围为±2℃。

（19）水胶比——单位体积混凝土拌合物用水量与胶凝材料总量的质量之比。

3.4.2　减水剂

减水剂是混凝土外加剂中最重要的品种，按其减水率大小，可分为普通减水剂（以木质素磺酸盐类为代表）、高效减水剂（包括萘系、密胺系、氨基磺酸盐系、脂肪族系等）和高性能减水剂（以聚羧酸系高性能减水剂为代表）。以 2007 年与 2011 年各种减水剂统计总产量为例，2007 年各种减水剂总产量约 284.54 万 t，其中普通减水剂占 6.2%，高效减水剂占 79.3%，高性能减水剂占 14.6%。而 2011 年各种减水剂总产量增至 645.36 万 t，其中普通减水剂占 2.8%，高效减水剂占 60.1%，聚羧酸系高性能减水剂占 37.1%。高性能减水剂具有一定的引气性、较高的减水率和良好的坍落度保持性能。与其他减水剂相比，高性能减水剂在配制高强度混凝土和高耐久性混凝土时，具有明显的技术优势和较高的性价比。国外从 20 世纪 90 年代开始使用高性能减水剂，日本现在用量占减水剂总量的 60%～70%，欧、美约占减水剂总量的 20%左右。高性能减水剂包括聚羧酸系减水剂、氨基羧酸系减水剂以及其他能够达到标准指标要求的减水剂。我国从 2000 年前后逐渐开始对高性能减水剂进行研究，近两年以聚羧酸系减水剂为代表的高性能减水剂在工程中得到广泛应用。

1. 减水剂的发展历史

近代混凝土减水剂的发展已有 80 多年的历史。20 世纪 30 年代初，美国、英国、日本等已经在公路、隧道、地下工程中使用木质素磺酸盐类减水剂。到 60 年代，混凝土减水剂得到了较快发展。1962 年，日本的服部健一等将萘磺酸盐甲醛高缩合物用作减水剂，而几乎在同时，德意志联邦共和国研制成功了三聚氰胺磺酸盐甲醛缩聚物减水剂。另外，同时出现的还有多环芳烃磺酸盐甲醛缩合物减水剂。目前国外对萘系、三聚氰胺系等高效减水剂的研究和应用已日趋完善，不少科研机构已开始转向对聚羧酸系减水剂的开发与研究。90 年代，日本在该领域投入了大量的人力与资源，并获得了成功，开发出了系列性能较为优异的聚羧酸系减水剂。1995 年以后，聚羧酸系减水剂在日本的使用量超过了萘系减水剂。聚羧酸系高效减水剂是直接用有机化工原料通过接枝共聚反应合成的高分子表面活性剂。它不仅能吸附在水泥颗粒表面上，使水泥颗粒表面带电而互相排斥，而且还因具有支链的位阻作用，从而对水泥分散的作用更强、更持久。因此，聚羧酸系减水剂被认为是目前最高效的新一代减水剂。

我国从 20 世纪 50 年代初开始使用混凝土减水剂，主要类型是纸浆废液（木质素磺酸钙）塑化剂。到 60 年代，我国减水剂的研究和应用几乎处于停滞状态。到 70 年代，中国建筑材料科学研究院、清华大学等单位开始研制萘系和三聚氰胺系高效减水剂。在 80 年代，典型的三类高效减水剂，即萘系、多环芳烃和三聚氰胺减水剂都相继研制成功并投入使用。现在国内越来越多的大学和科研机构已开始把目光转向了新型的聚羧酸系减水剂。

2. 高效减水剂的种类和特点

高效减水剂的分类方式很多，如按功能分可以分为引气型、早强型、缓凝型、保塑型减水剂等，按生产原料不同分则可分为萘系减水剂、蒽系减水剂、甲基萘系减水剂、古马隆系减水剂、三聚氰胺系减水剂、氨基磺酸盐系减水剂、磺化煤焦油减水剂、脂肪族系减水剂、丙烯酸接枝共聚物减水剂等。本书采用后一种分类方法（也即是国内外通常使用的分类方法）分类，并对一些常用的高效减水剂的性能进行介绍和比较。

（1）萘系减水剂。

萘系减水剂、蒽系减水剂、甲基萘系减水剂、古马隆系减水剂、煤焦油混合物系减水剂，因其生产原料均来自煤焦油中的不同成分，因此通称为煤焦油系减水剂。此类高效减水剂皆为含单环、多环或杂环芳烃并带有极性磺酸基团的聚合物电解质，相对分子质量在1500～10000的范围内，减水性能依次从萘系、古马隆系、甲基萘系到煤焦油混合物系降低。由于萘系减水剂（β-磺酸甲醛缩合物）生产工艺成熟、原料供应稳定且产量大、性能优良稳定，故应用范围广。

萘系高效减水剂根据硫酸钠含量不同分为高浓型和低浓型两种，高浓型硫酸钠含量一般在5%左右（以干粉计，下同），而低浓型在20%左右。

（2）氨基磺酸盐系减水剂。

氨基磺酸盐系减水剂一般是在一定温度条件下，以对氨基苯磺酸、苯酚、甲醛为主要原料缩合而成，也可以联苯酚及尿素为原料加成缩合，结构式如图3.4-1。

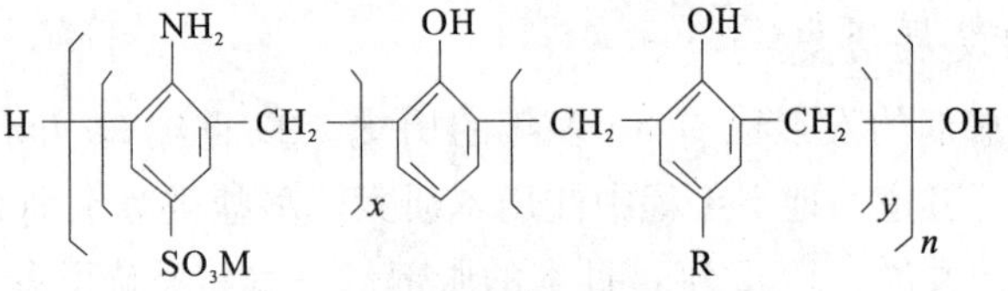

图3.4-1　氨基磺酸盐减水剂结构式

它是一种非引气可溶性树脂减水剂，生产工艺较萘系减水剂简单。氨基磺酸盐系高效减水剂减水率高，坍落度损失较小，混凝土抗渗性、耐久性好。氨基磺酸盐系减水剂对水泥较敏感，过量时容易引发泌水。它与萘系减水剂复合使用有较好的效果，特别是在防止混凝土坍落度损失过快方面有较好的作用。

（3）聚氰胺系高效减水剂。

三聚氰胺系高效减水剂（俗称蜜胺减水剂），化学名称为磺化三聚氰胺甲醛树脂，结构式如图3.4-2。

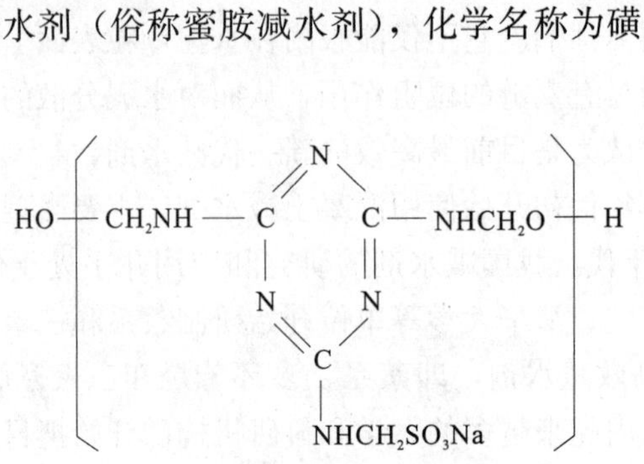

图3.4-2　三聚氰胺系高效减水剂

该类减水剂实际上是一种阴离子型高分子表面活性剂，具有无毒、高效的特点，特别适合高强、超高强混凝土及以蒸养工艺成型的预制混凝土构件。研究结果表明，磺化三聚氰胺甲醛树脂减水剂对混凝土性能的影响与其相对分子质量及磺化程度有密切关系，而分子中的—SO_3基团是其具有表面活性及许多其他重要性能的最主要原因，因此提高树脂磺化度可显著增强其表面活性。

（4）聚羧酸系高性能减水剂。

目前，国内外越来越多的科研机构和企业开始将目光转向聚羧酸系高性能减水剂。该类减水剂用量很少时就能够有效降低混凝土的黏度，提高混凝土的流动性和减少坍落度损失，因而成为近几年来高效减水剂的一个发展趋势。综合比较，该类减水剂具有前几种减水剂所无法比拟的优点，具体表现为：①低掺量（质量分数为 0.2%～0.5%）而分散性能好；②坍落度损失小，90min 内坍落度基本无损失；③在相同流动度下比较时，可以延缓水泥的凝结；④分子结构上自由度大，制造技术上可控制的参数多，高性能化的潜力大；⑤合成中不使用甲醛，因而对环境不造成污染；⑥与水泥和其他种类的混凝土外加剂相容性好；⑦使用聚羧酸系减水剂，可用更多的矿渣或粉煤灰取代水泥，从而降低成本。

分子结构为梳型的聚羧酸系减水剂可由带羧酸盐基（—COOMe）、磺酸盐基（—SO_3 Me）、聚氧化乙烯侧链基的烯类单体按一定比例在水溶液中共聚而成，其特点是在其主链上带有多个极性较强的活性基团，同时侧链上则带有较多的分子链较长的亲水性活性基团。国内清华大学的李崇智等采用正交试验法，研究了带羧酸盐基、磺酸盐基、聚氧化乙烯链、酯基等活性基团的不饱和单体的物质的量之比（摩尔数比）及聚氧化乙烯链的聚合度等因素对聚羧酸盐系减水剂性能的影响，发现聚羧酸系减水剂随磺酸盐基单体比例的增加，分散性相应提高；聚氧化乙烯链的聚合度对保持混凝土的流动性非常重要，如果聚氧化乙烯链的聚合度太小，则混凝土的坍落度不易保持，太大则使有效成分降低，导致聚羧酸系减水剂的分散能力降低，因此选择适当的聚氧化乙烯链聚合度，即选择适当的聚氧化乙烯链链长，可以保持混凝土坍落度损失较小。

3. 减水剂对混凝土性能的作用机理

减水剂的功能是在不减少水泥用水量的情况下，改善新拌混凝土的工作度，提高混凝土的流动性；在保持一定工作度下，减少水泥用水量，提高混凝土的强度；在保持一定强度情况下，减少单位体积混凝土的水泥用量，节约水泥；改善混凝土拌合物的可泵性以及混凝土的其他物理力学性能。当混凝土中掺入高效减水剂后，可以显著降低水灰比，并且保持混凝土较好的流动性。通常而言，高效减水剂的减水率可达 20%（质量分数，下同）左右，而普通减水剂的减水率为 10% 左右。目前，一般认为减水剂能够产生减水作用主要是由减水剂的吸附和分散作用所致。研究混凝土中水泥硬化过程可以发现，水泥在加水搅拌的过程中，由于水泥矿物中含有带不同电荷的组分，而正负电荷的相互吸引将导致混凝土产生絮凝结构（如图 3.4-3 所示）。絮凝结构也可能是由于水泥颗粒在溶液中的热运动致使其在某些边棱角处互相碰撞、相互吸引而形成。由于在絮凝结构中包裹着很多拌合水，因而无法提供较多的水用于润滑水泥颗粒，所以降低了新拌混凝土的和易性。因此，在施工中为了较好地润滑水泥颗粒，并达到分散的目的，就必须在拌合时相应地增加用水量，而这种用量的水远远超过水泥水化所需的水，从而导致水泥石结构中形成孔隙，致使其物理力学性能下降，从而留下缺陷，加速了混凝土因各种外界环境条件的作用而劣化，导致耐久性性能下降。加入混凝土减水剂就是将这些多余的水分释放出来，使之用于润滑水泥颗粒，减少拌合水用量，因而提高混凝土物理力学性能和耐久性性能。

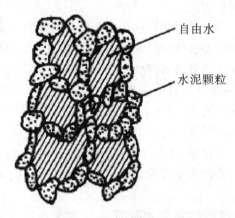

自由水

水泥颗粒

图 3.4-3　混凝土絮凝结构示意图

混凝土中掺入减水剂后，可在保持水灰比不变的情况下增加流动性。普通减水剂在保持水泥用量不变的情况下，使新拌混凝土坍落度增大 10cm 以上，高效减水剂可配制出坍落度达到 25cm 的混凝土。

减水剂除了有吸附分散作用外，还有湿润和润滑作用。水泥加水拌合后，水泥颗粒表面被水湿润，而这种湿润状况对新拌混凝土的性能影响甚大。湿润作用不但能使水泥颗粒有效地分散，亦会增加水泥颗粒的水化面积，影响水泥的水化速率。减水剂中的极性憎水基团定向吸附于水泥颗粒表面上，而亲水基团向外定向排列。亲水基团很容易和水分子以氢键形式结合。当水泥颗粒吸附足够的减水剂分子后，借助于磺酸基团负离子与水分子中氢键的缔合，水泥颗粒表面便形成一层稳定的溶剂化水膜，颗粒之间因这层水膜的隔离而得到润滑，相对滑移更容易。由于减水剂是极性分子，吸附在水泥颗粒表面，向外带相同的电荷，而向内则带另一种极性的相同电荷，故形成双电层。由于水泥颗粒表面均带相同的电荷，由于静电相斥作用而分散。由于减水剂的吸附分散作用、湿润作用和润滑作用，因而只要使用少量的水就能容易地将混凝土拌合均匀，从而改善了新拌混凝土的流动性。图 3.4-4 为减水剂的减水作用示意图。

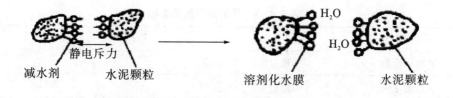

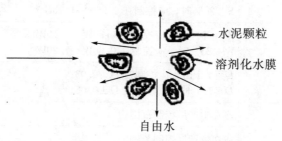

图 3.4-4　减水剂作用机理示意图

以上所介绍的就是减水剂的一种减水机理，即静电斥力的解释。但是，作为高效减水剂，特别是聚羧酸盐类高效减水剂，由于侧链结构复杂，因此只用一种静电斥力的机理并不能解释为何减水效果更好、坍落度更大的问题。该类减水剂结构呈梳形，主链上带有多个活性基团，并且极性较强，还有较强的亲水性的基团。有人对氨基磺酸盐系（SNF）和聚羧酸系（PCE）高效减水剂进行了比较，结果表明，在水泥品种和水灰比均相同的条件下，当 SNF 和 PCE 高效减水剂掺量相同时，水泥粒子对 PCE 的吸附量以及掺 PCE 水泥浆的流动性都大大高于掺 SNF 系统的对应值。但掺 PCE 系统的双电层 ζ 电位绝对值却比掺 SNF 系统的低得多（ζ 电位是负值，它的绝对值越大，颗粒之间的静电斥力越大），这与静电斥力理论是矛盾的。这也证明 PCE 发挥分散作用的主导因素并非仅是静电斥力，而是由减水剂本身大分子链及其支链所引起的空间位阻效应。这就是高效减水剂的空间位阻解释。

静电斥力理论适用于解释分子中含有—SO$_3$基团的高效减水剂，如萘系减水剂、三聚氰胺系减水剂等，而空间位阻效应则适用于聚羧酸高效减水剂。具有大分子吸附层的球形粒子在相互靠近时，颗粒之间的范德华力（分子引力）是决定体系位能的主要因素。当水泥颗粒表面吸附层的厚度增加时，有利于水泥颗粒的分散。聚羧酸系减水剂分子中含有较多较长的支链，当它们吸附在水泥颗粒表层后，可以在水泥表面上形成较厚的立体包层，从而使水泥达到较好的分散效果。

3.4.3　外加剂的技术指标（GB 8076—2008）

混凝土用外加剂的技术指标分为匀质性指标和掺外加剂混凝土性能指标两大类。

1. 匀质性指标

外加剂的匀质性是表示外加剂自身质量稳定均匀的性能，用来控制产品生产质量的稳定、统一、均匀，用来检验产品质量和质量仲裁。

匀质性指标应符合表 3.4-1 的要求。

表 3.4－1　外加剂匀质性指标

项目	指标
氯离子含量（％）	不超过生产厂控制值
总碱量（％）	不超过生产厂控制值
含量固（％）	$S>25\%$时，应控制在 $0.95S\sim1.05S$； $S\leqslant25\%$时，应控制在 $0.90S\sim1.10S$
含水率（％）	$W>25\%$时，应控制在 $0.90W\sim1.10W$； $W\leqslant25\%$时，应控制在 $0.80W\sim1.20W$
密度（g/cm³）	$D>1.1$时，应控制在 $D\pm0.03$； $D\leqslant1.1$时，应控制在 $D\pm0.02$；
细度	应在生产厂控制范围内
pH 值	应在生产厂控制范围内
硫酸钠含量（％）	不超过生产厂控制值

注 1：生产厂应在相关的技术资料中明示产品匀质性指标的控制值；
注 2：对相同和不同批次之间的匀质性和等效性的其他要求，可由供需双方商定；
注 3：表中的 S、W 和 D 分别为含固量、含水率和密度的生产厂控制值。

2. 掺外加剂混凝土的性能指标

掺外加剂混凝土的性能指标应符合表 3.4－2 的要求。

表3.4—2　掺外加剂混凝土的性能指标

项目		高性能碱水剂 HPWR			高效碱水剂 EWR		普通碱水剂 WR			引气碱水剂 AWER	强选剂 PA	早强剂 Ac	缓凝剂 Re	引气剂 AE
		早强型 HPWR-A	标准型 HPWR-S	缓凝型 HPWR-R	标准型 HWR-S	缓凝型 HWR-R	早强型 WR-A	标准型 WR-S	缓凝型 WR-R					
减水率（%），不小于		25	25	25	14	14	8	8	8	10	12	—	—	6
泌水率比（%），不大于		50	60	70	90	100	95	100	100	70	70	100	100	70
含气量（%）		≤6.0	≤6.0	≤6.0	≤3.0	≤4.5	≤4.0	≤4.0	≤5.5	≥3.0	≤5.5	—	—	≥3.0
凝结时间之差（min）	初凝	-90~+90	-90~+120	>+90	-90~+120	>+90	-91~+90	-90~+120	>+90	-90~+120	—	-90~+120	>+90	-90~+120
	终凝	—	—	—	—	—	—	—	—	—	—	—	—	—
1h经时变化量	坍落度（mm）	—	≤80	≤60	—	—	—	—	—	—	≤30	—	—	—
	含气量（%）	—	—	—	—	—	—	—	—	-1.5~+1.5	—	—	—	-1.5~+1.5
抗压强度比（%），不小于	1d	180	170	—	140	—	135	—	—	—	—	135	—	—
	3d	170	160	—	130	—	130	115	—	115	—	130	—	95
	7d	145	150	140	125	125	110	115	110	110	115	110	100	95
	28d	130	140	130	120	120	100	110	110	100	100	100	100	90
收缩率比（%），不大于	28d	110	110	110	135	135	135	135	135	135	135	135	135	135
相对耐久性（200次）（%），不小于		—	—	—	—	—	—	—	—	80	—	—	—	80

注1：表中抗压强度比、收缩率比、相对耐久性为强制性指标，其余为推荐性指标。

注2：除含气量和相对耐久性外，表中所列数据为掺外加剂混凝土与基准混凝土的差值或比值。

注3：凝结时间之差性能指标中的"-"号表示提前，"+"号表示延缓。

注4：相对耐久性（200次）性能指标中的"≥80"表示将28d龄期的受检混凝土试件快速冻融循环200次后，动弹性模量保留值≥80%。

注5：1h含气量经时变化量指标中的"-"号表示含气量增加，"+"号表示含气量减少。

注6：其他品种的外加剂是否有相对耐久性要求，由供需双方协商确定。

注7：当用户对泵送剂等产品有特殊要求时，需要进行的补充试验项目、试验方法及指标由供需双方协商决定。

3.4.4 混凝土外加剂匀质性试验方法（GB/T 8077）

混凝土外加剂匀质性指标有含固量、含水率、密度、细度、pH 值、氯离子含量、硫酸钠含量、总碱量。在本章主要讲述其中的几个指标。

1. 含固量

（1）方法提要。

将已恒量的称量瓶内放入被测液体试样，于一定的温度下烘至恒量。

（2）仪器要求。

（1）天平：分度值 0.0001g；

（2）鼓风电热恒温干燥箱：温度范围 0～200℃；

（3）带盖称量瓶：65mm×25mm；

（4）干燥器：内盛变色硅胶。

（3）试验步骤。

将洁净带盖称量瓶放入烘箱内，于 100～105℃烘 30min，取出置于干燥器内，冷却 30min 后称量，重复上述步骤直至恒量，其质量为 m_0。

将被测液体试样装入已经恒量的称量瓶内，盖上盖称出液体试样及称量瓶的总质量为 m_1。

液体试样称量：3.000～5.000g。

将盛有液体试样的称量瓶放入烘箱内，开启瓶盖，升温至 100～105℃（特殊品种除外）烘干，盖上盖置于干燥器内冷却 30min 后称量，重复上述步骤直至恒量，其质量为 m_2。

（4）结果表示。

含固量 $X_固$ 按式（3.4−1）计算：

$$X_固 = \frac{m_2 - m_0}{m_1 - m_0} \times 100\% \tag{3.4−1}$$

式中：$X_固$——含固量（%）；

m_0——称量瓶的质量（g）；

m_1——称量瓶加液体试样的质量（g）；

m_2——称量瓶加液体试样烘干后的质量（g）。

（5）重复性限和再现性限。

重复性限为 0.30%；

再现性限为 0.50%。

2. 含水率

（1）方法提要。

将已恒量的称量瓶内放入被测粉状试样，于一定温度下烘至恒量。

（2）仪器要求。

①天平：分度值 0.0001g；

②鼓风电热恒温干燥箱：温度范围 0～200℃；

③带盖称量瓶：65mm×25mm；

④干燥器：内盛变色硅胶。

（3）试验步骤。

①将洁净带盖称量瓶放入烘箱内，于 100～105℃烘 30min，取出置于干燥器内，冷却 30min 后称量，重复上述步骤直至恒量，其质量为 m_0。

②将被测粉状试样装入已经恒量的称量瓶内，盖上盖称出粉状试样及称量瓶的总质量为 m_1。

液体试样称量：1.000～2.000g。

③将盛有粉状试样的称量瓶放入烘箱内，开启瓶盖，升温至 100～105℃（特殊品种除外）烘干，盖上盖置于干燥器内冷却 30min 后称量，重复上述步骤直至恒量，其质量为 m_2。

（4）结果表示。

含水率 $X_水$ 按式（3.4-2）计算：

$$X_水 = \frac{m_2 - m_0}{m_1 - m_0} \times 100\% \tag{3.4-2}$$

式中：$X_水$——含水率（%）；

　　　m_0——称量瓶的质量（g）；

　　　m_1——称量瓶加粉状试样的质量（g）；

　　　m_2——称量瓶加粉状试样烘干后的质量（g）。

（5）重复性限和再现性限。

重复性限为 0.30%；

再现性限为 0.50%。

3. 密度

（1）比重瓶法。

①方法提要。

将已校正容积（V 值）的比重瓶，灌满被测溶液，在（20±1）℃恒温，在天平上称出其质量。

②测试条件。

被测溶液的温度为（20±1）℃；

如有沉淀应滤去。

③仪器要求。

A. 比重瓶：25mL 或 50mL；

B. 天平：分度值 0.0001g；

C. 干燥器：内盛变色硅胶；

D. 超级恒温器或同等条件的恒温设备。

④试验步骤。

A. 比重瓶容积的校正。

比重瓶依次用水、乙醇、丙酮和乙醚洗涤并吹干，塞子连瓶一起放入干燥器内，取出，称量比重瓶之质量为 m_0，直至恒量。然后将预先煮沸并经冷却的水装入瓶内，塞上塞子，使多余的水分从塞子毛细管流出，用吸水纸吸干瓶外的水。注意不能让吸水纸吸出塞子毛细管里的水，水要保持与毛细管上口相平，立即在天平称出比重瓶装满水后的质量 m_1。

比重瓶在20℃时容积按式（3.4-3）计算：

$$V = \frac{m_1 - m_0}{0.9982} \qquad (3.4-3)$$

式中：V——比重瓶在20℃时容积（mL）；

m_0——干燥的比重瓶质量（g）；

m_1——比重瓶盛满20℃水的质量（g）；

0.9982——20℃时纯水的密度（g/mL）。

B. 外加剂溶液密度 ρ 的测定。

将以校正 V 值的比重瓶洗净、干燥、灌满被测溶液，塞上塞子后侵入（20±1）℃超级恒温器内，恒温 20min 后取出，用吸水纸吸干瓶外的水及由毛细管溢出的溶液，在天平上称出比重瓶装满外加剂溶液后的质量为 m_2。

⑤结果表示。

外加剂溶液的密度 ρ 按式（3.4-4）计算：

$$\rho = \frac{m_2 - m_0}{V} = \frac{m_2 - m_0}{m_1 - m_0} \times 0.9982 \qquad (3.4-4)$$

式中：ρ——20℃时外加剂溶液密度（g/mL）；

m_0——干燥的比重瓶质量（g）；

m_1——比重瓶盛满20℃水的质量（g）；

m_2——比重瓶装满20℃外加剂溶液后的质量（g）。

（6）重复性限和再现性限。

重复性限为 0.001g/mL；

再现性限为 0.002g/mL。

（2）液体比重天平法。

①方法提要。

在液体比重天平的一端挂有一标准体积与质量之测锤，浸没于液体之中获得浮力而使横梁失去平衡，然后在横梁的 V 型槽里放置各种定量骑码使横梁恢复平衡，所加骑码之读数 d，再乘以 0.9982g/mL，即为被测溶液的密度 ρ 值。

②测试条件。

被测溶液的温度为（20±1）℃；

如有沉淀应滤去。

③仪器要求。

A. 液体比重天平（构造示意见图 3.4-5）；

B. 超级恒温器或同等条件的恒温设备。

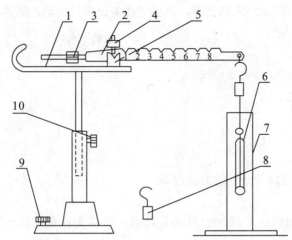

1—托梁；2—横梁；3—平衡调节器；4—灵敏度调节器；5—玛瑙刃座；
6—测锤；7—玻璃；8—等重砝码；9—水平调节；10—紧固螺钉

图 3.4-5　液体比重天平

④试验步骤。

液体比重天平的调试：将液体比重天平安装在平稳不受震动的水泥台上，其周围不得有强力磁源及腐蚀性气体，在横梁（2）的末端钩子上挂上等重砝码（8），调节水平调节螺丝（9），使横梁上的指针与托架指针成水平线相对，天平即调成水平位置；如无法调整平衡时，可将平衡调节器（3）的定位小螺丝钉松开，然后略微轻动平衡调节（3），直至平衡为止。仍将中间定位螺丝钉旋紧，防止松动。

将等重砝码取下，换上整套测锤（6），此时天平应保持平衡，允许有 ±0.0005 的误差存在。

如果天平灵敏度过高，可将灵敏度调节（4）旋低，反之旋高。

外加剂溶液密度 ρ 的测定：

将已恒温的被测溶液倒入量筒（7）内，将液体比重天平的测锤浸没在量筒中被测溶液的中央，这时横梁失去平衡，在横梁 V 型槽与小钩上加放各种骑码后使之恢复平衡，所加骑码之读数 d，再乘以 0.9982g/mL，即为被测溶液的密度 ρ 值。

⑤结果表示。

将测得的数值 d 带入式（3.4-5）计算出密度 ρ：

$$\rho = 0.9982 \times d \qquad\qquad (3.4-5)$$

式中：d——20℃时被测溶液所加骑码的数值。

⑥重复性限和再现性限。

重复性限为 0.001g/mL；

再现性限为 0.002g/mL。

（3）精密密度计法。

①方法提要。

先以波美比重计测出溶液的密度，再参考波美比重计所测的数据，以精密密度计准确测出试样的密度 ρ 值。

②测试条件。

被测溶液的温度为（20±1）℃；

如有沉淀应滤去。

③仪器要求。

A. 波美比重计；

B. 精密密度计；

C. 超级恒温器或同等条件的恒温设备。

④试验步骤。

将已恒温的外加剂倒入 500mL 玻璃量筒内，将波美比重计插入溶液中测出该溶液的密度。

参考波美比重计所测溶液的数据，选择这一刻度范围的精密密度计插入溶液中，精确读出溶液凹液面与精密密度计相齐的刻度即为该溶液的密度 ρ。

⑤结果表示。

测得的数据即为 20℃时外加剂溶液的密度。

⑥重复性限和再现性限。

重复性限为 0.001g/mL；

再现性限为 0.002g/mL。

4. 细度

（1）方法提要。

采用孔径为 0.315mm 的试验筛，称取烘干试样倒入筛内，用人工筛样，称量筛余物质量，计算出筛余物的百分含量。

（2）仪器要求。

A. 天平：分度值 0.001g；

B. 试验筛：采用孔径为 0.315mm 的铜丝网筛布。筛框有效直径 150mm、高 50mm。筛布应紧绷在筛框上，接缝应严密，并附有筛盖。

（3）试验步骤。

外加剂试样应充分拌匀并经 100～105℃（特殊品种除外）烘干，称取烘干试样 10g，称准至 0.001g 倒入筛内，用人工筛样，将近筛完时，应一手执筛往复摇动，一手拍打，摇动速度每分钟约 120 次。其间，筛子应向一定方向旋转数次，使试样分散在筛布上，直至每分钟通过质量不超过 0.005g 时为止。称量筛余物，称准至 0.001g。

（4）结果表示。

细度用筛余（％）表示按式（3.4-6）计算：

$$筛余 = \frac{m_1}{m_0} \times 100\% \qquad (3.4-6)$$

式中：m_1——筛余物质量（g）；

　　　m_0——试样质量（g）。

（5）重复性限和再现性限。

重复性限为 0.40%；

再现性限为 0.60%。

5．pH 值

（1）方法提要。

根据奈斯特（Nernst）方程 $E = E_0 + 0.05915 \lg [H^+]$，$E = E_0 - 0.05915 pH$，利用一对电极在不同 pH 值溶液中能产生不同电位差，这一对电极由测试电极（玻璃电极）和参比电极（饱和甘汞电极）组成，在 25℃时每相差一个单位 pH 值时产生 59.15mV 的电位差，pH 值可在仪器的刻度表上直接读出。

（2）仪器要求。

①酸度计；

②甘汞电极；

③玻璃电极；

④复合电极；

⑤天平：分度值 0.0001g。

（3）测试条件。

液体试样直接测试；

液体试样溶液的浓度为 10g/L；

被测溶液的温度为（20±3）℃。

（4）试验步骤。

①校正。

按仪器的出厂说明书校正仪器。

②测量。

当仪器校正好后，先用水，再用测试溶液冲洗电极，然后再将电极侵入被测溶液中轻轻摇动试杯，使溶液均匀。待到酸度计的读数稳定 1min，记录读数。测量结束后，用水冲洗电极，以待下次测量。

（5）结果表示。

酸度计测出的结果即为溶液的 pH 值。

（6）重复性限和再现性限。

重复性限为 0.2；

再现性限为 0.5。

6．氯离子含量

（1）电位滴定法。

①方法提要。

用电位滴定法，以银电极或氯电极为指示电极，其电势随 Ag^+ 浓度而变化。以甘汞电极为参比电极，用电位计或酸度计测定两电极在溶液中组成原电池的电势，银离子与氯离子反映生成溶解度很小的氯化银白色沉淀。在等当点前滴入硝酸银生成氯化银沉淀，两电极间电势变化缓慢，等当点时氯离子全部生成氯化银沉淀，这是滴入少量硝酸银即引起电势急剧变化，指示出滴定终点。

②试剂要求。

A. 硝酸（1+1）；

B. 硝酸银溶液（17g/L）：准确称取约 17g 硝酸银（$AgNO_3$），用水溶解，放入 1L 棕色容量瓶中稀释至刻度，摇匀，用 0.1000mol/L 氯化钠标准溶液对硝酸银溶液进行标定。

C. 氯化钠标准溶液（0.1000mol/L）：称取约 10g 氯化钠（基准试剂），盛在称量瓶中，于 130~150℃烘干 2h，在干燥器内冷却后精确称取 5.8443g，用水溶解并稀释至 1L，摇匀。

标定硝酸银溶液（17g/L）：用移液管吸取 10mL 0.1000mol/L 的氯化钠标准溶液与烧杯中，加水稀释至 200mL，加 4mL 硝酸（1+1），在电磁搅拌下，用硝酸银溶液以电位滴定法测定终点，过等当点后，在同一溶液中再加入 0.1000mol/L 的氯化钠溶液 10mL，继续用硝酸银溶液滴定至第二个终点，用二次微商法计算出硝酸银溶液消耗的体积 V_{01}、V_{02}。

体积 V_0 按式（3.4−7）计算：

$$V_0 = V_{02} - V_{01} \tag{3.4-7}$$

式中：V_0——10mL 0.1000mol/L 的氯化钠标准溶液消耗硝酸银溶液的体积（mL）；

V_{01}——空白试验中 200mL 水，加 4mL 硝酸（1+1），加 10mL 0.1000mol/L 的氯化钠标准溶液消耗硝酸银溶液的体积（mL）；

V_{02}——空白试验中 200mL 水，加 4mL 硝酸（1+1），加 20mL 0.1000mol/L 的氯化钠标准溶液消耗硝酸银溶液的体积（mL）。

硝酸银溶液的浓度 c 按式（3.4−8）计算：

$$c = \frac{c'V'}{V_0} \tag{3.4-8}$$

式中：c——硝酸银溶液的浓度（mol/L）；

c'——氯化钠溶液的浓度（mol/L）；

V'——氯化钠标准溶液的体积（mL）。

③仪器要求。

A. 电位测定仪或酸度仪；

B. 银电极或氯电极；

C. 甘汞电极；

D. 电磁搅拌器；

E. 滴定管（25mL）；

F. 移液管（10mL）；

G. 天平：分度值 0.0001g。

④试验步骤。

准确称取外加剂试样 0.5000～5.0000g，放入烧杯中，加 200mL 水和 4mL 硝酸（1+1），使溶液呈酸性，搅拌至完全溶解，可用快速定性滤纸过滤，并用蒸馏水洗涤残渣至无氯离子为止。

用移液管加入 10mL 0.1000mol/L 的氯化钠标准溶液，烧杯内加入电磁搅拌子，将烧杯放在电磁搅拌器上，开动搅拌器并插入银电极（或氯电极）及甘汞电极，两电极与电位计或酸度计相连接，用硝酸银溶液缓慢滴定，记录电势和对应的滴定管读数。

由于接近等当点时，电势增加很快，此时要缓慢滴加硝酸银溶液，每次定量加入 0.1 mL。当电势发生突变时，表示等当点已过，此时继续滴入硝酸银溶液，直至电势趋向变化平缓。得到第一个终点时硝酸银溶液消耗的体积 V_1。

在同一溶液中，用移液管再加入 10mL 0.1000mol/L 氯化钠标准溶液（此时溶液电势降低），继续用硝酸银溶液滴定，直至第二个等当点出现，记录电势和对应的 0.1mol/L 硝酸银溶液消耗的体积 V_2。

在干净的烧杯中加入 200mL 水和 4mL 硝酸（1+1）。用移液管加入 10mL 0.1000mol/L 氯化钠标准溶液，在不加入试样的情况下，在电磁搅拌下，缓慢滴加硝酸银溶液，记录电势和对应的滴定管读数，直至第一个终点出现。过等当点后，在同一溶液中，再用移液管加入 0.1000mol/L 氯化钠标准溶液 10 mL。继续用硝酸银溶液滴定至第二个终点，用二次微商法计算出硝酸银溶液消耗的体积 V_{01} 及 V_{02}。

⑤结果表示。

用二次微商法计算结果，通过电压对体积二次导数（$\Delta^2 E / \Delta V^2$）变成零的办法来求出滴定终点。假如在邻近等当点时，每次加入的硝酸银溶液是相等的，此函数（$\Delta^2 E / \Delta V^2$）必定会在正负两个符号发生变化的体积之间的某一点变成零，对应这一点的体积即为终点体积，可用内插法求得。

外加剂中氯离子所消耗的硝酸银体积 V 按式（3.4-9）计算：

$$V = \frac{(V_1 - V_{01}) + (V_2 - V_{02})}{2} \qquad (3.4-9)$$

式中：　V_1——试样溶液加 10 mL 0.1000 mol/L 氯化钠标准溶液所消耗的硝酸银溶液体积（mL）；

　　　　V_2——试样溶液加 20 mL 0.1000 mol/L 氯化钠标准溶液所消耗的硝酸银溶液体积（mL）；

　　　　V_{01}——空白试验中 200mL 水，加 4mL 硝酸（1+1），加 10mL 0.1000mol/L 的氯化钠标准溶液消耗硝酸银溶液的体积（mL）；

　　　　V_{02}——空白试验中 200mL 水，加 4mL 硝酸（1+1），加 20mL 0.1000mol/L 的氯化钠标准溶液消耗硝酸银溶液的体积（mL）。

外加剂中氯离子含量 X_{Cl^-} 按式（3.4-10）计算：

$$X_{Cl^-} = \frac{c \times V \times 35.45}{m \times 1000} \times 100\% \qquad (3.4-10)$$

式中：X_{Cl^-}——外加剂中氯离子含量（%）；

c——硝酸银溶液的浓度（mol/L）；

V——外加剂中氯离子所消耗硝酸银溶液体积（mL）；

m——外加剂样品质量（g）。

⑦重复性限和再现性限。

重复性限为 0.05%；

再现性限为 0.08%。

（2）离子色谱法。

①方法提要。

离子色谱法是液相色谱分析方法的一种，样品溶液经阴离子色谱柱分离，溶液中的阴离子 F^-、Cl^-、SO_4^{2-}、NO_3^- 被分离，同时被电导池检测。测定溶液中氯离子峰面积或峰高。

②试剂和材料要求.

A. 氮气：纯度不小于 99.8%。

B. 硝酸：优级纯。

C. 实验室用水：一级水（电导率小于 18 MΩ·cm，0.2 μm 超滤膜过滤）。

D. 氯离子标准溶液（1mg/mL）：准确称取预先在 550～600℃加热 40～50 min 后，并在干燥器中冷却至室温的氯化钠（标准试剂）1.648 g，用水溶解，移入 1000mL 容量瓶中，用水稀释至刻度。

E. 氯离子标准溶液（100μg/mL）：准确移取上述标准溶液 100mL 至 1000mL 容量瓶中，用水稀释至刻度。

F. 氯离子标准溶液系列：准确移取 1 mL、5 mL、10 mL、15 mL、20 mL、25 mL（100μg/mL 的氯离子的标准溶液）至 100 mL 容量瓶中，稀释至刻度。此标准溶液系列浓度分别为：1 μg/mL、5μg/mL、10 μg/mL、15 μg/mL、20μg/mL、25 μg/mL。

③仪器要求。

A. 离子色谱仪：包括电导检测器、抑制器、阴离子分离柱，进样定量环（25μL、50 μL、100μL）。

B. 0.22μm 水性针头微孔滤器。

C. On Guard RP 柱：功能基为聚二乙烯基苯。

D. 注射器：1.0mL、2.5mL。

E. 淋洗液体系选择。

碳酸盐淋洗液体系：阴离子柱填料为聚苯乙烯、有机硅、聚乙烯醇或聚丙烯酸酯阴离子交换树脂。

氢氧化钾淋洗液体系：阴离子色谱柱 IonPac AS18 型分离柱（250mm×4mm）和 IonPac AG18 型保护柱（50mm×4mm），或性能相当的离子色谱柱。

F. 抑制器：连续自动再生膜阴离子抑制器或微填充床抑制器。

④试验步骤。

A. 称量和溶解。

准确称取 1g 外加剂试样，精至 0.1mg。放入 100mL 烧杯中，加 50mL 水和 5 滴硝酸溶解试样。试样能被水溶解时，直接移入 100mL 容量瓶，稀释至刻度；当试样不能被水溶解时，采用超声和加热的方法溶解试样，再用快速滤纸过滤，滤液用 100mL 容量瓶承接，用水稀释至刻度。

B.　去除样品中的有机物。

混凝土外加剂中的可溶性有机物可以用 On Guard RP 柱去除。

C.　测定色谱图。

将上述处理好的溶液注入离子色谱中分离，得到色谱图，测定所得色谱峰的峰面积或峰高。

D.　氯离子含量标准曲线的绘制。

在重复性条件下进行空白试验。将氯离子标准溶液系列分别在离子色谱中分离，得到色谱图，测定所得色谱峰的峰面积或峰高。以氯离子浓度为横坐标，峰面积或峰高为纵坐标绘制标准曲线。

⑤结果表示。

将样品的氯离子峰面积或峰高对照标准曲线，求出样品溶液的氯离子浓度 c_1，并按照式（3.4-11）计算出试样中氯离子含量。

$$X_{Cl^-} = \frac{c_1 \times V_1 \times 10^{-6}}{m} \times 100\% \qquad (3.4-11)$$

式中：X_{Cl^-}——样品中氯离子含量（%）；

c_1——由标准曲线求得的试样溶液中氯离子的浓度（$\mu g/mL$）；

V_1——样品溶液的体积（mL）；

m——外加剂样品质量（g）。

⑥重复性限（表 3.4-3）。

表 3.4-3　重复性限

Cl⁻ 含量范围（%）	<0.01	0.01~0.1	0.1~1	1~10	>10
重复性限（%）	0.001	0.02	0.10	0.20	0.25

7.　硫酸钠含量

（1）重量法。

①方法提要。

氯化钡溶液与外加剂试样中的硫酸盐生成溶解度极小的硫酸钡沉淀，称量经高温灼烧后的沉淀来计算硫酸钠的含量。

②试剂要求。

A.　盐酸（1+1）；

B.　氯化铵溶液（50g/L）；

C.　氯化钡溶液（100g/L）；

D.　硝酸银溶液（1g/L）。

③仪器要求。

A. 电阻高温炉：最高使用温度不低于 900℃；

B. 天平：分度值 0.0001g；

C. 电磁电热式搅拌器；

D. 瓷坩埚：18~30mL；

E. 烧杯：400mL；

F. 长颈漏斗；

G. 慢速定量滤纸、快速定性滤纸。

④试验步骤。

A. 准确称取试样约 0.5g，放入 400mL 烧杯中，加入 200 mL 水搅拌溶解，再加入氯化铵溶液 50mL，加热煮沸后，用快速定性滤纸过滤，用水洗涤数次后，将滤液浓缩至 200mL 左右。滴加盐酸（1+1）至浓缩滤液显示酸性，再多加 5~10 滴盐酸，煮沸后在不断搅拌下趁热滴加氯化钡溶液 10mL，继续煮沸 15min，取下烧杯，置于加热板上，保持 50~60℃静置 2~4h 或常温静置 8h。

B. 用两张慢速定量滤纸过滤，烧杯中的沉淀用 70℃水洗净，使沉淀全部转移到滤纸上，用温热水洗涤沉淀至无氯根为止（用硝酸银溶液检验）。

C. 将沉淀与滤纸移入预先灼烧恒重的坩埚中小火烘干，灰化。

D. 在 800℃电阻高温炉中灼烧 30min，然后在干燥器里冷却至室温（约 30min），取出称量，再将坩埚放回高温炉中，灼烧 20min，取出冷却至室温称重，如此反复直至恒量。

⑤结果表示。

外加剂中硫酸钠含量 $X_{Na_2SO_4}$ 按式（3.4-12）计算：

$$X_{Na_2SO_4} = \frac{(m_2 - m_1) \times 0.6086}{m} \times 100\%$$ （3.4-12）

式中：$X_{Na_2SO_4}$——外加剂中硫酸钠含量（%）；

　　　m——试样质量（g）；

　　　m_1——空坩埚质量（g）；

　　　m_2——灼烧后滤渣加坩埚质量（g）；

　　　0.6086——硫酸钡换算成硫酸钠的系数。

⑥重复性限和再现性限。

重复性限为 0.50%；

再现性限为 0.80%。

（2）离子交换重量法。

①方法提要。

氯化钡溶液与外加剂试样中的硫酸盐生成溶解度极小的硫酸钡沉淀，称量经高温灼烧后的沉淀来计算硫酸钠的含量。

②试剂要求。

A. 盐酸（1+1）；

B. 氯化铵溶液（50 g/L）；

C. 氯化钡溶液（100 g/L）；

D. 硝酸银溶液（1g/L）；

E. 预先经活化处理过的 717-OH 型阴离子交换树脂。

③仪器要求。

A. 电阻高温炉：最高使用温度不低于 900℃；

B. 天平：分度值 0.0001g；

C. 电磁电热式搅拌器；

D. 瓷坩埚：18～30mL；

E. 烧杯：400mL；

F. 长颈漏斗；

G. 慢速定量滤纸、快速定性滤纸。

④试验步骤。

A. 采用重量法测定，试样加入氯化铵溶液沉淀处理过程中发现絮凝物而不易过滤时改用离子交换重量法。准确称取外加剂样品 0.2000～0.5000g，置于盛有 6g 717-OH 型阴离子交换树脂的 100 mL 烧杯中，加入 60mL 水和电磁搅拌棒，在电磁电热式搅拌器上加热至 60～65℃，搅拌 10min，进行离子交换。

B. 将烧杯取下，用快速定性滤纸于三角漏斗上过滤，弃去滤液。

C. 然后用 50～60℃氯化铵溶液洗涤树脂 5 次，再用温水洗涤 5 次，将洗液收集于另一干净的 300mL 烧杯中，滴加盐酸（1+1）至溶液显示酸性，再多加 5～10 滴盐酸，煮沸后在不断搅拌下趁热滴加氯化钡溶液 10mL，继续煮沸 15min，取下烧杯，置于加热板上保持 50～60℃，静置 2～4h 或常温静置 8h。

D. 用两张慢速定量滤纸过滤，烧杯中的沉淀用 70℃水洗净，使沉淀全部转移到滤纸上，用温热水洗涤沉淀至无氯根为止（用硝酸银溶液检验）。

E. 将沉淀与滤纸移入预先灼烧恒重的坩埚中小火烘干、灰化。

F. 在 800℃电阻高温炉中灼烧 30min，然后在干燥器里冷却至室温（约 30min），取出称量，再将坩埚放回高温炉中，灼烧 20min，取出冷却至室温称重，如此反复直至恒量。

⑤结果表示。

同重量法。

⑥重复性限和再现性限。

同重量法。

8. 水泥净浆流动度

（1）方法提要。

在水泥净浆搅拌机中加入一定量的水泥、外加剂和水进行搅拌。将搅拌好的净浆注入截锥圆模内，提起截锥圆模，测定水泥净浆在玻璃平面上自由流淌的最大直径。

（2）仪器要求。

①双转双速水泥净浆搅拌机：符合 JC/T 729 的要求；

②截锥圆模：上口直径 36mm，下口直径 60mm，高度为 60mm，内壁光滑无接缝

的金属制品；

　　③玻璃板：400mm×400mm×5mm；

　　④秒表；

　　⑤钢直尺：300mm；

　　⑥刮刀；

　　⑦天平：分度值0.01g；

　　⑧天平：分度值1g。

　　（3）试验步骤。

　　①将玻璃板放置在水平位置，用湿布抹擦玻璃板、截锥圆模、搅拌器及搅拌锅，使其表面湿而不带水渍。将截锥圆模放在玻璃板的中央，并用湿布覆盖待用。

　　②称取水泥300g，倒入搅拌锅内。加入推荐掺量的外加剂及87g或105g水，立即搅拌（慢速120s，停15s，快速120s）。

　　③将拌好的净浆迅速注入截锥圆模内，用刮刀刮平，将截锥圆模按垂直方向提起，同时开启秒表计时，任水泥净浆在玻璃板上流动，至30s，用直尺量取流淌部分互相垂直的两个方向的最大直径，取平均值作为水泥净浆流动度。

　　（4）结果表示。

　　表示净浆流动度时，应注明用水量，所用水泥的强度等级标号、名称、型号及生产厂和外加剂掺量。

　　（5）重复性限和再现性限。

　　重复性限为5mm；

　　再现性限为10mm。

9. 水泥胶砂减水率

　　（1）方法提要。

　　先测定基准胶砂流动度的用水量，再测定掺外加剂胶砂流动度的用水量，经计算得出水泥胶砂减水率。

　　（2）仪器要求。

　　①胶砂搅拌机：符合JC/T 681的要求；

　　②跳桌、截锥圆模及模套、圆柱捣棒、卡尺均应符合GB/T 2419的规定；

　　③抹刀；

　　④天平：分度值0.01g；

　　⑤天平：分度值1g。

　　（3）材料要求。

　　①水泥；

　　②水泥强度检验用ISO标准；

　　③外加剂。

　　（4）试验步骤。

　　①基准胶砂流动度用水量的测定。

　　A. 先使搅拌机处于待工作状态，然后按以下程序进行操作：把水加入锅里，再加入水泥 450g，把锅放在固定架上，上升至固定位置，然后立即开动机器，低速搅拌 30s 后，在第二个 30s 开始的同时均匀地将砂子加入，机器转至高速再拌 30s，停拌 90s。在第一个 15s 内用一抹刀将叶片和锅壁上的胶砂刮入锅中，在高速下继续搅拌 60s，各个阶段搅拌时间误差应在 ±1s 以内。

B. 在拌合胶砂的同时，用湿布抹擦跳桌的玻璃台面、捣棒、截锥圆模及模套内壁，并把它们置于玻璃台面中心，盖上湿布，备用。

C. 将拌好的胶砂迅速地分两次装入模内，第一次装至截锥圆模的三分之二处，用抹刀在相互垂直的两个方向各划 5 次，并用捣棒自边缘向中心均匀捣 15 次，接着装第二层胶砂，装至高出截锥圆模约 20 mm，用抹刀划 10 次，同样用捣棒捣 10 次，在装胶砂与捣实时，用手将截锥圆模按住，不要使其产生移动。

D. 捣好后取下模套，用抹刀将高出截锥圆模的胶砂刮去并抹平，随即将截锥圆模垂直向上提起置于台上，立即开动跳桌，以每秒一次的频率使跳桌连续跳动 25 次。

E. 跳动完毕用卡尺量出胶砂底部流动直径，取互相垂直的两个直径的平均值为该用水量时的胶砂流动度，用 mm 表示。

F. 重复上述步骤，直至流动度达到 (18 ± 5) mm。当胶砂流动度为 (180 ± 5) mm 时的用水量即为基准胶砂流动度的用水量 M_0。

②掺外加剂胶砂流动度用水量的测定。

将水和外加剂加入锅里搅拌均匀，按基准胶砂流动度用水量的测定的操作步骤测出掺外加剂胶砂流动度达 (180 ± 5) mm 时的用水量 M_1。

(5) 结果表示。

①胶砂减水率（%）按式 (3.4−13) 计算：

$$胶砂减水率 = \frac{M_0 - M_1}{M_0} \times 100\% \tag{3.4−13}$$

式中：M_0——基准胶砂流动度为 (180 ± 5) mm 时的用水量（g）；

M_1——掺外加剂的胶砂流动度为 (180 ± 5) mm 时的用水量（g）。

②注明所用水泥的标号、名称、型号及生产商。

(6) 重复性限和再现性限。

重复性限为 1.0%；

再现性限为 1.5%。

10. 总 碱 量

(1) 火焰光度法。

①方法提要。

试样用约 80℃ 的热水溶解，以氨水分离铁、铝；以碳酸钙分离钙、镁。滤液中的碱（钾和钠），采用相应的滤光片，用火焰光度计进行测定。

②试剂与仪器要求。

A. 盐酸 (1+1)；

B. 氨水 (1+1)；

C. 碳酸铵溶液 (100g/L)；

D. 氧化钾、氧化钠标准溶液：精确称取已在 130～150℃烘过 2h 的氯化钾（KCl 光谱纯）0.7920g 及氯化钠（NaCl 光谱纯）0.9430g，置于烧杯中，加水溶解后，移入 1000mL 容量瓶中，用水稀释至标线，摇匀，转移至干燥的带盖的塑料瓶中。此标准溶液每毫升相当于氧化钾及氧化钠 0.5mg；

E. 甲基红指示剂（2g/L 乙醇溶液）；

F. 火焰光度计；

G. 天平：分度值 0.0001g。

③试验步骤。

A. 分别向 100mL 容量瓶中注入 0.00mL、1.00mL、2.00mL、4.00mL、8.00mL、12.00mL 的氧化钾、氧化钠标准溶液（分别相当于氧化钾、氧化钠各 0.00mg、0.50mg、1.00mg、2.00mg、4.00mg、6.00mg），用水稀释至标线，摇匀，然后分别于火焰光度计上按仪器使用规程进行测定，根据测得的检流计读数与溶液的浓度关系，分别绘制氧化钾及氧化钠的工作曲线。

B. 准确称取一定量的试样置于 150mL 的瓷蒸发皿中，用 80℃左右的热水润湿并稀释至 30mL，置于电热板上加热蒸发，保持微沸 5min 后取下，冷却，加 1 滴甲基红指示剂，滴加氨水（1+1），使溶液呈黄色；加入 10mL 碳酸铵溶液，搅拌，置于电热板上加热并保持微沸 10min，用中速滤纸过滤，以热水洗涤，滤液及洗液盛于容量瓶中，冷却至室温，以盐酸（1+1）中和至溶液呈红色，然后用水稀释至标线，摇匀，以火焰光度计按仪器使用规程进行测定。称样量及稀释倍数见表 3.4-4。

表 3.4-4　称样量及稀释倍数

总碱量（%）	称样量（g）	稀释体积（mL）	稀释倍数 n
1.00	0.20	100	1
1.00～5.00	0.10	250	2.5
5.00～10.00	0.05	250 或 500	2.5 或 5
大于 10.00	0.05	500 或 1000	5 或 10

C. 同时进行空白试验。

④结果表示。

A. 氧化钾与氧化钠含量计量。

氧化钾百分含量 X_{K_2O} 按式（3.4-14）计算：

$$X_{K_2O} = \frac{c_1 \times n}{m \times 1000} \times 100\%$$ (3.4-14)

式中：X_{K_2O}——外加剂中氧化钾含量，%；

　　　c_1——在工作曲线上查得每 100mL 被测定液中氧化钾的含量（mg）；

　　　n——被测溶液的稀释倍数；

　　　m——试样质量（g）。

氧化钠百分含量 X_{Na_2O} 按式（3.4-15）计算：

$$X_{\mathrm{Na_2O}} = \frac{c_2 \times n}{m \times 1000} \times 100\%　\hspace{2cm}(3.4-15)$$

式中：$X_{\mathrm{Na_2O}}$——外加剂中氧化钠含量（%）；

c_2——在工作曲线上查得每 100mL 被测溶液中氧化钠的含量（mg）；

n——被测溶液的稀释倍数；

m——试样质量（g）。

B. $X_{总碱量}$ 按式（3.4-16）计算：

$$X_{总碱量} = 0.658 \times X_{\mathrm{K_2O}} + X_{\mathrm{Na_2O}}　\hspace{2cm}(3.4-16)$$

式中：$X_{总碱量}$——外加剂中的总碱量（%）。

⑤重复性限和再现性限如表 3.4-5。

表 3.4-5　重复性限和再现性限

总碱量（%）	重复性限（%）	再现性限（%）
1.00	0.10	0.15
1.00～5.00	0.20	0.30
5.00～10.00	0.30	0.50
大于 10.00	0.50	0.80

（2）原子吸收光谱法。

见 GB/T 176—2008 中第 34 章。

3.4.5　掺外加剂混凝土性能指标试验（GB 8076—2008）

本章主要针对基准混凝土和受检混凝土两种混凝土性能比较来讲述试验过程。

1. 材料

（1）水泥。

采用 GB 8076—2008 附录 A 规定的基准水泥。

基准水泥是检验混凝土外加剂性能的专用水泥，是由符合下列品质指标的硅酸盐水泥熟料与二水石膏共同粉磨而成的 42.5 强度等级的 P·Ⅰ 型硅酸盐水泥。基准水泥必须由经中国建材联合会混凝土外加剂分会与有关单位共同确认具备生产条件的工厂供给。

其品质指标（除满足 42.5 强度等级硅酸盐水泥技术要求外）为：

①熟料中铝酸三钙（C_3A）含量 6%～8%。

②熟料中硅酸三钙（C_3S）含量 55%～60%。

③熟料中游离氧化钙（f-CaO）含量不得超过 1.2%。

④水泥中碱（$Na_2O+0.658K_2O$）含量不得超过 1.0%。

⑤水泥比表面积（350±10）m^2/kg。

（2）砂。

符合 GB/T 14684 中Ⅱ区要求的中砂，但细度模数为 2.6～2.9，含泥量小于 1%。

（3）石子。

符合 GB/T 14685 要求的公称粒径为 5～20mm 的碎石或卵石，采用二级配，其中 5～10mm 占 40%，10～20mm 占 60%，满足连续级配要求，针片状物质含量小于 10%，空隙率小于 47%，含泥量小于 0.5%。如有争议，以碎石结果为准。

（4）水。

符合 JGJ 63 混凝土拌合用水的技术要求。

（5）外加剂。

需要检测的外加剂。

2. 配合比

基准混凝土配合比按 JGJ 55 进行设计。掺非引气型外加剂的受检混凝土和其对应的基准混凝土的水泥、砂、石的比例相同。配合比设计应符合以下规定：

（1）水泥用量：掺高性能减水剂或泵送剂的基准混凝土和受检混凝土的单位水泥用量为 360kg/m³。掺其他外加剂的基准混凝土和受检混凝土单位水泥用量为 330kg/m³。

（2）砂率：掺高性能减水剂或泵送剂的基准混凝土和受检混凝土的砂率均为 43%～47%。掺其他外加剂的基准混凝土和受检混凝土的砂率为 36%～40%，但掺引气减水剂或引气剂的受检混凝土的砂率应比基准混凝土的砂率低 1%～3%。

（3）外加剂掺量：按生产厂家指定掺量。

（4）用水量：掺高性能减水剂或泵送剂的基准混凝土和受检混凝土的坍落度控制在（210±10）mm，用水量为坍落度在（210±10）mm 时的最小用水量；掺其他外加剂的基准混凝土和受检混凝土的坍落度控制在（80±10）mm。

用水量包括液体外加剂、砂、石材料中所含的水量。

3. 混凝土搅拌

采用符合 JG 244 要求的公称容量为 60L 的单卧轴式强制搅拌机。搅拌机的拌合量应不少于 20L，不宜大于 45L。

外加剂为粉状时，将水泥、砂、石、外加剂一次投入搅拌机，干拌均匀，再加入拌合水，一起搅拌 2min。外加剂为液体时，将水泥、砂、石一次投入搅拌机，干拌均匀，再加入掺有外加剂的拌合水一起搅拌 2min。

出料后，在铁板上用人工翻拌至均匀，再行试验。各种混凝土试验材料及环境温度均应保持在（20±3）℃。

4. 试件制作及试验所需试件数量

（1）试件制作。

混凝土试件制作及养护按 GB/T 50080 进行，但混凝土预养温度为（20±3）℃。

（2）试件项目及数量。

试件项目及数量见表 3.4—6。

表 3.4-6　试验项目及所需数量

试验项目		外加剂类别	试验类别	试验所需数量			
				混凝土拌合批数	每批取样数目	基准混凝土总取样数目	受检混凝土总取样数目
减水率		除早强剂、缓凝剂外的各种外加剂	混凝土拌合物	3	1次	3次	3次
泌水率比		各种外加剂		3	1个	3个	3个
含气量				3	1个	3个	3个
凝结时间差				3	1个	3个	3个
1h经时变化量	坍落度	高性能减水剂、泵送剂		3	1个	3个	3个
	含气量	引气剂、引气减水剂		3	1个	3个	3个
抗压强度比		各种外加剂	硬化混凝土	3	6、9或12块	18、27或36块	18、27或36块
收缩率比				3	1条	3条	3条
相对耐久性		引气减水剂、引气剂	硬化混凝土	3	1条	3条	3条

注 1：试验时，检验同一种外加剂的三批混凝土的制作宜在开始试验一周内的不同日期完成。对比的基准混凝土和受检混凝土应同时成型。

注 2：试验龄期参考表 3.4-2 试验项目栏。

注 3：试验前后应仔细观察试样，对有明显缺陷的试样和试验结果都应舍除。

5. 混凝土拌合物性能试验方法

（1）坍落度和坍落度 1h 经时变化量测定。

每批混凝土取一个试样。坍落度和坍落度 1h 经时变化量均以三次试验结果的平均值表示。三次试验的最大值和最小值与中间值之差有一个超过 10mm 时，将最大值和最小值一并舍去，取中间值作为该批的试验结果；最大值和最小值与中间值之差均超过 10mm 时，则应重做。

坍落度及坍落度 1h 经时变化量测定值以 mm 表示，结果表达修约到 5mm。

①坍落度测定。

混凝土坍落度按照 GB/T 50080 测定；但坍落度为（210±10）mm 的混凝土，分两层装料，每层装入高度为筒高的一半，每层用插捣棒插捣 15 次。

②坍落度 1h 经时变化量测定。

当要求测定此项时，应将按照 3.4.5 中 3 搅拌的混凝土留下足够一次混凝土坍落度的试验数量，并装入用湿布擦过的试样筒内，容器加盖，静置至 1h（从加水搅拌时开始计算），然后倒出，在铁板上用铁锹翻拌至均匀后，再按照坍落度测定方法测定坍落度。计算出机时和 1h 之后的坍落度之差值，即得到坍落度的经时变化量。

坦落度 1h 经时变化量按式（3.4-17）计算：

$$\Delta Sl = Sl_0 - Sl_{1h} \tag{3.4-17}$$

式中：ΔSl——坦落度经时变化量（mm）；

$\quad Sl_0$——出机时测得的坦落度（mm）；

$\quad Sl_{1h}$——1h 后测得的坦落度（mm）。

（2）减水率测定。

减水率为坦落度基本相同时，基准混凝土和受检混凝土单位用水量之差与基准混凝土单位用水量之比。减水率按式（3.4-18）计算，应精确到 0.1%。

$$W_R = \frac{W_0 - W_1}{W_0} \times 100\% \tag{3.4-18}$$

式中：W_R——减水率（%）；

$\quad W_0$——基准混凝土单位用水量（kg/m^3）；

$\quad W_1$——受检混凝土单位用水量（kg/m^3）。

W_R 以三批试验的算术平均值计，精确到 1%。若三批试验的最大值或最小值中有一个与中间值之差超过中间值的 15% 时，则把最大值与最小值一并舍去，取中间值作为该组试验的减水率。若有两个测值与中间值之差均超过 15% 时，则该批试验结果无效，应该重做。

（3）泌水率比测定。

泌水率比按式（3.4-19）计算，应精确到 1%。

$$R_B = \frac{B_t}{B_c} \times 100\% \tag{3.4-19}$$

式中：R_B——泌水率比（%）；

$\quad B_t$——受检混凝土泌水率（%）；

$\quad B_c$——基准混凝土泌水率（%）。

泌水率的测定和计算方法如下：

先用湿布润湿容积为 5L 的带盖筒（内径为 185mm，高 200mm），将混凝土拌合物一次装入，在振动台上振动 20s，然后用抹刀轻轻抹平，加盖以防水分蒸发。试样表面应比筒口边低约 20mm。自抹面开始计算时间，在前 60min，每隔 10min 用吸液管吸出泌水一次，以后每隔 20min 吸水一次，直至连续三次无泌水为止。每次吸水前 5min，应将筒底一侧垫高约 20mm，使筒倾斜，以便于吸水。吸水后，将筒轻轻放平盖好。将每次吸出的水都注入带塞量筒，最后计算出总的泌水量，精确至 1g，并按式（3.4-20）、式（3.4-21）计算泌水率

$$B = \frac{V_W}{(W/G) \, G_W} \times 100\% \tag{3.4-20}$$

$$G_W = G_1 - G_0 \tag{3.4-21}$$

式中：B——泌水率（%）；

$\quad V_W$——泌水总质量（g）；

$\quad W$——混凝土拌合物的用水量（g）；

G——混凝土拌合物的总质量（g）；

G_W——试样质量（g）；

G_1——筒及试样质量（g）；

G_0——筒质量（g）。

试验时，从每批混凝土拌合物中取一个试样，泌水率取三个试样的算术平均值，精确到 0.1％。若三个试样的最大值或最小值中有一个与中间值之差大于中间值的 15％，则把最大值与最小值一并舍去，取中间值作为该组试验的泌水率；如果最大值和最小值与中间值之差均大于中间值的 15％时，则应重做。

（4）含气量和含气量 1h 经时变化量的测定。

试验时，从每批混凝土拌合物取一个试样，含气量以三个试样测值的算术平均值来表示。若三个试样中的最大值或最小值中有一个与中间值之差超过 0.5％时，将最大值与最小值一并舍去，取中间值作为该批的试验结果；如果最大值与最小值与中间值之差均超过 0.5％，则应重做。含气量和 1h 经时变化量测定值精确到 0.1％。

①含气量测定。

按 GB/T 50080 用气水混合式含气量测定仪，并按仪器说明进行操作，但混凝土拌合物应一次装满并稍高于容器，用振动台振实 15～20s。

②含气量 1h 经时变化量测定。

当要求测定此项时，将按照 3.4.5 中 3 搅拌的混凝土留下足够一次含气量试验的数量，并装入用湿布擦过的试样筒内，容器加盖，静置至 1h（从加水搅拌时开始计算），然后倒出，在铁板上用铁锹翻拌均匀后，再按照含气量测定方法测定含气量。计算出机时和 1h 之后的含气量之差值，即得到含气量的经时变化量。

含气量 1h 经时变化量按式（3.4－22）计算：

$$\Delta A = A_0 - A_{1h} \tag{3.4-22}$$

式中：ΔA——含气量经时变化量，％；

A_0——出机后测得的含气量，％；

A_{1h}——1 小时后测得的含气量，％。

（5）凝结时间差测定。

凝结时间差按式（3.4－23）计算：

$$\Delta T = T_t - T_C \tag{3.4-23}$$

式中：ΔT——凝结时间之差（min）；

T_t——受检混凝土的初凝或终凝时间（min）；

T_C——基准混凝土的初凝或终凝时间（min）。

凝结时间采用贯入阻力仪测定，仪器精度为 10N，凝结时间测定方法如下：

将混凝土拌合物用 5mm（圆孔筛）振动筛筛出砂浆，拌匀后装入上口内径为 160mm，下口内径为 150mm，净高 150mm 的刚性不渗水的金属圆筒，试样表面应略低于筒口约 10mm，用振动台振实 3～5s，置于（20±2）℃的环境中，容器加盖。一般基准混凝土在成型后 3～4h，掺早强剂的在成型后 1～2h，掺缓凝剂的在成型后 4～6h 开始测定，以后每 0.5h 或 1h 测定一次，但在临近初、终凝时，可以缩短测定间隔时间。

每次测点应避开前一次测孔，其净距为试针直径的 2 倍，但至少不小于 15mm，试针与容器边缘之距离不小于 25mm。测定初凝时间用截面积为 100mm² 的试针，测定终凝时间用 20mm² 的试针。

测试时，将砂浆试样筒置于贯入阻力仪上，测针端部与砂浆表面接触，然后在（10±2）s 内均匀地使测针贯入砂浆（25±2）mm 深度。记录贯入阻力，精确至 10N，记录测量时间，精确至 1min。贯入阻力按式（3.4-24）计算，精确到 0.1MPa。

$$R = \frac{P}{A} \tag{3.4-24}$$

式中：R——贯入阻力值（MPa）；

$\quad\quad P$——贯入深度达 25mm 时所需的净压力（N）；

$\quad\quad A$——贯入阻力仪试针的截面积（mm²）。

根据计算结果，以贯入阻力值为纵坐标，测试时间为横坐标，绘制贯入阻力值与时间关系曲线，求出贯入阻力值达 3.5 MPa 时，对应的时间作为初凝时间；贯入阻力值达 28 MPa 时，对应的时间作为终凝时间。从水泥与水接触时开始计算凝结时间。

试验时，每批混凝土拌合物取一个试样，凝结时间取三个试样的平均值。若三批试验的最大值或最小值之中有一个与中间值之差超过 30min，把最大值与最小值一并舍去，取中间值作为该组试验的凝结时间。若两个测值与中间值之差均超过 30min 组试验结果无效，则应重做。凝结时间以 min 表示，并修约到 5min。

（6）硬化混凝土性能试验方法。

①抗压强度比测定。

抗压强度比以掺外加剂混凝土与基准混凝土同龄期抗压强度之比表示，按式（3.4-25)计算，精确到 1%。

$$R_f = \frac{f_t}{f_c} \times 100\% \tag{3.4-25}$$

式中：R_f——抗压强度比（%）；

$\quad\quad f_t$——受检混凝土的抗压强度（MPa）；

$\quad\quad f_c$——基准混凝土的抗压强度（MPa）。

受检混凝土与基准混凝土的抗压强度按 GB/T50081 进行试验和计算。试件制作时，用振动台振动 15~20s。试件预养温度为（20±3)℃。试验结果以三批试验测值的平均值表示，若三批试验中有一批的最大值或最小值与中间值的差值超过中间值的 15%，则把最大值与最小值一并舍去，取中间值作为该批的试验结果；如有两批测值与中间值的差均超过中间值的 15%，则试验结果无效，应该重做。

②收缩率比测定。

收缩率比以 28d 龄期时受检混凝土与基准混凝土的收缩率的比值表示，按（3.4-26）式计算：

$$R_\varepsilon = \frac{\varepsilon_t}{\varepsilon_c} \times 100\% \tag{3.4-26}$$

式中：R_ε——收缩率比（%）；

$\quad\quad \varepsilon_t$——受检混凝土的收缩率（%）；

ε_c——基准混凝土的收缩率（％）。

受检混凝土及基准混凝土的收缩率按 GB/T 50082 测定和计算。试件用振动台成型，振动 15～20s。每批混凝土拌合物取一个试样，以三个试样收缩率比的算术平均值表示，计算精确 1‰。

③相对耐久性试验。

按 GB/T 50082 进行，试件采用振动台成型，振动 15～20s，标准养护 28d 后进行冻融循环试验（快冻法）。

相对耐久性指标是以掺外加剂混凝土冻融 200 次后的动弹性模量是否不小于 80％来评定外加剂的质量。每批混凝土拌合物取一个试样，相对动弹性模量以三个试件测值的算术平均值表示。

3.4.6　混凝土外加剂信息（GB 8076）

1. 范围

本节提供了混凝土外加剂的种类、主要功能、水泥与外加剂之间的适应性、外加剂应用注意事项等简单信息，涵盖了高性能减水剂（早强型、标准型、缓凝型）、高效减水剂（标准型、缓凝型）、普通减水剂（早强型、标准型、缓凝型）、引气减水剂、泵送剂、早强剂、缓凝剂、引气剂共 8 类外加剂。

2. 外加剂的种类

外加剂按其主要功能分类，每一类不同的外加剂均由某种主要化学组成分组成。市售的外加剂可能都复合有不同的组成材料。

（1）高性能减水剂。

高性能减水剂是国内外近年来开发的新型外加剂品种，目前主要为聚羧酸盐类产品。它具有"梳状"的结构特点，由带有游离的羧酸阴离子团的主链和聚氧乙烯基侧链组成，通过改变单体的种类、比例和反应条件可生产具有各种不同性能和特性的高性能减水剂。早强型、标准型和缓凝型高性能减水剂可由分子设计引入不同功能团而生产，也可掺入不同组分复配而成。其主要特点为：

①掺量低（按照固体含量计算，一般为胶凝材料质量的 0.15％～0.25％），减水率高；

②混凝土拌合物工作性及其保持性较好；

③外加剂中氯离子和碱含量较低；

④用其配制的混凝土收缩率较小，可改善混凝土的体积稳定性和耐久性；

⑤对水泥的适应性较好；

⑥生产和使用过程中不污染环境，是环保型的外加剂。

（2）高效减水剂。

高效减水剂不同于普通减水剂，具有较高的减水率、较低的引气量，是我国使用量大、面广的外加剂品种。目前，我国使用的高效减水剂品种较多，主要有下列几种：

①萘系减水剂；

②氨基磺酸盐系减水剂；

③脂肪族（醛酮缩合物）减水剂；

④密胺系及改性密胺系减水剂；

⑤蒽系减水剂；

⑥洗油系减水剂。

缓凝型高效减水剂是以上述各种高效减水剂为主要组分，再复合各种适量的缓凝组分或其他功能性组分而成的外加剂。

（3）普通减水剂。

普通减水剂的主要成分为木质素磺酸盐，通常由亚硫酸盐法生产纸浆的副产品制得。常用的有木钙、木钠和木镁。其具有一定的缓凝、减水和引气作用。以其为原料，加入不同类型的调凝剂，可制得不同类型的减水剂，如早强型、标准型和缓凝型的减水剂。

（4）引气减水剂。

引气减水剂是兼有引气和减水功能的外加剂。它由引气剂与减水剂复合组成，根据工程要求不同，性能有一定的差异。

（5）泵送剂。

泵送剂是用来改善混凝土泵送性能的外加剂。它由减水剂、调凝剂、引气剂、润滑剂等多种组分复合而成。根据工程要求，其产品性能有所差异。

（6）早强剂。

早强剂是能加速水泥水化和硬化，促进混凝土早期强度增长的外加剂，可缩短混凝土养护龄期，加快施工进度，提高模板和场地周转率。早强剂主要是无机盐类、有机物等，但现在越来越多地使用各种复合型早强剂。

（7）缓凝型。

缓凝剂是可在较长时间内保持混凝土工作性，延缓混凝土凝结和硬化时间的外加剂。缓凝剂的种类较多，可分为有机和无机两大类，主要有：

①糖类及碳水化合物，如淀粉、纤维素的衍生物等。

②羟基羧酸，如柠檬酸、酒石酸、葡萄糖酸以及其盐类。

③可溶硼酸盐和磷酸盐等。

（8）引气剂。

引气剂是一种在搅拌过程中具有在砂浆或混凝土中引入大量、均匀分布的微气泡，而且在硬化后能保留在其中的一种外加剂。引气剂的种类较多，主要有：

①可溶性树脂酸盐（松香酸）；

②文沙尔树脂；

③皂化的吐尔油；

④十二烷基磺酸钠；

⑤十二烷基苯磺酸钠；

⑥磺化石油羟类的可溶性盐等。

3. 混凝土外加剂的主要功能

(1) 改善混凝土或砂浆拌合物施工时的和易性；

(2) 提高混凝土或砂浆的强度及其他物理力学性能；

(3) 节约水泥或代替特种水泥；

(4) 加速混凝土或砂浆的早期强度发展；

(5) 调节混凝土或砂浆的凝结硬化速度；

(6) 调节混凝土或砂浆的含气量；

(7) 降低水泥初期水化热或延缓水化放热；

(8) 改善拌合物的泌水性；

(9) 提高混凝土或砂浆耐各种侵蚀性盐类的腐蚀性；

(10) 减弱碱-集料反应；

(11) 改善混凝土或砂浆的毛细孔结构；

(12) 改善混凝土的泵送性；

(13) 提高钢筋的抗锈蚀能力；

(14) 提高集料与砂浆界面的黏结力，提高钢筋与混凝土的握裹力；

(15) 提高新老混凝土界面的黏结力等。

4. 影响水泥和外加剂适应性的主要因素

水泥与外加剂的适应性是一个十分复杂的问题，至少受到下列因素的影响。遇到水泥和外加剂不适应的问题，必须通过试验，对不适应因素逐个排除，找出其原因。

(1) 水泥：矿物组成、细度、游离氧化钙含量、石膏加入量及形态、水泥熟料碱含量、碱的硫酸饱和度、混合材种类及掺量、水泥助磨剂等。

(2) 外加剂的种类和掺量。如，萘系减水剂的分子结构包括磺化度、平均分子量、分子量分布、聚合性能、平衡离子的种类等。

(3) 混凝土配合比，尤其是水胶比、矿物外加剂的品种和掺量。

(4) 混凝土搅拌时的加料程序、搅拌时的温度、搅拌机的类型等。

5. 应用外加剂主要注意事项

外加剂的使用效果受到多种因素的影响，因此，选用外加剂时应特别予以注意。

(1) 外加剂的品种应根据工程设计和施工要求选择。应使用工程原材料，通过试验及技术经济比较后确定。

(2) 几种外加剂复合使用时，应注意不同品种外加剂之间的相容性及对混凝土性能的影响。使用前应进行试验，满足要求后，方可使用。如聚羧酸系高性能减水剂与萘系减水剂不宜复合使用。

(3) 严禁使用对人体产生危害，对环境产生污染的外加剂。用户应注意工厂提供的混凝土外加剂安全防护措施的有关资料，并遵照执行。

(4) 对钢筋混凝土和有耐久性要求的混凝土，应按有关标准规定严格控制混凝土中氯离子含量和碱的数量。混凝土中氯离子含量和总碱量是指其各种原材料所含氯离子和碱含量之和。

（5）由于聚羧酸系高性能减水剂的掺加量对其性能影响较大，用户应注意准确计量。

3.4.7 混凝土外加剂应用技术

外加剂种类繁多、性能各异，并且在不同的条件下使用有不同的效果和作用，因此，对外加剂和混凝土技术的综合掌握是正确使用外加剂的关键。本节介绍一些外加剂使用中应注意的事项和原则，在这些事项和原则的指导下，结合工程实际，关键是综合应用各项技术。

1. 外加剂的选择

（1）外加剂种类应根据设计和施工要求及外加剂的主要作用选择。

（2）当不同供方、不同品种的外加剂同时使用时，应经试验验证，并确保混凝土性能满足设计和施工要求后再使用。

（3）含有六价铬盐、亚硝酸盐和硫氰酸盐成分的混凝土外加剂，严禁用于饮水工程中建成后与饮用水直接接触的混凝土。

（4）含有强电解质无机盐的早强型普通减水剂、早强剂、防冻剂和防水剂，严禁用于下列混凝土结构：

①与镀锌钢材或铝铁相接触部位的混凝土结构；

②有外露钢筋预埋件而无防护措施的混凝土结构；

③使用直流电源的混凝土结构；

④距高压直流电源 100m 以内的混凝土结构。

（5）含有氯盐的早强型普通减水剂、早强剂、防水剂和氯盐类防冻剂，严禁用于预应力混凝土、钢筋混凝土和钢纤维混凝土结构。

（6）含有硝酸铵、碳酸铵的早强型普通减水剂、早强剂和含有硝酸铵、碳酸铵、尿素的防冻剂，严禁用于办公、居住等有人员活动的建筑工程。

（7）含有亚硝酸盐、碳酸盐的早强型普通减水剂、早强剂、防冻剂和含亚硝酸盐的阻锈剂，严禁用于预应力混凝土结构。

（8）试配掺外加剂的混凝土应采用工程实际使用的原材料，检测项目应根据设计和施工要求确定，检测条件应与施工条件相同，当工程所用原材料或混凝土性能要求发生变化时，应重新试配。

2. 外加剂的质量控制

（1）外加剂进场时，供方应向需方提供下列质量证明文件：

①型式检验报告；

②出厂检验报告与合格证；

③产品说明书。

（2）外加剂进场时，同一供方、同一品种的外加剂应按《混凝土外加剂应用技术规范》（GB 50119）中各外加剂种类规定的检验项目与检验批量进行检验与验收，检验样品应随机抽取。外加剂进厂检验方法应符合现行国家标准《混凝土外加剂》（GB 8076）

的规定，膨胀剂应符合现行国家标准《混凝土膨胀剂》（GB 23439）的规定；防冻剂、速凝剂、防水剂和阻锈剂应分别符合现行行业标准《混凝土防冻剂》（JC 475）、《喷射混凝土用速凝剂》（JC 477）、《混凝土防水剂》（JC 474）和《钢筋阻锈剂应用技术规程》（JGJ/T 192）的规定。外加剂批量进货应与留样一致，应经检验合格后再使用。

（3）经进场检验合格的外加剂应按不同供方、不同品种和不同牌号分别存放，标识应清楚。

（4）当同一品种外加剂的供方、批次、产地和等级等发生变化时，需方应对外加剂进行复验，应检验合格并满足设计和施工要求后再使用。

（5）液体外加剂应贮存在密闭容器内，并应防晒和防冻，有沉淀、异味、漂浮等现象时，应经检验合格后再使用。

（6）外加剂计量系统在投入使用前，应经标定合格后再使用；标识应清楚，计量应准确，计量允许偏差应为±1%。

（7）外加剂的储存、运输和使用过程中应根据不同种类和品种分别采取安全防护措施。

3. 普通减水剂

（1）品种。

①混凝土工程可采用木质素磺酸钙、木质素磺酸钠、木质素磺酸镁等普通减水剂。

②混凝土工程可采用早强剂与普通减水剂复合而成的早强型普通减水剂。

③混凝土工程可采用由木质素磺酸盐类、多元醇类减水剂（包括糖钙和低聚糖类缓凝减水剂），以及木质素磺酸盐类、多元醇类减水剂与缓凝剂复合而成的缓凝型普通减水剂。

（2）适用范围。

①普通减水剂宜用于日最低气温 5℃以上强度等级为 C40 以下的混凝土。

②普通减水剂不宜单独用于蒸养混凝土。

③早强型普通减水剂宜用于常温、低温和最低温度不低于-5℃环境中施工的有早强要求的混凝土工程。炎热环境条件下不宜使用早强型普通减水剂。

④缓凝型普通减水剂可用于大体积混凝土、碾压混凝土、炎热气候条件下施工的混凝土、大面积浇筑的混凝土、避免冷缝产生的混凝土、需长时间停放或长距离运输的混凝土、滑模施工的混凝土或拉模施工的混凝土及其他需要延缓凝结时间的混凝土，不宜用于有早强要求的混凝土。

（3）进场检验。

①普通减水剂应按每 50t 为一检验批，不足 50t 时也应按一个检验批计。每一检验批取样量不应少于 0.2t 胶凝材料所需用的外加剂量。每一检验批取样应充分混匀，并应分为两等份：一份应按《混凝土外加剂应用技术规范》（GB 50119）规定的项目及要求进行检验，每检验批检验不得少于两次；另一份应密封留样保存半年，有疑问时，应进行对比检验。

②普通减水剂进场检验项目应包括 pH 值、密度（或细度）、含固量（或含水率）、减水率，早强型普通减水剂应测 1d 抗压强度比，缓凝型普通减水剂还应检验凝结时

间差。

③普通减水剂进场时，初始或经时坍落度（或扩展度）应按进场检验批次采用工程实际使用的原材料和配合比与上批留样进行平行对比试验，其允许偏差应符合现行国家标准《混凝土质量控制标准》（GB 50164）的有关规定。

（4）施工。

①普通减水剂相容性的试验应按《混凝土外加剂应用技术规范》（GB 50119）附录A的方法进行。

②普通减水剂掺量应根据供方推荐掺量、环境温度、施工要求的混凝土凝结时间、运输距离、停放时间等经试验确定，不应过量掺加。

③难溶和不溶的粉状普通减水剂应采用干掺法。粉状普通减水剂宜与胶凝材料同时加入搅拌机内，并宜延长搅拌时间30s；液体普通减水剂宜与拌合水同时加入搅拌机内，计量应准确。减水剂的含水量应从拌合水扣除。

④普通减水剂可与其他外加剂复合使用，其组成和掺量应经试验确定。配制溶液时，如产生絮凝或沉淀等现象，应分别配制溶液，并应分别加入搅拌机内。

⑤早强型普通减水剂在日最低气温0~5℃条件下施工时，混凝养护应加盖保温材料。

⑥掺普通减水剂的混凝土浇筑、振捣后，应及时抹压，并应始终保持混凝土表面潮湿，终凝后应浇水养护，低温环境施工时，应加强保温养护。

4. 高效减水剂

（1）品种。

①混凝土工程可采用下列高效减水剂：

A. 萘系和萘的同系磺化物与甲醛缩合的盐类、氨基磺酸盐等多环芳香族磺酸盐类；

B. 磺化三聚氰胺树脂等水溶性树脂磺酸盐类；

C. 脂肪族羟烷基磺酸盐高缩聚物等脂肪族类。

②混凝土工程可采用由缓凝剂与高效减水剂复合而成的缓凝型高效减水剂。

（2）适用范围。

①高效减水剂可用于素混凝土、钢筋混凝土、预应力混凝土，并可用于制备高强混凝土。

②缓凝型高效减水剂可用于大体积混凝土、碾压混凝土、炎热气候条件下的混凝土、需较长时间停放或长距离运输的混凝土、自密实混凝土、滑模施工或拉模施工的混凝土及其他需要延缓凝结时间却有较高减水率要求的混凝土。

③标准型高效减水剂宜用于日最低气温0℃以上施工的混凝土，也用用于蒸养混凝土。

④缓凝型高效减水剂宜用于日最低气温5℃以上施工的混凝土。

（3）进场检验。

①高效减水剂应按每50t为一检验批，不足50t时也应按一个检验批计。每一检验批取样量不应少于0.2t胶凝材料所需用的外加剂量。每一检验批取样应充分混匀，并

应分为两等份：一份应按《混凝土外加剂应用技术规范》（GB 50119）规定的项目及要求进行检验，每检验批检验不得少于两次；另一份应密封留样保存半年，有疑问时，应进行对比检验。

②高效减水剂进场检验项目应包括 pH 值、密度（或细度）、含固量（或含水率）、减水率，缓凝型高效减水剂还应检验凝结时间差。

③高效减水剂进场时，初始或经时坍落度（或扩展度）应按进场检验批次采用工程实际使用的原材料和配合比与上批留样进行平行对比试验，其允许偏差应符合现行国家标准《混凝土质量控制标准》（GB 50164）的有关规定。

（4）施工。

①高效减水剂相容性的试验应按《混凝土外加剂应用技术规范》（GB 50119）附录 A 的方法进行。

②高效减水剂掺量应根据供方推荐掺量、环境温度、施工要求的混凝土凝结时间、运输距离、停放时间等经试验确定。

③难溶和不溶的粉状高效减水剂应采用干掺法。粉状高效减水剂宜与胶凝材料同时加入搅拌机内，并宜延长搅拌时间 30s；液体高效减水剂宜与拌合水同时加入搅拌机内，计量应准确。减水剂的含水量应从拌合水扣除。

④高效减水剂可与其他外加剂复合使用，其组成和掺量应经试验确定。配制溶液时，如产生絮凝或沉淀等现象，应分别配制溶液，并应分别加入搅拌机内。

⑤需二次添加高效减水剂时，应经试验确定，并应记录备案。二次添加的高效减水剂不应包括缓凝、引气组分。二次添加后应确保混凝土搅拌均匀，坍落度应符合要求后再使用。

⑥掺高效减水剂的混凝土浇筑、振捣后，应及时抹压，并应始终保持混凝土表面潮湿，终凝后应浇水养护。

⑦掺高效减水剂的混凝土采用蒸汽养护时，其蒸养制度应经试验确定。

5. 聚羧酸系高性能减水剂

（1）品种。

①混凝土工程可采用标准型、早强型和缓凝型聚羧酸系高性能减水剂。

②混凝土工程可采用具有其他特殊功能的聚羧酸系高性能减水剂。

（2）适用范围。

①聚羧酸系高性能减水剂可用于素混凝土、钢筋混凝土和预应力混凝土。

②聚羧酸系高性能减水剂宜用于高强混凝土、自密实混凝土、泵送混凝土、清水混凝土、预制构件混凝土和钢管混凝土。

③聚羧酸系高性能减水剂宜用于具有高体积稳定性、高耐久性或高工作性要求的混凝土。

④缓凝型聚羧酸系高性能减水剂宜用于大体积混凝土，不宜用于日最低气温 5℃ 以下施工的混凝土。

⑤早强型聚羧酸系减水剂宜用于有早强要求或低温季节施工的混凝土，但不宜用于日最低气温 −5℃ 以下施工的混凝土，且不宜用于大体积混凝土。

⑥具有引气性的聚羧酸性系高性能减水剂用于蒸养混凝土时，应经试验验证。

（3）进场检验。

①聚羧酸系高性能减水剂应按每 50t 为一检验批，不足 50t 时也应按一个检验批计。每一检验批取样量不应少于 0.2t 胶凝材料所需用的外加剂量。每一检验批取样应充分混匀，并应分为两等份：一份应按《混凝土外加剂应用技术规范》（GB 50119）规定的项目及要求进行检验，每检验批检验不得少于两次；另一份应密封留样保存半年，有疑问时，应进行对比检验。

②聚羧酸系高性能减水剂进场检验项目应包括 pH 值、密度（或细度）、含固量（或含水率）、减水率，早强型聚羧酸系高性能减水剂应测 1d 抗压强度比，缓凝型聚羧酸系高性能减水剂还应检验凝结时间差。

③聚羧酸高性能减水剂进场时，初始或经时坍落度（或扩展度）应按进场检验批次采用工程实际使用的原材料和配合比与上批留样进行平行对比试验，其允许偏差应符合现行国家标准《混凝土质量控制标准》（GB 50164）的有关规定。

（4）施工。

①聚羧酸系高性能减水剂相容性试验应按《混凝土外加剂应用技术规范》（GB 50119）附录 A 的方法进行。

②聚羧酸系高性能减水剂不应与萘系和氨基磺酸盐高效减水剂复合或混合使用，与其他种类减水剂复合或混合时，应经试验验证，并应满足设计和施工要求后再使用。

③聚羧酸系高性能减水剂在运输、贮存时，应采用洁净的塑料、玻璃钢或不锈钢等容器，不宜采用铁质容器。

④高温季节，聚羧酸系高性能减水剂应置于阴凉处；低温季节，应对聚羧酸系高性能减水剂采取防冻措施。

⑤聚羧酸系高性能减水剂与引气剂同时使用时，宜分别掺加。

⑥含引气剂或消泡剂的聚羧酸系高性能减水剂使用前应进行均化处理。

⑦聚羧酸系高性能减水剂应按混凝土施工配合比规定的掺量添加。

⑧使用聚羧酸系高性能减水剂生产混凝土时，应控制砂、石含水量、含泥量和泥块含量的变化。

⑨掺用过其他类型减水剂的混凝土搅拌机和运输罐车、泵送等设备，应清洗干净后再搅拌和运输掺聚羧酸系高性能减水剂的混凝土。

⑩使用标准型或缓凝型聚羧酸系高性能减水剂时，当环境温度低于 10℃，应采取防止混凝土坍落度的经时增加的措施。

6. 引气剂及引气减水剂

（1）品种。

①混凝土工程可采用下列引气剂：

A. 松香热聚物、松香皂及改性松香皂等松香树脂类；

B. 十二烷基磺酸盐、烷基苯磺酸盐、石油磺酸盐等烷基和烷基芳烃磺酸盐类；

C. 脂肪醇聚氧乙烯磺酸钠、脂肪醇硫酸钠等脂肪醇磺酸盐类；

D. 脂肪醇聚氧乙烯醚、烷基苯酚聚氧乙烯醚等非离子聚醚类；

E. 三萜皂甙等皂甙类；

F. 不同品种引气剂的复合物。

②混凝土工程可采用由引气剂与减水剂复合而成的引气减水剂。

（2）适用范围。

①引气剂及引气减水剂宜用于有抗冻融要求的混凝土、泵送混凝土和易产生泌水的混凝土。

②引气剂及引气减水剂可用于抗渗混凝土、抗硫酸盐混凝土、贫混凝土、轻骨料混凝土、人工砂混凝土和有饰面要求的混凝土。

③引气剂及引气减水剂不宜用于蒸养混凝土及预应力混凝土。必要时，应经试验确定。

（3）技术要求。

①混凝土含气量的试验应采用工程实际使用的原材料和配合比，有抗冻融要求的混凝土含气量应根据混凝土抗冻等级和粗骨料最大公称粒径等经试验确定。

②用于改善新拌混凝土工作性时，新拌混凝土含气量宜控制在 3%~5%。

③混凝土施工现场含气量和设计要求的含气量允许偏差应为 ±1.0%。

（4）进场检验。

①引气剂应按每 10t 为一检验批，不足 10t 时也应按一个检验批计，引气减水剂应按每 50t 为一个检验批，不足 50t 时也应按一个检验批计。每一个检验批取样量不应少于 0.2t 胶凝材料所需的外加剂量。每一检验批取样应充分混匀，并应分为两等份：其中一份应按《混凝土外加剂应用技术规范》（GB 50119）规定的项目及要求进行检验，每检验批检验不得少于两次；另一份应密封留样保存半年，有疑问时，应进行对比检验。

②引气剂进场时，检验项目应包括 pH 值、密度（或细度）、含固量（或含水率）、含气量、含气量经时损失，引气减水剂还应检测减水率。

③引气剂及引气减水剂进场时，含气量应按进场检验批次采用工程实际使用的原材料与上批留样进行平行对比试验，初始含气量允许偏差为 ±1.0%。

（5）施工。

①引气剂宜以溶液掺加，使用时应加入拌合水中，引气剂溶液中的水量应从拌合水中扣除。

②引气剂、引气减水剂配制溶液时，应充分溶解后再使用。

③引气剂可与减水剂、早强剂、缓凝剂、防冻剂等复合使用。配制溶液时，如产生絮凝或沉淀等现象，应分别配制溶液，并应分别加入搅拌机内。

④当混凝土原材料、施工配合比或施工条件变化时，引气剂或引气减水剂的掺量应重新试验确定。

⑤掺引气剂、引气减水剂的混凝土宜采用强制式搅拌机搅拌，并应搅拌均匀。出料到浇筑的停放时间不宜过长。采用插入式振捣时，同一振捣点振捣时间不宜超过 20s。

⑥检验混凝土的含气量应在施工现场进行取样。对含气量有设计要求的混凝土，当连续浇筑时每 4h 应现场检验一次；当间歇施工时，每浇筑 200m³ 应检验一次。必要时

可增加检验次数。

7. 早强剂

（1）品种。

①混凝土工程可采用下列早强剂：

A. 硫酸盐、硫酸复盐、硝酸盐、碳酸盐、亚硝酸盐、氯盐、硫氰酸盐等无机盐类；

B. 三乙醇胺、甲酸盐、乙酸盐、丙酸盐等有机化合物类。

②混凝土工程可采用两种或两种以上无机盐类早强剂或有机化合物类早强剂复合而成的早强剂。

（2）适用范围。

①早强剂宜用于蒸养、常温、低温或最低温度不低于−5℃环境中施工的有早强要求的混凝土工程。炎热条件以及环境温度低于−5℃时不宜使用早强剂。

②早强剂不宜用于大体积混凝土，三乙醇胺等有机胺类早强剂不宜用于蒸养混凝土。

③无机盐类早强剂不宜用于下列情况：

A. 处于水位变化的结构；

B. 露天结构及经常受水淋、受水流冲刷的结构；

C. 相对湿度大于80%环境中使用的结构；

D. 直接接触酸、碱或其他侵蚀介质的结构；

E. 有装饰要求的混凝土，特别是要求色彩一致或表面有金属装饰的混凝土。

（3）进场检验。

①早强剂应按每50t为一检验批，不足50t时也应按一个检验批计。每一检验批取样量不应少于0.2t胶凝材料所需用的外加剂量。每一检验批取样应充分混匀，并应分为两等份：一份应按《混凝土外加剂应用技术规范》（GB 50119）规定的项目及要求进行检验，每检验批检验不得少于两次；另一份应密封留样保存半年，有疑问时，应进行对比检验。

②早强剂进场检验项目应包括密度（或细度）、含固量（或含水率）、碱含量、氯离子含量和1d抗压强度比。

③检验含有硫氰酸盐、甲酸盐等早强剂的氯离子含量时，应采用离子色谱法。

（4）施工。

①供方应向需方提供早强剂产品贮存方式、使用注意事项和有效期，对含有亚硝酸盐、硫氰酸盐的早强剂应按有关化学品的管理规定进行贮存和使用。

②供方应向需方提供早强剂产品的主要成分及掺量范围，早强剂中硫酸钠掺入混凝土的量应符合表3.4−5的规定，三乙醇胺掺入混凝土的量不应大于胶凝材料质量的0.05%。早强剂在素混凝土中引入的氯离子含量不应大于胶凝材料质量的1.8%。其他品种早强剂的掺量应经试验确定。

表 3.4－5　硫酸钠掺量限值

混凝土种类	使用环境	掺量限值 [胶凝材料质量（%）]
预应力混凝土	干燥环境	≤1.0
钢筋混凝土	干燥环境	≤2.0
	潮湿环境	≤1.5
有饰面要求的混凝土	—	≤0.8
素混凝土	—	≤3.0

③掺早强剂的混凝土采用蒸汽养护时，其蒸养制度应经试验确定。

④掺粉状早强剂的混凝土宜延长搅拌时间 30s。

⑤掺早强剂的混凝土应加强保温保湿养护。

8. 缓凝剂

（1）品种。

①混凝土工程可采用下列缓凝剂：

A. 葡萄糖、蔗糖、糖蜜、糖钙等糖类化合物；

B. 柠檬酸（钠）、酒石酸（钾钠）、葡萄糖酸（钠）、水杨酸及其盐类等羟基酸及其盐类；

C. 山梨醇、甘露醇等多元醇及其衍生物；

D. 2－膦酸丁烷－1，2，4－三羧酸（PBTC）、氨基三甲叉膦酸（ATMP）及其盐类等有机磷酸及其盐类；

E. 磷酸盐、锌盐、硼酸及其盐类、氟基酸盐等无机盐类。

②混凝土工程可采用由不同缓凝组分复合而成的缓凝剂。

（2）适用范围。

①缓凝剂宜用于延缓凝时间的混凝土。

②缓凝剂宜用于对坍落度保持能力有要求的混凝土、静停时间较长或长距离运输的混凝土、自密实混凝土。

③缓凝剂可用于大体积混凝土。

④缓凝剂宜用于日最低气温 5℃以上施工的混凝土。

⑤柠檬酸（钠）及酒石酸（钾钠）等缓凝剂不宜单独用于贫混凝土。

⑥含有糖类组分的缓凝剂与减水剂复合使用时，应进行相容性试验。

（3）进场检验。

①缓凝剂应按每 20t 为一检验批，不足 20t 时也应按一个检验批计。每一检验批取样量不应少于 0.2t 胶凝材料所需用的外加剂量。每一检验批取样应充分混匀，并应分为两等份：一份应按《混凝土外加剂应用技术规范》（GB 50119）规定的项目及要求进行检验，每检验批检验不得少于两次；另一份应密封留样保存半年，有疑问时，应进行对比检验。

②缓凝剂进场时检验项目应包括密度（或细度）、含固量（或含水率）和混凝土凝结时间差。

③缓凝剂进场时，凝结时间的检测应按进场检验批次采用工程实际使用的原材料和配合比与上批留样进行平行对比，初、终凝时间允许偏差应为±1h。

（4）施工。

①缓凝剂的品种、掺量应根据环境温度、施工要求的混凝土凝结时间、运输距离、静停时间、强度等经试验确定。

②缓凝剂用于连续浇筑的混凝土时，混凝土的初凝时间应满足设计和施工要求。

③缓凝剂宜以溶液掺加，使用时应加入拌合水中，缓凝剂溶液中的水量应从拌合水中扣除。难溶和不溶的粉状缓凝剂应采用干掺法，并宜延长搅拌时间30s。

④缓凝剂可与减水剂复合使用。配制溶液时，如产生絮凝或沉淀等现象，宜分别配制溶液，并应分别接入搅拌机内。

⑤掺缓凝剂的混凝土浇筑、振捣后，应及时养护。

⑥当环境温度波动超过10℃时，应经试验调整缓凝剂掺量。

9. 防冻剂

（1）品种。

①混凝土工程可采用以某些醇类、尿素等有机化合物为防冻组分的有机化合物类防冻剂。

②混凝土工程可采用下列无机盐类防冻剂：

A. 以亚硝酸盐、硝酸盐、碳酸盐等无机盐为防冻组分的无氯盐类；

B. 含有阻锈组分并以氯盐为防冻组分的氯盐阻锈类；

C. 以氯盐为防冻组分的氯盐类。

③混凝土工程可采用防冻组分与早强、引气和减水组分复合而成的防冻剂。

（2）适用范围。

①防冻剂可用于冬期施工的混凝土。

②亚硝酸钠防冻剂或亚硝酸钠与碳酸锂复合防冻剂，可用于冬期施工的硫铝酸盐水泥混凝土。

（3）进场检验。

①防冻剂应按每100t为一检验批，不足100t时也应按一个检验批计。每一检验批取样量不应少于0.2t胶凝材料所需用的外加剂量。每一检验批取样应充分混匀，并应分为两等份：一份应按《混凝土外加剂应用技术规范》（GB 50119）规定的项目及要求进行检验，每检验批检验不得少于两次；另一份应密封留样保存半年，有疑问时，应进行对比检验。

②防冻剂进场检验项目应包括氯离子含量、密度（或细度）、含固量（或含水率）、碱含量和含气量，复合类防冻剂还应检测减水率。

③检验含有硫氰酸盐、甲酸盐等防冻剂的氯离子含量时应采用离子色谱法。

（4）施工。

①防冻剂的品种、掺量应以混凝土浇筑后5d内的预计日最低气温选用。在日最低

气温为 $-5\sim-10℃$、$-10\sim-15℃$、$-15\sim-20℃$ 时，应分别选用规定温度为 $-5℃$、$-10℃$、$-15℃$ 的防冻剂。

②掺防冻剂的混凝土所用原材料，应符合下列要求：

A. 宜选用硅酸盐水泥、普通硅酸盐水泥；

B. 骨料应清洁，不得含有冰、雪、冻块及其他易冻裂物质。

③防冻剂与其他外加剂同时使用时，应经试验确定，并应满足设计和施工要求后再使用。

④使用液体防冻剂时，贮存和输送液体防冻剂的设备应采取保温措施。

⑤掺防冻剂混凝土拌合物的入模温度不应低于 $5℃$。

⑥掺防冻剂混凝土的生产、运输、施工及养护，应符合现行行业标准《建筑工程冬期施工规程》（JGJ/T 104）的有关规定。

10．速凝剂

（1）品种。

①喷射混凝土工程可采用下列粉状速凝剂：

A. 以铝酸盐、碳酸盐为主要成分的粉状速凝剂；

B. 以硫铝酸盐、氢氧化铝等为主要成分，与其他无机盐类、有机物复合而成的低碱粉状速凝剂。

②喷射混凝土工程可采用下列液体速凝剂：

A. 以铝酸盐、硅酸盐为主要成分与其他无机盐、有机物复合而成的液体速凝剂；

B. 以硫酸铝、氢氧化铝为主要成分与其他无机盐类、有机物复合而成的低碱液体速凝剂。

（2）适用范围。

①速凝剂可用于喷射法施工的砂浆或混凝土，也可用于有速凝要求的其他混凝土。

②粉状速凝剂宜用于干法施工的喷射混凝土，液体速凝剂宜用于湿法施工的喷射混凝土。

③永久性支护或衬砌施工使用的喷射混凝土、对碱含量有特殊要求的喷射混凝土工程，宜选用碱含量小于 1% 的低碱速凝剂。

（3）进场检验。

①速凝剂应按每 50t 为一检验批，不足 50t 时也应按一个检验批计。每一检验批取样量不应少于 0.2t 胶凝材料所需用的外加剂量。每一检验批取样应充分混匀，并应分为两等份：一份应按《混凝土外加剂应用技术规范》（GB 50119）规定的项目及要求进行检验，每检验批检验不得少于两次；另一份应密封留样保存半年，有疑问时，应进行对比检验。

②速凝剂进场时检验项目应包括密度（或细度）、水泥净浆初凝和终凝时间。

③速凝剂进场时，水泥净浆初、终凝时间应按进场检验批次采用工程实际使用的原材料和配合比与上批留样进行平行对比试验，其允许偏差应为 $\pm1min$。

（4）施工。

①速凝剂掺量宜为胶凝材料质量的 $2\%\sim10\%$，当混凝土原材料、环境温度发生变

化时，应根据工程要求，经试验调整速凝剂掺量。

②喷射混凝土的施工宜选用硅酸盐水泥或普通硅酸盐水泥，不得使用过期或受潮结块的水泥。当工程有防腐、耐高温或其他特殊要求时，也可采用相应特种水泥。

③掺速凝剂混凝土的粗骨料宜采用最大粒径不大于 20 mm 的卵石或碎石，细骨料宜采用中砂。

④掺速凝剂的喷射混凝土配合比宜通过试配试喷确定，其强度应符合设计要求，并应满足节约水泥、回弹量少等要求。特殊情况下，还应满足抗冻性和抗渗性要求。砂率宜为 45％～60％。湿喷混凝土拌合物的坍落度不宜小于 80mm。

⑤湿法施工时，应加强混凝土工作性的检查。喷射作业时每班次混凝土坍落度的检查次数不应少于两次，不足一个班次时也应按一个班次检查。当原材料出现波动时应及时检查。

⑥干法施工时，混合料的搅拌宜采用强制式搅拌机。

⑦干法施工时，混合料在运输、存放过程中，应防止受潮及杂物混入，投入喷射机前应过筛。

⑧干法施工时，混合料应随拌随用。无速凝剂掺入的混合料，存放时间不应超过 2h；有速凝剂掺入的混合料，存放时间不应超过 20min。

⑨喷射混凝土终凝 2h 后，应喷水养护。环境温度低于 5℃时，不宜喷水养护。

⑩掺速凝剂喷射混凝土作业区日最低气温不应低于 5℃。

⑪掺速凝剂喷射混凝土施工时，施工人员应采取劳动防护措施，并应确保人身安全。

11. 膨胀剂

（1）品种。

①混凝土工程可采用硫铝酸钙类混凝土膨胀剂。

②混凝土工程可采用硫铝酸钙－氧化钙类混凝土膨胀剂。

③混凝土工程可采用氧化钙类混凝土膨胀剂。

（2）适用范围。

①用膨胀剂配制的补偿收缩混凝土宜用于混凝土结构自防水、工程接缝、填充灌浆，采取连续施工的超长混凝土结构，大体积混凝土工程等；用膨胀剂配制的自应力混凝土宜用于自应力混凝土输水管、灌注桩等。

②含硫铝酸钙类、硫铝酸钙－氧化钙类膨胀剂配制的混凝土（砂浆）不得用于长期环境温度为 80℃以上的工程。

③膨胀剂应用于钢筋混凝土工程和填充性混凝土工程。

（3）技术要求。

①掺膨胀剂的补偿收缩混凝土的限制膨胀率应符合表 3.4－6 的规定。

表 3.4-6　补偿收缩混凝土的限制膨胀率

用途	限制膨胀率（%）	
	水中 14d	水中 14d 转空气中 28d
用于混凝土补偿收缩	≥0.015	≥-0.030
用于后浇带、膨胀加强带和工程接缝填充	≥0.025	≥-0.020

②补偿收缩混凝土的抗压强度应符合设计要求，其验收评定应符合现行国家标准《混凝土强度检验评定标准》（GB/T 50107）的有关规定。

③补偿收缩混凝土设计强度不宜低于 C25，用于填充的补偿收缩混凝土设计强度不宜低于 C30。

④补偿收缩混凝土的强度试件制作和检验，应符合现行国家标准《混凝土力学性能试验方法标准》（GB/T 50081）的有关规定。用于填充的补偿收缩混凝土的抗压强度试件制和检验，应按现行行业标准《补偿收缩混凝土应用技术规程》（JGJ/T 178）附录 A 进行。

（4）进场检验

①膨胀剂应按每 200t 为一检验批，不足 200t 时也应按一个检验批计。每一检验批取样量不应少于 10kg。每一检验批取样应充分混匀，并应分为两等份：一份应按《混凝土外加剂应用技术规范》（GB 50119）规定的项目及要求进行检验，每检验批检验不得少于两次；另一份应密封留样保存半年，有疑问时，应进行对比检验。

②膨胀剂进场时检验项目应为水中 7d 限制膨胀率和细度。

（5）施工。

①掺膨胀剂的补偿收缩混凝土，其设计和施工应符合现行行业标准《补偿收缩混凝土应用技术规程》（JGJ/T 178）的有关规定。其中，对暴露在大气中的混凝土表面应及时进行保水养护，养护期不大少于 14d；冬期施工时，构件拆模时间应延至 7d 以上，表面不得直接洒水，可采用塑料薄膜保水，薄膜上部应覆盖岩棉等保温材料。

②大体积、大面积及超长结构的后浇带可采用膨胀加强带措施连续施工，膨胀加强带的构造形式和超长结构浇筑方式，应符合现行行业标准《补偿收缩混凝土应用技术规程》（JGJ/T 178）的有关规定。

③掺膨胀剂混凝土的胶凝材料最少用量应符合表 3.4-7 的规定。

表 3.4-7　胶凝材料最少用量

用途	胶凝材料最少用量（kg/m³）
用于补偿混凝土收缩	300
用于后浇带、膨胀加强带和工程接缝填充	350
用于自应力混凝土	500

12. 防水剂

(1) 品种。

①混凝土工程可采用下列防水剂：

A. 氯化铁、硅灰粉末、锆化合物、无机氯盐防水剂、硅酸钠等无机化合物类；

B. 脂肪族及其盐类、有机硅类（甲基硅醇钠、乙级硅醇钠、聚乙基羟基硅氧烷等）、聚合物乳液（石蜡、地沥青、橡胶及水溶性树脂乳液等）有机化合物类。

②混凝土工程可采用下列复合型防水剂：

A. 无机化合物类复合、有机化合物类复合、无机化合物类与有机化合物类复合；

B. 与引气剂、减水剂、调凝剂等外加剂复合而成的防水剂。

(2) 适用范围。

①防水剂可用于有防水抗渗要求的混凝土工程。

②对有抗冻要求的混凝土工程宜选用复合引气组分的防水剂。

(3) 进场检验。

①防水剂应按每 50t 为一检验批，不足 50t 时也应按一个检验批计。每一检验批取样量不应少于 0.2t 胶凝材料所需用的外加剂量。每一检验批取样应充分混匀，并应分为两等份：一份应按《混凝土外加剂应用技术规范》（GB 50119）规定的项目及要求进行检验，每检验批检验不得少于两次；另一份应密封留样保存半年，有疑问时，应进行对比检验。

②防水剂进场检验项目应包括密度（或细度）、含固量（或含水率）。

(4) 施工。

①含有减水组分的防水剂相容性试验应按《混凝土外加剂应用技术规范》（GB 50119）附录 A 的方法进行。

②掺防水剂的混凝土宜采用普通硅酸盐水泥。有抗硫酸盐要求时，宜选用抗硫酸盐硅酸盐水泥或火山灰质硅酸盐水泥，并应经试验确定。

③防水剂应按供方推荐产量掺加，超量掺加时应经试验确定。

④掺防水剂混凝土宜采用最大粒径不大于 25mm 连续级配石子。

⑤掺防水剂混凝土的搅拌时间应较普通混凝土延长 30s。

⑥掺防水剂混凝土应加强早期养护，潮湿养护不得少于 7d。

⑦处于侵蚀介质中防水剂的混凝土，应采取防腐蚀措施。

⑧掺防水剂混凝土的结构表面温度不宜超过 100℃，超过 100℃时，应采取隔断热源的保护措施。

13. 阻锈剂

(1) 品种。

①混凝土工程可采用下列阻锈剂：

A. 亚硝酸盐、硝酸盐、铬酸盐、重铬酸盐、磷酸盐、多磷酸盐、硅酸盐、钼酸盐、硼酸盐等无机盐类；

B. 胺类、醛类、炔醇类、有机磷化合物、有机硫化合物、羧酸及其盐类、磺酸及其盐类、杂环化合物等有机化合物类。

②混凝土工程可采用两种或两种以上无机盐类或有机化合物类阻锈剂复合而成的阻锈剂。

（2）适用范围。

①阻锈剂宜用于容易引起钢筋锈蚀的侵蚀性环境中的钢筋混凝土、预应力混凝土和钢纤维混凝土。

②阻锈剂宜用于新建混凝土工程和修复工程。

③阻锈剂可用于预应力孔道灌浆。

（3）进场检验。

①阻锈剂应按每 50t 为一检验批，不足 50t 时也应按一个检验批计。每一检验批取样量不应少于 0.2t 胶凝材料所需用的外加剂量。每一检验批取样应充分混匀，并应分为两等份：一份应按《混凝土外加剂应用技术规范》（GB 50119）规定的项目及要求进行检验，每检验批检验不得少于两次；另一份应密封留样保存半年，有疑问时，应进行对比检验。

②阻锈剂进场检验项目应包括 pH 值、密度（或细度）、含固量（或含水率）。

（4）施工。

①新建钢筋混凝土工程采用阻锈剂时，应符合下列规定：

A. 掺阻锈剂混凝土配合比设计应符合现行行业标准《普通混凝土配合比设计规程》（JGJ 55）的有关规定。当原材料或混凝土性能要求发生变化时，应重新进行混凝土配合比设计。

B. 掺阻锈剂或阻锈剂与其他外加剂复合使用时，混凝土性能应满足设计和施工要求。

C. 掺阻锈剂混凝土的搅拌、运输、浇筑和养护，应符合现行国家标准《混凝土质量控制标准》（GB 50164）的有关规定。

②使用掺阻锈剂的混凝土或砂浆对既有钢筋混凝土工程进行修复时，应符合下列规定：

A. 应先剔除已被腐蚀、污染或中性化的混凝土层，并应清除钢筋表面锈蚀物后再进行修复。

B. 当损坏部位较小、修补层较薄时，宜采用砂浆进行修复；当损坏部位较大、修补层较厚时，宜采用混凝土进行修复。

C. 当大面积施工时，可采用喷射或喷、抹结合的施工方法。

D. 修复的混凝土或砂浆的养护应符合现行国家标准《混凝土质量控制标准》（GB 50164）的有关规定。

14. 外加剂掺量、掺加方法及对水泥的适应性

外加剂是混凝土的重要组成部分，它在混凝土中掺量虽然不多（一般为水泥重量的 0.005%~5.000%），但对混凝土的性能（如工作性、耐久性、强度及凝结时间等）和经济效益影响很大，特别是掺量、掺加方法及对水泥的适应性等，直接关系到外加剂的使用效果，因此必须引起重视。使用外加剂时一般应根据产品说明书的推荐掺量、掺加

方法、注意事项及对水泥的适应情况，结合具体使用要求（如提高各龄期强度、改善工作性、调节凝结时间、增加含气量、提高抗渗及抗冻性能等）、混凝土施工条件、配合比以及原材料、气温环境因素等，通过试验确定适宜的掺量及掺加方法。

（1）减水剂的掺量、掺加方法及与水泥的适用性。

①减水剂的掺量。

普通减水剂的掺量一般为 0.15%～0.35%，常用掺量为 0.25%。这里要注意，木质素磺酸钙类减水剂，掺量不宜超过 0.25%，过多会极大地延缓混凝土的凝结，甚至造成混凝土不凝结。这一点应引起广大试验人员的注意。

高效减水剂的掺量为 0.3%～1.5%，常用掺量为 0.5%～0.75%。

②减水剂的掺加方法。

减水剂的掺加方法有四种，即先掺法、同掺法、滞水法和后掺法。

A. 先掺法。

先掺法是将减水剂与水泥、骨料同时加入搅拌机内混合后，再加水搅拌，即减水剂比水先加入。

先掺法的优点在于使用方便，省去了减水剂的溶解、储存、冬季防冻等工序和设施。缺点是效果不如其他方法好。

B. 同掺法。

同掺法是将减水剂溶解成一定浓度的溶液（也有液体产品），与水泥、骨料及水同时加入搅拌机内搅拌。

同掺法的与先掺法比较，容易搅拌均匀；与滞水法相比，搅拌时间短，搅拌机生产效率高；以溶液方式加入，便于计量和自动化控制。但是它增加了减水剂溶解、储存、冬季防冻等工序。同时，由于减水剂中混入了不溶物或深解度较低的物质，会造成使用中的不便。

要注意的是，无论是高效减水剂或是普通减水剂，它们均是水溶性材料，生产出来的产品均是水溶液，然后再经喷雾干燥后得粉剂，因此，纯的减水剂是可溶于水的。只是后期可能因为复配、调整减水率等原因，可能会混入不溶物或溶解度较低的物质。

C. 滞水法。

滞水法是在搅拌过程中，减水剂滞后于水 1～3 分钟加入（当以溶液加入时称为溶液滞水法，以干粉加入时称为干粉滞水法）。

滞水法能提高高效减水剂在某些水泥中的使用效果，即可提高减水率，提高减水剂对水泥的适应性。缺点在于搅拌时间延长、搅拌机生产效率降低。

D. 后掺法。

后掺法指减水剂不是在搅拌混凝土时加入，而是在搅拌完成后，在运输过程或施工现场分一次或几次加入混凝土中，再经继续或二次、多次搅拌的方法。

这与前述的方法均不同，前述方法中，减水剂与混凝土材料一起搅拌，只是与水的加入顺序的不同。

后掺法的优点在于可以减少、抑制混凝土在长距离运输过程中的分层离析和坍落度损失；可提高减水剂的减水率，提高减水剂对水泥的适应性。

③减水剂与水泥的适应性。

减水剂对水泥的适应性是指减水剂在相同条件下，因水泥不同而使用效果有较大的差异，甚至收到完全不同的效果。如同一种减水剂使用相同的掺量，但因水泥的矿物组成、石膏品种和掺量、混合材、水泥细度等不同，其减水效果及对水泥混凝土的凝结时间等有较大影响。例如木质素磺酸钙在某些水泥中反而使凝结时间缩短，甚至在 1h 内达到终凝，这是使用以硬石膏为调凝剂的水泥所发生的异常凝结现象。再如，如果水泥中铝酸三钙含量过高（大于 10%），则当加入减水剂，混凝土的用水量较低、水泥用量较高时，就可能发生假凝或闪凝现象。这时，混凝土可能在 10min 内，坍落度可能从 180mm 减小到 80mm，混凝土不再具有流动性；由于此时，混凝土的贯入阻力仍然很小，因此用测定贯入阻力的方法来测定混凝土时，它仍然未达到凝结条件，故称为假凝。如果在这个过程中，还伴随着放热，则称为闪凝。

由于减水剂与水泥存在适应性的问题，故在减水剂使用过程中，应对水泥和外加剂进行选择，试验确定水泥和外加剂量。在施工过程中，在配制混凝土前还应进行试验和试拌，确保两者相互适应，再进行混凝土施工，以避免在施工过程中出现问题，造成不必要的麻烦。

（2）早强剂及早强减水剂、防冻剂的掺量、掺加方法及对水泥的适应性。

①早强剂、早强减水剂及防冻剂的掺量。

氯盐（氯化钠、氯化钙）掺量为 0.5%～1.0%；

硫酸盐（硫酸钙、硫酸钠、硫酸钾）掺量为 0.5%～2.0%；

木质素磺酸盐（木质素磺酸钠、木质素磺酸钙等）或糖钙＋硫酸钠掺量为 (0.05%～0.25%)＋(1%～2%)；

三乙醇胺掺量为 0.03%～0.05%；

萘磺酸盐甲醛缩合物＋硫酸钠掺量为 (0.3%～0.75%)＋(1%～2%)；

其他品种的早强剂、早强减水剂及防冻剂的掺量可参阅产品说明书、鉴定证书等的推荐掺量，经试验试拌确定。

②早强剂、早强减水剂及防冻剂的掺加方法。

A. 配制成溶液使用时必须充分溶解，浓度均匀一致，为加速溶解可用 40～70℃热水；硫酸钠溶液浓度不宜大于 20%，在正温下存放应经常测定其浓度，发现沉淀、结晶应加热搅拌，待完全溶解方可使用；当复合使用时，应注意其共溶性，如氯化钙、硝酸钙、亚硝酸钙溶液不可与硫酸钠溶液混合。

B. 硫酸钠或含有硫酸钠的粉状早强减水剂应防止受潮结块，掺用时应加入水泥中，不要先与潮湿的砂、石混合。若有结块，应烘干、粉碎，其细度应与原剂要求相同。

C. 含有粉煤灰等不溶物及溶解度较小的早强剂、早强减水剂及防冻剂应以粉剂掺加，不应有结块，其细度应与原剂要求相同。

③早强剂、早强减水剂及防冻剂与水泥的适应性。

早强剂、早强减水剂及防冻剂与水泥的适应性各有差异，因此在使用前均须按照产品质量证书推荐掺量及掺加方法进行试验、试拌确定。

滞水法可提高减水剂及早强减水剂与水泥的适应性。早强剂对水泥的适应性受下列因素的影响：

混合材掺量多，则 2 天的增强率低，28 天增强率高。

混合材活性高，2 天增强率高；硅酸三钙含量高，早强效果提高。

（3）缓凝剂、缓凝减水剂、引气剂、明矾石膨胀剂、速凝剂的掺量、掺加方法及与水泥的适应性。

①缓凝剂、缓凝减水剂引气剂、明矾石膨胀剂、速凝剂的掺量。

A. 缓凝剂及缓凝减水剂的一般掺量：

糖蜜减水剂 0.1%～0.3%；

木质素磺酸盐类 0.20%～0.25%；

羟基羧酸及其盐类（柠檬酸、酒石酸钾钠等）0.03%～0.10%；

无机盐类（锌盐、硼酸盐、磷肥酸盐）0.10%～0.25%。

B. 引气剂（松香树脂及其衍生物）0.005%～0.015%。

C. 明矾石膨胀剂掺量 10%～12%。

D. 速凝剂掺量 2%～5%。

②缓凝剂、缓凝减水剂引气剂、明矾石膨胀剂、速凝剂的掺加方法。

A. 缓凝剂及缓凝减水剂应配制成适当浓度的溶液使用；糖蜜减水剂中如有少量难溶或不溶物时，使用期间应经常搅拌，使其呈悬浮状态；当与其他外加剂复合使用时，必须是能共溶时才能混合使用，否则应分别加入搅拌机内使用。

B. 引气剂一般配成浓度适当的溶液使用，不得采用干掺法及后掺法。后掺法不能达到引气的作用。稀释用水为饮用水，水温为 70～90℃，温度低时可能会有絮状沉淀物。使用引气剂时，搅拌机中混合物不能过多，不宜超过搅拌机额定拌合量的 80%，同时还要适当延长搅拌时间 1.0～1.5min，以确保引入足够量的气泡。引气剂不能用铁质容器储存，可用塑料容器储存。

C. 膨胀剂一般在搅拌过程中与水泥等一起加入，要适当延长搅拌时间。

D. 速凝剂主要用于喷射混凝土中，其工艺决定了速凝剂是后掺使用。即使使用液体速凝剂，也是在喷射机出口位置，当物料即将喷出时才与速凝剂混合。

③膨胀剂、速凝剂与水泥的适应性。

一般来说，各种外加剂对混凝土产生不同的效果，是因为外加剂与水泥中矿物成分相关。因此，不同品种水泥、水泥矿物组成、细度、混合材品种和掺量不同，外加剂与它的适应性也不尽相同。

A. 明矾石膨胀剂适用于硅酸盐水泥、普通硅酸盐水泥、矿渣硅酸盐水泥，膨胀剂、铁屑膨胀剂、铝粉膨胀剂适用于硅酸盐水泥和普通硅酸盐水泥。

B. 速凝剂适应性与水泥的品种关系密切，一般水泥中铝酸三钙含量高、石膏掺量少、混合材掺量少、颗粒细，则速凝剂的效果好。

3.5 混凝土用水

3.5.1 概述

混凝土用水是混凝土拌合用水和混凝土养护用水的总称，包括饮用水、地表水、地下水、再生水、混凝土企业设备洗刷水和海水等。

地表水是指存在于江、河、湖、塘、沼泽和冰川等中的水。地下水是指存在于岩石缝隙或土壤孔隙中可以流动的水。再生水指污水经适当再生工艺处理后具有使用功能的水。

3.5.2 技术要求

1. 混凝土拌合用水

（1）混凝土拌合用水水质要求应符合表 3.5-1 的要求，对于设计使用年限为 100 年的结构混凝土，氯离子含量不得超过 500mg/L；对使用钢丝或经热处理钢筋的预应力混凝土，氯离子含量不得超过 350mg/L。

表 3.5-1　混凝土拌合用水水质要求

项目	预应力混凝土	钢筋混凝土	素混凝土
pH 值	≥5.0	≥4.5	≥4.5
不溶物（mg/L）	≤2000	≤2000	≤5000
可溶物（mg/L）	≤2000	≤5000	≤10000
Cl^-（mg/L）	≤500	≤1000	≤3500
SO_4^{2-}（mg/L）	≤600	≤2000	≤2700
碱含量（mg/L）	≤1500	≤1500	≤1500

注：碱含量按 $Na_2O+0.658K_2O$ 计算值来表示。采用非碱活性骨料时，可不检验碱含量。

（2）地表水、地下水、再生水的放射性应符合现行国家标准《生活饮用水卫生标准》（GB 5749）的规定。

（3）被检验水样应与饮用水样进行水泥凝结时间对比试验。对比试验的水泥初凝时间差及终凝时间差均不应大于 30min；同时，初凝和终凝时间应符合现行国家标准《通用硅酸盐水泥》（GB 175）的规定。

（4）被检验水样应与饮用水样进行水泥胶砂强度对比试验，被检验水样配制的水泥胶砂 3d 和 28d 强度不应低于饮用水配制的水泥胶砂 3d 和 28d 强度的 90%。

（5）混凝土拌合用水不应有漂浮明显的油脂和泡沫，不应有明显的颜色和异味。

（6）混凝土企业设备洗刷水不宜用于预应力混凝土、装饰混凝土、加气混凝土和暴露于腐蚀环境的混凝土，不得用于使用碱活性或潜在碱活性骨料的混凝土。

（7）未经处理的海水严禁用于钢筋混凝土和预应力混凝土。

（8）在无法获得水源的情况下，海水可用于素混凝土，但不宜用于装饰混凝土。

2. 混凝土养护用水

（1）混凝土养护用水可不检验不溶物和可溶物，其他检验项目应符合相关规定。

（2）混凝土养护用水可不检验水泥凝结时间和水泥胶砂强度。

3.5.3　检验方法

（1）pH 值的检验应符合现行国家标准《水质 pH 值的测定　玻璃电极法》（GB/T 6920）的要求，并宜在现场测定。

（2）不溶物的检验应符合现行国家标准《水质悬浮物的测定　重量法》（GB/T 11901）的要求。

（3）可溶物的检验应符合现行国家标准《生活饮用水标准检验法》（GB 5750）中溶解性总固体检验法的要求。

（4）氯化物的检验应符合现行国家标准《水质氯化物的测定　硝酸银滴定法》（GB/T 11896）的要求。

（5）硫酸盐的检验应符合现行国家标准《水质硫酸盐的测定　重量法》（GB/T 11899）的要求。

（6）碱含量的检验应符合现行国家标准《水泥化学分析方法》（GB/T 176）中关于氧化钾、氧化钠测定的火焰光度计法的要求。

（7）水泥凝结时间试验应符合现行国家标准《水泥标准稠度用水量、凝结时间、安定性检验方法》（GB/T 1346）的要求。试验应采用 42.5 级硅酸盐水泥，也可采用 42.5 级普通硅酸盐水泥；出现争议时，应以 42.5 级硅酸盐水泥为准。

（8）水泥胶砂强度试验应符合现行国家标准《水泥胶砂强度检验方法（ISO 法）》（GB/T 17671）的要求。试验应采用 42.5 级硅酸盐水泥，也可采用 42.5 级普通硅酸盐水泥；出现争议时，应以 42.5 级硅酸盐水泥为准。

3.5.4　检验规则

1. 取样

（1）水质检验水样不应少于 5L，用于测定水泥凝结时间和胶砂强度的水样不应少于 3L。

（2）采集水样的容器应无污染；容器应用待采集水样冲洗三次再灌装，并应密封待用。

（3）地表水宜在水域中心部位、距水面 100mm 以下采集，并应记载季节、气候、雨量和周边环境的情况。

（4）地下水应在放水冲洗管道后接取，或直接用容器采集；不得将地下水积存于地表后再从中采集。

（5）再生水应在取水管道终端接取。

（6）混凝土企业设备洗刷水应沉淀后，在池中距水面 100mm 以下采集。

2．检验期限和频率

（1）水样检验期限应符合下列要求。

①水质全部项目检验宜在取样后 7d 内完成；

②放射性检验、水泥凝结时间检验和水泥胶砂强度成型宜在取样后 10d 内完成。

（2）地表水、地下水和再生水的放射性应在使用前检验；当有可靠资料证明无放射性污染时，可不检验。

（3）地表水、地下水、再生水和混凝土企业设备洗刷水在使用前应进行检验。

在使用期间，检验频率宜符合下列要求：

①地表水每 6 个月检验一次。

②地下水每年检验一次。

③再生水每 3 个月检验一次；在质量稳定一年后，可每 6 个月检验一次。

④混凝土企业设备洗刷水每 3 个月检验一次；在质量稳定一年后，可一年检验一次。

⑤当发现水受到污染和对混凝土性能有影响时，应立即检验。

3.5.5　结果评定

（1）符合现行国家标准《生活饮用水卫生标准》（GB 5749）要求的饮用水，可不经检验作为混凝土用水。

（2）符合 3.5.2 中 2 要求的水，可作为混凝土拌合用水；符合 3.5.2 中 2 要求的水，可作为混凝土养护用水。

（3）当水泥凝结时间和水泥胶砂强度的检验不满足要求时，应重新加倍抽样复检一次。

第4章 混凝土性能及试验方法

混凝土的性能包括两个部分：一是混凝土硬化之前的性能，包括表观密度、和易性、泌水、含气量、凝结时间和均匀性等；二是混凝土硬化之后的性能，包括强度、变形性能和耐久性能等。

4.1 混凝土拌合物

由混凝土组成材料按一定比例拌合而成、尚未硬化的混合料，称为混凝土拌合物，又称新拌混凝土、未硬化混凝土。

4.1.1 混凝土拌合物和易性

和易性指混凝土拌合物易于施工操作（拌合、运输、浇筑和振捣），不发生分层、离析、泌水等现象，以获得质量均匀、密实的混凝土性能。

和易性是反映混凝土拌合物易于流动但组分间又不分离的一种性能，是一项综合技术性能，主要包括流动性、黏聚性和保水性三个方面的含义。

1. 流动性

流动性是指混凝土拌合物在自重或施工机械振捣的作用下，能产生流动，并均匀密实地充满模板的性能。

混凝土拌合物除了要有满足施工要求的流动性，易于成型外，还应在搅拌后，直至成型结束，组成混凝土拌合物的各种材料都能在混凝土中保持均匀分布，即良好的黏聚性和保水性。黏聚性和保水性差的混凝土的均匀稳定性差，混凝土拌合物在静置、运输、浇筑和捣实的过程中易发生离析和泌水。

2. 黏聚性

黏聚性是指混凝土拌合物内部各组分间具有一定的黏聚力，在运输和浇筑过程中不致产生分层离析现象的性能。

离析是混凝土拌合物中大颗粒和细颗粒产生分离的现象。流动性较大、级配不合理等的混凝土拌合物易引起砂浆与石子间的分层、离析现象。

3. 保水性

保水性是指混凝土拌合物具有保持内部水分不流失，不致产生严重泌水现象的性能。

泌水是指拌合水以不同方式从混凝土拌合物分离出来的现象。砂、石在混凝土拌合物中下沉使水被排出并上升至表面，在表面形成浮浆；有些水集聚在粗大骨料及钢筋的下表面；有些水通过模板接缝渗漏，这都是泌水的表现。

无论是离析还是泌水，都会对硬化混凝土的强度和耐久性有很大的影响。显然，混凝土拌合物的和易性是一项综合的技术性质，它主要包括的流动性、黏聚性和保水性既相互联系又相互矛盾。当流动性大时，往往会影响黏聚性和保水性，影响混凝土的均匀性，反之亦然。因此，在实际工程中，要根据工程特点、材料情况、施工要求及环境条件等因素，既要有所侧重，又要全面考虑，达到和谐统一，保证混凝土拌合物具有良好的和易性。

4.1.2　影响混凝土拌合物和易性的因素

1. 胶浆数量和水胶比

混凝土拌合物要产生流动必须克服其内部的阻力，拌合物内的阻力主要来自两个方面：一是骨料间的摩擦阻力，二是胶浆的黏聚力。

（1）胶浆数量。

骨料间摩擦阻力的大小主要取决于骨料颗粒表面胶浆的厚度，即胶浆数量的多少。在水胶比不变的情况下，单位体积拌合物中，胶浆数量愈多，则包裹在骨料表面的胶浆厚度加大，从而减小骨料间的摩擦，增加拌合物的流动性。但若胶浆过多，将会出现流浆现象；若胶浆过少，则使骨料表面之间缺少胶浆的包裹，易使拌合物发生离析和崩坍。

（2）水胶比。

胶浆黏聚力大小主要取决于水胶比。在胶凝材料用量、骨料用量均不变的情况下，水胶比增大即增大水的用量，拌合物流动性增大；反之则减小。但水胶比过大，会造成拌合物黏聚性和保水性不良；水胶比过小，会使拌合物流动性过低。总之，无论是胶浆数量的影响还是水胶比的影响，实际上都是用水量的影响。因此，影响混凝土和易性的决定性因素是混凝土单位体积用水量的多少。实践证明，在配制混凝土时，当所用粗、细骨料的种类及比例一定时，如果单位用水量一定，即使胶凝材料用量有所变动（对于 $1m^3$ 混凝土，胶凝材料用量增减 $50\sim100kg$）时，混凝土的流动性大体保持不变，这一规律称为恒定需水量法则。这一法则意味着如果其他条件不变，即使胶凝材料用量有某种程度的变化，对混凝土的流动性影响不大。运用于配合比设计，就是通过固定单位用水量，变化水灰比，得到既满足拌合物和易性要求，又满足混凝土强度要求的混凝土。

2. 砂率

砂率是指混凝土中砂的质量占砂、石总质量的百分比，即：

$$S_P = \frac{m_s}{m_s + m_g} \times 100\% \tag{4.1-1}$$

式中：S_P——砂率（%）；

m_s、m_g——分别为砂、石子的用量（kg）。

砂率大小确定原则是砂子填充满石子的空隙并略有富余。富余的砂子在粗骨料之间起滚珠作用，能减少粗骨料之间的摩擦力。根据此原则砂率可按以下公式计算。

首先：

$$V'_{0s} = V'_{0g} \times P'_0 \tag{4.1-2}$$

那么：

$$
\begin{aligned}
S_P &= \beta \frac{m_s}{m_s + m_g} = \beta \frac{\rho'_{0s} \times V'_{0s}}{\rho'_{0s} \times V'_{0s} + \rho'_{0g} \times V'_{0g}} \\
&= \beta \frac{\rho'_{0s} \times V'_{0g} \times P'_0}{\rho'_{0s} \times V'_{0g} \times P'_0 + \rho'_{0g} \times V'_{0g}} \\
&= \beta \frac{\rho'_{0s} \times P'_0}{\rho'_{0s} \times P'_0 + \rho'_{0g}}
\end{aligned}
\tag{4.1-3}
$$

式中：V'_{0s}、V'_{0g}——分别为砂子、石子的堆积体积（m^3）；

ρ'_{0s}、ρ'_{0g}——分别为砂子、石子堆积密度（kg/m^3）；

P'_0——石子空隙率（%）；

β——砂浆剩余系数，一般取 1.1~1.4。

砂率过小，砂浆不能够包裹石子表面，不能填充满石子空隙，使拌合物流动性变差，还会产生产生离析和流浆等现象。当砂率在一定范围内增大，混凝土拌合物的流动性提高，但是当砂率增大超过一定范围后，流动性反而随砂率增加而降低。因为随着砂率的增大，骨料的总表面积必随之增大，使包裹在骨料表面胶浆需增多，在胶浆一定的条件下，混凝土拌合物的流动性降低。

由此可见，在配制混凝土时，砂率既不能过大，也不能过小，应有合理砂率。合理砂率的技术经济效果可从图 4.1-1 中反映出来。图 4.1-1（a）表明，在用水量及胶凝材料用量一定的情况下，合理砂率能使混凝土拌合物获得最大的流动性（且能保持黏聚性及保水性能良好）；图 4.1-1（b）表明，在保持混凝土拌合物坍落度基本相同的情况下（且能保持黏聚性及保水性能良好），合理砂率能使胶浆的数量减少，从而节约胶凝材料用量。

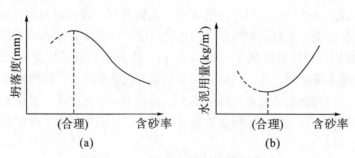

图 4.1-1　合理砂率的技术经济效果

3. 组成材料性能

（1）水泥。

水泥对拌合物和易性的影响主要是水泥品种和水泥细度的影响。在其他条件相同的情况下，需水量大的水泥比需水量小的水泥配制的拌合物流动性要小。如矿渣水泥或火山灰水泥拌制的混凝土拌合物的流动性比用普通水泥时为小。另外，矿渣水泥易泌水。水泥颗粒越细，总表面积越大，润湿颗粒表面及吸附在颗粒表面的水越多，在其他条件相同的情况下，拌合物的流动性变小。

（2）骨料。

骨料对拌合物和易性的影响主要是骨料总表面积、骨料的空隙率和骨料间摩擦力大小的影响，具体地说是骨料级配、颗粒形状、表面特征及最大粒径的影响。一般说来，级配好、针片状少、表面棱角少的骨料，其拌合物流动性较大，黏聚性与保水性较好；表面光滑的骨料，如河砂、卵石表面光滑无棱角，其拌合物流动性较大；骨料的最大粒径增大，总表面积减小，拌合物流动性就增大。

（3）掺合料。

混凝土拌合物中掺入一定量的掺合料，通过掺合料微填充效应改善胶凝材料的级配和其流化效应（即滚珠效应），可改善混凝土拌合物的和易性。

（4）外加剂。

混凝土拌合物中掺入减水剂或引气剂，拌合物的流动性明显增大。引气剂还可有效改善混凝土拌合物的黏聚性和保水性。

4. 温度和时间

随环境温度的升高，混凝土拌合物的坍落度损失加快（即流动性降低速度加快）。据测定，温度每增高 10℃，拌合物的坍落度约减小 20~40mm。这是由于温度升高，水泥水化加速，水分蒸发加快。

混凝土拌合物随时间的延长而变干稠，流动性降低，这是由于拌合物中一些水分被骨料吸收，一些水分蒸发，一些水分与水泥发生水化反应。

4.1.3　混凝土拌合物的凝结时间

混凝土拌合物的凝结时间与其所用水泥的凝结时间是不相同的。水泥的凝结时间是水泥净浆在规定的温度和稠度条件下测得的，混凝土拌合物的存在条件与水泥凝结时间测定条件不一定相同。混凝土的水灰比、环境温度和外加剂的性能等均对混凝土的凝结快慢产生很大影响。水灰比增大，水泥水化产物间的间距增大，水化产物粘连及填充颗粒间隙的时间延长，凝结时间越长。环境温度升高，水泥水化和水分蒸发加快，凝结时间缩短；缓凝剂会明显延长凝结时间，速凝剂会显著缩短凝结时间。

4.1.4　改善混凝土拌合物和易性的措施

根据混凝土的品种、施工工艺及影响混凝土拌合物和易性因素，可采用以下相应的技术措施来改善混凝土拌合物的和易性。

（1）在水胶比不变的情况下，适当增加胶凝材料的用量。

（2）改善粗、细骨料的级配，一般情况下采用Ⅱ区中砂，采用连续粒级或多个单粒级组合形成级配良好的粗骨料。

（3）根据经验和试验，采用合理的砂率。

（4）对于泵送混凝土，细骨料中 $300\mu m$ 以下颗粒不少于15％，一般在15％～30％。

（5）在混凝土中掺加一定量的矿物掺合料，充分发挥矿物掺合料的填充效应、流化效应，改善混凝土拌合物和易性。

（6）掺加合适的混凝土外加剂，如泵送剂、减水剂、缓凝剂、引气剂等。

（7）尽可能减少混凝土拌合物的运输时间，若不允许可掺加一些减缓坍落度损失的外加剂，或采用二次掺加外加剂法等。

4.1.5 常用混凝土拌合物性能试验

1. 基本规定

（1）一般规定。

①骨料最大公称粒径应符合现行行业标准《普通用砂、石质量及检验方法标准》（JGJ 52）的规定。

②试验环境相对湿度不宜小于50％，温度应保持在（20±5）℃；所用材料、试验设备、容器及辅助设备的温度宜与试验室温度保持一致。

③现场试验时，应避免使混凝土拌合物试样受到风、雨、雪及阳光直射的影响。

④制作混凝土拌合物试样时，所采用的搅拌机应符合现行行业标准《混凝土试验用搅拌机》（JG/T 244）的规定。

⑤试验设备使用前应经过检定/校准。

（2）取样。

①同一组混凝土拌合物的取样应从同一盘混凝土或同一车混凝土中取样。取样量应多于试验所需量的1.5倍，且宜不小于20L。

②混凝土拌合物的取样应具有代表性，宜采用多次采样的方法。一般在同一盘混凝土或同一车混凝土中的约1/4处、1/2处和3/4处之间分别取样，从第一次取样和最后一次取样的时间间隔不宜超过15min。

③对于预拌混凝土，出厂检验应在搅拌地点取样，交货检验应在交货地点取样，交货检验试样应随机从同一运输车卸料量的1/4至3/4之间抽取。

④预拌混凝土交货检验取样及坍落度试验应在混凝土运到交货地点时开始算起20min内完成。

⑤从取样完毕到开始做各项性能试验不宜超过5min。

⑥预拌混凝土坍落度出厂检验的取样频率。

每100盘相同配合比混凝土取样不应少于一次，每一个工作班相同配合比混凝土达不到100盘时应按100盘计，每次取样应至少进行一次试验。

⑦预拌混凝土坍落度交货检验的取样频率。

每 100 盘，但不超过 100m³ 的同配合比的混凝土，取样次数不应少于一次；每一工作班拌制的同配合比的混凝土不足 100 盘和 100m³ 时其取样次数不应少于一次；当一次连续浇筑的同配合比混凝土超过 1000m³ 时，同一配合比的混凝土每 200m³ 取样不应少于一次；对房屋建筑，每一楼层、同一配合比的混凝土，取样不应少于一次。

⑧水溶性氯离子含量取样频率。

同一工程、同一配合比混凝土拌合物中的水溶性氯离子含量检验应至少取样检验一次；当混凝土原材料发生变化时，应重新对混凝土拌合物水溶性氯离子含量进行检测。

（3）试样的搅拌。

预拌混凝土应符合现行国家标准《预拌混凝土》（GB/T 14902）的要求，试验室制备混凝土拌合物的搅拌应符合下列规定：

①混凝土拌合物应采用搅拌机搅拌，搅拌前应将搅拌机冲洗干净，并预拌少量同种混凝土拌合物或水胶比相同的砂浆，搅拌机内壁挂浆后将剩余料卸出；

②称好的粗骨料、胶凝材料、细骨料和水应依次加入搅拌机，难溶和不溶的粉状外加剂宜与胶凝材料同时加入搅拌机，液体和可溶性外加剂宜与拌合水同时加入搅拌机；

③混凝土拌合物宜搅拌 2min 以上，至搅拌均匀；

④混凝土拌合物一次搅拌量不宜少于搅拌机容量的 1/4，不应大于搅拌机公称容量，且不应少于 20L。

（4）材料计量（称量）精度。

预拌混凝土应符合现行国家标准《预拌混凝土》（GB/T 14902）的要求，试验室搅拌混凝土时，材料用量应以质量计。骨料的称量精度应为 ±0.5%，水、水泥、掺合料、外加剂的称量精度均应为 ±0.2%。

2. 坍落度及坍落度经时损失试验

（1）目的和适用范围。

目的：测定混凝土拌合物的坍落度，并通过试验过程中观察混凝土拌合物的状态，以此判定混凝土拌合物的流动性、黏聚性和保水性；测定混凝土拌合物的坍落度经时损失，用于判断混凝土拌合物经过一定时间静置后混凝土拌合物和易性的变化情况。

适用范围：坍落度试验主要适用于骨料最大公称粒径不大于 40mm，坍落度不小于 10mm 的混凝土拌合物稠度测定；坍落度经时损失试验可用于混凝土拌合物的坍落度随静置时间变化的测定。

（2）坍落度及坍落度经时损失试验的试验设备。

①坍落度仪：

应符合现行行业标准《混凝土坍落度仪》（JG/T 248）的规定。

②钢尺：

应配备两把钢尺，钢尺的量程不应小于 300mm，分度值不应大于 1mm。

③底板：

应采用平面尺寸不应小于 1500mm×1500mm、厚度不小于 3mm 的钢板，其最大挠度不应大于 3mm。

（3）坍落度试验步骤。

①坍落度筒内壁及底板应润湿无明水；底板应放置在坚实水平面上，并把坍落度筒放在底板中心，然后用脚踩住两边的脚踏板，坍落度筒在装料时应保持在固定的位置。

②混凝土拌合物试样应分三层均匀地装入坍落度筒内，每装一层混凝土拌合物，应用捣棒由边缘到中心按螺旋形均匀插捣 25 次，捣实后每层混凝土拌合物高度约为筒高的三分之一。

③插捣底层时，捣棒应贯穿整个深度，插捣第二层和顶层时，捣棒应插透本层至下一层的表面。

④顶层的混凝土拌合物装料应高出筒口。插捣过程中，混凝土拌合物低于筒口时，应随时添加。

⑤顶层插捣完后，取下装料漏斗，应将多余的混凝土拌合物刮去，并沿筒口抹平。

⑥清除筒边底板上的混凝土拌合物后，应垂直平稳地提起坍落度筒，并轻放在试样旁边；当试样不再继续坍落或坍落时间达 30s 时，用钢尺测量出筒高与坍落后混凝土试体最高点之间的高度差，作为该混凝土拌合物的坍落度值。坍落度筒的提离过程宜控制在 3~7s；从开始装料到提坍落度筒的整个过程应连续进行，并应在 150s 内完成。

⑦将坍落度筒提起后混凝土拌合物发生一边崩坍或剪坏现象时，则应重新取样另行测定；如第二次试验仍出现一边崩坍或剪坏现象，应予记录说明。

⑧混凝土拌合物坍落度值测量精确至 1mm，结果应修约至 5mm。

（4）坍落度经时损失试验步骤。

①应测量出机时的混凝土拌合物的初始坍落度值 H_0。

②将全部试样装入塑料桶或不被水泥浆腐蚀的金属桶内，应用桶盖或塑料薄膜密封静置。

③自搅拌加水开始计时，静置 60min 后应将桶内混凝土拌合物试样全部倒入搅拌机内，搅拌 20s，进行坍落度试验，得出 60min 坍落度值 H_{60}。

④计算初始坍落度值与 60min 坍落度值的差值（$H_{60}-H_0$），可得到 60min 混凝土坍落度经时损失试验结果。

⑤当工程要求调整静置时间时，则应按实际静置时间测定并计算坍落度经时损失。

3. 扩展度试验及扩展度经时损失试验

（1）目的和适用范围。

目的：测定混凝土拌合物的扩展度，并通过试验过程中观察混凝土拌合物的状态，以此判定混凝土拌合物的流动性、黏聚性和保水性；测定混凝土拌合物的扩展度经时损失，用于判断混凝土拌合物经过一定时间静置后的混凝土拌合物和易性的变化情况。

适用范围：扩展度试验主要适用于骨料最大公称粒径不大于 40mm，坍落度不小于 160mm 的混凝土拌合物扩展度测定；坍落度经时损失试验可用于混凝土拌合物的扩展度随静置时间变化的测定。

（2）扩展度试验及扩展度经时损失试验的试验设备。

①坍落度仪：

应符合现行行业标准《混凝土坍落度仪》（JG/T 248）的规定。

②钢尺：

量程不应小于 1000mm，分度值不应大于 1mm。

（3）底板：

应采用平面尺寸不应小于 1500mm×1500mm、厚度不小于 3mm 的钢板，其最大挠度不应大于 3mm。

（3）扩展度试验步骤。

①试验设备准备、拌合物装料和插捣应符合坍落度试验的规定。

②清除筒边底板上的混凝土拌合物后，应垂直匀速地向上提起坍落度筒，坍落度筒的提离过程宜控制在 3~7s；当拌合物不再扩散或扩散持续时间已达 50s 时，应用钢尺测量混凝土扩展后最终的最大直径以及与最大直径呈垂直方向的直径。

③当两直径之差小于 50mm 时，应以其算术平均值作为坍落扩展度试验结果；当两直径之差不小于 50mm 时，应重新取样另行测定。

④发现粗骨料在中央堆集或边缘有水泥浆析出时，应记录说明。

⑤扩展度试验从开始装料到测得混凝土扩展度值的整个过程应连续进行，并应在 4min 内完成。

⑥混凝土拌合物坍落扩展度值测量应精确至 1mm，结果修约至 5mm。

（4）扩展度经时损失试验步骤。

①应测量出机时的混凝土拌合物的初始坍落度值 L_0；

②将全部试样装入塑料桶或不被水泥浆腐蚀的金属桶内，应用桶盖或塑料薄膜密封静置；

③自搅拌加水开始计时，静置 60min 后应将桶内混凝土拌合物试样全部倒入搅拌机内，搅拌 20s，进行扩展度试验，得出 60min 扩展度值 L_{60}；

④计算初始扩展度值与 60min 扩展度值的差值（$L_{60} - L_0$），可得到 60min 混凝土扩展度经时损失。

⑤当工程要求调整静置时间时，则应按实际静置时间测定并计算扩展度经时损失。

4. 倒置坍落筒排空试验

（1）目的与适用范围。

目的：通过倒置坍落筒排空试验，判定高强混凝土拌合物黏性的大小对泵送施工的影响。

适用范围：适用于倒置坍落度筒中混凝土拌合物排空时间的测定。

（2）基本原理。

倒置坍落度筒内混凝土拌合物排空时间的长短可以反映混凝土拌合物的黏聚性。高强混凝土拌合物黏聚性越大，混凝土拌合物流动速度就越小，同时混凝土拌合物与坍落筒的黏滞性也就越大，所以倒置坍落度筒内混凝土拌合物的排空时间就越长。

（3）倒置坍落筒排空试验的试验设备。

①倒置坍落度筒：

材料、形状和尺寸应符合现行行业标准《混凝土坍落度仪》（JG/T 248）的规定，小口端应设置可快速开启的封盖。

②底板：

应采用平面尺寸不应小于1500mm×1500mm、厚度不小于3mm的钢板，其最大挠度不应大于3mm。

③支撑倒置坍落度筒台架：

台架应能承受装填混凝土和插捣，当倒置坍落度筒放于台架上时，其小口距底板不应小于500mm，且坍落度筒的中轴线应垂直于底板。

④捣棒：

应符合现行行业标准《混凝土坍落度仪》（JG/T 248）的规定。

⑤秒表：

精度0.01s。

（4）倒置坍落度筒排空试验步骤。

①将倒置坍落度筒放到支架上，应使中轴线垂直于底板。筒内壁应湿润无明水，关闭密封盖。

②混凝土拌合物分两次装入筒内，每层捣实后高度宜为筒高的1/2。每层用捣棒沿螺旋方向由外向中心插捣15次，插捣应在横截面上均匀分布，插捣筒边混凝土时，捣棒可以稍微倾斜。插捣第一层，捣棒应贯穿混凝土拌合物整个深度；插捣第二层，捣棒应插透到第一层下50mm。插捣完刮去多余的混凝土拌合物，用抹刀抹平。

③打开封盖，用秒表测量子开盖至坍落度筒内混凝土拌合物全部排空的时间（t_{sf}），精确至0.01s。从开始装料到打开封盖的整个过程应在150s内完成。

④试验应进行两次，宜在5min内完成两次试验，并应取两次试验测得排空时间的平均值作为试验结果，计算应精确至0.1s。

⑤倒置打坍落度筒排空试验结果应符合式（4.1−4）规定：

$$|t_{sf1} - t_{sf2}| \leqslant 0.05 t_{sf \cdot m} \tag{4.1−4}$$

式中：$t_{sf \cdot m}$——两次试验测得的倒置坍落度筒中混凝土拌合物排空时间的平均值（s）；

t_{sf1}、t_{sf2}——两次试验分别测得的倒置坍落度筒中混凝土拌合物排空时间（s）。

5. 扩展时间试验

（1）目的和适用范围。

目的：测定混凝土拌合物达到规定扩展度500mm的时间，以此判定混凝土拌合物的流动性和填充性。

适用范围：扩展时间试验主要适用于骨料最大公称粒径不大于20mm，扩展度大于500mm的混凝土拌合物。

（2）基本原理。

混凝土拌合物达到规定扩展度500mm的时间越短，混凝土拌合物的流动性和填充性就越好；混凝土拌合物达到规定扩展度500mm的时间越长，混凝土拌合物也就越黏稠，流动性和填充性也就越差。

（3）扩展时间试验的试验设备。

①坍落度仪：

应符合现行行业标准《混凝土坍落度仪》（JG/T 248）的规定。

②底板：

应采用平面尺寸不小于 1000mm×1000mm、最大挠度不大于 3mm 的钢板，并应在平板表面标出坍落度筒的中心位置和直径 500mm、600mm、700mm、800mm、900mm 等的同心圆（如图 4.1-2）。

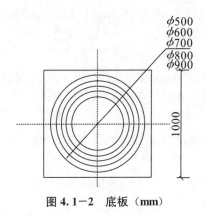

图 4.1-2 底板（mm）

③盛料容器：

不应小于 8L，并易于向坍落度筒装填混凝土拌合物。

④秒表：

秒表精度不应低于 0.1s。

（4）扩展时间试验步骤。

①底板应放置在坚实水平面上，坍落度筒内壁及底板应润湿无明水，坍落度筒放在底板中心，并在装料时应保持在固定位置。

②应用盛料器一次性将混凝土拌合物均匀填满坍落度筒，且不得捣实和振动；自开始入料至填充结束应控制在 40s 内。

③取下装料漏斗，应将混凝土拌合物沿坍落度筒口抹平；清除底板上混凝土拌合物后，应垂直平稳地提起坍落度筒至（250±50）mm，提起时间宜控制在 3~7s。

④测定扩展时间时，应自坍落度筒提离底板时开始，至展开的混凝土拌合物外缘初触底板上所绘直径 500mm 的圆周为止。

6．凝结时间试验

（1）目的和适用范围。

目的：测定不同水泥品种、不同掺合料、不同外加剂、不同混凝土配合比以及不同气温环境下混凝土拌合物的凝结时间。

适用范围：适用于从混凝土拌合物中筛出的砂浆用贯入阻力法测定坍落度值不为零的混凝土拌合物初凝时间、终凝时间。

（2）基本原理。

用不同截面积的测针，在一定时间内，垂直插入从混凝土拌合物筛出的砂浆中，达到一定深度时所受单位贯入阻力值的大小，作为衡量凝结时间的标准。

（3）凝结时间试验的试验设备。

①贯入阻力仪：

贯入阻力仪的最大测量值应不小于1000N，精度应为±10N；测针长100mm，距离贯入端25mm处应有明显标记；测针承压面积为100mm²、50mm²和20mm²三种。

②砂浆试样筒：

砂浆试样筒应为上口内径为160mm、下口内径为150mm、净高为150mm的刚性不透水的金属圆筒，并配有盖子。

③试验筛：

试验筛应为筛孔公称直径5mm的方孔筛，并应符合现行国家标准《试验筛技术要求和检验　第2部分：金属穿孔板试验筛》GB/T（6003.2）的规定。

④振动台；

振动台应符合现行行业标准《混凝土试验用振动台》（JG/T 245）的规定。

⑤捣棒。

捣棒应符合现行行业标准《混凝土坍落度仪》（JG/T 248）的规定。

（4）凝结时间试验步骤。

①应用试验筛从混凝土拌合物中筛出砂浆，然后将其拌合均匀；将砂浆一次分别装入三个试样筒中。取样混凝土坍落度不大于90mm时，宜用振动台振实砂浆；取样混凝土坍落度大于90mm时，宜用捣棒人工捣实。用振动台振实砂浆时，振动应持续到表面出浆为止，不得过振；用捣棒人工捣实时，应沿螺旋方向由外向中心均匀插捣25次，然后用橡皮锤轻轻敲打筒壁，直至表面插捣孔消失为止。振实或插捣后，砂浆表面应低于砂浆试样筒口约10mm，并应立即加盖。

②砂浆试样制备完毕，编号后应置于温度为（20±2）℃的环境中待测，并在整个测试过程中，环境温度应始终保持在（20±2）℃。在整个测试过程中，除在吸取泌水或进行贯入试验外，试样筒应始终加盖。现场同条件测试时，试验环境应与现场一致。

③凝结时间测定从混凝土搅拌加水开始计时。根据混凝土拌合物的性能，确定测针试验时间，以后每隔0.5h测试一次，在临近初、终凝时，应缩短测试间隔时间。

④在每次测试前2min，将一片（20±5）mm厚的垫块垫入筒底一侧使其倾斜，用吸液管吸去表面的泌水，吸水后应复原。

⑤测试时将砂浆试样筒置于贯入阻力仪上，测针端部与砂浆表面接触，然后在（10±2）s内均匀地使测针贯入砂浆（25±2）mm深度，记录最大贯入阻力值，精确至10N；记录测试时间，精确至1min。

⑥每个砂浆筒每次测1~2点，各测点的间距不应小于15mm，测点与试样筒壁的距离不应小于25mm。

⑦每个试样贯入阻力测试不应小于6次，直至单位面积贯入阻力大于28MPa为止。

⑧根据砂浆凝结状况，在测试过程中应以测针承压面积从大到小的顺序更换测针，更换测针应按表4.1-1的规定选用。

表4.1-1　更换测针

贯入阻力（MPa）	0.2~3.5	3.5~20	20~28
测针面积（mm²）	100	50	20

（5）贯入阻力的结果计算以及初、终凝时间的确定。

①单位面积贯入阻力应按式（4.1−5）计算：

$$f_{PR} = \frac{P}{A} \qquad (4.1-5)$$

式中：f_{PR}——单位面积贯入阻力（MPa），精确至 0.1MPa；

　　　P——贯入阻力（N）；

　　　A——测针面积（mm^2）。

②凝结时间宜按式（4.1−6）通过线性回归方法确定，即将贯入阻力 f_{PR} 和时间 t 分别取自然对数 $\ln(f_{PR})$ 和 $\ln(t)$，然后把 $\ln(f_{PR})$ 当作自变量，$\ln(t)$ 当作因变量作线性回归得到回归方程式：

$$\ln(t) = a + b\ln(f_{PR}) \qquad (4.1-6)$$

式中：t——单位面积贯入阻力对应的测试时间（min）；

　　　a、b——线性回归系数。

凝结时间也可用绘图拟合方法确定，应以单位面积贯入阻力为纵坐标，测试时间为横坐标，绘制出单位面积贯入阻力与测试时间之间的关系曲线，以 3.5MPa 和 28MPa 划两条平行于横坐标的直线，与曲线相交的两个交点分别为初凝和终凝时间。

③应以三个试样的初凝和终凝时间的算术平均值作为此次试验的初凝和终凝时间。三个测值的最大值或最小值中有一个与中间值之差超过中间值的 10%，以中间值为试验结果；如果最大值和最小值与中间值之差均超过中间值的 10%时，应重新试验。

7.（常压）泌水试验

（1）目的与适用范围。

目的：检查混凝土拌合物在固体组分沉降过程中水分析出的趋势，也适用于外加剂的性能和混凝土配合比的适应性。

适用范围：适用于骨科最大粒径不大于 40m 的混凝土拌合物泌水测定。

（2）泌水试验试验设备。

①容量筒：

容积为 5L，并应配有盖子。

②量筒：

容量应为 100mL，分度值 1mL，并应带塞。

③振动台：

应符合《混凝土试验室用振动台》（JG/T 245）的规定。

④捣棒：

应符合现行行业标准《混凝土坍落度仪》（JG/T 248）的规定。

⑤电子天平：

最大量程 20kg，感量不应大于 1g。

（3）泌水试验步骤。

①应用湿布湿润试样筒内壁后立即称量，并记录试样筒的质量。

②混凝土拌合物应按下列要求装入容量筒，并进行振实或插捣密实，振实或捣实的

混凝土拌合物表面应低于容量筒筒口（30±3）mm，并用抹刀抹平。

混凝土拌合物坍落度不大于 90mm 时，宜用振动台振实，应将混凝土拌合物一次性装入容量筒内，振动应持续到表面出浆为止，并应避免过振；混凝土拌合物坍落度大于 90mm 时，宜采用人工插捣，应将混凝土拌合物分两层装入，每层的插捣次数应为25 次；捣棒由边缘向中心均匀地插捣，插捣底层时捣棒应贯穿整个深度，插捣第二层时，捣棒应插透本层至下一层的表面；每一层捣完后用橡皮锤沿容量筒外壁敲打 5~10次，进行振实，直至拌合物表面插捣孔消失并不见大气泡为止；自密实混凝土应一次性填满，且不应进行任何振动和插捣。

③应将筒口及外表面擦净，称量并记录容量筒与试样的总质量，盖好筒盖并开始计时。

④在吸取混凝土拌合物表面泌水的整个过程中，应使容量筒保持水平、不受振动；除了吸水操作外，应始终盖好盖子；室温应保持在（20±2）℃。

⑤从计时开始后 60min 内，每隔 10min 吸取 1 次试样表面泌水。60min 后，每隔30min 吸 1 次水，直至认为不再泌水为止。为了便于吸水，每次吸水前 2min，将一片（35±5）mm 厚的垫块垫入筒底一侧使其倾斜，吸水后应平稳地复原盖好。吸出的水放入量筒中，记录每次吸水量，并计累计吸水量，精确至 1mL。

（4）泌水量和泌水率的结果处理。

①泌水量应按式（4.1-7）计算，计算应精确至 0.01mL/mm^2。泌水量取三个试样测值的平均值。三个测值中的最大值或最小值，如果有一个与中间值之差超过中间值的15%，则以中间值为试验结果；如果最大值和最小值与中间值之差均超过中间值的15% 时，应重新试验。

$$B_a = \frac{V}{A} \qquad\qquad (4.1-7)$$

式中：B_a——泌水量（mL/mm^2）；

　　　V——最后一次吸水后累计的泌水量（mL）；

　　　A——试样外露的表面面积（mm^2）；

②泌水率应按式（4.1-8）计算，泌水率应取三个试样测值的平均值。三个测值中的最大值或最小值，如果有一个与中间值之差超过中间值的 15%，则以中间值为试验结果；如果最大值和最小值与中间值之差均超过中间值的 15% 时，应重新试验。

$$B = \frac{V_w}{(W/m_T)m} \times 100\% \qquad\qquad (4.1-8)$$

式中：$m = m_2 - m_1$；

　　　B——泌水率（%），精确至 0.1%；

　　　V_w——泌水总量（mL）；

　　　m_T——试验拌制混凝土拌合物总质量（g）；

　　　W——混凝土拌合物拌合用水量（mL）；

　　　m——混凝土拌合物试样质量（g）；

　　　m_2——容量筒及试样总质量（g）；

m_1——容量筒质量（g）。

8. 压力泌水试验

（1）目的和适用范围。

目的：测定混凝土拌合物在压力作用下的泌水趋势，以此判断泵送混凝土的压力泌水对泵送施工的影响。

适用范围：适用于骨料最大粒径不大于 40mm 的混凝土拌合物压力泌水测定。

（2）压力泌水试验试验设备。

①压力泌水仪：

压力泌水仪如图 4.1－3 所示，缸体内径（125±0.02）mm，内高（200±0.2）mm；工作活塞公称直径为 125mm；筛网孔径应为 0.315mm。

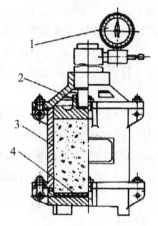

1—压力表；2—工作活塞；3—缸体；4—筛网

图 4.1－3　压力泌水仪

压力泌水仪压力表读数的确定：确定压力泌水仪压力表读数的基本原理是工作活塞和加压活塞传递的力是相等的，同时加压活塞和液压油相接触，那么由加压活塞传递的压强在油中各个方向是相同的，也就是说作用在加压活塞上的压强就是压力表的读数。压力表的读数可通过式（4.1－9）计算：

$$P_1 = \frac{A_2}{A_1} \times P_2 = \frac{d_2^2}{d_1^2} \times P_2 \qquad (4.1-9)$$

式中：P_1——压力表读数（MPa）；

P_2——工作活塞的压强，为 3.2MPa；

A_1——加压活塞的面积（mm²）；

A_2——工作活塞的面积（mm²）；

d_1——加压活塞的直径（mm）；

d_2——工作活塞的直径（mm）。

压力泌水仪压力表读数确定举例：工作活塞直径 $d_2=125$mm，加压活塞直径 $d_1=41$mm，工作活塞的压强 $P_2=3.2$MPa，根据式（4.1－9）计算压力表的读数。

则压力表读数为：$P_1 = = \dfrac{d_2^2}{d_1^2} \times P_2 = \dfrac{125^2}{41^2} \times 3.2 = 29.7 (MPa)$。

②捣棒：

应符合现行行业标准《混凝土坍落度仪》（JG/T 248）的规定。

③烧杯：

容量宜为 150mL。

④量筒：

容量宜为 200mL。

（3）压力泌水试验步骤。

①混凝土拌合物应分两层装入压力泌水仪的缸体容器内，每层的插捣次数应为 25 次；捣棒由边缘向中心均匀地插捣，插捣底层时捣棒应贯穿整个深度，插捣第二层时，捣棒应插透本层至下一层的表面；每一层捣完后用橡皮锤轻轻沿容器外壁敲打 5～10 次，进行振实，直至拌合物表面插捣孔消失并不见大气泡为止，并使拌合物表面低于缸体筒口（30±2）mm。

自密实混凝土应一次性装入，且不应进行振动和插捣，并使拌合物表面低于缸体筒口（30±2）mm。

②将缸体外表擦干净，压力泌水仪按规定安装完毕后应在 15s 以内给混凝土试样施加压力至 3.2MPa，并应在 2s 内打开泌水阀门；同时开始计时，并保持恒压，泌出的水接入 150mL 烧杯里，并应移至量筒中读取泌水量，精确至 1mL。

③加压至 10s 时读取泌水量 V_{10}，加压至 140s 时读取泌水量 V_{140}。

（4）压力泌水率试验结果处理。

压力泌水率应按式（4.1-10）计算：

$$B_V = \frac{V_{10}}{V_{140}} \times 100\% \qquad (4.1-10)$$

式中：B_V——压力泌水率（%），精确至 1%；

$\quad V_{10}$——加压至 10s 时的泌水量（mL）；

$\quad V_{140}$——加压至 140s 的泌水量（mL）。

9. 表观密度试验

（1）目的与适用范围。

目的：测定混凝土拌合物捣实后单位体积的质量，作为调整混凝土配合比的依据。

适用范围：适用于测定混凝土拌合物捣实后的单位体积质量（即表观密度）。

（2）混凝土拌合物表观密度试验设备。

①容量筒：

应为金属制成的圆筒，筒外壁应有提手。骨料最大公称粒径不大于 40mm 的混凝土拌合物宜采用容积不小于 5L 的容量筒，筒壁厚不应小于 3mm；骨料最大公称粒径大于 40mm 的混凝土拌合物应采用内径与内高均大于骨料最大粒径的 4 倍的容量筒。容量筒上沿及内壁应光滑平整，顶面与底面应平行并与圆柱体的轴垂直。

②电子天平：

最大量程应为 50kg，感量不应大于 10g。

③振动台：

应符合现行行业标准《混凝土试验用振动台》（JG/T 248）的规定。

（3）混凝土拌合物表观密度试验步骤。

①容量筒体积的确定。

应将干净容量筒与玻璃板一起称重，再将容量筒装满水，缓慢将玻璃板从筒口一侧推到另一侧，容量筒内应满水并且不应存在气泡，擦干容量筒外壁，再次称重；两次称重结果之差除以该温度下水的密度即为容量筒容积 V；常温下水的密度可取 1kg/L。

②容量筒内外应擦干净，称出容量筒质量 m_1，精确至 10g。

③混凝土的装料及密实方法。

坍落度不大于 90mm 的混凝土拌合物，宜用振动台振实；振动台振实时，应一次将混凝土拌合物装填至高出容量筒口，装料时可用捣棒稍加插捣，振动过程中混凝土低于筒口，应随时添加混凝土，振动直至表面出浆为止。

坍落度大于 90mm 时，混凝土拌合物宜用捣棒插捣密实。插捣时，应根据容量筒的大小决定分层与插捣次数。用 5L 容量筒时，混凝土拌合物应分两层装入，每层的插捣次数应为 25 次；用大于 5L 的容量筒时，每层混凝土的高度不应大于 100mm，每层插捣次数应按每 10000mm^2 截面不小于 12 次计算。各次插捣应由边缘向中心均匀地插捣，插捣底层时捣棒应贯穿整个深度，插捣第二层时，捣棒应插透本层至下一层的表面；每一层捣完后用橡皮锤轻轻沿容器外壁敲打 5～10 次，进行振实，直至拌合物表面插捣孔消失并不见大气泡为止。

自密实混凝土应一次性装满，且不应进行振动和插捣。

④将筒口多余的混凝土拌合物刮去，表面有凹陷应填平；应将容量筒外壁擦净，称出混凝土试样与容量筒总质量 m_2，精确至 10g。

（4）混凝土拌合物表观密度试验结果处理混凝土拌合物表观密度的计算应按式（4.1-11）计算：

$$\rho = \frac{m_2 - m_1}{V} \times 1000 \tag{4.1-11}$$

式中：ρ——表观密度（kg/m^3），精确至 10kg/m^3；

　　　m_1——容量筒质量（kg）；

　　　m_2——容量筒和试样总质量（kg）；

　　　V——容量筒体积（L）。

10．含气量试验

（1）目的与适用范围：

目的：测定混凝土拌合物中含气量，以控制引气剂的掺量和混凝土含气量。

适用范围：适于骨料最大粒径不大于 40m 的混凝土拌合物含气量测定。

（2）基本原理。

根据波义耳定律，在相同温度情况下，气体的体积与压力成反比，即 $P_1V_1 = P_2V_2$

＝常数，式中 P_1、P_2 为压强，V_1、V_2 为是与 P_1 和 P_2 相对应的气体体积。据此原理可测定混凝土拌合物中的含气量。

（3）仪器设备。

①含气量测定仪：

含气量测定仪应符合现行行业标准《混凝土含气量测定仪》（JG/T 246）的规定。

②捣棒：

捣棒应符合现行行业标准《混凝土坍落度仪》（JG/T 248）的规定。

③振动台：

振动台应符合现行行业标准《混凝土试验用振动台》（JG/T 245）的规定。

④电子天平：

电子天平最大量程应为 50kg，感量不应大于 10g。

（4）混凝土拌合物所用骨料的含气量测定步骤。

①计算试样中粗细骨料质量。

按式（4.1-12）计算每个试样中粗、细骨料的质量：

$$\begin{cases} m_g = \dfrac{V}{1000} \times m'_g \\ m_s = \dfrac{V}{1000} \times m'_s \end{cases} \tag{4.1-12}$$

式中：m_g、m_s——分别为每个试样中的粗、细骨料质量（kg）；

m'_g、m'_s——分别为每立方米混凝土拌合物中粗、细骨料质量（kg）；

V——含气量测定仪容器容积（L）。

②在含气量测定仪容器中先注入 1/3 高度的水，然后把质量为 m_g、m_s 的粗、细骨料称好，搅拌拌匀，慢慢倒入容器，加料的同时应进行搅拌；水面每升高 25mm 左右，应轻捣 10 次，加料过程中应始终保持水面高出骨料的顶面；骨料全部加入后，应浸泡约 5min，再用橡皮锤轻轻敲容器外壁，排净气泡，除去水面泡沫，加水至满，擦净容器上口边缘；加盖拧紧螺栓，保持密封不透气。

③关闭操作阀和排气阀，打开排水阀和加水阀，应通过加水阀，向容器内注入水；当排水阀流出的水流不含气泡时，在注水的状态下，同时关闭加水阀和排水阀。

④关闭排气阀，向气室打气，应加压大于 0.1MPa，且压力表显示值稳定；微开排气阀调压至 0.1MPa，关闭排气阀。

⑤开启操作阀，使气室里的压缩空气进入容器，待压力表显示值稳定后记录压力值，然后开启排气阀，压力表显示值应回零；应根据含气量与压力值关系曲线确定压力值对应骨料的含气量，精确至 0.1%。

⑥混凝土所用骨料的含气量 A_g 应以两次测量结果的平均值作为试验结果；两次测量结果的含气量相差大于 0.5% 时，应重新试验。

（5）混凝土拌合物含气量试验步骤。

①应用湿布擦净混凝土含气量测定仪容器的内壁和盖的内表面，装入混凝土拌合物试样。

②混凝土拌合物的装料和密实方法：坍落度不大于 90mm 的混凝土拌合物，宜用振动台振实；振动台振实时，应一次将混凝土拌合物装填至高出混凝土含气量测定仪容器口；振实过程中混凝土低于容器口时，应随时添加混凝土拌合物；振动直至表面出浆为止，并应避免过振。

坍落度大于 90mm 时，混凝土拌合物宜用捣棒插捣密实。插捣时，混凝土拌合物应分 3 层装入，每层捣实后高度约为容器 1/3 高度；每层装料后插捣应由边缘向中心均匀地插 25 次，捣棒应插透本层至下一层的表面；每一层捣完后用橡皮锤轻轻沿容器外壁敲打 5~10 次，进行振实，直至拌合物表面插捣孔消失。

自密实混凝土应一次性装满，且不应进行振动和插捣。

③刮去表面多余的混凝土拌合物，用抹刀抹平，表面如有凹陷应填平抹光。

④擦净容器口及边缘，加盖并拧紧螺栓，应保持密封不透气。

⑤关闭操作阀和排气阀，打开排水阀和加水阀，应通过加水阀，向容器内注入水；当排水阀流出的水流不含气泡时，在注水的状态下，同时关闭加水阀和排水阀。

⑥关闭排气阀，向气室打气，应加压大于 0.1MPa，且压力表显示值稳定；微开排气阀调压至 0.1MPa，关闭排气阀。

⑦开启操作阀，使气室里的压缩空气进入容器，待压力表显示值稳定后记录压力值，然后开启排气阀，压力表显示值应回零；应根据含气量与压力值关系曲线确定压力值对应混凝土拌合物的未校正含气量 A_0，精确至 0.1%。

⑧混凝土拌合物的未校正含气量 A_0 应以两次测量结果的平均值作为试验结果；两次测量结果的含气量相差大于 0.5% 时，应重新试验。

（6）混凝土拌合物含气量的确定。

混凝土拌合物含气量应按式（4.1-13）计算：

$$A = A_0 - A_g \qquad (4.1-13)$$

式中：A——混凝土拌合物含气量（%），精确至 0.1%；

A_0——混凝土拌合物的未校正含气量（%）；

A_g——骨料含气量（%）。

（7）含气量测定仪的标定及率定

①擦净容器，并将含气量仪全部安装好，测定含气量仪的总质量 m_{A1}，精确至 10g。

②向容器内注水至上沿，然后加盖并拧紧螺栓，应保持密封不透气，关闭操作阀和排气阀，打开排水阀和加水阀，通过加水阀，向容器内注入水；当排水阀流出的水流不含气泡时，在注水的状态下，同时关闭加水阀和排水阀，再测定其总质量 m_{A2}，精确至 10g。

③含气量测定仪容器的容积应按式 4.1-14 计算：

$$V = \frac{m_{A2} - m_{A1}}{\rho_w} \times 1000 \qquad (4.1-14)$$

式中：V——含气量仪的容积（L），精确至 0.01L；

m_1——含气量仪的总质量（kg）；

m_2——水、含气量仪的总质量（kg）；

ρ_w—容器内水的密度（kg/m³），可取 kg/L。

④关闭排气阀，向气室打气，应加压大于 0.1MPa，且压力表显示值稳定；微开排气阀调压至 0.1MPa，同时关闭排气阀。

⑤开启操作阀，使气室里的压缩空气进入容器，待压力表显示值稳定后测得的压力值应为含气量为 0 时对应的压力值。

⑥开启排气阀，压力表显示值应回零；关闭操作阀、排水阀和排气阀，开启加水阀，宜借助标定管在注水阀口用量筒接水；用气泵缓缓向气室内打气，当排出的水是含气量测定仪容积的 1% 时，按以上步骤测定含气量为 1% 时对应的压力值。

⑦应继续测取含气量分别为 2%、3%、4%、5%、6%、7%、8%、9%、10% 时的压力值。

⑧含气量分别为 0、1%、2%、3%、4%、5%、6%、7%、8%、9%、10% 的试验均应进行两次，以两次压力值的平均值作为测量结果。

⑨根据含气量 0、1%、2%、3%、4%、5%、6%、7%、8%、9%、10% 的测量结果，绘制含气量与压力值之间的关系曲线。

11. 混凝土拌合物可溶性氯离子含量试验（快速测试方法）

（1）目的与适用范围。

目的：用于判断混凝土拌合物中氯离子含量是否超出混凝土拌合物中水溶性氯离子最大含量的要求。

适用范围：适用于试验室或现场快速检验混凝土拌合物中水溶性氯离子含量。

（2）基本原理。

用氯离子选择电极和甘汞电极置于液相中，测得的电位 E 与溶液中的氯离子 C 的对数呈线性关系，即 $E = K - 0.059 \lg C$。因此可以根据测得的电极电位值来推算出氯离子的浓度。

（3）仪器设备。

①氯离子选择电极。

测量范围：$5 \times 10^{-5} \sim 1 \times 10^{-2}$ mol/L；

响应时间：$\leqslant 2$min；

温度范围：$5 \sim 45℃$。

②参比电极。

应为双盐桥饱和甘汞电极。

③电位测量器。

分辨值应为 1mV 的酸度计、恒电位仪、伏特计或电位差计，输入阻抗不得不小于 7MΩ。

④系统测试的最大允许误差应为 ±10%。

（4）试验用试剂。

①活化液：应使用浓度为 0.001mol/L 的 NaCl 溶液。

②标准液：应使用浓度分别为 5.5×10^{-4} mol/L 和 5.5×10^{-3} mol/L 的 NaCl 标准溶液。

（5）样品的制备。

①取样。

混凝土拌合物应随机从同一搅拌车中取样，但不宜在首车混凝土中取样；并应在卸料量的 1/4~3/4 之间取样，取样数量应至少为检测试样用量的 2 倍，且不应少于 3L。取样自加水搅拌 2h 内完成。雨雪天取样应有防雨雪措施。

取样应进行编号并记录下列内容：

A. 取样时间、地点和取样人；

B. 混凝土加水搅拌时间；

C. 采用海砂的情况；

D. 混凝土标记；

E. 混凝土配合比；

F. 环境温湿度、现场取样时的天气情况。

②悬浊液（滤液）制备。

A. 采用公称直径 5mm 的标准筛对混凝土拌合物进行筛分，获得不少于 1000g 的砂浆，称取 500g 砂浆试样两份，并向每份砂浆试样中加入 500g 蒸馏水，充分搅匀后获得两份悬浊液，并将两份悬浊液分别摇匀后，以快速定量滤纸过滤，获取两份滤液，每份滤液不少于 100mL。

B. 滤液的获取应自混凝土加水搅拌 3h 内完成，并取不少于 100mL 的滤液密封保存备用，以备仲裁检验用，用于仲裁的滤液的保存时间应为一周。

（3）试验步骤。

①建立电位-氯离子关系曲线。

A. 试验前应先把氯离子选择电极浸入活化液中活化 2h。

B. 应将氯离子选择电极和参比电极插入温度为 (20 ± 2)℃、浓度为 5.5×10^{-4} mol/L 的 NaCl 标准溶液中，经 2min 后，采用电位测量仪测得两电极之间的电位值（图 4.1-4）；然后按相同操作步骤测得温度为 (20 ± 2)℃、浓度为 5.5×10^{-3} mol/L 的 NaCl 标准溶液的电位值。将测得的两种浓度 NaCl 标准溶液的电位值标在 E-lg$C$ 坐标上，其连接线即为电位-氯离子浓度关系曲线。

C. 在测试每个 NaCl 标准溶液的电位值前，均应采用蒸馏水对氯离子选择电极和参比电极进行充分的清洗，并用滤纸擦干。

D. 当标准溶液的温度超出 (20 ± 2)℃的范围时，应对电位-氯离子浓度关系曲线进行温度校正。

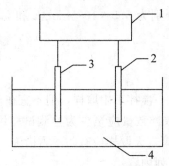

1—电位测量仪；2—氯离子选择电极；3—参比电极；4—标准液或滤液

图4.1-4　电位值测量示意图

②滤液中氯离子含量的测定。

A. 试验前应先把氯离子选择电极浸入活化液中活化1h。

B. 应分别测量两份滤液的电位值，将氯离子选择电极和参比电极插入滤液中，经2min后测定滤液的电位值；测定每份滤液前应采用蒸馏水对对氯离子选择电极和参比电极进行充分的清洗，并用滤纸擦干；应分别测量两份滤液的温度，当温度超出（20±2)℃的范围时，应对电位值进行温度校正。

C. 根据测得的电位值，分别从 $E-\lg C$ 曲线推算出相应两份滤液的氯离子浓度，并应将两份滤液的氯离子浓度的平均值 C_{Cl^-} 作为滤液的氯离子浓度的测定结果。

注：若采用的检测设备为智能化自动检测设备，可直接读出其氯离子浓度。

③混凝土拌合物氯离子浓度的确定。

A. 每立方米混凝土拌合物水溶性氯离子质量按式（4.1-15）计算：

$$m_{\mathrm{Cl}^-} = C_{\mathrm{Cl}^-} \times 0.03545 \times (m_B + m_S + 2m_w) \tag{4.1-15}$$

式中：m_{Cl^-}——每立方米混凝土拌合物中水溶性氯离子质量（kg），精确至0.01kg；

　　　C_{Cl^-}——滤液的氯离子浓度（mol/L）；

　　　m_B——混凝土配合比中每立方米混凝土的胶凝材料用量（kg）；

　　　m_S——混凝土配合比中每立方米混凝土的砂用量（kg）；

　　　m_w——混凝土配合比中每立方米混凝土的水用量（kg）；

B. 混凝土拌合物水溶性氯离子浓度（占水泥质量百分比）。

每立方米混凝土拌合物水溶性氯离子含量占水泥质量的百分比按式（4.1-16）计算：

$$\omega_{\mathrm{Cl}^-} = \frac{m_{\mathrm{Cl}^-}}{m_C} \times 100\% \tag{4.1-16}$$

式中：ω_{Cl^-}——凝土拌合物水溶性氯离子含量占水泥质量的百分比（%），精确至0.001%；

　　　m_C——混凝土配合比中每立方米混凝土的水泥用量（kg）；

4.1.6　常用混凝土拌合物性能的评定

混凝土拌合物应具良好的和易性，并不得离析或泌水，凝结时间应满足施工和混凝土性能的要求，同时还应满足下列要求。

1. 氯离子含量

混凝土拌合物中水溶性氯离子最大含量实测值应符合表 4.1-2 的规定。

表 4.1-2 混凝土拌合物中水溶性氯离子最大含量

环境条件	水溶性氯离子最大含量（%，胶凝材料用量的质量百分比）	
	钢筋混凝土	预应力混凝土
干燥环境	0.30	0.06
潮湿但不含氯离子的环境	0.20	
潮湿而含有氯离子的环境	0.15	
除冰盐等侵蚀性物质的腐蚀环境、盐渍土环境	0.10	

2. 含气量

长期处于潮湿或水位变动的寒冷和严寒环境以及盐冻环境的混凝土应掺用引气剂。其混凝土最小含气量应符合表 4.1-3 的规定，最大不宜超过 7.0%。

表 4.1-3 混凝土最小含气量

粗骨料最大公称粒径（mm）	混凝土最小含气量（%）	
	潮湿或水位变动的寒冷和严寒环境	盐冻环境
20	5.5	6.0
25	5.0	5.5
40	4.5	5.0

3. 预拌混凝土

（1）坍落度。

预拌混凝土坍落度实测值与控制目标值的允许偏差应符合表 4.1-4 的规定。常规品的泵送混凝土坍落度控制目标值不宜大于 180mm，并应满足施工要求，坍落度经时损失不宜大于 30mm/h；特制品混凝土坍落度应满足相关标准规定和施工要求。

表 4.1-4 混凝土拌合物稠度允许偏差

项目	控制目标值（设计值）（mm）	允许偏差（mm）
坍落度	≤40	±10
	50~90	±20
	≥100	±30
扩展度	≥350	±30

（2）扩展度。

扩展度实测值与控制目标值的允许偏差宜符合表 4.1-4 的规定。自密实混凝土扩展度控制目标值不宜小于 600mm，并应满足施工要求。泵送高强混凝土的扩展度不宜小于 500mm。

（3）含气量。

混凝土含气量实测值不宜大于 7%，并与合同规定值的允许偏差不宜超过±1.0%。

4. 泵送混凝土

（1）混凝土拌合物应在满足施工要求的前提下，尽可能采用较小的坍落度；泵送混凝土拌合物坍落度设计值不宜大于 180mm。

（2）对于泵送混凝土，其入泵的坍落度不宜小于 100mm，对于各种入泵坍落度不同的混凝土，其泵送高度不宜超过表 4.1-5 的规定。

表 4.1-5 混凝土入泵坍落度与泵送高度的关系表

入泵坍落度（mm）	100~140	140~160	160~180	180~200	200~220
最大泵送高度（m）	30	60	100	400	>400

（3）泵送混凝土的可泵性要求，压力泌水率不宜超过 40%。对于掺加减水剂的混凝土，宜由试验确定其可泵性。

5. 高强混凝土

（1）泵送高强混凝土。

泵送高强混凝土拌合物的坍落度、扩展度、倒置坍落筒排空时间和坍落度经时损失宜符合表 4.1-6 的规定。

表 4.1-6 混凝土拌合物坍落度、扩展度、倒置坍落筒排空时间和坍落度经时损失

项目	技术要求
坍落度（mm）	≥220
扩展度（mm）	≥500
倒置坍落筒排空时间（s）	5~20
坍落度经时损失（mm/h）	≤10

（2）非泵送高强混凝土。

非泵送高强混凝土拌合物的坍落度宜符合表 4.1-7 的规定。

表 4.1-7 混凝土拌合物坍落度

项目	技术要求	
	搅拌罐车运送	翻斗车运送
坍落度（mm）	100~160	50~90

4.2　混凝土力学性能

4.2.1　混凝土的结构和受压破坏过程

1. 混凝土的结构

混凝土是一种颗粒型多相复合材料，至少包含七个相，即粗骨料、细骨料、未水化水泥颗粒、水泥凝胶、凝胶孔、毛细管孔和引进的气孔。为了简化分析，一般认为混凝土是由粗骨料与砂浆或粗细骨料与水泥石两相组成的、不十分密实的、非匀质的分散体。流动性混凝土拌合物在浇灌成型过程中和在凝结之前，由于固体粒子的沉降作用，很少能保持其稳定性，一般都会发生不同程度的分层现象，粗大的颗粒沉积于下部，多余的水分被挤上升至表层或积聚于粗骨料的下方。沿浇灌方向的下部混凝土的强度大于顶部，表层混凝土成为最疏松和最软弱的部分。因此混凝土宏观结构为堆聚分层结构，如图 4.2-1 所示。

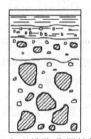

(a) 组成材料分层过程　　　(b) 宏观堆聚分层结构

图 4.2-1　混凝土宏观堆聚分层结构

混凝土结构的另一个特征是在粗骨料的表面到水泥石之间存在 $10\mu m\sim50\mu m$ 界面过渡区，如图 4.2-2 所示。在新拌混凝土中，粗骨料表面包裹了一层水膜，贴近粗骨料表面的水灰比大，导致过渡区的氢氧化钙、钙矾石等晶体的颗粒大且数量多，水化硅酸钙凝胶相对较少，孔隙率大。

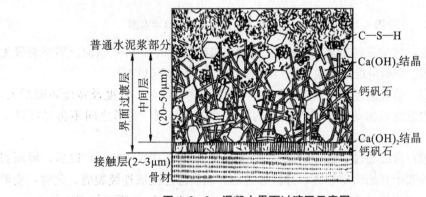

图 4.2-2　混凝土界面过渡区示意图

由于水泥水化造成的化学收缩和物理收缩，使界面过渡区在混凝土未受外力之前就存在许多微裂缝。因此过渡区水泥石的结构比较疏松，缺陷多，强度低。

普通混凝土骨料与水泥石之间的结合主要是黏着和机械啮合，骨料界面是最薄弱的环节，特别是粗骨料下方因泌水留下的孔隙尤为薄弱。

2. 混凝土受压破坏过程

混凝土在外力作用下，很容易在楔形的微裂缝尖端形成应力集中，随着外力的逐渐增大，微裂缝会进一步延伸、连通、扩大，最后形成几条肉眼可见的裂缝而破坏。以混凝土单轴受压为例，典型的静力受压时的荷载－变形曲线如图 4.2－3 所示。

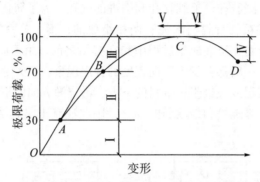

Ⅰ—界面裂缝无明显变化；Ⅱ—界面裂缝增长；Ⅲ—出现砂浆裂缝和连续裂缝；
Ⅳ—连续裂缝迅速发展；Ⅴ—裂缝缓慢增长；Ⅵ—裂缝迅速增长

图 4.2－3　混凝土受压变形曲线

通过显微观察混凝土受压破坏过程，混凝土内部的裂缝发展可分为四个阶段，每个阶段的裂缝状态示意如图 4.2－4 所示。

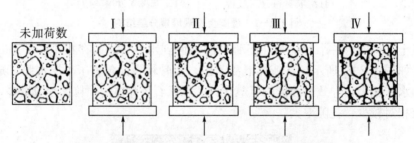

图 4.2－4　混凝土受压时不同受力阶段裂缝示意图

（1）Ⅰ阶段：当荷载到达"比例极限"（约为极限荷载的 30%）以前，界面裂缝无明显变化，荷载－变形呈近似直线关系，如图 4.2－3 所示的 OA 段。

（2）Ⅱ阶段：荷载超过"比例极限"后，界面裂缝的数量、长度及宽度不断增大，界面借摩擦阻力继续承担荷载，但无明显的砂浆裂缝，荷载－变形之间不再是线性关系，如图 4.2－3 所示的 AB 段。

（3）Ⅲ阶段：荷载超过"临界荷载"（约为极限荷载的 70%～90%）以后，界面裂缝继续发展，砂浆中开始出现裂缝，并将邻近的界面裂缝连接成连续裂缝。此时，变形增大的速度进一步加快，曲线明显弯向变形坐标轴，如图 4.2－3 所示的 BC 段。

（4）Ⅳ阶段：荷载超过极限荷载以后，连续裂缝急速发展，混凝土承载能力下降，荷载减小而变形迅速增大，以致完全破坏，曲线逐渐下降而最后破坏，如图 4.2-3 所示的 CD 段。

由此可见，混凝土受压时荷载与变形的关系，是内部微裂缝发展规律的体现。混凝土在外力作用下的变形和破坏过程，也就是内部裂缝的发生和发展过程，它是一个从量变到质变的过程。只有当混凝土内部的微观破坏发展到一定量级时，才会使混凝土的整体遭受破坏。

4.2.2　混凝土强度

混凝土的强度等级是按其立方体抗压强度标准值划分的，分为 C10、C15、C20、C25、C30、C35、C40、C45、C50、C55、C60、C65、C70、C75、C80、C85、C90、C95 和 C100 共 19 个等级。"C" 代表混凝土，是 Concrete 的第一个英文字母，C 后面的数字为立方体抗压强度标准值（MPa）。混凝土强度等级是混凝土结构设计时强度计算取值、混凝土施工质量控制和工程验收的依据。

在土木工程结构和施工验收中，常用的强度有立方体抗压强度、轴心抗压强度、抗拉强度和抗折强度等几种。

1.　混凝土立方体抗压强度（f_{cu}）

混凝土立方体抗压强度标准值系指按标准方法制作和养护的边长为 150mm 的立方体试件，用标准试验方法在 28d 龄期测得的抗压强度总体分布中的一个值，强度低于该值的概率应为 5%。

测定混凝土试件的强度时，试件的尺寸和表面状况等对测试结果产生较大影响。下面以混凝土受压为例，来分析这两个因素对检测结果的影响。

当混凝土立方体试件在压力机上受压时，在沿加荷方向发生纵向变形的同时，也按泊松比效应产生横向变形。但是由于压力机上下压板（钢板）的弹性模量比混凝土大 5～15 倍，而泊松比则不大于混凝土的两倍。所以在压力的作用下，钢压板的横向变形小于混凝土的横向变形，因而上下压板与试件的接触面之间产生摩擦阻力。这种摩擦阻力分布在整个受压接触面，对混凝土试件的横向膨胀起约束限制作用，使混凝土强度检测值提高。通常称这种作用为"环箍效应"，如图 4.2-5 所示，它随离试件端部愈远而变小，大约在距离 $\frac{\sqrt{3}}{2}a$（a 为立方体试件边长）以外消失。所以受压试件正常破坏时，其上下部分各呈一个较完整的棱锥体，如图 4.2-6 所示。如果在压板和试件接触面之间涂上润滑剂，则环箍效应大大减小，试件出现直裂破坏，如图 4.2-7 所示。如果试件表面凹凸不平，环箍效应小，并有明显应力集中现象，测得的强度值会显著降低。

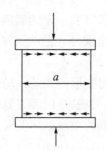

图 4.2-5　混凝土"环箍效应"

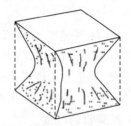

图 4.2-6　混凝土受压试件破坏时残存的棱锥体图

图 4.2-7　混凝土受压试件不受约束时的破坏情况

混凝土立方体试件尺寸较大时，环箍效应的作用相对较小，测得的抗压强度偏低；反之测得的抗压强度偏高。另外，由于混凝土试件内部不可避免地存在一些微裂缝和孔隙等缺陷，这些缺陷处易产生应力集中。大尺寸试件存在缺陷的概率较大，使得测定的强度值也偏低。

需要说明的是，混凝土各种强度的测定值，均与试件尺寸、试件表面状况、试验加荷速度、环境（或试件）的湿度和温度等因素有关。在进行混凝土各种强度测定时，应按 GB/T 50081 等标准规定的条件和方法进行检测，以保证检测结果的可比性。

2. 混凝土轴心抗压强度（f_{cp}）

确定混凝土强度等级多采用立方体试件，但在实际结构中，钢筋混凝土受压构件多为棱柱体或圆柱体。为了使测得的混凝土强度与实际情况接近，在进行钢筋混凝土受压构件（如柱子、桁架的腹杆等）计算时，都是采用混凝土的轴心抗压强度。

轴心抗压强度比同截面面积的立方体抗压强度要小，当标准立方体抗压强度在 10～50MPa 范围内时，两者之间的比值近似为 0.7～0.8。

3. 混凝土抗拉强度（f_f）

混凝土是脆性材料，抗拉强度很低，拉压比为 1/10～1/20，拉压比随着混凝土强度等级的提高而降低。因此在设计钢筋混凝土结构时，不考虑混凝土承受拉力（考虑钢筋承受拉应力），但抗拉强度对混凝土抗裂性具有重要作用，是结构设计时确定混凝土抗裂度的重要指标，有时也用它来间接衡量混凝土与钢筋的黏结强度。混凝土劈裂抗拉强度较轴心抗拉强度低，试验证明二者的比值为 0.9 左右。

4. 混凝土抗折强度（f_{cf}）

对于直接承受冲击、震动荷载的路面、桥梁等混凝土工程，混凝土抗折强度直接影响其使用寿命和使用维护费用，是混凝土道路和桥梁工程的结构设计、质量控制与验收等重要环节，需要检测混凝土的抗折强度。混凝土的抗折强度大概为抗压强度的 1/8～1/12，一般情况下随着混凝土抗压强度的提高而提高。

4.2.3　影响混凝土强度的因素

1. 水泥强度和水灰比

水泥强度和水灰比是影响混凝土强度决定性的因素。因为混凝土的强度主要取决于水泥石的强度及其与骨料间的黏结力，而水泥石的强度及其与骨料间的黏结力，又取决于水泥的强度等级和水灰比的大小。在相同配合比、相同成型工艺、相同养护条件的情况下，水泥强度越高，配制的混凝土强度越高。

在水泥品种、水泥强度等级不变时，混凝土在振动密实的条件下，水灰比越小，强度越高，反之亦然（如图 4.2-8 所示）。但是为了使混凝土拌合物获得必要的流动性，常要加入较多的水（水灰比为 0.35～0.75），它往往超过了水泥水化的理论需水量（水灰比 0.23～0.25）。多余的水残留在混凝土内形成水泡或水道，随着混凝土硬化而蒸发成为孔隙，使混凝土的强度下降。

大量试验结果表明，在原材料一定的情况下，混凝土 28d 龄期抗压强度（f_{cu}）与水泥实际强度（f_{ce}）及灰水比（C/W）之间的关系符合下列经验公式 4.2-1（又称鲍罗米公式）。

$$f_{cu} = A f_{ce}(C/W - B) \qquad (4.2-1)$$

式中：f_{cu}——混凝土 28d 抗压强度（MPa）。

A、B——回归系数，它们与粗骨料、细骨料、水泥产地有关，可通过历史资料统计计算得到。若无统计资料，可按相关标准提供的 A、B 经验值。

C——混凝土中的水泥用量（kg）。

W——混凝土中的用水量（kg）。

C/W——混凝土的灰水比（水泥与水的质量之比）。

在混凝土施工过程中，常发现往混凝土拌合物中随意加水的现象，这使混凝土水灰比增大，导致混凝土强度的严重下降，是必须禁止的。在混凝土施工过程中，节约水和节约水泥同等重要。

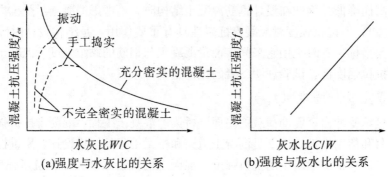

图 4.2-8　混凝土强度与水灰比及灰水比的关系

2. 骨料

骨料本身的强度一般大于水泥石的强度，对混凝土的强度影响很小。但骨料中有害杂质含量较多、级配不良均不利于混凝土强度的提高。骨料表面粗糙，则与水泥石黏结力较大，但达到同样流动性时，需水量大，随着水灰比变大，强度降低。试验证明，水灰比小于 0.4 时，用碎石配制的混凝土比用卵石配制的混凝土强度约高 30％～40％，但随着水灰比增大，两者的差异就不明显了。另外，在相同水灰比和坍落度下，混凝土强度随骨灰比的增大而提高。

3. 矿物掺合料

在混凝土中掺加一定量的矿物掺合料，可以充分发挥矿物掺合料填充效应、流化效应、增强效应和耐久性效应，达到提高混凝土强度和耐久性的目的。

4. 外加剂

在混凝土拌合物中掺加具有早强作用的外加剂，可提高混凝土的早期强度；掺入具有减水作用的外加剂，可减少混凝土拌合物的用水量，减低水胶比，提高混凝土的强度。

5. 养护温度及湿度

温度及湿度对混凝土强度的影响，本质上是对水泥水化的影响。

养护温度高，水泥早期水化越快，混凝土的早期强度越高，见图 4.2-9。但混凝土早期养护温度过高（40℃以上），因水泥水化产物来不及扩散而使混凝土后期强度反而降低。当温度在 0℃以下时，水泥水化反应停止，混凝土强度停止发展。这时还会因为混凝土中的水结冰产生体积膨胀，对混凝土产生相当大的膨胀压力，使混凝土结构破坏，强度降低。

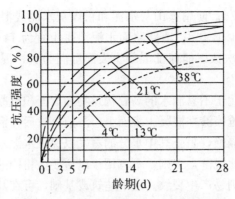

图 4.2—9　养护温度对混凝土强度的影响图

湿度是决定水泥能否正常进行水化作用的必要条件。浇筑后的混凝土所处环境湿度相宜，水泥水化反应顺利进行，混凝土强度得以充分发展。若环境湿度较低，水泥不能正常进行水化作用，甚至停止水化，混凝土强度将严重降低或停止发展。图 4.2—10 是混凝土强度与保湿养护时间的关系。

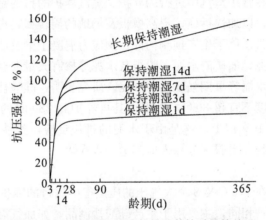

图 4.2—10　混凝土强度与保湿养护时间的关系

为了保证混凝土强度正常发展和防止失水过快引起的收缩裂缝，混凝土浇筑完毕后，应及时覆盖和浇水养护。气候炎热和空气干燥时，不及时进行养护，混凝土中水分会蒸发过快，出现脱水现象，混凝土表面出现片状、粉状剥落和干缩裂纹等劣化现象，混凝土强度明显降低；在冬季应特别注意保持必要的温度，以保证水泥能正常水化和防止混凝土内水结冰引起的膨胀破坏。

常见的混凝土养护有以下几种。

（1）自然养护。

其指混凝土在自然条件下于一定时间内使混凝土保持湿润状态的养护，包括洒水养护和喷涂薄膜养护两种。

洒水养护是指用草帘等将混凝土覆盖，经常洒水使其保持湿润。养护时间取决于混凝土的特性和水泥品种，非干硬性混凝土浇筑完毕 12h 以内应加以覆盖并保湿养护，干硬性混凝土应于浇筑完毕后立即进行养护。使用硅酸盐水泥、普通水泥和矿渣水泥时，浇水养护时间不应少于 7d；使用火山灰水泥和粉煤灰水泥或混凝土掺用缓凝型外加剂或有抗渗要求时，不得少于 14d；道路路面水泥混凝土宜为 14~21d；使用铝酸盐水泥时，不得少于 3d。洒水次数以能保证混凝土表面湿润为宜，混凝土养护用水应与拌制用水相同。

喷涂薄膜养生液适用于不易洒水的高耸构筑物和大面积混凝土结构的养护。它是将过氯乙烯树脂溶液用喷枪喷涂在混凝土表面上，溶液挥发后在混凝土表面形成一层塑料薄膜，将混凝土与空气隔绝，阻止其中水分的蒸发以保证水泥水化用水。有的薄膜在养护完成后要求能自行老化脱落，否则，不宜用于以后要做粉刷的混凝土表面上。在夏季薄膜成型后要防晒，否则易产生裂纹。地下建筑或基础，可在其表面涂刷沥青乳液以防止混凝土内水分蒸发。

（2）标准养护。

其指将混凝土放在（20±2）℃、相对湿度为 95% 以上的标准养护室或（20±2）℃的不流动的 Ca（OH）$_2$ 饱和溶液中进行的养护。测定混凝土强度时，一般采用标准养护。

（3）蒸汽养护。

其指将混凝土放在常压蒸汽中进行的养护。蒸汽养护的目的是加快水泥的水化，提高混凝土的早期强度，以加快拆模，提高模板及场地的周转率，提高生产效率和降低成本，这种养护方法非常适用于生产预制构件、预应力混凝土梁及墙板等。这种养护适合于早期强度较低的水泥，如矿渣水泥、粉煤灰水泥等掺有大量混合材料的水泥，不适合于硅酸盐水泥、普通水泥等早期强度高的水泥。研究表明，硅酸盐水泥和普通水泥配制的混凝土，其养护温度不宜超 80℃，否则待其再养护到 28d 时的强度，将比一直自然养护至 28d 的强度低 10% 以上，这是由于水泥的过快反应，致使在水泥颗粒外围过早地形成大量的水化产物，阻碍水分深入内部进一步水化。

（4）蒸压养护。

其指将混凝土放在 175℃ 及 8 个大气压的压蒸釜中进行的养护。这种养护的目的和适用的水泥与蒸汽养护相同，主要用于生产硅酸盐制品，如加气混凝土、蒸养粉煤灰砖和灰砂砖等。

（5）同条件养护。

其指将用于检查混凝土实体强度的试件，置于混凝土实体旁，试件与混凝土实体在同一温度和湿度条件下进行的养护。同条件养护的试件强度能真实反映混凝土构件的实际强度。

6. 龄期

在正常养护条件下，混凝土强度随龄期的增长而增大，最初 7~14d 发展较快，28d 后强度发展趋于平缓，所以混凝土以 28d 龄期的强度作为质量评定依据。在混凝土施工过程中，经常需要尽快知道已成型混凝土的强度，以便决策，所以快速评定混凝土强度一直受到人们的重视。经过多年的研究，国内外已有多种快速评定混凝土强度的方法，有些方法已被列入国家标准中［《早期推定混凝土强度试验方法标准》（JGJ/T 15）］。

在我国，工程技术人员常用下面的经验公式来估算混凝土 28d 强度。

$$f_{28} = f_n \frac{\lg 28}{\lg n} \tag{4.2-2}$$

式中：f_{28}——混凝土 28d 龄期的抗压强度（MPa）；

f_n——混凝土 nd 龄期的抗压强度（MPa）；

n——养护龄期（d），$n \geqslant 3$d。

应注意的是，该公式仅适用于在标准条件下养护的中等强度（C20～C30）的混凝土。对较高强度混凝土（≥C35）、掺外加剂和掺合料的混凝土，用该公式估算会产生很大误差。

7．测试条件

（1）试件的尺寸：

一般情况下试件尺寸越大，存在缺陷的概率也就越大，因此试件尺寸越大，强度就越小，所以实际试验要乘以尺寸折算系数换算完成标准立方体抗压强度。

（2）环箍效应：

当试件受压面上有油脂类润滑剂时，试件受压时环箍效应大大减小，试件将出现直裂破坏，测出的强度值偏低。

（3）含水率：

一般情况下，试件含水率越高，强度越低。

（4）加荷速度：

加荷速度过大时，材料裂纹扩展的速度慢于荷载增加速度，故测得的强度值偏高；加荷速度过大时，材料裂纹扩展的速度慢于荷载增加速度，故测得的强度值偏高。

4.2.4 提高混凝土强度的措施

根据影响混凝土强度的因素，可采取以下措施提高混凝土的强度。

1．水泥或早强水泥

在混凝土配合比相同的情况下，所采用的水泥强度越高，混凝土 28d 的强度也就越高；采用早强水泥可提高混凝土的早期强度，加快施工进度。

2．骨料

尤其对于高强度等级的混凝土来说，骨料本身的强度对混凝土强度影响明显，骨料本身强度低，压碎值指标大，会降低混凝土的强度，反之亦然；针片状含量的多少不仅影响混凝土拌合物的和易性，也会影响混凝土的强度；针片状含量多，往往会降低混凝土的强度，对高强混凝土尤其明显。

3．矿物掺合料及外加剂

在混凝土中掺加一定量的矿物掺合料，可以充分发挥矿物掺合料填充效应、流化效应、增强效应和耐久性效应，达到提高混凝土强度和耐久性的目的。

在混凝土拌合物中掺加具有早强作用的外加剂，可提高混凝土的早期强度；掺入具有减水作用的外加剂，可减少混凝土拌合物的用水量，减低水胶比，提高混凝土的强度。

4. 降低水胶比

降低水胶比是提高混凝土强度的有效措施。水胶比的降低，可有效减少硬化混凝土的孔隙率，明显增加水泥与骨料间的黏结强度，从而提高混凝土的强度。但水胶比的降低，会使混凝土的工作性下降，因此，必须有相应的技术措施配合，如加强机械振捣、掺加提高工作性的外加剂等。

5. 采用湿热养护

采用湿热养护可提高水泥石的强度，从而提高水泥石与骨料间的黏结强度，达到提高混凝土强度的目的。尤其对掺加大量掺合料的混凝土更加有力。

除采用蒸汽养护、蒸压养护、冬季骨料预热等技术措施外，还可以利用水泥本身的水化热来提高混凝土强度。

6. 采用机械搅拌和振捣

机械搅拌和振捣比人工拌合与捣实更能使混凝土拌合物搅拌均匀，流动性增大，能更好地填满模板的各个角落，提高混凝土的密实度和强度。采用机械搅拌和振捣，对于干硬性混凝土或低流动性混凝土施工效果更显著。

7. 龄期

实践证明，混凝土的龄期在 3~6 个月时，其强度较 28d 强度提高 25%~50%。某些工程部位的混凝土要在 28d 后很长时间才能满载使用，则该部位的强度等级可适当降低，以节约水泥。但具体应用时，应得到设计、建设、监理、施工单位及相关部门的批准。

4.2.5 混凝土质量波动与混凝土配制强度

1. 混凝土质量波动

混凝土在生产过程中由于受到许多因素的影响，其质量不可避免地存在波动。造成混凝土质量波动的主要因素有：

（1）混凝土生产前的因素。主要包括组成材料、配合比和设备状况等。

（2）混凝土生产过程中的因素。主要包括计量、搅拌、运输、浇筑、振捣和养护，试件的制作与养护等。

（3）混凝土生产后的因素。主要包括批量划分、验收界限、检测方法和检测条件等。虽然混凝土的质量波动是不可避免的，但并不意味着不去控制混凝土的质量。相反，要认识到混凝土质量控制的复杂性，必须将质量管理贯穿于生产的全过程，使混凝土的质量在合理范畴内波动，确保土木工程的结构安全。

2. 混凝土强度的波动规律——正态分布

在正常生产条件下，影响混凝土强度的因素是随机变化的，对同一种混凝土进行系统的随机抽样，测试结果表明其强度的波动规律符合正态分布，如图 4.2-11 所示。混凝土强度正态分布曲线有以下特点。

（1）曲线呈钟型，两边对称。对称轴为平均强度，曲线的最高峰出现在该处。这表明混凝土强度接近其平均强度值处出现的次数最多，而随着远离对称轴，强度测定值出现的概率越来越小，最后趋近于零。

（2）曲线和横坐标之间所包围的面积为概率的总和，等于100％。对称轴两边出现的概率相等，各为50％。

（3）在对称轴两边的曲线上各有一个拐点。两拐点间的曲线向上凸弯，拐点以外的曲线向下凹弯，并以横坐标为渐近线。

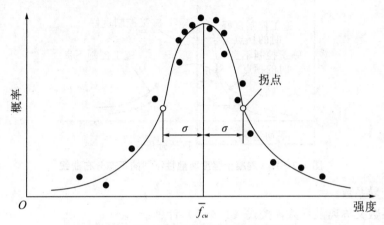

图 4.2-11　混凝土强度的正态分布曲线

3. 衡量混凝土施工质量水平的指标

衡量混凝土施工质量的指标主要包括正常生产控制条件下混凝土强度的平均值、标准差、变异系数和强度保证率等。

（1）混凝土强度平均值（mf_{cu}）按式（4.2-3）计算：

$$mf_{cu} = \frac{1}{n} \sum_{i=1}^{n} f_{cu,i} \tag{4.2-3}$$

式中：mf_{cu}——n 组试件抗压强度的算术平均值（MPa）；

　　　　$f_{cu,i}$——第 i 组试件的抗压强度（MPa）；

　　　　n——试件的组数。

强度平均值仅表示混凝土强度总体的平均水平，但不能反映混凝土强度的波动情况。

（2）混凝土强度标准差。

混凝土强度标准差又称均方差，按式（4.2-4）计算：

$$\delta = \sqrt{\frac{\sum_{i=1}^{n} (f_{cu,i} - mf_{cu})^2}{n-1}} = \sqrt{\frac{\sum_{i=1}^{n} f_{cu,i}^2 - n \cdot mf_{cu}^2}{n-1}} \tag{4.2-4}$$

式中：n——试验组数（$n \geqslant 25$）；

　　　　σ——n 组抗压强度的标准差（MPa）。

标准差的几何意义是正态分布曲线上拐点至对称轴的垂直距离，如图 4.2-12 所示。图 4.2-12 是强度平均值相同而标准差不同的两条正态分布曲线。由图可以看出，σ 值越小者曲线高而窄，说明混凝土质量控制较稳定，生产管理水平较高。而 σ 值大者曲线矮而宽，表明强度值离散性大，施工质量控制差。因此，σ 值是评定混凝土质量均匀性的一种指标。但是，并不是 σ 值越小越好，σ 值过小，则意味着不经济。工程上由于影响混凝土质量的因素多，σ 值一般不会过小，因此我国混凝土强度检验评定标准仅规定了 σ 值的上限。

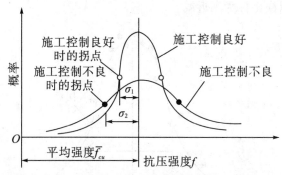

图 4.2-12 混凝土强度离散性不同的正态分布曲线

（3）变异系数。

变异系数又称离散系数，按式（4.2-5）计算：

$$C_v = \frac{\delta}{f_{cu}} \tag{4.2-5}$$

由于混凝土强度的标准差随强度等级的提高而增大，故也可采用变异系数作为评定混凝土质量均匀性的指标。C_v 值越小，表明混凝土质量越稳定；C_v 值大，则表示混凝土质量稳定性差。

（4）强度保证率（P）。

混凝土强度保证率 P（%）是指混凝土强度总体中，大于等于设计强度等级（$f_{cu,k}$）的概率，在混凝土强度正态分布曲线图中以阴影面积表示，如图 4.2-13 所示。强度保证率 P（%）可由正态分布曲线方程积分求得，即按式（4.2-6）计算：

$$p = \frac{1}{\sqrt{2\pi}} \int_t^\infty e^{-\frac{t^2}{2}} dt \tag{4.2-6}$$

式中：t 表示概率度，可按式（4.2-7）或式（4.2-8）计算。

$$t = \frac{f_{cu,k} - mf_{cu}}{\delta} \tag{4.2-7}$$

$$t = \frac{f_{cu,k} - mf_{cu}}{C_v mf_{cu}} \tag{4.2-8}$$

计算出概率度 t 后，就可以计算出求出强度保证率 P（%）或按表 4.2-1 查取。

表 4.2-1 不同 t 值的保证率 P

t	0.00	0.50	0.84	1.00	1.20	1.28	1.40	1.60
P（%）	50.0	69.2	80.0	84.1	88.5	90.0	91.9	94.5

t	1.645	1.70	1.81	1.88	2.00	2.05	2.33	3.00
P（%）	95.0	95.5	96.5	97.0	97.7	99.0	99.4	99.87

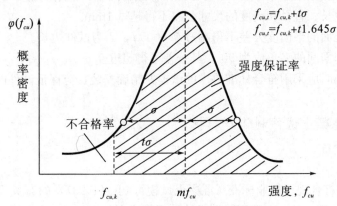

图 4.2-13　混凝土强度正态分布曲线图

4.2.6　常用混凝土力学性能检测

1.　基本规定

（1）一般规定。

①试验环境相对湿度不宜小于 50%，温度应保持在（20±5）℃。

②试验仪器设备应具有有效期内的计量检定或校准证书。

（2）试件的最小横截面尺寸。

试件的最小横截面尺寸应根据混凝土中骨料的最大粒径按表 4.2-2 选定。

表 4.2-2　混凝土试件尺寸选用表

骨料最大粒径（mm）		试件最小横截面尺寸（mm）
劈裂抗拉强度试验	其他实验	
19.0	31.5	100×100
37.5	37.5	150×150
—	63.0	200×200

（3）试模。

制作试件应采用上款规定的试模要求，并应保证试件的尺寸满足要求。

（4）试件的尺寸测量与公差。

①试件尺寸测量应符合下列规定。

A.　试件的边长和高度宜采用游标卡尺进行测量，应精确至 0.1mm。

B.　圆柱形试件的直径应采用游标卡尺分别在试件的上部、中部和下部相互垂直的两个位置上共测量 6 次，取测量的算术平均值作为直径值，应精确至 0.1mm。

C. 试件承压面的平面度可采用钢板尺和塞尺进行测量。测量时，应将钢板尺立起横放在试件承压面上，慢慢旋转 360°，用塞尺测量其最大间隙作为平面度值，也可采用其他专用设备测量，结果应精确至 0.01mm。

D. 试件相邻面间的夹角应采用游标盘角器进行测量，应精确至 0.1°。

②试件各边长、直径和高度的尺寸公差不得越过 1mm。

③试件承压面的平面度公差不得超过 $0.0005d$，d 为试件边长。

④试件相邻面间的夹角应为 90°，其公差不得超过 0.5°。

⑤试件制作时应采用符合标准要求的试模并精确安装，应保证试件的尺寸公差满足要求。

2. 普通混凝土试件制作与养护

（1）仪器设备。

①试模。

A. 试模应符合现行行业标准《混凝土试模》（JG/T 237）的有关规定，当混凝土强度等级不低于 C60 时，宜采用铸铁或铸钢试模成型。

B. 应定期对试模进行核查，核查周期不宜超过 3 个月。

②振动台。

应符合现行行业标准《混凝土试验用振动台》（JG/T 245）的有关规定. 振动频率应为（50±2）Hz，空载振动台面中心点的垂直振幅应为（0.5±0.02）mm.

③捣棒。

应符合现行行业标准《混凝土坍落度仪》（JG/T 248）的有关规定，直径在应为（16±0.2）mm，长度应为（600±5）mm，端面应呈半球形。

④橡皮锤或木槌。

橡皮锤或木槌的锤头质量宜为 0.25～0.50kg。

（2）取样与试样制备。

①混凝土的取样与试样的制备应符合 4.1.5 有关规定。

②每组试件所用混凝土拌合物应从一盘或同一车混凝土中取样。

③取样或实验室拌制的混凝土应尽快成型，一般不宜超过 15min。

④制备混凝土试样时，应采取劳动保护措施。

（2）试件制作。

①试件成型前，应检查试模的尺寸并应符合试模的有关规定；应将试模擦拭干净，在其内壁上均匀地涂刷一薄层矿物油或其他不与混凝土发生反应的隔离刑，试模内壁隔离剂应均匀分布，不应有明显沉积。

②混凝土拌合物在入模前应保证其均匀性。取样或者拌制好的混凝土拌合物一般至少要用铁锨再来回拌制 3 次。

③宜根据混凝土拌合物的稠度或试验目的确定适宜的成型方法，混凝土应充分密实，避免分层离析。

A. 振动台振实制作试件。

将混凝土拌合物一次装入试模，装料时应用抹刀沿试模内壁插捣，并使混凝土拌合物高出试模上口。试模应附着或固定在振动台上，振动时应防止试模在振动台上自由跳动，振动应持续到表面出浆且无明显大气泡溢出为止，不得过振。

B.　人工插捣制作试件。

混凝土拌合物应分两层装入试模内，每层的装料厚度应大致相等。插捣应按螺旋方向从边缘向中心均匀进行。在插捣底层混凝土时，捣棒应达到试模底部；插捣上层时，捣棒应贯穿上层后插入下层 20~30mm；插捣时捣棒应保持垂直，不得倾斜。然后应用抹刀沿试模内壁插拔数次。每层插捣次数在 10000mm² 截面积内不得少于 12 次，即截面尺寸 100mm×100mm 的试件每层插捣次数不得少于 12 次，截面尺寸 150mm×150mm 的试件每层插捣次数不得少于 27 次。插捣后应用橡皮锤或木槌轻轻敲击试模四周，直至插捣棒留下的空洞消失为止。

C.　插入式振捣棒振实制作试件。

将混凝土拌合物一次装入试模，装料时应用抹刀沿试模内壁插捣，并使混凝土拌合物高出试模上口；宜用直径为 ϕ25mm 的插入式振捣棒，插入试模振捣时，振捣棒距试模底板 10~20mm 且不得触及试模底板，振动应持续到表面出浆且无明显大气泡溢出为止，不得过振；振捣时间宜为 20s；振捣棒拔出时要缓慢，拔出后不得留有孔洞。

D.　自密实混凝土应分两次将混凝土拌合物装入试模，每层的装料厚度宜相等，中间间隔 10s，混凝土拌合物应高出试模口，不应使用振动台、人工插捣或振捣棒方法成型。

①试件成型后刮除试模上口多余的混凝土，待混凝土临近初凝时，用抹刀沿着试模口抹平。试件表面与试模边缘的高度差不得超过 0.5mm。

②制作的试件应有明显和持久的标记，且不破坏试件。

（3）试件的养护。

①试件的标准养护。

A.　试件成型抹面后应立即用塑料薄膜覆盖表面，或采取其他保持试件表面湿度的方法。

B.　试件成型后应在温度为（20±5）℃、相对湿度大于 50% 的室内静置 1~2d，试件静置期间应避免受到振动和冲击，静置后编号标记、拆模，当试件有严重缺陷时，应按废弃处理。

C.　试件拆模后应立即放入温度为（20±2）℃、相对湿度为 95% 以上的标准养护室中养护，或在温度为（20±2）℃的不流动的 Ca（OH）$_2$ 饱和溶液中养护。标准养护室内的试件应放在支架上，彼此间隔 10~20mm，试件表面应保持潮湿，并不得用水直接冲淋试件。

D.　试件的养护龄期一般分为 1d、3d、7d、28d、56d 或 60d、84d 或 90d、180d，也可根据设计龄期或需要进行确定。龄期应从搅拌加水开始计时，养护龄期的允许偏差应符合表 4.2-3 的规定。

表 4.2-3 养护龄期允许偏差

养护龄期	1d	3d	7d	28d	56d 或 60d	≥84d
允许偏差	±30min	±2h	±6h	±20h	±24h	±48h

3. 补偿收缩混凝土试件的制作与养护

补偿收缩混凝土试件的制作与养护除应符合普通混凝土的要求外，用于填充的补偿收缩混凝土试件的制作与养护还应符合下列规定：

（1）应采用钢制试模。装入混凝土之前，应确认试模的钢制挡块不松动。

（2）试件在标准养护条件下带模养护不少于 7d。

（3）龄期 7d 后，可拆模并进行标准养护。脱模时，试模破损或接缝处张开的试件，不得用于试验。

4. （负温养护法）掺防冻剂混凝土试件的制作与养护

掺防冻剂混凝土试件的制作与养护，除应符合普通混凝土的要求外，还应符合下列规定：

应在浇筑地点制作一定数量的混凝土试件。其中一组试件在标准条件下养护，其余放置在工程条件下养护。在达到临界强度时，拆模前，拆除支撑前及与工程同条件养护至规定龄期均应进行试压。试件不得在冻结状态下试压，边长 100mm 的立方体试件，应在 15～20℃室内解冻 3～4h 或浸入 10～15℃水中解冻 3h；边长 150mm 的立方体试件，应在 15～20℃室内解冻 5～6h 或浸入 10～15℃水中解冻 6h，试件擦干后试压。

5. 结构实体混凝土同条件养护试件的制作与养护

结构实体检验用同条件养护试件的制作与养护，除应符合普通混凝土的要求外，还应符合下列规定：

（1）同条件养护试件所对应的结构构件或结构部位，应由监理（建设）单位、施工等各方共同选定，且同条件养护试件的取样宜均匀分布于工程施工周期内。

（2）同条件养护试件应在混凝土浇筑入模处见证取样。

（3）同条件养护试件应留置在靠近相应结构构件的适当位置，并应采取相同的养护方法。

（4）同条件养护试件的拆模时间可与实际构件的拆模时间相同。

（5）同一强度等级的同条件养护试件不宜少于 10 组，且不应少于 3 组。每连续两层楼取样不应少于 1 组，每 2000m³ 取样不应少于 1 组。

（6）等效养护龄期可取按日平均温度逐日累计达到 600℃·d 时所对应的龄期，且不应小于 14d。日平均温度为 0℃ 及以下的龄期不计入。

（7）冬季施工时，等效养护龄期计算时温度可取结构构件试件养护温度，也可根据结构构件的实际养护条件，按照同条件养护试件强度与在标准养护条件下 28d 龄期试件强度相等的原则由监理、施工等各方共同确定。

6. 混凝土立方体抗压强度试验

（1）目的和适用范围。

目的：测定混凝土抗压强度，以检验材料质量，确定、校核混凝土配合比，并为控制施工质量、工程验收提供依据。

适用范围：适用于测定混凝土立方体试件的抗压强度。

（2）混凝土立方体试件的抗压强度试验的试件尺寸和数量。

①标准试件是边长为 150mm 的立方体试件；

②边长为 100mm 和 200mm 的立方体试件是非标准试件；

③每组试件应为 3 块。

（3）试验仪器设备。

①压力试验机。

A. 试件破坏荷载宜大于压力机全量程的 20%，且宜不小于压力机全量程的 80%。

B. 示值相对误差应为 ±1%。

C. 应具有加荷速度指示装置或加荷速度控制装置，并应能均匀、连续地加荷。

D. 试验机上、下承压饭的平面度公差不应大于 0.04mm，平行度公差不应大于 0.05mm，表面硬度不应小于 55HRC；板面应光滑、平整，表面粗糙度 Ra 不应大于 0.80μm。

E. 球座应转动灵活，球座宜置于试件顶面，并凸面朝上。

F. 其他要求应符合现行国家标准《液压式万能试验机》（GB/T 3159）和《试验机通用技术要求》（GB/T 2611）的有关规定。

②钢垫板。

压力机的上、下承压板的平面度、表面硬度和粗糙度符合以上要求时，上、下承压板与试件之间应各垫以钢垫板。钢垫板应符合下列要求：

A. 钢垫板的平面尺寸不应小于试件的承压面积，厚度不应小于 25mm；

B. 钢垫板应机械加工，承压面的平面度、平行度、表面硬度和粗糙度应符合压力试验机上、下承压饭的要求。

③防护网罩。

混凝土强度不小于 60MPa 时，试件周围应设防护网罩。

④游标卡尺。

游标卡尺的量程不应小于 200mm，分度值宜为 0.02mm。

⑤塞尺。

塞尺最小叶片厚度不应大于 0.02mm，同时应配置直板尺。

⑥游标量角器。

游标量角器的分度值应为 0.1°。

（4）立方体抗压强度试验步骤。

①试件到达试验龄期时，从养护地点取出后，应检查其尺寸及形状，尺寸公差应满足标准要求，试件取出后应尽快进行试验。

②试件放置试验机前，应将试件表面与上、下承压板面擦拭干净。

③以试件成型时的侧面为承压面，应将试件安放在试验机的下压板或垫板上，试件的中心应与试验机下压板中心对准。

④启动试验机，试验机表面与上、下承压板或钢垫板应均匀接触。

⑤试验过程中应连续均匀地加荷，加荷速度应取 0.3～1.0MPa/s。当立方体抗压强度小于 30MPa 时，加荷速度宜取 0.3～0.5MPa/s；立方体抗压强度为 30～60MPa 时，加荷速度宜取 0.5～0.8MPa/s；立方体抗压强度大于 60MPa 时，加荷速度宜取 0.8～1.0MPa/s。

⑥手动控制压力机加荷速度时，当试件接近破坏开始急剧变形时，应停止调整试验机油门，直至破坏并记录破坏荷载。

（5）立方体抗压强度试验计算及确定。

①混凝土立方体抗压强度应按式（4.2−9）计算：

$$f_{cc} = \frac{F}{A} \tag{4.2-9}$$

式中：f_{cc}——混凝土立方体试件抗压强度（MPa），精确至 0.1MPa；

F——试件破坏荷载（N）；

A——试件承压面积（mm^2）。

②立方体抗压强度的确定。

A. 取三个试件测值的算术平均值作为该组试件的强度值，应精确至 0.1MPa；当三个测值中的最大值或最小值中如有一个与中间值的差值超过中间值的 15％时，则把最大及最小值一并剔除，取中间值作为该组试件的抗压强度值；当最大值和最小值与中间值的差均超过中间值的 15％，则该组试件的试验结果无效。

B. 凝土强度等级小于 C60 时，用非标准试件测得的强度值均应乘以尺寸换算系数，对 200mm×20mm×200mm 试件可取 1.05，对 100mm×100mm×100mm 试件可取 0.95。

当混凝土强度等级不小于 C60 时，宜采用标准试件；当使用非标准试件时，混凝土强度等级不大于 C100 时，尺寸换算系数宜由试验确定。在未进行试验确定的情况下，对 100mm×100mm×100mm 试件可取 0.95；当混凝土强度等级大于 C100 时，尺寸换算系数应经试验确定。

③同条件养护试件的抗压强度值。

对于同条件养护的试件，应将按上述要求确定的抗压强度值除以 0.88，作为同条件养护试件的抗压强度值，只有这样才能按现行国家标准《混凝土强度检验评定标准》（GB/T 50107）的有关规定进行评定。

7. 抗折强度（抗弯拉强度）试验

（1）目的与适用范围。

目的：测定混凝土的抗折强度，是否满足混凝土结构设计要求。

适用范围：适用于测定混凝土的抗折强度。

（2）混凝土抗折强度试验的试件尺寸、数量及表面质量。

①标准试件应是边长为 150mm×150mm×600mm 或 150mm×150mm×550mm 的棱柱体试件；

②边长为 100mm×100mm×400mm 的棱柱体试件是非标准试件；

③在试件长向中部 1/3 区段内表面不得有直径超过 5mm、深度超过 2mm 的孔洞；

④每组试件应为 3 块。

（3）抗折强度试验设备。

①压力试验机应符合 4.2.6 第 6 款的有关规定，试验机应能施加均匀、连续、速度可控的荷载。

②抗折试验装置。

抗折试验装置见图 4.2-14，应符合下列规定：

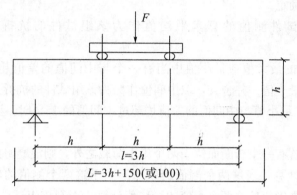

图 4.2-14 抗折试验装置（mm）

A. 双点加荷的钢制加荷头应使两个相等的荷载同时垂直作用在试件跨度的两个 3 分点处；

B. 与试件接触的两个支座和加荷头应采用直径为 20～40mm、长度不小于 $b+10mm$ 的硬钢圆柱，支座立脚点应为固定铰支，其他 3 个应为滚动支点。

（4）抗折强度试验步骤。

①试件到达试验龄期时，从养护地点取出后，应检查其尺寸及形状，尺寸公差应满足有关要求；试件取出后应尽快进行试验。

②试件安装时，可调制支座和加荷头位置，安装尺寸偏差不得大于 1mm。试件的承压面应为试件成型时的侧面。支座及承压面与圆柱的接触面应平稳、均匀，否则应垫平。

③在试验过程中应连续均匀地加荷，当对应的立方体抗压强度小于 30MPa 时，加荷速度宜取 0.02～0.05MPa/s；当对应的立方体抗压强度为 30～60MPa 时，加荷速度宜取 0.05～0.08MPa/s；当对应的立方体抗压强度不小于 60MPa 时，加荷速度宜取 0.08～0.10MPa/s。

④手动控制压力机加荷速度时，当试件接近破坏开始急剧变形时，应停止调整试验机油门，直至破坏，并应记录试件破坏荷载及试件下边缘断裂位置。

（5）抗折强度试验结果计算及确定。

①抗折强度试验结果计算。

若试件下边缘断裂位置处于二个集中荷载作用线之间，则试件的抗折强度按式（4.2-10）计算：

$$f_f = \frac{Fl}{bh^2} \qquad\qquad (4.2-10)$$

式中：f_f——混凝土抗折强度（MPa），精确至 0.1MPa；

$\quad\quad F$——试件破坏荷载（N）；

$\quad\quad l$——支座间跨度（mm）；

$\quad\quad h$——试件截面高度（mm）；

$\quad\quad b$——试件截面宽度（mm）。

②抗折强度的确定。

A. 应以 3 个试件测值的算术平均值作为该组试件的抗折强度值，应精确至 0.1MPa；

B. 3 个测值中的最大值或最小值中当有一个与中间值的差值超过中间值的 15％时，应把最大值和最小值一并舍去，取中间值作为为该组试件的抗折强度值；

C. 当最大值和最小值与中间值的差值均超过中间值的 15％时，该组试件的试验结果无效。

③三个试件中若有一个折断面位于两个集中荷载之外，则混凝土抗折强度值按另两个试件的试验结果计算。当这两个测值的差值不大于这两个测值的较小值的 15％时，则该组试件的抗折强度值按这两个测值的平均值计算，否则该组试件的试验结果无效。若有两个试件的下边缘断裂位置位于两个集中荷载作用线之外，则该组试件试验无效。

④当试件尺寸为 100mm×100mm×400mm 非标准试件时，应乘以尺寸换算系数 0.85；当混凝土强度等级≥C60 时，宜采用标准试件；使用非标准试件时，尺寸换算系数应由试验确定。

4.2.7 混凝土强度评定

1. 检验批划分原则及评定方法选择

（1）混凝土强度应分批进行检验评定。一个验收批的混凝土应由强度等级相同、试验龄期相同、生产工艺条件和配合比基本相同的混凝土组成。

（2）对大批量、连续生产的混凝土强度，不管是标准养护的混凝土强度还是同条件养护的混凝土强度，均可按 4.2.7 第 2 款中的第（1）款规定的统计方法评定。对小批量或零星生产等其他混凝土的强度，不管是标准养护的混凝土强度还是同条件养护的混凝土强度，均可按 4.2.7 第 2 款中的第（2）款规定的非统计方法评定。

2. 混凝土强度评定

（1）统计方法评定。

①当连续生产混凝土，生产条件在较长时间内能保持一致，且同一品种、同一强度等级混凝土的强度变异性保持稳定时，应按 4.2.7 第 2 款中第（1）款的第③小款的规定进行评定。

②其他情况应按 4.2.7 第 2 款中第（1）款的第④小款的规定进行评定。

③一个检验批的样本容量应为连续的 3 组试件，其强度应同时满足下列规定：

$$mf_{cu} \geqslant f_{cu,k} + 0.7\delta_0 \qquad (4.2-11)$$

$$f_{cu,\min} \geqslant f_{cu,k} - 0.7\delta_0 \qquad (4.2-12)$$

检验批混凝土立方体抗压强度的标准差应按式（4.2-13）计算：

$$\delta_0 = \sqrt{\dfrac{\sum\limits_{i=1}^{n} f_{cu,i}^2 - n \cdot mf_{cu}^2}{n-1}} \qquad (4.2-13)$$

当混凝土强度等级不高于 C20 时，其强度的最小值尚应满足式（4.2-14）要求：

$$f_{cu,\min} \geqslant 0.85 f_{cu,k} \qquad (4.2-14)$$

当混凝土强度等级高于 C20 时，其强度的最小值尚应满足式（4.2-15）要求：

$$f_{cu,\min} \geqslant 0.90 f_{cu,k} \qquad (4.2-15)$$

式中：　mf_{cu}——同一检验批混凝土立方体抗压强度的平均值（MPa），精确到 0.1MPa。

$f_{cu,k}$——混凝土立方体抗压强度标准值（MPa），精确到 0.1MPa。

δ_0——检验批混凝土立方体抗压强度的标准差（MPa），精确到 0.01MPa；当检验批混凝土强度标准差 δ_0 计算值小于 2.5MPa 时，应取 2.5MPa。

$f_{cu,i}$——前一个检验期内同一品种、同一强度等级的第 i 组混凝土试件的立方体抗压强度代表值（MPa），精确到 0.1MPa；该检验期不应少于 60d，也不得大于 90d。

④当样本容量不少于 10 组时，其强度应同时满足下列公式的要求：

$$mf_{cu} \geqslant f_{cu,k} + \lambda_1 Sf_{cu} \qquad (4.2-16)$$

$$f_{cu,\min} \geqslant \lambda_2 f_{cu,k} \qquad (4.2-17)$$

同一检验批混凝土立方体抗压强度的标准差应按下式计算：

$$Sf_{cu} = \sqrt{\dfrac{\sum\limits_{i=1}^{n} f_{cu,i}^2 - n \cdot mf_{cu}^2}{n-1}} \qquad (4.2-18)$$

式中：　Sf_{cu}——同一检验批混凝土样本立方体抗压强度的标准差（MPa），精确到 0.01MPa；当检验批混凝土强度标准差 Sf_{cu} 计算值小于 2.5MPa 时，应取 MPa。

λ_1、λ_2——合格判定系数，按表 4.2-4 取用。

n——本检验期内的样本容量。

表 4.2-4　混凝土强度的合格判定系数

试件组数	10~14	15~19	≥20
λ_1	1.15	1.05	0.95
λ_2	0.90	0.85	

（2）非统计方法评定。

①当用于评定的样本容量小于 10 组时，应采用非统计方法评定混凝土强度。

②按非统计方法评定混凝土强度时，其强度应同时满足式（4.2-19）和式（4.2-

20）的规定。

$$mf_{cu} \geqslant \lambda_3 f_{cu,k} \tag{4.2-19}$$

$$f_{cu,\min} \geqslant \lambda_4 f_{cu,k} \tag{4.2-20}$$

式中：λ_3、λ_4——合格判定系数，按表4.2-5取用。

表 4.2-5　混凝土强度的合格判定系数

试件组数	<C60	≥C60
λ_3	1.15	1.10
λ_4	0.95	

（3）结构实体混凝土同条件养护试件强度评定。

对同一强度等级的同条件养护试件，其按 GB/T 50081 检测的抗压强度值应除以 0.88 后，再按本节的有关规定进行评定，评定结果符合要求时，可判断结构实体混凝土强度合格。

（4）冬季施工混凝土受冻临界强度评定。

冬期浇筑的混凝土，其受冻临界强度应符合下列规定：

①采用蓄热法、暖棚法、加热法施工的混凝土，采用硅酸盐水泥、普通硅酸盐水泥配制时，其受冻临界强度不应小于设计混凝土强度等级值的 30%，采用矿渣硅酸盐水泥、粉煤灰硅酸盐水泥、火山灰质硅酸盐水泥、复合硅酸盐水泥时，不应小于设计混凝土强度等级值的 40%。

②当室外最低气温不低于−15℃时，采用综合蓄热、负温养护法施工的混凝土受冻临界强度不应小于 4.0MPa；当室外最低气温不低于−30℃时，采用负温养护法施工的混凝土受冻临界强度不应小于 5.0MPa。

③对强度等级不低于 C50 的混凝土，不宜小于设计混凝土强度等级值的 30%。

④对有抗渗要求的混凝土，不宜小于设计混凝土强度等级值的 50%。

⑤对有抗冻要求的混凝土，不宜小于设计混凝土强度等级值的 70%。

⑥当采用暖棚法施工的混凝土中掺入早强剂时，可按综合蓄热受冻临界强度取值。

⑦当施工需要提高混凝土强度等级时，应按提高后的强度等级确定受冻临界强度。

4.3　混凝土的变形性能

混凝土在硬化和使用过程中，由于受到物理、化学和力学等因素的作用，常发生各种变形。由物理、化学因素引起的变形称为非荷载作用下的变形，包括化学收缩、干湿变形、碳化收缩及温度变形等；由荷载作用引起的变形称为在荷载作用下的变形，包括在短期荷载作用下的变形及长期荷载作用下的变形。

4.3.1　非荷载作用下的变形

1. 干湿变形

混凝土因周围环境湿度变化，会产生干燥收缩和湿胀，统称为干湿变形。

混凝土在水中硬化时，由于凝胶体中的胶体粒子表面的吸附水膜增厚，胶体粒子间距离增大，引起混凝土产生微小的膨胀，即湿胀。湿胀对混凝土无危害。

混凝土在空气中硬化时，首先失去自由水；继续干燥时，毛细管水蒸发，使毛细孔中形成负压产生收缩；再继续受干燥则吸附水蒸发，引起凝胶体失水而紧缩。以上这些作用的结果导致混凝土产生干缩变形。混凝土的干缩变形在重新吸水后大部分可以恢复，但不能完全恢复。

在一般条件下，混凝土极限收缩值可达 $5 \times 10^{-4} \sim 9 \times 10^{-4}$ mm/mm，在结构设计中混凝土干缩率取值为 $1.5 \times 10^{-4} \sim 2.0 \times 10^{-4}$ mm/mm，即每米混凝土收缩 $0.15 \sim 0.20$ mm。由于混凝土抗拉强度低，而干缩变形又如此之大，所以很容易产生干缩裂缝。

混凝土中水泥石是引起干缩的主要组分，骨料起限制收缩的作用，孔隙的存在会加大收缩。因此减少水泥用量，减小水灰比，加强振捣，保证骨料洁净和级配良好是减少混凝土干缩变形的关键。另外，混凝土的干缩主要发生在早期，前三个月的收缩量为 20 年收缩量的 $40\% \sim 80\%$。由于混凝土早期强度低，抵抗干缩应力的能力弱，因此加强混凝土的早期养护，延长湿养护时间，对减少混凝土干缩裂缝具有重要作用（但对混凝土的最终干缩率无显著影响）。

水泥的细度及品种对混凝土的干缩也产生一定的影响。水泥颗粒越细干缩也越大；掺大量混合材料的硅酸盐水泥配制的混凝土，比用普通水泥配制的混凝土干缩率大，其中火山灰水泥混凝土的干缩率最大，粉煤灰水泥混凝土的干缩率较小。

2. 化学收缩

由于水泥水化生成物的体积比反应前物质的总体积小，从而引起混凝土的收缩称为化学收缩。收缩量随混凝土硬化龄期的延长而增加，一般在混凝土成型后 40d 内增长较快，以后逐渐趋于稳定。化学收缩值很小（小于 1%），对混凝土结构没有破坏作用。混凝土的化学收缩是不可恢复的。

3. 碳化收缩

混凝土的碳化是指混凝土内水泥石中的 Ca (OH)$_2$ 与空气中的 CO_2，在湿度适宜的条件下发生化学反应，生成 $CaCO_3$ 和 H_2O 的过程，也称为中性化。

混凝土的碳化会引起收缩，这种收缩称为碳化收缩。碳化收缩可能是由于在干燥收缩引起的压应力下，因 Ca (OH)$_2$ 晶体应力释放和在无应力空间 $CaCO_3$ 的沉淀所引起。碳化收缩会在混凝土表面产生拉应力，导致混凝土表面产生微细裂纹。观察碳化混凝土的切割面，可以发现细裂纹的深度与碳化层的深度相近。但是，碳化收缩与干燥收缩总是相伴发生，很难准确划分开来。

4. 温度变形

混凝土同其他材料一样，也会随着温度的变化而产生热胀冷缩变形。混凝土的温度膨胀系数为 $0.7×10^{-5}\sim1.4×10^{-5}/℃$，一般取 $1.0×10^{-5}/℃$，即温度每 $1℃$ 改变，$1m$ 混凝土将产生 $0.01mm$ 膨胀或收缩变形。

混凝土是热的不良导体，传热很慢，因此在大体积混凝土（截面最小尺寸大于 $1m$ 的混凝土，如大坝、桥墩和大型设备基础等）硬化初期，由于内部水泥水化热而积聚较多热量，造成混凝土内外层温差很大（可达 $50\sim80℃$）。这将使内部混凝土的体积产生较大热膨胀，

而外部混凝土与大气接触，温度相对较低，产生收缩。内部膨胀与外部收缩相互制约，在外表混凝土中将产生很大拉应力，严重时使混凝土产生裂缝。

大体积混凝土施工时，须采取一些措施来减小混凝土内外层温差，以防止混凝土温度裂缝。

4.3.2 荷载作用下的变形

1. 在短期荷载作用下的变形

（1）混凝土的弹塑性变形。

混凝土是一种弹塑性体，静力受压时，既产生弹性变形，又产生塑性变形，其应力（σ）与应变（ε）的关系是一条曲线，如图 4.3-1 所示。当在图中 A 点卸荷时，$\sigma-\varepsilon$ 曲线沿 AC 曲线回复，卸荷后弹性变形 ε 恢复了，而残留下塑性变形 ε 塑。

（2）混凝土的弹性模量。

材料的弹性模量是指 $\sigma-\varepsilon$ 曲线上任一点的应力与应变之比。混凝土 $\sigma-\varepsilon$ 曲线是一条曲线，因此混凝土的弹性模量是一个变量，这给确定混凝土弹性模量带来不便。但是，通过大量的试验发现，混凝土在静力受压加荷与卸荷的重复荷载作用下，其 $\sigma-\varepsilon$ 曲线的变化存在以下的规律：在混凝土轴心抗压强度的 $50\%\sim70\%$ 应力水平下，反复加荷卸荷，混凝土的塑性变形逐渐增大，最后导致混凝土产生疲劳破坏。而在轴心抗压强度的 $30\%\sim50\%$ 的应力水平下，反复加荷卸荷，混凝土的塑性变形的增量逐渐减少，最后得到的 $\sigma-\varepsilon$ 曲线 $A'C'$ 几乎与初始切线平行，如图 4.3-2 所示。用这条曲线的斜率来表示混凝土的弹性模量，通常把这种方法测得的弹性模量称作混凝土割线弹性模量。混凝土的弹性模量与混凝土的强度、骨料的弹性模量、骨料用量和早期养护温度等因素有关。混凝土强度越高、骨料弹性模量越大、骨料用量越多、早期养护温度较低，混凝土的弹性模量越大。C10$\sim$C60 的混凝土其弹性模量约为 $1.75×10^{4}\sim4.90×10^{4}MPa$。

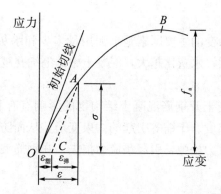

图 4.3-1　混凝土在压力作用下的应力-应变曲线图

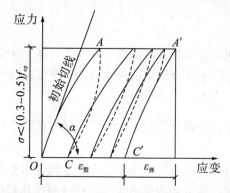

图 4.3-2　混凝土在低应力水平下反复加卸荷时的应力-应变曲线

2. 混凝土在长期荷载作用下的变形

混凝土在长期荷载作用下会发生徐变。所谓徐变是指混凝土在长期恒载作用下，随着时间的延长，沿作用力的方向发生的变形，即随时间而发展的变形。

混凝土的徐变在加荷早期增长较快，然后逐渐减慢，2～3 年才趋于稳定。当混凝土卸载后，一部分变形瞬时恢复，一部分要过一段时间才能恢复（称为徐变恢复），剩余的变形是不可恢复部分，称作残余变形，如图 4.3-3 所示。

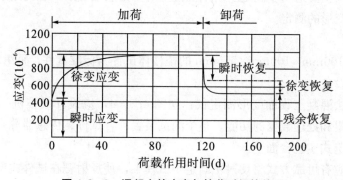

图 4.3-3　混凝土的应变与持荷时间的关系

混凝土产生徐变的原因，一般认为是由于在长期荷载作用下，水泥石中的凝胶体产生黏性流动，向毛细孔中迁移，或者凝胶体中的吸附水或结晶水向内部毛细孔迁移渗透所致。

因此，影响混凝土徐变的主要因素是水泥用量多少和水灰比大小。水泥用量越多，混凝土中凝胶体含量越大；水灰比越大，混凝土中的毛细孔越多。这两个方面均会使混凝土的徐变增大。

混凝土的徐变对混凝土及钢筋混凝土结构物的影响有有利的一面，也有不利的一面。徐变有利于削弱由温度、干缩等引起的约束变形，从而防止裂缝的产生。但在预应力结构中，徐变将产生应力松弛，引起预应力损失。在钢筋混凝土结构设计中，要充分考虑徐变的影响。

4.3.3　常用混凝土的变形性能试验

1．混凝土取样

（1）混凝土的取样同混凝土拌合物取样［即 4.1.5 条第 1 款中的第（2）款］。

（2）每组试件所有混凝土拌合物应从一盘或同一车混凝土中取样。

2．试件的制作与养护

（1）试件的制作与养护应符合混凝土力学性能试验的有关规定［即 4.1.5 条第 2 款的规定］。

（2）在制作混凝土耐久性试验用试件时，不应采用憎水性脱模剂。

（3）在制作混凝土耐久性试验用试件时，宜同时制作与相应耐久性试验龄期对应的混凝土立方体试件抗压强度用试件。

（4）制作混凝土试验用试件时，所采用的振动台和搅拌机应分别符合标准 JG/T 245 和标准 JG/T 244 的规定。

3．非接触法收缩试验

（1）目的与适用范围。

目的：评价混凝土早期的变形，为混凝土配合比设计、施工提高的依据。

适用范围：主要适用于测定早龄期混凝土的自由收缩变形，也可用于无约束状态下混凝土自收缩变形的测定。

（2）试件。

本方法以 100mm×100mm×515mm 的棱柱体试件为标准试件，每组应为 3 个试件。

（3）试验设备。

①非接触法混凝土收缩变形测定仪：如图 4.3-4，应设计成整机一体化装置，并应具备自动采集和处理数据的功能。整个测试装置（含试件、传感器等）应固定于具有避震功能的固定式实验台面上。

②试模：应有可靠方式将反射靶固定于试模上，使反射靶在试件成型浇筑振动过程中不会移位偏斜，且在成型完成后应能保证反射靶与试模之间摩擦力尽可能小。试模应具有足够的刚度的钢模，且本身的收缩变形应小。试模的长度应能保证混凝土试件的测量标距不小于 400mm。

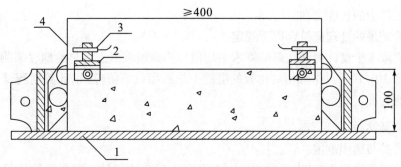

1—试模；2—固定架；3—传感器探头；4—反射靶

图 4.3-4 非接触式混凝土收缩变形测定仪原理示意图（mm）

③位移传感器和反射靶：传感器的测试量程不小于试件测量标距长度的 0.5%，测试精度不应小于 0.002mm。应有可靠方式将非接触传感器测头固定，使测头能在测量整个过程中与试模相对位置保持固定不变。

（4）试验过程中应能保证反射靶能够随着混凝土收缩而同步移动。

①试验应在温度为（20±2）℃、相对湿度为（60±5）%的恒温恒湿条件下进行。采用本试验方法进行收缩变形试验应带模进行测试。

②先在试模内涂刷润滑油，然后在试模内铺设两层塑料薄膜，每层薄膜上均匀涂抹一层润滑油或者放置一片聚四氟乙烯（PTFE）片，且应在薄膜和聚四氟乙烯（PTFE）片与试模接触的面上均匀涂抹一层润滑油。应将反射靶固定在试模两端。

③将混凝土拌合物浇筑入试模后，应振动成型并抹平。然后应立即带模移入恒温恒湿养护室室。成型试件的同时，应测定混凝土的初凝时间。混凝土初凝试验和早龄期收缩试验的环境条件应相同。当混凝土初凝时，开始采用固定于试模两端的非接触式位移传感器测定试件左右两侧的初始读数，此后至少应按每隔 1h 或设定的时间间隔测定试件两侧的变形读数。

④在整个测试过程中，试件在变形测定仪上放置的位置、方向均应始终保持固定不变。

⑤需要测定混凝土自身收缩值的试件，浇筑振捣后应立即采用塑料薄膜作密封处理。

（5）试验结果的计算和处理。

①混凝土收缩率试验应按照下式计算：

$$\varepsilon_{st} = \frac{(L_{10} - L_{1t}) + (L_{20} - L_{2t})}{L_0} \tag{4.3-1}$$

式中：ε_{st}——测试期为 t（h）的混凝土收缩率，t 从初始读数时算起；

L_{10}——左侧非接触式位移传感器测定初始读数（mm）；

L_{1t}——左侧非接触式位移传感器测试期为 t（h）的测定读数（mm）；

L_{20}——右侧非接触式位移传感器测定初始读数（mm）；

L_{2t}——右侧非接触式位移传感器测试期为 t（h）的测定读数（mm）；

L_0——试件测量标距（mm），等于试件长度减去试件中两个反射靶沿试件长度方向埋入试件中的长度之和。

②试验结果的处理应符合以下规定：

每组应取 3 个试件测试结果的算术平均值作为该组混凝土的早龄期收缩测定值，计算应精确到 $10×10^{-6}$。作为相对比较的混凝土早龄期收缩值应以 3d 龄期测试得到的混凝土收缩值为准。

4. 接触法收缩试验

(1) 目的与适用范围。

目的：评价混凝土 3d 以后的变形，为混凝土配合比设计、混凝土结构设计和施工提供依据。

适用范围：适用于测定在无约束和规定的温湿度条件下硬化后混凝土试件收缩变形性能。

(2) 试件和测头。

①试件：100mm×100mm×515mm 的棱柱体试件试件。每组应为三个试件。

②采用卧式混凝土收缩仪时，试件两端应预埋测头或留有埋设测头的凹槽。卧式收缩试验用测头（图 4.3−5）应由不锈钢或其他不锈的材料制成。

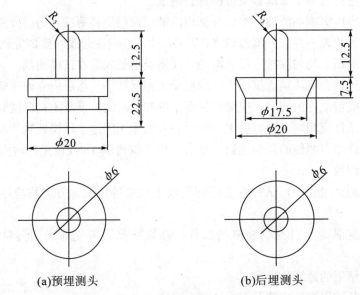

(a)预埋测头　　　　　　(b)后埋测头

图 4.3−5　收缩测头（mm）

③采用立式混凝土收缩仪时，试件一端中心应预埋侧头（图 4.3−6）。立式收缩试验用测头的另一端宜采用 M20×35mm 的螺栓（螺纹通长），并应与立式混凝土收缩仪底座固定，螺栓和测头都应该预埋进去。

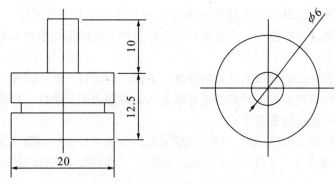

图 4.3－6　立式收缩试验用测头（mm）

④采用接触法引伸仪时，所用试件长度应至少比仪器的测量标距长出一个截面的边长，测头应粘贴在试件两端的轴线上。

⑤使用混凝土收缩仪时，制作试件的试模应具有能够固定测头或预留凹槽的端板，使用接触法引伸仪时，可用一般棱柱体试模制作试件。

⑥收缩试件成型时不得使用机油等憎水性脱模剂。试件成型后应带模养护 1～2d，并保证拆模时不损伤试件。对于事先没有埋设测头的试件，拆模后应立即粘贴或埋好测头。试件拆模后，应立即送至温度为（20±2）℃、湿度为 95％以上的标准养护室养护。

（3）试验设备。

①测量混凝土变形的装置应具有硬钢或石英玻璃制作的标准杆，以便在测量前及测量过程中校核仪表的读数。

②收缩测量装置。

A. 卧式混凝土收缩仪：测量标距为 540mm，并应装有精度为 0.01mm 的百分表或测微器。

B. 立式混凝土收缩仪：其测量标距和测微器同卧式混凝土收缩仪。

C. 其他形式的变形测量仪表标距不应小于 100mm 及骨料粒径的三倍，并至少能达到±0.001mm 的测量精度。

（4）混凝土收缩试验步骤。

①收缩试验应在恒温恒湿环境中进行，恒温恒湿室应能使室温保持在（20±2）℃，相对湿度保持在（60±5）％。试件在恒温恒湿室内应放置在不吸水的搁架上，底面应架空，每个试件之间应至少留有 30mm 的间隙。

②测定代表某一混凝土收缩性能的特征值时，试件应在 3d 龄期（从搅拌混凝土加水时算起）从标准养护室取出，并立即移入恒温恒湿室测定其初始长度，此后至少应按以下规定的时间间隔测量其变形读数：1d、3d、7d、14d、28d、45d、60d、90d、120d、150d、180d、360d（从移入恒温恒湿室内算起）。

③测定混凝土在某一具体条件下的相对收缩值时（包括在徐变试验时的混凝土收缩变形测定）应按要求的条件进行试验。对非标准养护试件，当需移入恒温恒湿室进行试验时，应先在该室内预置 4 个小时，再测其初始值，以使它们具有同样的温度基准。测量时应记下试件的初始干湿状态。

④测量前应先用标准杆校正仪表的零点，测定过程中至少再复核 1~2 次，其中一次应在全部试件测读完后进行。当复核时发现零点与原值的偏差超过±0.001mm，调零后应重新测定。

⑤试件每次在卧式收缩仪上放置的位置、方向均应保持一致。试件上应标明相应的方向记号。试件在放置及取出时应轻稳仔细，不得碰撞表架及表杆，如发生碰撞，则应取下试件，重新用标准杆复核零点。

⑥采用立式混凝土收缩仪时，整套收缩装置应放在不易受外部振动影响的地方。读数时宜轻敲仪表或者上下轻轻滑动测头。安装立式混凝土收缩仪的测试台应有减震装置。

⑦用接触法引伸仪测定时，应使每次测量时试件与仪表保持相对固定的位置和方向。每次读数应重复 3 次。

（5）混凝土收缩试验结果的计算与处理。

①混凝土收缩率应按下式计算：

$$\varepsilon_{st} = \frac{L_0 - L_1}{L_b} \tag{4.3-2}$$

式中：ε_{st}——试验期为 t（d）的混凝土收缩率，t 从测定初始长度时算起。

L_b——试件的测量标距，用混凝土收缩仪测量时应等于两测头内侧的距离，即等于混凝土试件长度（不计测头凸出部分）减去两个测头埋入深度之和（mm）。采用接触法引伸仪时，即为仪器的测量标距。

L_0——试件长度的初始读数（mm）。

L_1——试件在试验期为 t（d）时测得的长度读数（mm）。

②每组应取 3 个试件收缩率的算术平均值作为该混凝土试件的收缩率测定值，计算精确至 10×10^{-6}。

③作为相互比较的混凝土收缩率值应为不密封试件于 180d 龄期所测得的收缩率值。可将不密封试件 360d 所测得的收缩值作为该混凝土的终极收缩值。

5. 早期抗裂试验

（1）目的和适用范围。

目的：评价混凝土早期的抗裂性能，为混凝土配合比设计和施工提供依据。

适用范围：适用于测试混凝土在约束条件下的早期抗裂性能。

（2）试验装置及试件尺寸。

①试件。

以尺寸为 800mm×600mm×100mm 的平面薄板型试件为标准试件，每组应至少有 2 个试件。混凝土骨料最大粒径不应超过 31.5mm。

②混凝土早期抗裂试验装置（图 4.3-7）。

采用钢制模具，模具的四边（包括长侧板和短侧板）宜采用槽钢或角钢焊接而成，侧板厚度不应小于 5mm，模具四边与底板宜通过螺栓固定在一起。模具内应设有七根裂缝诱导器，裂缝诱导器可分别用 50mm×50mm、40mm×40mm 角钢与 5mm×50mm 钢板焊接组成，并应平行于模具短边。底板应采用不小于 5mm 厚的钢板，并应在底板表面铺设聚乙烯薄膜或者聚四四氟乙烯片做隔离层。模具应作为测试装置的一个部分，测试时应与试件连在一起。

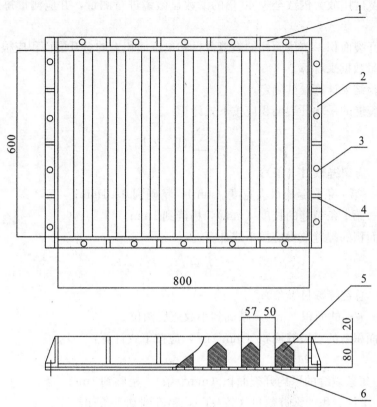

1—槽钢；2—槽钢；3—螺栓；4—槽钢加强筋；5—裂缝诱导器；6—地板

图 4.3－7　混凝土早起抗裂性能试验装置（mm）

③风扇的风速应可调，并且应能保证试件表面中心处的风速不小于 5m/s。

④温度计精度不应低于±0.5℃，相对湿度计精度不应低于±0.1%，风速计精度不应低于±0.5m/s。

⑤刻度放大镜的放大倍数不应小于 40 倍，分度值不应大于 0.01mm。

⑥照明装置可采用手电筒或者其他简易照明装置。

⑦钢直尺的最小刻度应为 1mm。

（3）试验应步骤。

①试验宜在温度为（20±2）℃、相对湿度保持为（60±5）%的恒温恒湿室中进行。

②将混凝土浇筑至模具内，应立即将混凝土摊平，且表面应比模具边框略高。可使用平板表面式振捣器或者采用捣棒插捣，应控制好振捣时间，并应防止过振和欠振。

③在振捣后，应用抹子整平表面，并应使骨料不外露，且应表面平实。

④应在试件成型 30min 后立即调节风扇位置和风速，使试件表面中心正上方 100mm 处风速为（5±0.5）m/s。并使风向平行于试件表面和裂缝诱导器方向。

⑤试验时间应从混凝土搅拌加水开始起算时间，应在（24±0.5）h 测读裂缝。裂

缝长度应用钢直尺测量，并应取裂缝两端直线距离为裂缝长度。当一个刀口上有两条裂缝时，可将两条裂缝的长度相加，折算成一条裂缝。

⑥裂缝宽度用放大倍数至少 40 倍的读数显微镜进行测量，并应测量每条裂缝的最大宽度。

⑦平均开裂面积、单位面积的裂缝数目和单位面积上的总开裂面积应根据混凝土浇筑 24h 后测量数据来计算。

（4）试验结果计算及其确定。

①每条裂缝的平均开裂面积应按下式计算：

$$a = \frac{1}{2N} \sum_i^N (W_i \times L_i) \tag{4.3-3}$$

式中：N——总裂缝数目（条）；

W_i——第 i 条裂缝的最大宽度（mm），精确到 0.01mm；

L_i——第 i 条裂缝的长度（mm），精确到 1mm。

②单位面积的裂缝数目应按下式计算：

$$b = \frac{N}{A} \tag{4.3-4}$$

式中：N——总裂缝数目（条）；

A——平板的面积（m²），精确到小数点后两位。

③单位面积上的总裂缝面积（mm²/m²）应按下式计算：

$$c = a \cdot b \tag{4.3-5}$$

式中：a——每条裂缝的平均开裂面积（mm²/条），精确到 1mm²/条；

b——单位面积的裂缝数目（条/m²），精确到 0.1 条/m²；

c——单位面积上的总开裂面积（mm²/m²），精确到 1mm²/m²。

④每组应分别以 2 个或多个试件的平均开裂面积（单位面积上的裂缝数目或单位面积上的总开裂面积）的算术平均值作为该组试件平均开裂面积（单位面积上的裂缝数目或单位面积上的总开裂面积）的测定值。

4.4 混凝土的耐久性

混凝土的耐久性是指混凝土能抵抗环境介质的长期作用，保持正常使用性能和外观完整性的能力。根据混凝土所处环境的不同，其耐久性的含义也有所不同，通常结构用混凝土的耐久性能主要包括抗渗、抗冻、抗侵蚀、抗碳化、抗碱骨料反应等性能。

4.4.1 混凝土的抗渗性

混凝土的抗渗性是指混凝土抵抗压力液体（水、油和溶液等）渗透作用的能力。它是决定混凝土耐久性最主要的因素。因为外界环境中的侵蚀性介质只有通过渗透才能进入混凝土内部产生破坏作用。

混凝土在压力液体作用下产生渗透的主要原因，是其内部存在连通的渗水孔道。这些孔道来源于水泥浆中多余水分蒸发留下的毛细管道、混凝土浇筑过程中泌水产生的通道、混凝土拌合物振捣不密实、混凝土干缩和热胀产生的裂缝等。由此可见，提高混凝土抗渗性的关键是提高混凝土的密实度或改变混凝土孔隙特征。

在受压力液体作用的工程，如地下建筑、水池、水塔、压力水管、水坝、油罐以及港工、海工等，必须要求混凝土具有一定的抗渗性能。提高混凝土抗渗性的主要措施：降低水灰比，以减少泌水和毛细孔；掺引气型外加剂，将开口孔转变成闭口孔，割断渗水通道；减小骨料最大粒径，骨料干净、级配良好；加强振捣，充分养护等。

4.4.2　混凝土的抗冻性

混凝土的抗冻性是指混凝土在水饱和状态下，经受多次冻融循环作用，强度不严重降低，外观能保持完整的性能。

水结冰时体积膨胀约 9%，如果混凝土毛细孔充水程度超过某一临界值（91.7%），则结冰产生很大的压力。此压力的大小取决于毛细孔的充水程度、冻结速度及尚未结冰的水向周围能容纳水的孔隙流动的阻力（包括凝胶体的渗透性及水通路的长短）。除了水的冻结膨胀引起的压力之外，当毛细孔水结冰时，凝胶孔水处于过冷的状态，过冷水的蒸气压比同温度下冰的蒸气压高，将发生凝胶水向毛细孔中冰的界面迁移渗透，并产生渗透压力。因此，混凝土受冻融破坏的原因是其内部的空隙和毛细孔中的水结冰产生体积膨胀和过冷水迁移产生压力所致。当两种压力超过混凝土的抗拉强度时，混凝土发生微细裂缝。在反复冻融作用下，混凝土内部的微细裂缝逐渐增多和扩大，导致混凝土强度降低甚至破坏。

以上讨论的是混凝土在纯水中的抗冻性，对于道路工程还存在盐冻破坏问题。为防止冰雪冻滑影响行驶和引发交通事故，常常在冰雪路面撒除冰盐（$NaCl$、$CaCl_2$ 等）。因为盐能降低水的冰点，达到自动融化冰雪的目的。但除冰盐会使混凝土的饱水程度、膨胀压力、渗透压力提高，加大冰冻的破坏力；并且在干燥时盐会在孔中结晶，产生结晶压力。以上两个方面的共同作用，使混凝土路面剥蚀，并且氯离子能渗透到混凝土内部引起钢筋锈蚀。因此，盐冻比纯水结冰的破坏力更大。

混凝土的抗冻性与混凝土的密实度、孔隙充水程度、孔隙特征、孔隙间距、冰冻速度及反复冻融的次数等有关。对于寒冷地区经常与水接触的结构物，如水位变化区的海工、水工混凝土结构物、水池、发电站站冷却塔及与水接触的道路、建筑物勒脚等，以及寒冷环境的建筑物，如冷库等，要求混凝土必须有一定的抗冻性。提高混凝土抗冻性的主要措施：降低水灰比，加强振捣，提高混凝土的密实度；掺引气型外加剂，将开口孔转变成闭口孔，使水不易进入孔隙内部，同时细小闭孔可减缓冰胀压力；保持骨料干净和级配良好；充分养护。

4.4.3　混凝土的碳化

混凝土的碳化是指混凝土内水泥石中的 $Ca(OH)_2$ 与空气中的 CO_2，在一定湿度条件下发生化学反应，生成 $CaCO_3$ 和 H_2O 的过程。混凝土的碳化弊多利少。由于中性化，混凝土中的钢筋因失去碱性保护而锈蚀，并引起混凝土顺筋开裂；碳化收缩会引起微细裂纹，使混凝土强度降低。但是碳化时生成的碳酸钙填充在水泥石的孔隙中，使混凝土的密实度和抗压强度提高，对防止有害杂质的侵入有一定的缓冲作用。

影响混凝土碳化的因素有：

1. 环境湿度

当环境的相对湿度在 50%～75% 时，混凝土碳化速度最快，当相对湿度小于 25% 或达 100% 时，碳化停止，这是在环境水分太少时碳化不能发生，混凝土孔隙中充满水时，二氧化碳不能渗入扩散所致。

2. 水灰比

水灰比愈小，混凝土愈密实，二氧化碳和水不易渗入，碳化速度慢。

3. 环境中二氧化碳的浓度

二氧化碳浓度越大，混凝土碳化作用越快。

4. 水泥品种

普通水泥、硅酸盐水泥水化产物碱度高，其抗碳化能力优于矿渣水泥、火山灰质水泥和粉煤灰水泥，且水泥随混合材料掺量的增多而碳化速度加快。

5. 外加剂

混凝土中掺入减水剂、引气剂或引气型减水剂时，由于可降低水灰比或引入封闭小气泡，可使混凝土碳化速度明显减慢。

提高混凝土密实度（如降低水灰比、采用减水剂、保证骨料级配良好、加强振捣和养护等）是提高混凝土碳化能力的根本措施。

4.4.4 混凝土的抗侵蚀性

水泥混凝土硬化后在通常条件下具有较好的耐久性，但在流动的淡水和某些侵蚀介质存在的环境中，其结构会受到侵蚀，直至破坏，这种现象称为混凝土的腐蚀。它对混凝土耐久性影响较大，必须采取有效措施予以防止。

水泥混凝土的主要腐蚀类型如下：

1. 软水腐蚀（溶出性腐蚀）

$Ca(OH)_2$ 晶体是水泥的主要水化产物之一，水泥的其他水化产物也须在一定浓度的 $Ca(OH)_2$ 溶液中才能稳定存在，而 $Ca(OH)_2$ 又是易溶于水的。若水泥石中的 $Ca(OH)_2$ 被溶解流失，其浓度低于水化产物所需要的最低要求时，水泥的水化产物就会被溶解或分解，从而造成水泥石的破坏。所以软水腐蚀是一种溶出性的腐蚀。

雨水、雪水、蒸馏水、冷凝水、含碳酸盐较少的河水和湖水等都是软水，当水泥石长期与这些水接触时，$Ca(OH)_2$ 会被溶出，每升水中可溶解 1.3 克以上 $Ca(OH)_2$。在静水无压或水量不多情况下，由于 $Ca(OH)_2$ 的溶解度较小，溶液易达到饱和，故溶出作用仅限于表面，并很快停止，其影响不大。但在流水、压力水或大量水的情况下，$Ca(OH)_2$ 会不断地被溶解流失。一方面使水泥石孔隙率增大，密实度和强度下降，水更易向内部渗透；另一方面，混凝土的碱度不断降低，引起水化产物分解，最终变成胶结能力很差的产物，使混凝土结构受到破坏。

软水腐蚀的程度与水的暂时硬度（水中重碳酸盐即碳酸氢钙和碳酸氢镁的含量）有关，碳酸氢钙和碳酸氢镁能与水泥石中的 Ca（OH）$_2$ 反应生成不溶于水的碳酸钙，其反应式如下：

$$Ca（OH）_2+Ca（HCO_3）_2 \Longrightarrow 2CaCO_3 \downarrow +2H_2O$$

生成的碳酸钙沉淀在水泥石的孔隙内而提高其密实度，并在混凝土表面形成紧密不透水层，从而可以阻止外界水的侵入和内部 Ca（OH）$_2$ 的扩散析出。所以，水的暂时硬度越高，腐蚀作用越小。应用这一性质，对须与软水接触的混凝土制品或构件，可先在空气中硬化，再进行表面碳化，形成碳酸钙外壳，可起到一定的保护作用。

2. 盐类腐蚀

（1）硫酸盐腐蚀（膨胀腐蚀）。

硫酸盐腐蚀（膨胀腐蚀）是指在海水、湖水、盐沼水、地下水、某些工业污水、流经高炉矿渣或煤渣的水中，常含钾、钠和氨等的硫酸盐。它们与混凝土中的 Ca（OH）$_2$ 发生置换反应，生成硫酸钙。硫酸钙与水泥石中的水化铝酸钙作用会生成高硫型水化硫铝酸钙（钙矾石），其反应式为：

$$Ca（OH）_2+Na_2SO_4+2H_2O \Longrightarrow CaSO_4 \cdot 2H_2O+2NaOH$$

$4CaO \cdot Al_2O_3 \cdot 19H_2O+3（CaSO_4 \cdot 2H_2O）+7H_2O \Longrightarrow 3CaO \cdot Al_2O_3 \cdot 3CaSO_4 \cdot 31H_2O+Ca（OH）_2$

$3CaO \cdot Al_2O_3 \cdot 6H_2O+3（CaSO_4 \cdot 2H_2O）+19H_2O \Longrightarrow 3CaO \cdot Al_2O_3 \cdot 3CaSO_4 \cdot 31H_2O$

生成的高硫型水化硫铝酸钙晶体比原有水化铝酸钙体积增大 1.0~1.5 倍，硫酸盐浓度高时还会在孔隙中直接结晶成二水石膏，比 Ca（OH）$_2$ 的体积增大 1.2 倍以上。由此引起混凝土内部膨胀，致使结构胀裂、强度下降而遭到破坏。生成的高硫型水化硫铝酸钙晶体呈针状，被形象地称为"水泥杆菌"，如图 4.4—1 所示。

图 4.4—1　水化硫铝酸钙晶体——水泥杆菌

硫酸盐腐蚀还有另外一种方式，那就是碳硫硅钙石型硫酸盐侵蚀（the thaumasite form of sulfate attack，简称 TSA 腐蚀，也称为混凝土低温硫酸盐腐蚀），是近几年发现的另一类特殊的硫酸盐腐蚀破坏，其显著特征之一就是腐蚀破坏的对象是水泥水化产物水化硅酸钙凝胶（C—S—H 凝胶），与之反应生成灰白色泥状物质，使水泥混凝土失去胶结性能。TSA 侵蚀很容易在环境温度低于 15℃下发生（研究表明，20℃条件下也会发生碳硫硅钙石腐蚀，且在温度 5~20℃范围内时温度越低，TSA 腐蚀越严重）。混凝土硫酸盐侵蚀速度一般都比较慢，碳硫硅钙石的生成速度更为缓慢，因此需要一种新的试验方法来评价水泥混凝土抗低温硫酸盐侵蚀性能。针对 TSA 侵蚀，中国工程建设标准化协会发布了《混凝土抗低温硫酸盐侵蚀试验方法标准》（T/CECS 10166）。目前表示硫酸盐腐蚀的抗硫酸盐等级是针对硫酸盐膨胀腐蚀的，如何最终确定由这两种硫酸盐共同腐蚀造成的结果，目前还没有设计要求。

（2）镁盐腐蚀。

镁盐腐蚀是指在海水及地下水中，常含有大量的镁盐（主要是硫酸镁和氯化镁），它们可与水泥石中的 $Ca(OH)_2$ 发生如下反应。

$$MgSO_4 + Ca(OH)_2 + 2H_2O =\!=\!= CaSO_4 \cdot 2H_2O + Mg(OH)_2$$
$$MgCl_2 + Ca(OH)_2 =\!=\!= CaCl_2 + Mg(OH)_2$$

所生成的 $Mg(OH)_2$ 松软而无胶凝性，$CaCl_2$ 易溶于水，会引起溶出性腐蚀，二水石膏又会引起膨胀腐蚀。所以硫酸镁对水泥起硫酸盐和镁盐的双重腐蚀作用，危害更严重。

3. 酸类腐蚀

（1）碳酸腐蚀。

碳酸腐蚀是指在工业污水、地下水中常溶解有较多的二氧化碳，形成碳酸水，这种水对水泥石有较强的腐蚀作用。

首先，二氧化碳与水泥石中的 $Ca(OH)_2$ 反应，生成碳酸钙。

$$Ca(OH)_2 + CO_2 + H_2O =\!=\!= CaCO_3 + 2H_2O$$

生成的碳酸钙是固体，但它在含碳酸的水中是不稳定的，会发生可逆反应，转变成重碳酸钙，反应式如下：

$$CaCO_3 + CO_2 + H_2O =\!=\!= Ca(HCO_3)_2$$

所生成的重碳酸钙易溶于水。当水中含有较多的碳酸，且超过平衡浓度时，上式反应就向右进行，将导致水泥石中的 $Ca(OH)_2$ 转变成为重碳酸盐而溶失，发生溶出性的腐蚀。当水的暂时硬度较大时，所含重碳酸盐较多，上式平衡所需的碳酸就要越多，因而，可以减轻腐蚀的影响。

（2）一般酸的腐蚀。

一般酸的腐蚀是指水泥水化生成大量 $Ca(OH)_2$，因而呈碱性，一般酸都会对它有不同的腐蚀作用。主要原因是一般酸都会与 $Ca(OH)_2$ 发生中和反应，其反应的产物或者易溶于水，或者体积膨胀，使水泥石性能下降，甚至导致破坏；无机强酸还会与水泥石中的水化硅酸钙、水化铝酸钙等水化产物反应，使之分解，而导致腐蚀破坏。一般来说，有机酸的腐蚀作用较无机酸弱；酸的浓度越大，腐蚀作用越强。例如：

$$Ca (OH)_2 + 2HCl = CaCl_2 + 2H_2O$$

$$Ca (OH)_2 + 2H_2SO_4 = CaSO_4 \cdot 2H_2O$$

$$2CaO \cdot SiO_2 + 4HCl = 2CaCl_2 + SiO_2 \cdot 2H_2O$$

$$3CaO \cdot Al_2O_3 + 6HCl = 3CaCl_2 + Al_2O_3 \cdot 3H_2O$$

腐蚀作用较强的是无机酸中的盐酸（HCl）、氢氟酸（HF）、硝酸（HNO_3）、硫酸（H_2SO_4）和有机酸中的醋酸（即乙酸 CH_3COOH）、蚁酸（即甲酸 HCOOH）和乳酸 [$CH_3CH (OH) COOH$] 等。氢氟酸能侵蚀水泥石中硅酸盐和硅质骨料，腐蚀作用非常强烈；而草酸（即乙二酸 $HOOCCOOH \cdot 2H_2O$）与 $Ca (OH)_2$ 反应生成的草酸钙为不溶性盐，可在水泥石表面形成保护层，所以腐蚀作用很小。

4. 强碱的腐蚀

浓度不高的碱类溶液，一般对水泥石无害。但若长期处于较高浓度（大于 10%）的含碱溶液中也能发性缓慢腐蚀，主要是化学腐蚀和结晶腐蚀。

化学腐蚀：如氢氧化钠与水化产物反应，生成胶结力不强、易溶析的产物。

$$2CaO \cdot SiO_2 \cdot nH_2O + 2NaOH = 2Ca (OH)_2 + Na_2O \cdot SiO_2 + (n-1) H_2O$$

$$3CaO \cdot Al_2O_3 \cdot 6H_2O + 2NaOH = 3Ca (OH)_2 + Na_2O \cdot Al_2O_3 + 4H_2O$$

结晶腐蚀：如氢氧化钠渗入水泥石后，与空气中的二氧化碳反应生成含结晶水的碳酸钠，碳酸钠在毛细孔中结晶体积膨胀，而使水泥石开裂破坏。

5. 其他腐蚀

除了上述四种主要的腐蚀类型外，一些其他物质也对混凝土有腐蚀作用，如糖、氨盐、酒精、动物脂肪、含环烷酸的石油产品及碱-骨料反应等。它们或是影响水泥的水化，或是影响水泥的凝结，或是体积变化引起开裂，或是影响水泥的强度，从不同的方面造成混凝土的性能下降甚至破坏。实际工程中混凝土的腐蚀是一个复杂的物理化学作用过程，腐蚀的作用往往不是单一的，而是几种同时存在，相互影响的。

4.4.5　混凝土的碱-骨料反应

碱-骨料反应（AAR）是指混凝土中的碱与具有碱活性的骨料之间发生反应，反应产物吸水膨胀或反应导致骨料膨胀，造成混凝土开裂破坏的现象。

根据骨料中活性成分的不同，碱-骨料反应分为三种类型：碱-硅酸反应（ASR）、碱碳酸盐反应（ACR）和碱-硅酸盐反应。

碱-硅酸反应是分布最广、研究最多的碱-骨料反应，该反应是指混凝土内的碱与骨料中的活性 SiO_2 反应，生成碱-硅酸凝胶，并从周围介质中吸收水分而膨胀，导致混凝土开裂破坏的现象。其化学反应试如下：

$$2ROH + nSiO_2 \longrightarrow R_2O \cdot nSiO_2 \cdot H_2O$$

式中：R 代表 Na 或 K。

碱-骨料反应必须同时具备以下三个条件：

（1）混凝土中含有过量的碱（$Na_2O + K_2O$）。混凝土中的碱主要来自水泥，也来自外加剂、掺合料、骨料、拌合水等组分。水泥中的碱（$Na_2O + 0.658K_2O$）大于 0.6%

的水泥称为高碱水泥，我国许多水泥碱含量在 1% 左右，如果加上其他组分引入的碱，混凝土中的碱含量较高。

（2）碱活性骨料占骨料总量的比例大于 1%。碱活性骨料包括含活性 SiO_2 的骨料（引起 ASR）、黏土质白云石质石灰石（引起 ACR）和层状硅酸盐骨料（引起碱－硅酸盐反应）。含活性 SiO_2 的碱活性骨料分布最广，目前已被确定的有安山石、蛋白石、玉髓、鳞石英、方石英等。美国、日本、英国等发达国家已建立了区域性碱活性骨料分布图，我国也已开始绘制这种图，第一个分布图是京津塘地区碱活性骨料分布图。

（3）潮湿环境。只有在空气相对湿度大于 80%，或直接接触水的环境，AAR 破坏才会发生。碱－骨料反应很慢，引起的破坏往往经过若干年后才会出现。一旦出现，破坏性则很大，难以加固处理，应加强防范。

4.4.6　腐蚀的防止

混凝土腐蚀的产生，主要有三个基本原因：一是混凝土中存在易被腐蚀的组分，易被腐蚀的组分如 $Ca(OH)_2$、水化铝酸钙、碱活性骨料等；二是混凝土本身不密实，有许多毛细孔，容易使侵蚀介质能进入其内部；三是环境条件，混凝土所处环境中有能产生腐蚀的介质。防止混凝土的腐蚀，一般可采取以下措施。

1. 合理选用水泥品种

水泥品种不同，其矿物组成也不同，对腐蚀的抵抗能力不同。

水泥生产时，调整矿物的组成，掺加相应耐腐蚀性强的混合材料，就可制成具有相应耐腐蚀性能的特性水泥。水泥使用时必须根据腐蚀环境的特点，合理地选择品种。如硅酸盐水泥水化时产生大量 $Ca(OH)_2$，易受各种腐蚀的作用，抵抗腐蚀能力较差；而掺加活性混合材料的水泥，其熟料比例降低，水化时 $Ca(OH)_2$ 较少，抵抗各种腐蚀的能力较强；铝酸三钙含量低的水泥，其抗硫酸盐、抗碱腐蚀性能较强。

2. 提高混凝土的密实度，改善孔结构

混凝土的构造是一个多孔体系，因多余水分蒸发形成的毛细孔，是连通的孔隙，介质能渗入其内部，造成腐蚀。提高水泥石的密实度，减少孔隙，能有效地阻止或减少腐蚀介质的侵入，提高耐腐蚀能力；通过掺加引气剂、加强振捣改善水泥石的孔结构，引入密闭孔，减少毛细孔、连通孔，可提高抗渗性，是提高耐腐蚀能力的有效措施。

3. 掺加外加剂和掺合料

消除或者减少混凝土中易被腐蚀的组分，从而达到防止腐蚀的目的。

4. 控制混凝土原材料的质量

严格控制混凝土原材料的质量，消除或者减少混凝土存在的易被腐蚀的组分，从源头上防止腐蚀的发生。

5. 混凝土表面处理

通过表面处理，形成保护层，隔断环境中腐蚀介质和混凝土中易被腐蚀的组分的接触，从而达到防腐的目的。比如，当腐蚀作用较强时，应在混凝土表面加做不透水的保护层，隔断混凝土与腐蚀介质的接触，保护层材料选用耐腐蚀性强的石料、陶瓷、玻璃、塑料、沥青、涂料和聚合物浸渍混凝土等。也可用化学方法进行表面处理，形成保护层，如表面碳化形成致密的碳酸钙、表面涂刷草酸形成草酸钙等。

4.4.7　常用混凝土耐久性试验

1. 混凝土取样

（1）混凝土的取样同混凝土拌合物取样［即 4.1.5 第 1 款中的第（2）款］。

（2）每组试件所有混凝土拌合物应从一盘或同一车混凝土中取样。

2. 试件的截面尺寸

试件的横截面尺寸宜按表 4.4-1 选用。

表 4.4-1　试件最小截面尺寸

骨料最大公称粒径（mm）	试件最小截面尺寸（mm）
31.5	100×100 或 φ100
40.0	150×150 或 φ150
63.0	200×200 或 φ200

3. 试件的公差

（1）所有试件的承压面的平面度公差不得超过试件边长或直径的 0.0005。

（2）除抗水渗透试件外，其他所有试件的相邻面间的夹角应为 90°，公差不得超过 0.5°。

（3）除特别指明试件的尺寸偏差以外，所有试件各边长、直径和高的尺寸公差不得超过 1mm。

4. 试件的制作与养护

（1）试件的制作与养护应符合混凝土力学性能试验的有关规定（即 4.2.6 第 2 款的规定）。

（2）在制作混凝土耐久性试验用试件时，不应采用憎水性脱模剂。

（3）在制作混凝土耐久性试验用试件时，宜同时制作与相应耐久性试验龄期对应的混凝土立方体试件抗压强度用试件。

（4）制作混凝土耐久性试验用试件时，所采用的振动台和搅拌机应分别符合标准 JG/T 245 和标准 JG 244 的规定。

5. 渗水高度法抗水渗透试验

（1）目的和适用范围。

目的：比较混凝土的密实性，也可用于比较混凝土的抗渗性。

适用范围：适用于测定硬化后混凝土在恒定水压力下的平均渗水高度来表示的混凝土抗水渗透性能。

（2）试验基本原理。

不同密实性的混凝土内部孔隙组织不同，压力水在一定时间内渗入的深度也不同。在给定时间和压力下，比较渗水高度，即可相对比较混凝土的密实性。

（3）试验设备。

①混凝土抗渗仪：

混凝土抗渗仪应符合现行行业标准《混凝土抗渗仪》（JG/T 249）的规定，并应能使水压按规定的制度稳定地作用在试件上。仪器施加压力范围：0.1~2.0MPa。

②试模：

试模规格为上口直径 175mm、下口直径 185mm、高 150mm 的圆台体。

③密封材料：

密封材料石蜡加松香或水泥加黄油等材料，也可采用橡胶套等其他有效密封材料。

④梯形板：

梯形板尺寸如图 4.4-2 所示。应采用尺寸为 200mm×200mm 透明材料制成，并画有十条等间距线垂直于梯形底线的直线。

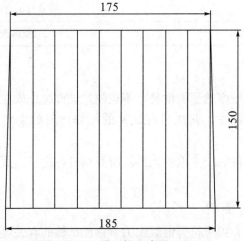

图 4.4-2　梯形板示意图（mm）

⑤钢尺：

分度值为 1mm。

⑥钟表：

分度值为 1min。

⑦辅助设备：

螺旋加压器、烘箱、电炉、浅盘、铁锅、钢丝网等。

⑧加压设备：

可为螺旋加压或其他加压形式，应能保证把试件压入试件套内其压力。

（4）渗水高度法抗水渗透试验步骤。

①按 4.4.7 第 4 款规定的方法进行试件的制作和养护。抗水渗透试验应以 6 个试件为一组。

②试件拆模后，用钢丝刷刷去两端面的水泥浆膜，并应立即送入标准养护室养护。

③抗水渗透试验的龄期宜为 28d。应在到达试验龄期前一天，从养护室取出试件，并擦拭干净。待试件表面晾干后，应按下列方法进行试件密封：

A. 当用石蜡密封时，应在试件侧面滚涂一层熔化的内加少量松香的石蜡。然后应用螺旋加压器将试件压入经过烘箱或电炉预热过的试模中，使试件与试模底平齐，并应在试模变冷后才解除压力。试模的预热温度，以石蜡接触试模即缓慢熔化，但不流淌为准。

B. 用水泥加黄油密封时，其质量比为 (2.5~3.0)∶1。应用三角刀将密封材料均匀地刮涂在试件侧面上，厚约 1~2mm。应套上试模并将试件压入，应使试件与试模底齐平。

C. 试件密封也应采用其他更可靠的密封方式。

④试件准备好之后，启动抗渗仪，并开通 6 个试位下的阀门，使水从 6 个孔中渗出，水应充满试位坑。在关闭 6 个试位下的阀门后，应将密封好的试件安装在抗渗仪上。

⑤试件安装好以后，应立即开通 6 个试位下的阀门，使水压在 24h 内恒定控制在 (1.2±0.05) MPa。且加压过程不应大于 5min，应以达到稳定压力的时间作为试验记录起始时间（精确至 1min）。在稳压过程中随时观察试件端面的渗水情况，当某一个试件端面出现渗水时，应停止该试件的试验并应记录时间，并以该试件的试件高度作为该试件的渗水高度。对于试件端面未出现渗水的情况，应在试验 24h 后停止试验，并及时取出试件。在试验过程中，当发现水从试件周边渗出时，应重新按规定进行密封。

⑥将从抗渗仪上取出来的试件放在压力机上，并应在试件上下两端面中心处沿直径方向各放一根直径为 6mm 的钢垫条，并应确保它们在同一竖直平面内。然后开动压力机，将试件沿纵断面劈裂为两半。试件劈开后应用防水笔描出水痕。

⑦应将梯形板放在试件劈裂面上，并用钢尺沿水痕等间距量测 10 个测点的渗水高度值，读数精确至 1mm。当读数时若遇到某测点被骨料阻挡，可以靠近骨料两端的深水高度算术平均值来作为该测点的深水高度。

（5）抗水渗透（渗水高度法）试验结果计算及确定。

①每个试件渗水高度应按式（4.4-1）计算：

$$\bar{h}_i = \frac{1}{10} \sum_{j=1}^{10} h_j \tag{4.4-1}$$

式中：$\bar{h}_i$——第 i 个试件的平均渗水高度（mm），应以 10 个测点渗水高度的平均值作为该试件渗水高度的测定值；

h_j——第 i 个试件第 j 个测点处的深水高度（mm）。

②一组试件的平均渗水高度应按式（4.4-2）计算：

$$\bar{h} = \frac{1}{6} \sum_{i=1}^{6} \bar{h}_i \tag{4.4-2}$$

式中：$\bar{h}$——一组 6 个试件的平均渗水高度（mm）。

应以一组 6 个试件深水高度的算术平均值作为该组试件渗水高度的测定值。

6. 逐级加压法抗水渗透试验

(1) 目的和适用范围。

目的：用于测定混凝土的抗渗性等级。

适用范围：适用于通过逐级施加水压力来测定以抗渗等级来表示的混凝土的抗水渗透性能。

(2) 仪器设备。

应符合 4.4.7 第 5 款的有关规定。

(3) 试验步骤应符合以下规定。

①首先应按渗透高度法的规定进行试件的密封和安装。

②试验时，水压从 0.1MPa 开始，以后每隔 8h 增加 0.1MPa 水压，并随时注意观察试件端面渗水情况。当 6 个试件中有 3 个试件表面出现渗水时，或加至规定压力（设计抗渗等级），在 8h 内 6 个试件中表面渗水试件少于 3 个时，即可停止试验，并记下当时的水压力。在试验过程中，如发现水从试件周边渗出，应按渗透高度法的规定重新进行密封。

(4) 混凝土抗渗等级的确定。

混凝土的抗渗等级应以每组 6 个试件中有 4 个试件未出现渗水时的最大水压力乘以 10 来确定。混凝土的抗渗等级应按式（4.4-3）计算：

$$P = 10H - 1 \tag{4.4-3}$$

式中：P——混凝土抗渗等级；

H——6 个试件中有 3 个试件渗水时的水压力（MPa）。

(5) 公式（4.4-3）有关抗渗等级确定的三种情况。

①当某一次加压后，在 8h 内 6 个试件中有 2 个试件出现渗水时（此时的水压力为 H），则此组混凝土抗渗等级为：$P = 10H$；

②当某一次加压后，在 8h 内 6 个试件中有 3 个试件出现渗水时（此时的水压力为何 H），则此组混凝土抗渗等级为：$P = 10H - 1$；

③当加压至规定数字或者设计指标后，在 8h 内 6 个试件中表面渗水的成件少于 2 个（此时的水压力为 H），则此组混凝土抗渗等级为：$P > 10H$。

7. 慢冻法抗冻性试验

(1) 目的和适用范围。

目的：检验混凝土在气冻水融条件下的抗冻性，评定混凝土的抗冻标号。

适用范围：适用于测定混凝土试件在气冻水融条件下，以经受的冻融循环次数来表示的混凝土抗冻性能。

(2) 慢冻法抗冻试验所采用的试件。

①试件应采用 100mm×100mm×100mm 立方体试件。

②每次试验所需要的试件组数应符合表 4.4-2 的规定，每组试件应为 3 块。

表 4. 4－2 慢冻法所需要的试件组数

设计抗冻标号	D25	D50	D100	D150	D200	D250	D300	D300 以上
检查强度所需冻融次数	25	50	50 及 100	100 及 150	150 及 200	200 及 250	250 及 300	300 及设计次数
鉴定 28d 强度所需试件组数	1	1	1	1	1	1	1	1
冻融试件组数	1	1	2	2	2	2	2	2
对比试件组数	1	1	2	2	2	2	2	2
总计试件组数	3	3	5	5	5	5	5	5

③在成型抗冻试件时，不得采用憎水性脱模剂。

（3）试验设备应符合下列规定。

①冻融试验箱：能使试件静置不动，并能通过气冻水融进行冻融循环。在满载运转时的条件下，冷冻期间冻融试验箱内空气的温度应保持在－20～－18℃范围内；融化期间冻融试验箱内浸泡混凝土试件的水温度应保持在 18～20℃范围内；且冻融试验箱内各点温度极差不应超过 2℃。

②控制系统：采用慢冻自动冻融设备时，还应配备自动控制、数据曲线实时动态显示、断电记忆和试验数据自动存储等功能。

③试件架：应采用不锈钢或其他耐腐蚀的材料制作，其尺寸应与冻融试验箱和所装的试件相适应。

④称量设备：最大量程 20kg，感量不应超过 5g。

⑤压力试验机：应符合《普通混凝土力学性能试验方法标准》（GB/T 50081）关于压力机的相关要求。

⑥温度检测仪：温度检测范围不应小于－20～20℃，测量精度应为±0.5℃。

（4）慢冻试验步骤。

①在标准养护室内或同条件养护的冻融试验的试件应在养护龄期 24d 时提前从养护地点取出，随后应将试件放在（20±2）℃水中浸泡，浸泡时水面应高出试件顶面 20～30mm，在水中浸泡的时间应为 4d，试件在 28d 龄期时进行冻融试验。始终在水中养护的冻融试验的试件，当养护龄期达到 28d 时，可直接进行后续试验，对此种情况应在试验报告中予以说明。

②当试件养护龄期达到 28d 时应及时取出冻融试验的试件，用湿布擦除表面水分后应对外观尺寸进行测量，试件的外观尺寸应满足上述要求，并应分别编号、称重，然后按编号置入试件架内，且试件架与试件的接触面积不应超过试件底面的1/5。试件与箱底、箱壁之间应至少留有 20mm 的空隙。试件架中各试件之间应至少保持 30mm 的空隙。

③应在温度降至－18℃时开始计算冷冻时间。每次从装完试件到温度降至－18℃所需的时间应在 1.5～2.0h 内。冻融箱内温度在冷冻时应保持在－18～－20℃之间。冻融箱内温度在冷冻时应保持－20～－18℃。

④每次冻融循环中试件的冷冻的试件不应小于 4h。

⑤冷冻结束后，应立即加入温度为 18~20℃的水，使试件转入融化状态，加水时间不应超过 10min。控制系统应在 30min 内，水温不低于 10℃，且在 30min 后水温能保持在 18~20℃。冻融箱内的水面应至少高出试件表面 20mm。融化时间不应小于 4h。融化完毕即为该次冻融循环结束，进入下一次冻融循环。

⑥每 25 次循环宜对冻融试件进行一次外观检查。当发现有严重破坏时应进行称重，当一组试件的平均质量损失率超过 5%，可停止其冻融循环试验。

⑦混凝土试件达到表 4.4-2 规定的冻融循环次数后，应称重试件并进行外观检查，详细记录试件表面破损、裂缝及边角缺损情况。当试件表面破损严重时，应先用高强石膏找平然后进行抗压强度试验。抗压强度试验应符合《普通混凝土力学性能试验方法标准》（GB/T 50081）的相关规定。

⑧当冻融循环因故中断且试件处于冷冻状态时，试件应继续保持冷冻状态，直至恢复冻融试验为止，并应将故障原因及暂停时间在试验结果中注明。当试件处于融化状态下因故中断时，中断时间不应超过两个冻融循环时间。在整个试验过程中超过两个冻融循环时间的终端故障次数不得超过 2 次。

⑨当部分试件由于失效或者停止试验被取出时，应用空白试件填充空位。

⑩对比试件应继续保持原有的养护条件，直到完成冻融循环后，与冻融时间同时进行抗压强度试验。

(5) 冻融循环停止试验的规定：

①已经达到规定的循环次数；

②抗压强度损失率已经达到 25%；

③质量损失率已经达到 5%。

(6) 试验结果计算及确定。

①强度损失率应按式（4.4-4）进行计算：

$$\Delta f_c = \frac{f_{c0} - f_{cn}}{f_{c0}} \times 100\% \tag{4.4-4}$$

式中：Δf_c——n 次冻融循环后的混凝土抗压强度损失率（%）；

f_{c0}——对比用的三个标准养护混凝土试件的抗压强度平均值（MPa），精确至（0.1MPa）；

f_{cn}——经 N 次冻融循环后的三个混凝土试件抗压强度平均值（MPa），精确至（0.1MPa）。

②f_{c0} 和 f_{cn} 以三个试件抗压强度试验结果的平均值作为测定值。当最大值或最小值之一与中间值之差超过中间值的 15% 时，剔除此值，取其余两值的平均值作为测定值；当最大值和最小值均超过中间值的 15% 时，则取中间值作为测定值。

③单个试件的质量损失率应按式（4.4-5）计算：

$$\Delta W_{ni} = \frac{W_{0i} - W_{ni}}{W_{0i}} \tag{4.4-5}$$

式中：ΔW_{ni}——n 冻融循环后第 i 个混凝土质量损失率（%），精确至 0.01；

W_{0i}——冻融循环试验前的混凝土试件质量（g）；

W_{ni}——n 次冻融循环后第 i 个混凝土试件质量（g）。

④一组试件的平均质量损失率：以三个试件试验结果的平均值作为测定值，精确至 0.1。

⑤每组试件的平均质量损失率以三个试件试验结果的算术平均值作为测定值。当某个试验结果出现负值，则取 0，再取三个试件的平均值。当三个值中最大值或最小值与中间值之差超过 1‰时，剔除此值，再取其余两值的平均值作为测定值；当最大值和最小值均与中间值之差均超过 1‰时，则取中间值作为测定值。

⑥抗冻标号应以当抗压强度损失率达到 25％或者质量损失率达到 5％时的最大冻融循环次数按表 4.4－2 确定。

8. 快冻法抗冻性试验

（1）目的和适用范围。

目的：检验混凝土在水冻水融条件下的抗冻性，评定混凝土的抗冻等级。

适用范围：用于测定混凝土试件在水冻水融条件下，以经受的快速冻融循环次数来表示的混凝土抗冻性能。

（2）试验设备应符合下列规定：

①试件盒。

试件盒如图 4.4－3 所示，宜采用具有弹性的橡胶材料制作，其内表面底部应有半径为 3mm 橡胶突起部分。盒内加水后水面应至少能高出试件顶面 5mm。试件盒横截面尺寸宜为 115mm×115mm，试件盒长度宜为 500mm。

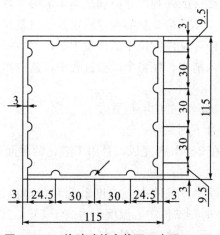

图 4.4－3　橡胶试件盒截面示意图（mm）

②快速冻融装置。

应符合现行行业标准《混凝土抗冻试验设备》（JG/T 243）的规定。除应在测温试件中埋设温度传感器外，尚应在冻融箱内防冻液中心、中心与任何一个对角线的两端分别埋设温度传感器。运转时冻融箱内各点温度的极差不得超过 2℃。

③称量设备。

最大量程 20kg，感量 5g。

④混凝土动弹性模量测定仪。

应符合 4.4.7 第 9 款的规定。

⑤温度传感器（热电偶、电位差计等）。

应在 −20～20℃ 范围内测定试件中心温度，且测量精度不应低于 ±0.5℃。

（3）快冻法抗冻试验所采用的试件。

①快冻法抗冻试验应采用 100mm×100mm×400mm 的棱柱体试件，每组试件 3 块。

②成型试件时，不得采用憎水性脱模剂。

③除制作冻融试件外，尚应制作同样形状、尺寸，且中心埋有热电偶的测温试件，测温试件应采用防冻液作为冻融介质。测温试件所用混凝土的抗冻性能应高于被测冻融试件。测温试件的温度传感器（热电偶）应在试件成型时事先预埋，并应确保埋设在试件中心。温度传感器不应采用钻孔后直接插入的方式埋设。

（4）快冻法抗冻试验步骤。

①在标准养护室内或同条件养护的冻融试验的试件应在养护龄期 24d 时提前从养护地点取出，随后应将试件放在（20±2）℃ 水中浸泡，浸泡时水面应高出试件顶面 20～30mm，在水中浸泡的时间应为 4d，试件在 28d 龄期时进行冻融试验。始终在水中养护的冻融试验的试件，当养护龄期达到 28d 时，可直接进行后续试验，对此种情况应在试验报告中予以说明。

②当试件养护龄期达到 28d 应及时取出冻融试验的试件，用湿布擦除表面水分后应对外观尺寸进行测量，试件的外观尺寸应满足 4.4.7 第 3 款的要求，并应编号、称量试件的初始质量；然后按 4.4.7 第 9 款的规定测定其横向基频的初始值。

③将试件放入试件盒内，试件应位于试件盒中心，然后将试件盒放入冻融箱内的试件架中，并向试件盒中注入清水。在整个试验过程中，盒内水位高度应始终保持高出试件顶面 5mm。

④测温试件盒应放在冻融箱的中心位置。

⑤冻融循环过程应符合下列规定：

A. 每次冻融循环应在 2～4h 内完成，且用于融化的时间不得小于整个冻融时间的 1/4。

B. 在冷冻和融化过程中，试件中心温度最低和最高温度应分别控制在（−18±2）℃ 和（5±2）℃，在任意时刻试件中心温度不得高于 7℃，且不得低于 −20℃。

C. 每块试件从 3℃ 降至 −16℃ 所用的时间不得少于冷冻时间的 1/2。每块试件从 −16℃ 升至 3℃ 所用时间也不得少于整个融化时间的 1/2，试件内外的温差不宜超过 28℃。

D. 冷冻和融化之间的转换时间不宜超过 10min。

⑥每隔 25 次冻融循环宜测量一次试件的横向基频 f_{ni}，测量前应先将试件表面浮渣清洗干净并擦干表面水分，然后应检查其外部损伤并称量试件的质量 W_{ni}。随后应按照 4.4.7 第 9 款规定的方法测量横向基频。测完后，应迅速将试件调头重新装入试件盒

内并加入清水，继续试验。试件盒在冻融箱中的位置宜固定，也可以根据预先的计划转换试件盒的位置。试件的测量、称量及外观检查应迅速，以免水分损失，待测试件需用湿布覆盖。

⑦当有试件停止试验被取出时，应另用其他试件填充空位。当试件在冷冻状态下因故中断时，应保持在冷冻状态，直至恢复冻融试验为止，并应将故障原因及暂停时间在实验结果中注明。试件在非冷冻状态下发生故障的时间不宜超过两个冻融循环的时间。在整个实验过程中，超过两个冻融循环时间的中断故障次数不得超过 2 次。

⑧冻融循环到达以下 3 种情况之一时即可停止试验：

A. 达到规定的冻融循环次数；

B. 试件的相对动弹性模量下降到 60%；

C. 试件的质量损失率达 5%。

(5) 试验结果计算及确定。

①相对动弹性模量应按下式计算：

$$P_i = \frac{f_{ni}}{f_{0i}} \times 100\% \tag{4.4-6}$$

式中：P_i——经一定次数冻融循环后混凝土试件的相对动弹性模量（%）；

f_{ni}——经一定次数冻融循环后混凝土试件的横向基频（Hz）；

f_{0i}——冻融循环试验前混凝土试件横向基频初始值（Hz）。

$$P = \frac{1}{3}\sum_{i=1}^{3} P_i \tag{4.4-7}$$

式中：P——经一定次数冻融循环后一组混凝土试件的相对动弹性模量（精确至 0.1%）。

相对动弹性模量 P 应以三个试件试验结果的平均值作为测定值。当最大值或最小值之一与中间值之差超过中间值的 15% 时，应剔除此值，取其余两值的平均值作为测定值；当最大值和最小值均超过中间值的 15% 时，则取中间值作为测定值。

②单个试件的质量损失率应按式（4.4-8）计算：

$$\Delta W_{ni} = \frac{W_{0i} - W_{ni}}{W_{0i}} \tag{4.4-8}$$

式中：$\triangle W_{ni}$——经一定次数冻融循环后第 i 个试件的质量损失率（%），精确至 0.01；

W_{0i}——冻融循环试验前混凝土试件的质量（g）；

W_{ni}——经一定次数冻融循环后混凝土试件的质量（g）。

③一组试件的平均质量损失率应式（4.4-9）计算：

$$\Delta W_n = \frac{\sum_{i=1}^{3} \Delta W_{ni}}{3} \times 100\% \tag{4.4-9}$$

式中：ΔW_n——经一定次数冻融循环后一组试件的质量损失率（%），精确至 0.1。

④每组试件的平均质量损失率以三个试件试验结果的平均值作为测定值。当三个试验结果中出现负值，取负值为 0 值，仍取试验结果的平均值。当三个值中最大值或最小值之一与中间值之差超过 1% 时，剔除此值，取其余两值的平均值作为测定值；当最大值和最小值与中间值之差均超过 1% 时，则取中间值作为测定值。

⑤混凝土抗冻等级应以相对动弹性模量下降至初始值的 60%或者质量损失率达 5%时的最大冻融循环次数来确定，并用符号 F 表示。

9. 动弹模量试验

（1）目的和适用范围。

目的：测定混凝土棱柱体试件的横向自振频率，计算动弹模量。

适用范围：适用于共振法测定混凝土的动弹性模量。

（2）基本原理。

测量混凝土试件固有频率，以此计算混凝土的相对动弹模量。混凝土动弹模量测定仪工作原理如图 4.4－4 所示。

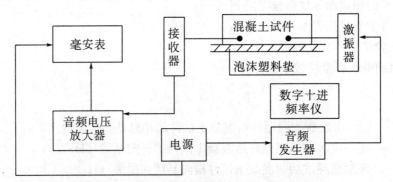

图 4.4－4　混凝土动弹模量测定仪工作原理示意图

当仪器工作时，由音频发生器产生音频交变电压，经功率放大器放大，输入激振器，把电振荡转化为机械振动，并施加于试件上。传于试件的机械振动波经过接收器，转化为电震荡，经音频电压放大器进行电压放大后，输入指示电流表。当外加机械振动频率与试件的固有的自振动频率相同时，即发生共振，此时电流表指针偏转最大。

（3）试件。

试验采用尺寸为 100mm×100mm×400mm 的棱柱体试件。

（4）试验设备。

①共振法混凝土动弹性模量测定仪：输出频率可调范围应为 100～20000Hz，输出功率应能激励试件使之产生受迫振动。

②试件支承体：采用约 20mm 厚的软泡沫塑料垫，宜采用容重为 16～18kg/m³ 的聚苯板。

③称量设备：最大量程 20kg，感量 5g。

（5）混凝土动弹性模量试验步骤。

①测定试件的质量和尺寸。试件质量的测量应精确至 0.01kg，尺寸的测量应精确至 1mm。

②将试件安放在支承体上，并定出换能器接收点的位置，测量试件的横向基频振动频率时，其支承和换能器的安装位置可见图 4.4－5。将激振器和接收器的测杆轻轻地压在试件表面上，测杆与试件接触面宜涂一薄层黄油或凡士林作为耦合介质，测杆压力的大小以不出现噪音为宜。

③先调整共振仪的激振功率和接收增益旋钮至适当位置，变换激振频率，同时注意观察指示电表的指针偏转，当指针偏转为最大时，即表示试件达到共振状态，这时所显示的激振频率即为试件的基频振动频率。每一测量应重复测读两次以上，如两次连续测值之差不超过两次测值的算术平均值的0.5%时，应取这两个测值的平均值作为该试件的基频振动频率。

④当示波器作显示的仪器时，示波器的图形调成一个正圆时的频率即为共振频率。在测试过程中，如发现两个以上峰值时，应将接收换能器移至距端部0.224倍试件长处，当指示电表示值为零时，应将其作为真实的共振峰值。

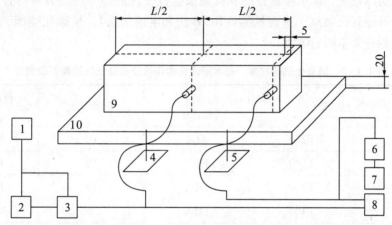

1—振荡器；2—频率计；3—放大器；4—激振换能器；5—接收换能器
6—放大器；7—电表；8—示波器；9—试件；10—试件支撑体

图4.4-5　各部件连接和相对位置示意图（mm）

（5）试验结果的计算与处理。

①动弹性模量应按下式计算：

$$E_d = 13.244 \times 10^{-4} \times \frac{WL^3 f^2}{a^4} \qquad (4.4-10)$$

式中：E_d——混凝土动弹性模量（MPa）；

a——正方形截面试件的边长（mm）；

L——试件的长度（mm）；

W——试件的质量（kg）；

f——试件横向振动时的基频振动频率（Hz）。

②每组应以三个试件动弹性模量的算术平均值作为试验结果，计算应精确至100MPa。

4.4.8　混凝土耐久性评定

1. 混凝土耐久性项目

混凝土耐久性检验评定项目可包括抗冻性能（快冻法与慢冻法）、抗水渗性能、抗硫酸盐侵蚀性能、抗氯离子渗透性能（RCM法与电通量法）、抗碳化性能和早期抗裂性能。当混凝土需要进行耐久性检验评定时，检验评定的项目及其等级或限值应根据设计要求确定。

2. 混凝土耐久性评定的前提

对于需要进行耐久性检验评定的混凝土，其强度应满足设计要求，且强度检验评定应符合 4.2.7 的规定［即符合现行行业标准《混凝土强度检验评定标准》（GB 50107）的规定］；其他性能还应符合国家现行相关标准的规定。

3. 耐久性性能等级划分

混凝土抗冻性能、抗水渗透性能和抗硫酸盐侵蚀性能的等级划分应符合表 4.4-3 的规定；此外还有抗氯离子渗透性能（RCM 法和电通量法）、抗碳化性能、早期抗裂性能也分别划分为不同的等级。

表 4.4-3　混凝土抗冻性能、抗水渗透性能和抗硫酸盐侵蚀性能等级划分

抗冻等级（快冻法）		抗冻标号（慢冻法）	抗渗等级	抗硫酸盐等级
F50	F250	D50	P4	KS30
F100	F300	D100	P6	KS60
F150	F350	D150	P8	KS90
F200	F400	D200	P10	KS120
>F400		>D200	P12	KS150
			>P12	>KS150

4. 检验批及试验组数

（1）同一检验批混凝土的强度等级、龄期、生产工艺和配合比相同。

（2）对于同一工程、同一配合比的混凝土，检验批不应少于一个。

（3）对于同一验收批，设计要求的各个检验项目应至少完成一组试验。

5. 取样

（1）取样方法应符合 4.1.5 的规定［即符合现行国家标准《普通混凝土拌合物性能试验方法标准》（GB/T 50080）的规定］。

（2）取样应在施工现场进行，应随即从同一车（盘）中取样，并不宜在首车（盘）混凝土中取样。从车中取样时，应将混凝土搅拌均匀，并应在卸料的 1/4～3/4 之间取样。

（3）取样量应至少为计算试验用量的 1.5 倍。计算试验用量应符合 4.2.6 的有关规定［即符合现行国家标准《普通混凝土长期性能和耐久性能试验方法标准》（GB/T 50082）的有关规定］。

6. 试件制作及养护

（1）试件的制作应在现场取样后 30min 内进行。

（2）制作及养护应符合 4.2.6 和 4.4.7 的有关规定〔即现行国家标准《普通混凝土力学性能方法标准》（GB/T 50081）和《普通混凝土长期性能和耐久性能试验方法标准》（GB/T 50082）的有关规定〕。

7. 检验结果

（1）对于同一验收批只进行一组试验的检验项目，应将试验结果作为检测结果。对于抗冻试验、抗水渗透试验和抗硫酸盐侵蚀试验，当同一检验批进行一组以上试验时，应取所有组试验结果中最小值作为检验结果。当检验结果介于本标准表 4.4-3 中所列的相邻两个等级之间时，应取等级较低者为检验结果。

（2）对于抗氯离子渗透试验、碳化试验、早期抗裂试验，当同一检验批进行一组以上试验时，应取所有组试验结果中最大值作为检验结果。

8. 混凝土耐久性评定

（1）混凝土耐久性应根据混凝土耐久性检验项目的检验结果，分项进行评定。符合设计规定的检验项目，可评定为合格。

（2）同一检验批全部耐久性项目检验合格者，该检验批耐久性可评定为合格。

（3）对于某一检验批被评定为不合格的耐久性检验项目，应进行组织专项评审并对该检验批的混凝土提出处理意见。

第5章 普通混凝土配合比设计

混凝土配合比设计的基本原理：每立方米混凝土拌合物中各材料绝对体积的和等于一立方米，基于这个原理的混凝土配合比设计方法称为绝对体积法，简称体积法；一立方米混凝土拌合物各材料质量的和等于混凝土拌合物的湿表观密度（kg/m³），基于这个原理的混凝土配合比设计方法称为质量法（重量法）。

5.1 设计的基本原则

(1) 满足施工和易性要求；
(2) 满足结构设计及施工进度的强度要求；
(3) 满足工程所处环境对混凝土耐久性的设计要求；
(4) 经济性要求：经济合理，降低混凝土的成本。

5.2 混凝土配合比设计前资料收集准备工作

为保证混凝土配合比设计得合理、适用，在混凝土配合比设计前应做好如下准备工作。

5.2.1 原材料

了解当地原材料资源的分布、储量、质量情况，并掌握各种原材料必要的技术性能指标以及供应、质量、价格的可能波动情况，以便合理选用原材料配制混凝土。

5.2.2 混凝土结构设计要求

了解混凝土结构的设计使用年限、强度等级、耐久性等级、限制膨胀率、使用温度、节能保温等设计要求，了解混凝土结构类别（素混凝土、钢筋混凝土、预应力混凝土、钢管混凝土等）、混凝土结构尺寸、钢筋配置、所处环境条件等。

5.2.3 施工技术要求

了解施工方案，掌握施工工艺（是否泵送、自密实混凝土、浇筑高度、振捣方法及结构物的钢筋布置情况等）、浇筑时间、运输距离或运输时间等。

5.2.4 施工环境条件

掌握季节、天气和使用的环境条件，如春、夏、秋、冬及风、雨、霜、雪、温湿度和使用环境是否有侵蚀介质等，尤其在天气突变情况下的混凝土配比调整要有预案。

5.2.5 施工企业情况

了解施工队伍的技术、管理和操作水平等情况，了解施工单位混凝土施工的工艺条件、设备类型等。

5.2.6 预拌混凝土企业情况

掌握本企业的生产工艺条件、设备类型、人员素质、现场管理水平和质量控制水平等。

5.2.7 混凝土相关技术

关注原材料在新品种、新技术等方面的发展情况，并根据原材料的发展情况，开展在混凝土中应用研究；时刻关注混凝土技术的发展，并开展其相关应用研究，进行技术创新和技术积累。

5.2.8 国家相关政策

了解国家在碳排放、资源综合利用、绿色建材、绿色生产、高性能混凝土等相关方面的新政策，为企业的发展、升级换代以及技术储备未雨绸缪。

5.2.9 相关标准

收集、整理和保存原材料及混凝土相关方面标准，并关注相关标准的最新进展，为混凝土配合比设计提供标准依据和间接经验。

5.3 配合比设计过程中的重要参数

混凝土的配合比设计，实际上就是单位体积混凝土拌合物中水泥、矿物掺合料、粗骨料、细骨料、外加剂和水等主要材料用量的确定。在传统的混凝土配合比设计中，由于只采用了水泥、砂、石和水，所以反应各材料用量间关系就有三个主要技术参数，即水灰比（W/C）、砂率和单位用水量，这三个主要技术参数一旦确定，混凝土配合比也就确定了。不过由于现在一般混凝土都会掺加掺合料，所以我们下面就把水灰比改为水胶比。

5.3.1 水胶比（*W/B*）

水胶比是指单位体积的混凝土拌合物中水与胶凝材料用量的重量之比。水胶比对混凝土强度和耐久性起着决定作用，因此水胶比的确定主要取决于混凝土的强度和耐久性；另外水胶比的大小也决定了胶浆的稀稠，因此对混凝土拌合物的黏聚性、保水性及可泵性等也起着非常重要的作用。一般情况下水胶比越小，强度越高，耐久性越好。但由强度和耐久性分别决定的水胶比往往是不同的，此时应取较小的水胶比，以便同时满足强度和耐久性的要求。但在强度和耐久性都能满足的情况下，水胶比应取较大者。

5.3.2 砂率

砂率是指混凝土中砂的质量与砂、石总质量的百分比。合理确定砂率，就是要求能够使砂、石、水泥浆互相填充，保证混凝土的流动性、黏聚性、保水性等，混凝土达到最大密实度，又能使胶凝材料用量降为最少用量。影响砂率的因素很多，如石子的形状（卵石砂率较小、碎石砂率较大）、粒径大小（粒径大者砂率较小、粒径小者砂率较大）、空隙率（空隙率大者砂率较大、空隙率小者砂率较小）、水胶比等。另外当骨料总量一定时，砂率过小，则用砂量不足，混凝土拌合物的流动性就差，易离析、泌水。在水泥浆量一定的条件下，砂率过大，则砂的总表面积增大，包裹砂子的水泥浆层太薄，砂粒间的摩擦阻力加大，混凝土拌合物的流动性变差。若砂率不足，就会出现离析、水泥浆流失。因此，砂率的确定，除进行计算外，还需进行必要的试验调整，从而确定最佳砂率，即单位用水量和胶凝材料用量减到最少而混凝土拌合物具有最大的流动性，且能保持黏聚性和保水性能良好的砂率称为最佳砂率。

5.3.3 单位用水量（浆骨比）

单位用水量是指每立方米混凝土中用水量的多少，是直接影响混凝土拌合物流动性大小的重要因素。单位用水量在水胶比和胶凝材料用量不变的情况下，实际反映的是胶浆的数量和骨料用量的比例关系，即浆骨比。胶浆数量要满足包裹粗、细骨料表面并保持一定的厚度，以满足流动性的要求，但用水量过大不但会降低混凝土的耐久性，也会影响混凝土拌合物的和易性。

此外，除了以上三个传统的重要参数以外，外加剂的掺量及各外加剂之间的掺加比例、掺合料的掺量及各掺合料之间的掺加比例、不同砂子之间的掺加比例、不同粒级粗骨料之间的掺加比例等也都是重要的参数，有时候其重要性甚至超过传统的重要参数。

5.4 配比设计的基本步骤

每个国家混凝土配合比设计的方法和步骤不尽相同，但最终都以满足混凝土设计、施工要求为目的。配比设计的基本步骤一般分三个步骤。

第一步：根据所选用原材料的性能指标及混凝土设计、施工技术性能指标的要求，通过理论计算或经验得出一个计算配合比，也称为"理论经验配合比"或"初步配合比"。

第二步：将计算配合比经试配与调整，确定出满足和易性要求的试拌配合比。

第三步：根据试拌配合比确定供强度检验用配合比，并根据试配强度和湿表观密度调整得出满足设计、施工要求的实验室配合比（根据砂、石的含水率、液体外加剂的含固量及实验室配合比可确定预拌混凝土的"生产配合比"）。

5.5 配合比设计的基本规定

5.5.1 混凝土配合比设计的混凝土性能

混凝土配合比设计应满足混凝土配制强度及其他力学性能、拌合物性能、长期性能和耐久性能的设计要求。混凝土拌合物性能、力学性能和耐久性能的试验方法应分别符合现行国家标准《普通混凝土拌合物性能试验方法标准》（GB/T 50080）、《普通混凝土力学性能试验方法标准》（GB/T 50081）和《普通混凝土长期性能和耐久性能试验方法标准》（GB/T 50082）的规定。混凝土试配应采用强制式搅拌机进行搅拌，并应符合现行行业标准《混凝土试验用搅拌机》（JG 244）的规定，搅拌方法宜与施工采用的方法相同。

5.5.2 配合比设计的基准及拌合量

混凝土配合比设计应采用工程实际使用的原材料；配合比设计所采用的细骨料含水率应小于 0.5%，粗骨料含水率应小于 0.2%。每盘混凝土试配的最小搅拌量应根据粗骨料最大粒径选定，粗骨料最大粒径≤31.5mm 时，拌合物数量不少于 20L；粗骨料最大粒径 40mm 时，拌合物数量不少于 25L。采用机械搅拌时，其搅拌量不应小于搅拌机额定搅拌量的 1/4 且不大于搅拌机公称容量。

5.5.3 混凝土的最大水胶比

混凝土的最大水胶比应符合《混凝土结构设计规范》（GB 50010）的规定（水胶比应为混凝土外加拌合水量和其他材料所含水量之和的总用水量与胶凝材料用量的比值）。

5.5.4 最小胶凝材料用量

除配制 C15 及其以下强度等级的混凝土外，混凝土的最小胶凝材料用量应符合表 5.5-1 的规定。

表 5.5-1　混凝土的最小胶凝材料用量

最大水灰比	最小胶凝材料用量（kg/m³）		
	素混凝土	钢筋混凝土	预应力混凝土
0.60	250	280	300
0.55	280	300	300
0.50	320		
≤0.45	330		

5.5.5　矿物掺合料掺量

矿物掺合料在混凝土中的掺量应通过试验确定。采用硅酸盐水泥或普通硅酸盐水泥时，钢筋混凝土中矿物掺合料最大掺量宜符合表 5.5-2 的规定；预应力混凝土中矿物掺合料最大掺量宜符合表 5.5-3 的规定。对基础大体积混凝土，粉煤灰、粒化高炉矿渣粉和复合掺合料的最大掺量可增加 5%。采用掺量大于 30% 的 C 类粉煤灰的混凝土应以实际使用的水泥和粉煤灰的掺量进行安定性检验。

表 5.5-2　钢筋混凝土中矿物掺合料最大掺量

矿物掺合料种类	水胶比	最大掺量（%）	
		采用硅酸盐水泥时	采用普通硅酸盐水泥时
粉煤灰	≤0.40	45	35
	>0.40	40	30
粒化高炉矿渣粉	≤0.40	65	55
	>0.40	55	45
钢渣粉	—	30	20
磷渣粉	—	30	20
硅灰	—	10	10
复合掺合料	≤0.40	65	55
	>0.40	55	45

注：①采用其他通用硅酸盐水泥时，宜将水泥混合材 20% 以上的混合材计入矿物掺合料；
②复合掺合料各组分的掺量不宜超过单掺时的最大掺量；
③在混合使用两种或两种以上矿物掺合料时，矿物掺合料总量应符合表中复合掺合料的规定。

表 5.5-3　预应力混凝土中矿物掺合料最大掺量

矿物掺合料种类	水胶比	最大掺量（％）	
		采用硅酸盐水泥时	采用普通硅酸盐水泥时
粉煤灰	≤0.40	35	30
	>0.40	25	20
粒化高炉矿渣粉	≤0.40	55	45
	>0.40	45	35
钢渣粉	—	20	10
磷渣粉	—	20	10
硅灰	—	10	10
复合掺合料	≤0.40	55	45
	>0.40	45	35

注：①采用其他通用硅酸盐水泥时，宜将水泥混合材 20％以上的混合材计入矿物掺合料；
②复合掺合料各组分的掺量不宜超过单掺时的最大掺量；
③在混合使用两种或两种以上矿物掺合料时，矿物掺合料总量应符合表中复合掺合料的规定。

5.5.6　混凝土拌合物中水溶性氯离子最大含量

混凝土拌合物中水溶性氯离子最大含量应符合表 5.5-4 的规定。其测试方法应符合 4.1.5 第 11 款的规定［即符合现行行业标准《混凝土中氯离子含量检测技术规程》(JGJ/T 322) 中混凝土拌合物中水溶性氯离子含量快速测定方法的规定］。

表 5.5-4　混凝土拌合物中水溶性氯离子最大含量

环境条件	水溶性氯离子最大含量（％，胶凝材料用量的质量百分比）	
	钢筋混凝土	预应力混凝土
干燥环境	0.30	
潮湿但不含氯离子的环境	0.20	0.06
潮湿且含氯离子的环境	0.15	
除冰盐等侵蚀性物质的腐蚀环境、盐渍土环境	0.10	

5.5.7　含气量

长期处于潮湿或水位变动的寒冷和严寒环境以及盐冻环境的混凝土应掺用引气剂。引气剂掺量应根据混凝土含气量要求经试验确定；混凝土最小含气量应符合表 5.5-5 的规定，最大不宜超过 7.0％。

表 5.5—5　混凝土最小含气量

粗骨料最大公称粒径（mm）	混凝土最小含气量（%）	
	潮湿或水位变动的寒冷和严寒环境	盐冻环境
40	4.5	5.0
25	5.0	5.5
20	5.5	6.0

注：含气量为气体占混凝土体积的百分比。

5.5.8　碱含量

对于有预防混凝土碱骨料反应设计要求的工程，混凝土中最大碱含量不应大于 3.0kg/m³；对于矿物掺合料碱含量，粉煤灰碱含量可取实测值的 1/6，粒化高炉矿渣粉及硅灰碱含量可取实测值的 1/2，骨料碱含量可不计入混凝土碱含量。

5.6　计算配合比的确定

5.6.1　试配强度的确定

1. 混凝土配制强度

当混凝土的设计强度等级小于 C60 时，配制强度按式（5.6—1）确定：

$$f_{cu,0} \geqslant f_{cu,k} + 1.645\sigma \tag{5.6—1}$$

式中：$f_{cu,0}$——混凝土配制强度（MPa）；

$f_{cu,k}$——混凝土立方体抗压强度标准值，取其混凝土的设计强度等级值（MPa）；

σ——混凝土强度标准差（MPa）。

当设计强度等级不小于 C60 时，配制强度按式（5.6—2）确定：

$$f_{cu,0} \geqslant 1.15 f_{cu,k} \tag{5.6—2}$$

2. 当遇有下列情况时应提高混凝土配制强度

（1）现场条件与试验室条件有显著差异时。

（2）C30 级及其以上强度等级的混凝土，采用非统计方法评定时。

3. 混凝土强度标准差的确定

（1）当具有近 1~3 个月的同一品种、同一强度等级混凝土的强度资料，且试件组数不小于 30 时，其混凝土强度标准差 σ 应按式（5.6—3）计算：

$$\sigma = \sqrt{\frac{\sum_{i=1}^{n} f_{cu,i}^2 - n \cdot m f_{cu}^2}{n-1}} \tag{5.6—3}$$

式中：σ——混凝土强度标准差（MPa）；

$\quad\quad f_{cu,i}$——第 i 组的试件强度（MPa）；

$\quad\quad mf_{cu}$——n 组试件的强度平均值（MPa）；

$\quad\quad n$——试件组数。

对于强度等级不大于 C30 的混凝土，当混凝土强度标准差计算值不小于 3.0MPa 时，按以上计算公式的计算结果取值；当混凝土强度标准差计算值小于 3.0MPa 时，应取 3.0MPa。

对于强度等级大于 C30 且小于 C60 的混凝土，当混凝土强度标准差计算值不小于 4.0MPa 时，按以上计算公式的计算结果取值；当混凝土强度标准差计算值小于 4.0MPa 时，应取 4.0MPa。

（2）当没有近期的同一品种、同一强度等级混凝土强度资料时，其混凝土强度标准差 σ 可按表 5.6-1 取值。

表 5.6-1　标准差 σ 取值表

混凝土强度等级	≤C20	C25~C45	C50~C55
标准差 σ（MPa）	4.0	5.0	6.0

5.6.2　水胶比的确定

1. 水胶比的计算

当混凝土强度等级小于 C60 时，混凝土水胶比宜按式（5.6-4）计算：

$$W/B = \frac{\alpha_a f_b}{f_{cu,0} + \alpha_a \alpha_b f_b} \quad\quad (5.6-4)$$

式中：α_a、α_b——回归系数，按规程的规定取值；

$\quad\quad f_b$——胶凝材料 28d 胶砂抗压强度（MPa），可实测，且试验方法应按现行国家标准《水泥胶砂强度检验方法（ISO 法）》（GB/T 17671）执行，也可按规定计算确定。

2. 回归系数 α_a、α_b 的确定

（1）根据工程所使用的原材料，通过试验建立的水胶比与混凝土强度关系式来确定；

（2）当不具备上述试验统计资料时，可按表 5.6-2 选用。

表 5.6-2　回归系数 α_a、α_b 选用表

回归系数	碎石	卵石
α_a	0.53	0.49
α_b	0.20	0.13

3. 28d 胶砂抗压强度的计算

当胶凝材料 28d 胶砂抗压强度（f_b）无实测值时可按式（5.6-5）计算：

$$f_b = \gamma_f \gamma_s f_{ce} \qquad (5.6-5)$$

式中： γ_f、γ_s——粉煤灰影响系数及粒化高炉矿渣影响系数，按表 5.6-3 的规定取值；

f_{ce}——水泥 28d 胶砂抗压强度（MPa），可实测，也可按 5.6.2 第 4 款计算确定。

表 5.6-3 粉煤灰影响系数 γ_f 及粒化高炉矿渣影响系数 γ_s

掺量（%）	粉煤灰影响系数 γ_f	粒化高炉矿渣影响系数 γ_s
0	1.00	1.00
10	0.85~0.95	1.00
20	0.75~0.85	0.95~1.00
30	0.65~0.75	0.90~1.00
40	0.55~0.65	0.80~0.90
50	—	0.70~0.85

注：①采用Ⅰ级粉煤灰宜取上限值，采用Ⅱ级粉煤灰宜取下限值（标准中均取上限是错误的）；
②采用 S75 级粒化高炉矿渣粉宜取下限值，采用 S95 级粒化高炉矿渣粉宜取上限值，采用 S105 级粒化高炉矿渣粉可取上限值加 0.05；
③当超出表中的掺量时，粉煤灰和粒化高炉矿渣粉影响系数应经试验确定。

4. 无实测值时水泥 28d 胶砂抗压强度的计算

当水泥 28d 胶砂抗压强度（f_b）无实测值时可按式（5.6-6）计算：

$$f = \gamma_c f_{ce,g} \qquad (5.6-6)$$

式中： γ_c——水泥强度等级值的富余系数，可按实际统计资料确定，当缺乏实际统计资料时，也可按表 5.6-4 选用；

$f_{ce,g}$——水泥强度等级值（MPa）。

表 5.6-4 水泥强度等级值的富余系数（γ_c）

水泥强度等级值	32.5	42.5	52.5
富余系数	1.12	1.16	1.10

5. 计算后水胶比要进行耐久性复核

混凝土的最大水胶比应符合《混凝土结构设计规范》（GB 50010）等相关标准的规定。

5.6.3 用水量和外加剂用量的确定

1. 干硬性和塑性混凝土单位用水量（m_{w0}）

（1）水胶比在 0.4~0.8 范围时根据粗骨料的品种粒径及施工要求的混凝土拌合物稠度其用水量可按表 5.6-5 和表 5.6-6 选取。

表 5.6－5 干硬性混凝土用水量选用表（kg/m³）

拌合物稠度		卵石最大公称粒径（mm）			碎石最大公称粒径（mm）		
项目	指标	10.0	20.0	40.0	16.0	20.0	40.0
维勃稠度（s）	16～20	175	160	145	180	170	155
	11～15	180	165	150	185	175	160
	5～10	185	170	155	190	180	165

表 5.6－6 塑性混凝土用水量选用表（kg/m³）

拌合物稠度		卵石最大公称粒径（mm）				碎石最大公称粒径（mm）			
项目	指标	10.0	20.0	31.5	40.0	10.0	20.0	31.5	40.0
坍落度（mm）	10～30	190	170	160	150	200	185	175	165
	35～50	200	180	170	160	210	195	185	175
	55～70	210	190	180	170	220	205	195	185
	75～90	215	195	185	175	230	215	205	1 95

（2）水胶比小于 0.4 的混凝土的用水量应通过试验确定。

2. 流动性和大流动性混凝土的用水量

（1）以表 5.6－6 中坍落度为 90mm 的单位用水量为基础，按坍落度每增大 20mm 单位用水量增加 5kg 计算出未掺外加剂时的混凝土的单位用水量 m'_{w0}，当坍落度增大到 180mm 以上时，随坍落度相应增加的用水量可减少；

（2）掺外加剂时，流动性或大流动性混凝土的用水量（m_{w0}）可按式（5.6－7）计算：

$$m_{w0} = m'_{w0}(1-\beta) \tag{5.6－7}$$

式中：m_{w0}——计算配合比（掺外加剂）混凝土每立方米混凝土的用水量（kg）；

m'_{w0}——未掺外加剂混凝土每立方米混凝土的用水量（kg）；

β——外加剂的减水率（％），应经混凝土试验确定。

5.6.4 胶凝材料用量、外加剂用量、矿物掺合料用量及水泥用量的确定

1. 胶凝材料用量（m_{b0}）

混凝土的单位胶凝材料用量按式（5.6－8）进行计算，并应进行试拌调整，在混凝土拌合物性能满足要求的条件下，取经济合理的胶凝材料用量。

$$m_{b0} = \frac{m_{w0}}{W/B} \tag{5.6－8}$$

式中：m_{b0}——计算配合比每立方米胶凝材料的用量（kg/m³）；

m_{w0}——计算配合比混凝土每立方米混凝土的用水量（kg/m³）。

2. 外加剂用量

每立方米混凝土外加剂的用量（m_{a0}）按式 5.6－9 计算：

$$m_{a0} = m_{b0}\beta_a \tag{5.6-9}$$

式中：m_{a0}——计算配合比每立方米混凝土外加剂的用量（kg/m³）；

$\quad\quad m_{b0}$——计算配合比每立方米胶凝材料的用量（kg/m³）；

$\quad\quad \beta_a$——外加剂掺量（%），应经混凝土试验确定。

3. 矿物掺合料用量（m_{f0}）

每立方米混凝土矿物掺合料用量（m_{f0}）按式（5.6-10）计算：

$$m_{f0} = m_{b0}\beta_f \tag{5.6-10}$$

式中：m_{f0}——计算配合比混凝土每立方米混凝土的矿物掺合料用量（kg/m³）；

$\quad\quad \beta_f$——矿化物掺料掺量（%），可结合 5.5.5 和 5.6.2 第 1 款的规定确定。

4. 水泥用量

$$m_{c0} = m_{b0} - m_{f0} \tag{5.6-11}$$

若外加剂为膨胀剂等内掺的外加剂，还应减去内掺外加剂的用量。

5.6.5 砂率的确定

1. 砂率（β_s）

砂率应根据骨料的技术指标、混凝土拌合物性能和施工要求，参考历史既有资料确定。

2. 混凝土砂率的确定

当缺乏历史资料时，混凝土砂率的确定应符合下列规定：

（1）坍落度小于 10mm 的混凝土，其砂率应经试验确定；

（2）坍落度为 10～60mm 的混凝土砂率，可根据粗骨料品种、粒径及水胶比按表 5.6-7 选取；

表 5.6-7 混凝土的砂率（%）

水胶比（W/B）	卵石最大公称粒径（mm）			碎石最大粒径（mm）		
	10.0	20.0	40.0	16.0	20.0	40.0
0.40	26～32	25～31	24～30	30～35	29～34	27～32
0.50	30～35	29～34	28～33	33～38	32～37	30～35
0.60	33～38	32～37	31～36	36～41	35～40	33～38
0.70	36～41	35～40	34～39	39～44	38～43	36～41

注：①本表数值系所采用粗、细骨料表观密度基本相同时，若粗、细骨料表观密度相差较大，应注意以体积为基准进行相应的换算；
②本表数值系中砂的选用砂率，对细砂或粗砂，可相应地减少或增大砂率；
③采用人工砂配制混凝土时，砂率可适当增大；
④只用一个单粒级粗骨料配制混凝土时，砂率应适当增大。

（3）坍落度大于 60mm 的混凝土砂率可经试验确定，也可在上一步骤确定砂率的基础上，按坍落度每增大 60mm 砂率增大 1％的幅度予以调整。

5.6.6　粗、细骨料用量的确定

1. 质量法

当采用质量法计算混凝土配合比时，粗、细骨料用量应按式（5.6－12）计算，砂率按式（5.6－13）计算：

$$m_{c0} + m_{f0} + m_{g0} + m_{s0} + m_{a0} + m_{w0} = m_{cp} \tag{5.6－12}$$

$$\beta_s = \frac{m_{s0}}{m_{s0} + m_{g0}} \times 100\% \tag{5.6－13}$$

式中：　m_{c0}——每立方米混凝土的水泥用量（kg）；

　　　　m_{f0}——每立方米混凝土的矿物掺合料用量（kg）；

　　　　m_{g0}——每立方米混凝土的粗骨料用量（kg）；

　　　　m_{s0}——每立方米混凝土的细骨料用量（kg）；

　　　　m_{a0}——每立方米混凝土的外加剂用量（kg），外加剂掺量小时可以忽略不计；

　　　　m_{w0}——每立方米混凝土的用水量（kg）；

　　　　β_s——砂率（％）；

　　　　m_{cp}——每立方米混凝土拌合物的假定质量（kg），可取 2350～2450kg，当粗、细骨料的表观密度较大时，应注意相应增大。

2. 体积法

当采用体积法计算混凝土的配合比时，砂率按式（5.6－13）计算，粗、细骨料用量应按式（5.6－14）计算（混凝土外加剂掺量小时可忽略不计）：

$$\frac{m_{c0}}{\rho_c} + \frac{m_{f0}}{\rho_f} + \frac{m_{g0}}{\rho_g} + \frac{m_{s0}}{\rho_s} + \frac{m_{a0}}{\rho_a} + \frac{m_{w0}}{\rho_w} + 0.01\alpha = 1 \tag{5.6－14}$$

式中：　ρ_c——水泥密度（kg/m³），应按《水泥密度测定方法》（GB/T 208）测定，也可取 2900～3100kg/m³；

　　　　ρ_f——矿物掺合料密度（kg/m³），可按《水泥密度测定方法》（GB/T 208）测定；

　　　　ρ_g——粗骨料的表观密度（kg/m³），应按现行行业标准《普通混凝土用砂、石质量及检验方法标准》（JGJ 52）测定；

　　　　ρ_s——细骨料的表观密度（kg/m³），应按现行行业标准《普通混凝土用砂、石质量及检验方法标准》（JGJ 52）测定；

　　　　ρ_a——混凝土外加剂的密度，外加剂为液体时可按《混凝土外加剂匀质性试验方法标准》（GB/T 8007）测定，外加剂为粉状时可按《水泥密度测定方法》（GB/T 208）测定；

　　　　ρ_w——水的密度（kg/m³），可取 1000kg/m³；

　　　　α——混凝土的含气量百分数，在不使用引气型外加剂时，α 可取为 1。

5.6.7 确定计算配合比

（1）以 $1m^3$ 混凝土中各材料的用量（kg）表示：m_{c0}、m_{f0}、m_{g0}、m_{s0}、m_{a0}、m_{w0}。

（2）以 $1m^3$ 混凝土中水泥重量为 1 的重量比表示：

$$m_{c0} : m_{f0} : m_{g0} : m_{s0} : m_{a0} : m_{w1} = 1 : \frac{m_{f0}}{m_{c0}} : \frac{m_{g0}}{m_{c0}} : \frac{m_{s0}}{m_{c0}} : \frac{m_{a0}}{m_{c0}} : \frac{m_{w0}}{m_{c0}}$$

$$(5.6-15)$$

5.7 试拌配合比的确定（试配与调整确定试拌配合比）

5.7.1 和易性试配与调整

通过理论计算或经验确定的计算配合比首先要进行试配，其目的是通过按混凝土初步配合比试拌混凝土，看混凝土是否能够满足施工和易性的要求。按计算配合比计算出各试配材料的用量进行试拌，并进行混凝土拌合物相应各项技术性能的检测。如果混凝土拌合物的各项技术能全都满足设计、施工的要求，则不需要调整，即可将计算配合比作为试拌配合比；如果混凝土拌合物的技术能不能满足设计、施工的要求时，应根据具体的情况进行分析，调整相应的技术参数，直至混凝土拌合物的各项技术能全部满足设计、施工的要求为止。

混凝土拌合物和易性的调整可按计算出的试配材料用量，依照试验方法进行试拌，搅拌均匀后立即测定坍落定并观察黏聚性和保水性。如果混凝土拌合物和易性坍落度不符合设计、施工要求时，通常情况下可根据检测的结果作如下调整：

（1）当坍落度值比设计要求值小或大时，可在保持水灰比不变的情况下增加水泥浆量或减少水泥浆量（即同时增加水和水泥用量或同时减少水和水泥用量），普通混凝土每增、减 10mm 坍落度，约需增、减 3%～5% 的水泥浆量；当坍落度值比设计要求值小或大时，亦可在保持砂率不变的情况下，同时减少或增加粗、细骨料的用量来达到坍落度要求；当坍落度值比设计要求值小或大时，亦可通过增加和减少具有减水作用外加剂的掺量达到调整坍落度的目的，坍落度小时增加外加剂掺量，坍落度大时减少外加剂掺量。

（2）当混凝土拌合物黏聚性、保水性差时，可在其他材料用量不变的情况下，适当增大砂率（保持砂、石总量不变，增加砂子用量，相应减少石子用量）；通过改变砂率也不能改善混凝土拌合物黏聚性、保水性差时，要分析原因。如果是因为砂子过粗或者过细造成拌合物黏聚性、保水性差，就需要调整砂子的级配；如果是因为石子的级配不好造成拌合物黏聚性、保水性差，就需要调整石子的级配；如果是因为砂子中小于 $300\mu m$ 的颗粒太少造成拌合物黏聚性、保水性差，就要适当补充这部分颗粒；如果是因为胶凝材料用量少且坍落度又较大的原因造成黏聚性、保水性差时，可是当降低水胶比，增加胶凝材料的用量，也可是当增加一些增稠的材料，以提高其黏聚性、保水性。

（3）有时候也可能因为外加剂对水泥、砂子中含泥量（尤其对聚羧酸系高性能减水剂）等的适应性不好造成混凝土拌合物和易性不良，此时就需要更换材料或者和外加剂生产厂家合作调整外加剂配方解决。

（4）流动性损失（如坍落度损失）过快不能满足要求时，在这里不再赘述。

5.7.2　确定试拌配合比

在计算配合比的基础上进行试拌，计算水胶比宜保持不变，根据和易性的具体情况，调整配合比中相关参数使混凝土拌合物性能符合设计和施工要求后，根据具体调整的参数修正计算配合比，确定试拌配合比。

试拌配合比确定后，应计算其碱含量（有要求时）和可溶性氯离子含量的检测，如果其含量超过要求，应考虑选择碱含量和氯离子含量低的原材料，重新进行配合比的设计，这样就大大缩短了配合比设计的周期。

5.8　设计配合比的确定

5.8.1　强度试配

1. 检验强度配合比的确定

在试拌配合比的基础上，确定检验强度配合比时，应采用三个不同的配合比，其中一个应为确定的试拌配合比，另外两个配合比的水胶比宜较试拌配合比分别增加和减少0.05，用水量应与试拌配合比相同，砂率可分别增加和减少 1%。总之要经过试拌，使混凝土拌合物的性能也要满足设计和施工的要求，这样就确定了供检验强度的三个配合比。

2. 氯离子含量

在进行强度和耐久性试验前，首先要进行表观密度、可溶性氯离子含量的检测和混凝土碱含量的计算。如果氯离子含量和碱含量不符合要求，应分析原因，应考虑选择碱含量和氯离子含量低的原材料，重新进行配合比的设计。

3. 混凝土强度试验

进行混凝土强度试验时，每种配合比至少应制作一组试件，并应标准养护到 28d 或设计强度要求的龄期时试压；如果有耐久性要求时还应进行相应耐久性试件的制作、养护和试验。

5.8.2 调整、确定设计配合比

1. 配合比调整

配合比调整应符合下述规定:

(1) 根据 5.8.1 混凝土强度试验结果,宜绘制强度和胶水比的线性关系图,用图解法或插值法求出略大于配制强度的强度对应的胶水比;确定的水胶比要同时满足强度和耐久性的要求。

(2) 在强度检验配合比试拌的基础上,用水量(m_w)和外加剂用量(m_a)应根据确定的胶水比作调整。

(3) 胶凝材料用量(m_b)应以用水量乘以图解法或插值法求出的胶水比计算得出。

(4) 粗骨料和细骨料用量(m_g 和 m_s)应在用水量和胶凝材料用量调整的基础上进行调整。

2. 混凝土拌合物表观密度和配合比校正系数的计算

(1) 配合比调整后的混凝土拌合物的表观密度应按下式计算:

$$\rho_{c,c} = m_c + m_f + m_g + m_s + m_a + m_w \tag{5.8-1}$$

式中:$\rho_{c,c}$——混凝土拌合物表观密度计算值(kg/m^3);

m_c——每立方米混凝土的水泥用量(kg/m^3);

m_f——每立方米混凝土的矿物掺合料用量(kg/m^3);

m_g——每立方米混凝土的粗骨料用量(kg/m^3);

m_s——每立方米混凝土的细骨料用量(kg/m^3);

m_a——每立方米混凝土的外加剂用量(kg/m^3),掺量小时可忽略不计;

m_w——每立方米混凝土的用水量(kg/m^3)。

(2) 配合比校正系数应按下式计算:

$$\delta = \frac{\rho_{c,t}}{\rho_{c,c}} \tag{5.8-2}$$

式中:δ——混凝土配合比配合比校正系数;

$\rho_{c,c}$——混凝土拌合物表观密度计算值(kg/m^3);

$\rho_{c,t}$——砼表观密度实测值(kg/m^3)。

3. 确定设计配合比(试验室配合比)

(1) 当混凝土表观密度实测值与计算值之差不超过计算值的 2% 时,调整好的配合比不做修正,维持不变;当二者之差超过 2% 时,应将配合比中每项材料用量均乘以校正系数 δ 的数值,按以下式子计算:

$$m_{c1} = m_c\delta \tag{5.8-3}$$

$$m_{f1} = m_f\delta \tag{5.8-4}$$

$$m_{g1} = m_g\delta \tag{5.8-5}$$

$$m_{s1} = m_s\delta \tag{5.8-6}$$

$$m_{a1} = m_a\delta \tag{5.8-7}$$

$$m_{w1} = m_w \delta \qquad\qquad (5.8-8)$$

（2）确定设计配合比。

配合比调整后应测定混凝土拌合物水溶性氯离子含量，对耐久性有设计要求的混凝土应进行相关耐久性试验验证，如果混凝土拌合物水溶性氯离子含量试验结果符合表5.8-1 的规定，且耐久性符合相关设计要求，则调整后的配合比即为设计配合比（试验室配合比）。

表 5.8－1　设计配合比

项目	水泥	掺合料	外加剂	砂子	碎石	水
各材料单位质量（kg/m³）	m_{c1}	m_{f1}	m_{a1}	m_{s1}	m_{g1}	m_{w1}
质量比	1	$\dfrac{m_{f1}}{m_{c1}}$	$\dfrac{m_{a1}}{m_{c1}}$	$\dfrac{m_{s1}}{m_{c1}}$	$\dfrac{m_{g1}}{m_{c1}}$	$\dfrac{m_{w1}}{m_{c1}}$

5.9　有特殊要求混凝土配合比的确定

5.9.1　抗渗混凝土

1. 原材料

（1）水泥宜采用普通硅酸盐水泥；

（2）粗骨料宜采用连续级配，其最大公称粒径不宜大于 40.0mm，含泥量不得大于1.0%，泥块含量不得大于 0.5%；

（3）细骨料宜采用中砂，含泥量不得大于 3.0%，泥块含量不得大于 1.0%；

（4）抗渗混凝土宜掺用外加剂和矿物掺合料，粉煤灰等级应为Ⅰ级或Ⅱ级。

2. 抗渗混凝土配合比

抗渗混凝土配合比应符合下列规定：

（1）每立方米混凝土中的胶凝材料用量不宜小于 320kg；

（2）砂率宜为 35%～45%；

（3）供试配用的最大水灰比应符合表 5.9-1 的规定。

表 5.9-1 抗渗混凝土最大水胶比

设计抗渗等级	最大水胶比	
	C20~C30	C30 以上
P6	0.60	0.55
P8~P12	0.55	0.50
≥P12	0.50	0.45

3. 混凝土配合比设计中对抗渗技术的要求

(1) 配制抗渗混凝土要求的抗渗水压值应比设计值提高 0.2MPa;

(2) 抗渗试验结果应满足式 (5.9-1) 的要求:

$$P_t \geqslant \frac{P}{10} + 0.2 \qquad (5.9-1)$$

式中：P_t——6 个试件中不少于 4 个未出现渗水时的最大水压值（MPa）;

P——设计要求的抗渗等级值。

4. 掺引气剂或引气外加剂

掺引气剂或引气外加剂的抗渗混凝土，应进行含气量试验，含气量宜控制在 3.0%~5.0%。

5.9.2 抗冻混凝土

1. 原材料

(1) 水泥应采用硅酸盐水泥或普通硅酸盐水泥;

(2) 粗骨料宜选用连续级配，其含泥量不得大于 1.0%，泥块含量不得大于 0.5%;

(3) 细骨料含泥量不得大于 3.0%，泥块含量不得大于 1.0%

(4) 粗骨料和细骨料均应进行坚固性试验，并应符合现行行业标准《普通混凝土用砂石质量及检验方法标准》（JGJ 52）的规定;

(5) 抗冻等级不小于 F100 的抗冻混凝土宜掺用引气剂;

(6) 在钢筋混凝土和预应力混凝土中不得掺用含有氯盐的防冻剂。

2. 抗冻混凝土配合比的规定

(1) 最大水胶比和最小胶凝材料用量应符合表 5.9-2 的规定。

表 5.9-2 最大水胶比和最小胶凝材料用量

设计抗冻等级	最大水胶比		最小胶凝材料用量（kg/m³）
	无引气剂时	掺引气剂时	
F50	0.55	0.60	300
F100	0.50	0.55	320
≥F150	—	0.50	350

（2）复合矿物掺合料掺量宜符合表 5.9-3 规定，其他矿物掺合料掺量应符合表 5.5-2的规定。

表 5.9-3　复合矿物掺合料掺量

水胶比	最大水胶比	
	采用硅酸盐水泥时	采用普通硅酸盐水泥时
≤0.40	60	50
>0.40	50	40

注：①采用其他通用硅酸盐水泥时，可将混合材掺量按 20％ 以上的混合材量计入矿物掺合料；
②复合矿物掺合料中各矿物掺合料组分的掺量不宜超过表 5.5-2 中单掺时的限量。

（3）掺用引气剂的混凝土最小含气量应符合表 5.5-5 的规定。

5.9.3　高强混凝土

1. 原材料

（1）水泥：应选用硅酸盐水泥或普通硅酸盐水泥；配制 C80 及 C80 以上砼，水泥 28d 强度不宜低于 50MPa；对于有预防碱骨料反应设计要求的工程，宜采用碱含量低于 0.6％ 的水泥；水泥中氯离子含量不应大于 0.03％；生产高强混凝土时，水泥温度不宜高于 60℃。

（2）粗骨料：岩石强度应比混凝土强度等级标准值高 30％；宜采用连续级配，其最大公称粒径不应大于 25mm；针片状颗粒含量不宜大于 5.0％，且不应大于 8％；含泥量不应大于 0.5％，泥块含量不宜大于 0.2％；粗骨料不宜为碱活性和再生骨料。

（3）细骨料：细度模数宜为 2.6～3.0，含泥量不应大于 2.0％，泥块含量不应大于 0.5％；采用人工砂 MB 值应小于 1.4，石粉含量不应大于 5.0％，压碎指标值应小于 25％；采用海砂时，氯离子含量不应大于 0.03％，贝壳最大尺寸不应大于 4.75mm，贝壳含量不应大于 3％；不宜为碱活性和再生骨料。

（4）减水剂：宜采用减水率不小于 25％ 的高性能减水剂；配制 C80 及 C80 以上砼，减水率不宜低于 28％。

（5）宜复合掺用粒化高炉矿渣粉、粉煤灰和硅灰等矿物掺合料；粉煤灰等级不应低于 Ⅱ 级的 F 类；对强度等级不低于 C80 的高强混凝土宜掺用硅灰，粒化高炉矿渣粉不低于 S95。

配制 C80 及以上强度等级的高强混凝土掺用硅灰时，硅灰的 SiO_2 含量宜大于 90％，比表面积不宜小于 $15×10^3 m^2/kg$。

2. 高强混凝土配合比规定

高强混凝土配合比应经试验确定，在缺乏试验依据的情况下，高强混凝土配合比设计宜符合下列规定：

（1）水胶比、胶凝材料用量和砂率可按表 5.9-4 选取，并应经试配确定。

表 5.9-4 水胶比、胶凝材料用量和砂率

强度等级	水胶比	胶凝材料用量（kg/m³）	砂率（%）
≥C60，<C80	0.28~0.34	480~560	
≥C80，<C100	0.26~0.28	520~580	35~42
≥C100	0.24~0.26	550~600	

（2）外加剂和矿物掺合料的品种、掺量，应通过试配确定，矿物掺合料掺量宜为 25%~40%，硅灰掺量不宜大于 10%。

（3）水泥用量不宜大于 500kg/m³。

（4）泵送高强混凝土拌合物的坍落度、扩展度、倒置坍落度筒排空时间和坍落度经时损失应符合表 5.9-5 的规定，非泵送高强混凝土拌合物的坍落度应符合表 5.9-6 的规定。

表 5.9-5 泵送高强混凝土拌合物的坍落度、扩展度、倒置坍落度筒排空时间和坍落度经时损失

项目	技术要求
坍落度（mm）	≥200
扩展度（mm）	≥500
倒置坍落度筒排空时间（s）	5~20
坍落度经时损失（mm/h）	≤10

表 5.9-6 泵送高强混凝土拌合物的坍落度

项目	技术要求	
	搅拌罐车运送	翻斗车运送
坍落度（mm）	100~160	50~90

（5）耐久性的要求。

高强混凝土早期抗裂试验的单位面积的总开裂面积不宜大于 $700 mm^2/m^2$，用于受氯离子侵蚀环境条件的高强混凝土的抗氯离子渗透性能宜满足电通量不低于 1000C 或氯离子迁移系数（D_{RCM}）不大于 $1.5×10^{-12} m^2/s$，用于盐冻环境的高强混凝土的抗冻等级不宜小于 F350，用于滨海盐渍土或内陆盐渍土环境条件的高强混凝土的抗硫酸盐等级不宜小于 KS150。

3. 试配

在试配过程中，应采用三个不同的配合比进行混凝土强度试验，其中一个可为依据上款计算后调整拌合物的试拌配合比，另外两个配合比的水胶比宜较试拌配合比分别增加和减少 0.02。

4. 重复试验验证

高强混凝土设计配合比确定后，尚应用该配合比进行不少于三盘混凝土的重复试验，每盘混凝土应至少成型一组试件，每组混凝土的抗压强度不应低于配制强度。

5. 非标试件强度确定

当混凝土强度等级不小于 C60 时，宜采用标准试件。当使用非标准试件，混凝土强度等级不大于 C100 时，尺寸换算系数宜由试验确定，在未进行试验确定的情况下，对 100mm×100mm×100mm 试件可取 0.95；当混凝土强度等级大于 C100 时，尺寸换算系数应经试验确定。

5.9.4 泵送混凝土

1. 原材料

（1）水泥宜选用硅酸盐水泥、普通硅酸盐水泥、矿渣硅酸盐水泥和粉煤灰硅酸盐水泥。

（2）粗骨料宜采用连续级配，其针片状颗粒不宜大于 10%；粗骨料的最大粒长与输送管径之比宜符合表 5.9-7 的规定。

表 5.9-7 粗骨料最大粒径与输送管径之比

粗骨料品种	泵送高度（m）	粗骨料最大粒径与输送管径之比
碎石	<50	≤1:3.0
	50~100	≤1:4.0
	>100	≤1:5.0
卵石	<50	≤1:2.5
	50~100	≤1:3.0
	>100	≤1:4.0

（3）细骨料宜采用中砂，其通过公称直径 315μm 筛孔的颗粒含量不宜小于 15%。

（4）泵送混凝土应掺用泵送剂或减水剂，并宜掺用矿物掺合料。

2. 泵送混凝土配合比规定

（1）胶凝材料用量不宜小于 300kg/m³；

（2）砂率宜为 35%~45%；

（3）水胶比不宜大于 0.6；

（4）掺用引气剂型外加剂的泵送混凝土的含气量不宜大于 4%；

（5）泵送混凝土试配时要求的坍落度应按下式计算：

$$T_t = T_p + \Delta T \tag{5.9-2}$$

式中：T_t——试配时要求的坍落度值；

T_p——入泵时要求的坍落度值；

ΔT——试验测得在预计时间内的坍落度经时损失值。

3．坍落度经时损失

泵送混凝土试配时应考虑坍落度经时损失。

5.9.5　大体积混凝土

1．原材料

（1）水泥：

水泥宜采用中、低热硅酸盐水泥或低热矿渣硅酸盐水泥，水泥的 3d 和 7d 水化热应符合现行国家标准《中热硅酸盐水泥　低热硅酸盐水泥　低热矿渣硅酸盐水泥》（GB/T 200—2003）的规定。当采用硅酸盐水泥或普通硅酸盐水泥时应掺加矿物掺合料，水泥 3d 水化热不宜大于 250kJ/kg，7d 水化热不宜大于 280kJ/kg；当选用 52.5 强度等级水泥时，7d 水化热宜小于 300kJ/kg。所用水泥在搅拌站的入机温度不宜大于 60℃。

（2）骨料：

除应符合国家现行标准《普通混凝土用砂、石质量及检验方法标准》（JGJ 52）的有关规定外，所用细骨料宜采用中砂，其细度模数宜大于 2.3，含泥量不大于 3％；所用粗骨料宜选用粒径 5.0～31.5mm，并连续级配，含泥量不大于 1％；应选用非碱活性的粗骨料；当采用非泵送施工时，粗骨料的粒径可适当增大。

（3）宜掺用矿物掺合料和缓凝型减水剂。

2．试件尺寸

当设计采用混凝土 60d 或 90d 龄期强度时，宜采用标准试件进行抗压强度试验。

3．配合比规定

当采用混凝土 60d 或 90d 强度验收指标时，应将其作为混凝土配合比的设计依据。

（1）混凝土拌合物的坍落度不宜大于 180mm。

（2）粉煤灰掺量不宜大于胶凝材料用量的 50％，矿渣粉掺量不宜大于胶凝材料用量的 40％，粉煤灰和矿渣粉掺量总和不宜大于胶凝材料用量的 50％。

（3）水胶比不宜大于 0.45，用水量不宜大于 170kg/m³。

（4）骨料在保证混凝土性能要求的前提下，宜提高每立方米混凝土中的粗骨料用量；砂率宜为 38％～45％，采用人工砂还要提高。

（5）在保证混凝土性能要求的前提下，应减少胶凝材料中的水泥用量，提高矿物掺合料掺量，混凝土中矿物掺合料掺量应符合表 5.5－2 及表 5.5－3 的规定。

（6）在配合比试配和调整时，控制混凝土绝热温升不宜大于 50℃。

（7）大体积混凝土配合比应满足施工对混凝土凝结时间的要求。

4．大体积混凝土裂缝控制

混凝土制备前，宜进行绝热温升、泌水率、可泵性等对大体积混凝土裂缝控制有影响的技术参数的试验，必要时配合比设计应通过试泵送验证。

5．技术措施

在确定混凝土配合比时，应根据混凝土绝热温升、温控施工方案的要求，提出混凝土制备时的粗细骨料和拌合用水及入模温度控制的技术措施。

5.10　试验室配合比的应用

5.10.1　混凝土生产单位对试验室配合比使用规定

1. 常用的混凝土配合比

生产单位可根据常用材料设计出常用的混凝土配合比备用，并应在使用过程中予以验证和调整。遇有下列情况之一时应重新进行配合比设计：

（1）对混凝土性能有特殊要求时；

（2）水泥、外加剂或矿物掺合料品种质量有显著变化时。

2. 开盘鉴定

对首次使用、使用间隔时间超过三个月的配合比应进行开盘鉴定，开盘鉴定应符合下列规定：

（1）生产使用的原材料应与配合比设计一致；

（2）混凝土拌合物性能应满足施工要求；

（3）混凝土强度评定应符合设计要求；

（4）混凝土耐久性应符合设计要求。

3. 动态调整

在混凝土配合比使用过程中，应根据混凝土质量的动态信息及时调整。

5.10.2　生产配合比的确定

混凝土设计配合比的材料用量都是以干燥状态为基准的，预拌混凝土生产所用的砂、石材料往往含有一定的水分，如实测砂子含水率为 $a\%$，石子实测含水率为 $b\%$，液体外加剂的含固量为 $c\%$。

1. 计算实际生产时每立方米混凝土所用各材料的用量

水　泥：$m_{c2} = m_{c1}$

掺合料：$m_{f2} = m_{f1}$

砂　子：$m_{s2} = m_{s1}(1 + a\%)$

石　子：$m_{g2} = m_{g1}(1 + b\%)$

外加剂：$m_{a2} = m_{a1}$

水：$m_{w2} = m_{w1} - m_{s1} \times a\% - m_{g1} \times b\%$

2. 施工配合比确定

每立方米个材料用量为：m_{c2}、m_{f2}、m_{g2}、m_{s2}、m_{a2}、m_{w2}

各材料质量比为：

$$m_{c2} : m_{f2} : m_{g2} : m_{s2} : m_{a2} : m_{w2} = 1 : \frac{m_{f2}}{m_{c2}} : \frac{m_{g2}}{m_{c2}} : \frac{m_{s2}}{m_{c2}} : \frac{m_{a2}}{m_{a2}} : \frac{m_{w2}}{m_{c2}}$$

5.11 普通混凝土配合比设计实例

[例] 某教学楼室内钢筋混凝土梁、柱，混凝土强度等级为 C30，强度标准差取 5.0MPa，施工季节为夏季，泵送施工，现场混凝土采用机械搅拌和振捣，坍落度要求为 180～190mm；采用 42.5 级普通硅酸盐水泥，其实测强度为 45.0MPa、密度为 3.1g/cm³；S95 粒化高炉矿渣粉，密度为 2.9g/cm³；Ⅱ级 F 类粉煤灰；密度2.2g/cm³；河砂为Ⅱ区中砂，表观密度为 2650kg/m³；碎石为连续级配，表观密度为 2700kg/m³，最大粒径为 25mm；使用拌合水为自来水；液体混凝土泵送剂（不引气），推荐掺量为 2.0%，减水率为 23%，含固量为 30%，密度为 1.11g/cm³。试设计该混凝土配合比；若砂子的含水率为 3.0%，碎石的含水率为 1.1%，求施工配合比。

[解] 本题可用体积法或重量法进行配合比设计。用重量法进行配合比设计比体积法计算较为简便，其条件是在原材料质量情况比较稳定，所配制的混凝土拌合物的重量接近一个固定数值，此时可采用重量法。其计算步骤如下：

5.11.1 确定混凝土配制强度

$$f_{cu,0} = f_{cu,k} + 1.645\sigma = 30 + 1.645 \times 5 = 38.2(\text{MPa})$$

5.11.2 计算水灰比

1. 确定胶砂强度

按 JGJ 55 提供的经验常数确定胶凝材料 28d 的胶砂强度。

2. 确定矿粉和粉煤灰的掺量

首先根据经验和 JGJ 55 中 3.0.5 条的规定先大概确定一个矿粉和粉煤灰的掺量：

矿粉：$\beta_{fs} = 25\%$；

粉煤灰：$\beta_{ff} = 25\%$。

3. 确定影响系数

根据矿粉和粉煤灰的掺量及等级按表 5.6－3 用插入法确定影响系数：

$$\gamma_s = 1.0, \ \gamma_f = 0.80$$

4. 计算胶砂强度

计算胶凝材料 28d 的胶砂强度：

$$f_b = \gamma_f \gamma_s f_{ce} = 0.80 \times 1.0 \times 45.0 = 36 \ (\text{MPa})$$

5. 计算水胶比

查表确定：$\alpha_a = 0.53$；$\alpha_b = 0.20$

$$W/B = \frac{\alpha_a f_b}{f_{cu,0} + \alpha_a \alpha_b f_b} = \frac{0.53 \times 36}{38.2 + 0.53 \times 0.20 \times 36} = 0.45$$

6. 水胶比耐久性复核

计算后水胶比要进行耐久性复核：混凝土的最大水胶比符合《混凝土结构设计规范》(GB 50010) 的规定。

5.11.3　确定用水量

1. 未掺外加剂时混凝土用水量

以表 5.6−6 中坍落度为 90mm 的用水量为基础，按坍落度每增大 20mm 用水量增加 5kg 计算出未掺外加剂时的混凝土的用水量 m'_{w0}：

$$m'_{w0} = 210 + \frac{190 - 90}{20} \times 5 = 235 (\text{kg/m}^3)$$

2. 掺外加剂时混凝土的用水量

掺外加剂时，流动性或大流动性混凝土的用水量 (m_{w0}) 可按下式计算：

$$m_{w0} = m'_{w0} (1 - \beta) = 235 \times (1 - 23\%) = 181 (\text{kg/m}^3)$$

5.11.4　胶凝材料用量、外加剂用量、掺合料用量及水泥用量的确定

1. 计算胶凝材料用量 (m_{b0})

$$m_{b0} = \frac{m_{w0}}{W/B} = \frac{181}{0.45} = 402 (\text{kg/m}^3)$$

对照表 5.5−1 中所规定的最小胶凝材料用量值，402kg 的胶凝材料用量大于规定的最小水泥用量值，故能满足要求。

2. 泵送剂用量 m_{a0} $(\beta_a = 2.0\%)$

$$m_{a0} = m_{b0} \times \beta_a = 402 \times 2.0\% = 8.0 (\text{kg/m}^3)$$

3. 计算矿物掺合料的用量

S95 矿粉的用量：$m_{fs0} = m_{b0} \times \beta_{fs} = 402 \times 25\% = 100 (\text{kg/m}^3)$

粉煤灰的用量：$m_{ff0} = m_{b0} \times \beta_{ff} = 402 \times 25\% = 100 (\text{kg/m}^3)$

4. 计算水泥用量

$$m_{c0} = m_{b0} - m_{ff0} - m_{fs0} = 402 - 100 - 100 = 202 (\text{kg/m}^3)$$

5.11.5　确定砂率

由表 5.6−7 用插值法计算坍落度为 60mm 的混凝土砂率约为 30.5%～35.5%，虽然是泵送施工，但因为掺加了比较多的粉煤灰，综合考虑选取坍落度 60mm 时的砂率为 34.5%，计算坍落度为 190mm 时混凝土的砂率为：

$$\beta_s = 34.5\% + \frac{190 - 60}{20} \times 1\% = 41\%$$

5.11.6 计算砂、石用量

（1）按体积法进行计算：

$$\frac{202}{3100} + \frac{100}{2200} + \frac{100}{2900} + \frac{m_{g0}}{2700} + \frac{m_{s0}}{2650} + \frac{8.0}{1100} + \frac{181}{1000} + 0.01\alpha = 1$$

$$\frac{m_{s0}}{m_{s0} + m_{g0}} \times 100\% = 41\%$$

$$\alpha = 1$$

计算得：$m_{s0} = 717\text{kg/m}^3$，$m_{g0} = 1032\text{kg/m}^3$。

（2）按质量法进行计算（假定 $m_{cp} = 2350\text{kg/m}^3$）：

$$202 + 100 + 100 + m_{g0} + m_{s0} + 8.0 + 181 = 2350$$

$$\frac{m_{s0}}{m_{s0} + m_{g0}} \times 100\% = 41\%$$

计算得：$m_{s0} = 721\text{kg/m}^3$，$m_{g0} = 1038\text{kg/m}^3$。

5.11.7 确定计算配合比

由此看来，两种计算方法所得结果不太一样，但基本差不多，在此按体积法计算的结果作为本次配合比设计的计算配合比。计算配合比（每立方米各材料用量）如下：

$$m_{c0} = 202\text{kg/m}^3$$

$$m_{ff0} = 100\text{kg/m}^3$$

$$m_{fs0} = 100\text{kg/m}^3$$

$$m_{s0} = 717\text{kg/m}^3$$

$$m_{g0} = 1032\text{kg/m}^3$$

$$m_{a0} = = 8.0\text{kg/m}^3$$

$$m_{w0} = 181\text{kg/m}^3$$

该混凝土的计算表观密度：$m_{cp} = 2340\text{kg/m}^3$。

5.11.8 试配与调整得出和易性满足要求的强度检验配合比

1. 试配 20L（0.020m³）时每盘材料的质量

水泥：202×0.020＝4.04（kg）

粉煤灰：100×0.020＝2.00（kg）

矿粉：100×0.020＝2.00（kg）

泵送剂：8.0×0.020＝0.160（kg）＝160（g）

砂子：717×0.020＝14.34（kg）

碎石：1032×0.020＝20.64（kg）

水：181×0.020＝3.62（kg）

2. 坍落度测定与调整

按上述材料称量搅拌后经和易性及坍落度测定，认为黏聚性和保水性良好，坍落度测定值为 140mm，黏聚性及保水性良好，但坍落度小于要求的坍落度 190mm，为此通过增加泵送剂掺量提高其坍落度。外加剂掺量增加到 2.2%，计算外加剂 20L 的用量为 177g（402×2.2%×0.020＝0.177kg＝177g），其他材料用量不变，重新称量材料试拌检测，和易性满足设计施工要求，坍落度为 190mm。

3. 确定试拌配比

水泥：202kg/m³；粉煤灰：100kg/m³；矿粉：100kg/m³；泵送剂：8.8kg/m³；砂子：717kg/m³；碎石：1032kg/m³；水：181g/m³。

4. 检验强度配合比的确定

（1）在试拌配合比的基础上，确定检验强度配合比，采用三个不同的配合比，其中一个为确定的试拌配合比，另外两个配合比的水胶比宜较试拌配合比分别增加和减少 0.05，用水量应与试拌配合比相同，砂率分别增加和减少 1%，强度检验配合比如下表。

水胶比	水泥 （kg/m³）	粉煤灰 （kg/m³）	矿粉 （kg/m³）	泵送剂 （kg/m³）	砂子 （kg/m³）	碎石 （kg/m³）	水 （kg/m³）
0.40（0.45－0.05）	226	113	113	9.9	700	1049	181
0.45	202	100	100	8.8	717	1032	181
0.50（0.45＋0.05）	181	90	90	7.9	735	1014	181

（2）拌制 20L 混凝土拌合物各材料用量如下表（如果有抗渗等耐久性要求需要拌制更多的混凝土）：

水胶比	水泥 （kg）	粉煤灰 （kg）	矿粉 （kg）	泵送剂 （kg）	砂子 （kg）	碎石 （kg）	水 （kg）
0.40（0.45－0.05）	4.52	2.26	2.26	0.198	14.00	20.98	3.62
0.45	4.04	2.00	200	0.176	14.34	20.64	3.62
0.50（0.45＋0.05）	3.62	1.80	1.80	0.158	14.70	20.28	3.62

按上表计算各材料的用量进行试拌，混凝土拌合物性能均符合设计和施工要求，此时进行三个配合比混凝土拌合物湿表观密度及可溶性氯离子含量的测定。

（3）三个配合比的混凝土拌制后拌合物和易性均满足设计施工要求，其湿表观密度、可溶性氯离子含量及 28d 抗压强度等如下表。

水胶比	胶凝材料 用量（kg/m³）	用水量 （kg/m³）	胶水比	湿表观密度 （kg/m³）	可溶氯离 子含量（%）	28d 抗压强度 （MPa）
0.40	452	181	2.50	2360	0.09	42.1
0.45	402	181	2.22	2360	0.09	36.5
0.50	361	181	1.99	2340	0.09	31.4

5.11.9 调整确定设计配合比

用插值法计算：

$$B/W = 2.30 \ (W/B = 0.43)$$

用插值法计算：

$$m_w = 181 \text{kg/m}^3$$

$$m_b = m_w \times B/W = 181 \times 2.30 = 416(\text{kg/m}^3)$$

$$m_{ff} = m_b \times 25\% = 416 \times 25\% = 104(\text{kg/m}^3)$$

$$m_{fs} = m_b \times 25\% = 416 \times 25\% = 104(\text{kg/m}^3)$$

$$m_a = m_b \times 2.2\% = 416 \times 2.2\% = 9.2(\text{kg/m}^3)$$

$$m_c = m_b - m_{ff} - m_{fs} = 416 - 104 - 104 = 208(\text{kg/m}^3)$$

砂率基本不变，也可以看作不变，简单地利用质量法求出砂石的质量（详细的话也可以利用体积法计算）（$m_{cp} = 2340\text{kg/m}^3$）：

$$m_s = 711\text{kg/m}^3, \ m_g = 1023\text{kg/m}^3$$

确定计算配合比：

$$\rho_{c,c} = 2340\text{kg/m}^3$$

$$\rho_{c,t} = 2360\text{kg/m}^3$$

$$\delta = \frac{\rho_{c,t}}{\rho_{c,c}} = \frac{2360}{2340} = 1.01$$

$$\left| \frac{\rho_{c,t} - \rho_{c,c}}{\rho_{c,c}} \right| \times 100\% = \left| \frac{2360 - 2340}{2340} \right| \times 100\% = 0.9\% < 2\%$$

实测拌合物的表观密度与计算的表观密度之差不超过 2%，故混凝土设计配合比的材料用量不再调整。

该混凝土的设计配合比如下表：

项目材料	水泥	矿粉	粉煤灰	泵送剂	砂子	碎石	水
单位材料质量（kg/m³）	208	104	104	9.2	711	1023	181
质量比	1	0.50	0.50	0.044	3.42	4.92	0.87
（表观）水胶比	0.435 （181÷416）						
实际水胶比	0.450 [181+9.2×（1-30%）] ÷（208+104+104）						
（质量）砂率（%）	41						
可溶性氯离子含量	0.09%						

5.11.10 确定施工配合比

根据施工现场每日测定的砂、石含水率，把混凝土设计配合比换算调整为施工配合比。如施工现场测定的砂含水率为 3.0%，石子含水率为 1.1%，则：

$$m_c' = m_c = 208(\text{kg/m}^3)$$

$$m'_{fs} = m_{fs} = 100(\text{kg/m}^3)$$
$$m'_{ff} = m_{ff} = 100(\text{kg/m}^3)$$
$$m'_a = m_a = 9.2(\text{kg/m}^3)$$
$$m'_s = m_s \times (1 + 3.0\%) = 711(1 + 3.0\%) = 732(\text{kg/m}^3)$$
$$m'_g = m_g \times (1 + 1.1) = 1023(1 + 1.1\%) = 1033(\text{kg/m}^3)$$
$$m'_w = m - (m_s \times 3.0\% + m_g \times 1.1\%)$$
$$= 181 - (711 \times 3.0\% + 1023 \times 1.1\%) = 148(\text{kg/m}^3)$$

施工配合比如下表：

项目材料	水泥	矿粉	粉煤灰	泵送剂	砂子	碎石	水
单位材料质量（kg/m³）	208	100	100	9.2	732	1033	148
质量比	1	0.50	0.50	0.044	3.52	4.97	0.71
施工水胶比	0.71						
实际水胶比	0.45						
施工砂率（%）	41						
实际砂率（%）	41						

第6章 预拌混凝土的质量控制

6.1 预拌混凝土的基本要求

6.1.1 分类、性能等级与标记

1. 分类

预拌混凝土分为常规品和特制品。

（1）常规品。

常规品应为除表 6.1-1 特制品以外的普通混凝土，代号 A，混凝土强度等级代号 C。

（2）特制品。

特制品代号 B，包括的混凝土种类及其代号应符合表 6.1-1 的规定。

表 6.1-1 特制品混凝土种类及其代号

混凝土种类	高强混凝土	自密实混凝土	纤维混凝土	轻骨料混凝土	重混混凝土
混凝土种类代号	H	S	F	L	W
强度等级代号	C	C	C（合成纤维砼） CF（钢纤维砼）	LC	C

2. 性能等级

（1）混凝土强度等级应划分为：C10、C15、C20、C25、C30、C35、C40、C45、C50、C55、C60、C65、C70、C75、C80、C85、C90、C95 和 C100。

（2）混凝土拌合物坍落度和扩展度的等级划分应符合表 6.1-2 和表 6.1-3 的规定。

表 6.1-2 混凝土拌合物的坍落度等级划分

等级	坍落度（mm）
S1	10～40

等级	坍落度（mm）
S2	50～90
S3	100～150
S4	160～210
S5	≥220

表 6.1－3　混凝土拌合物的扩展度等级划分

等级	扩展直径（mm）
F1	≤340
F2	350～410
F3	420～480
F4	490～550
F5	560～620
F6	≥630

（3）预拌混凝土耐久性能的等级划分应符合表 6.1－4 至表 6.1－7 的规定。

表 6.1－4　混凝土抗冻性能、抗水渗透性能和抗硫酸盐侵蚀性能的等级划分

抗冻等级（快冻法）	抗冻标号（慢冻法）	抗渗等级	抗硫酸盐等级
F50	F250	D50	P4	KS30
F100	F300	D100	P6	KS60
F150	F350	D150	P8	KS90
F200	F400	D200	P10	KS120
>F400	>D200	P12	KS150
		>P12	>P12

表 6.1－5　混凝土抗氯离子渗透性能（84d）的等级划分（RCM 法）

等级	RCM－Ⅰ	RCM－Ⅱ	RCM－Ⅲ	RCM－Ⅵ	RCM－Ⅴ
氯离子迁移数 D_{RCM}（RCM 法）（$\times 10^{-12} m^2/s$）	≥4.5	≥3.5，<4.5	≥2.5，<3.5	≥1.5，<2.5	<1.5

表 6.1－6　混凝土抗氯离子渗透性能的等级划分（电通量法）

等级	Q－Ⅰ	Q－Ⅱ	Q－Ⅲ	Q－Ⅵ	Q－Ⅴ
电通量 Q_s/C	≥4000	≥2000，<4000	≥1000，<2000	≥500，<1000	<500

注：混凝土龄期宜为 28d，当混凝土中水泥混合材与矿物掺合料之和超过胶凝材料用量的 50％时，测试龄期可为 56d。

表 6.1-7　混凝土抗碳化性能的等级划分

等级	T-Ⅰ	T-Ⅱ	T-Ⅲ	T-Ⅵ	T-Ⅴ
碳化深度 d(mm)	≥30	≥20，<30	≥10，<20	≥0.1，<10	<0.1

3. 标记

(1) 预拌混凝土的标记应按下列顺序：

①常规品或特制品的代号，常规品可不标记。

②特制品混凝土种类的代号，兼有多种类情况可同时标出。

③强度等级。

④坍落度控制目标值，后附坍落度等级代号在括号中；自密实混凝土应采用扩展度控制目标值，后附扩展度等级代号在括号中。

⑤耐久性能等级代号，对于抗氯离子渗透性能和抗碳化性能，后附设计值在括号中。

⑥预拌混凝土标准代号。

(2) 标记示例。

示例 1：采用通用硅酸盐水泥、河砂（也可是人工砂和海砂）、石、矿物掺合料、外加剂和水配制的普通混凝土，强度等级为 C50，坍落度为 180mm，抗渗等级为 P8，抗冻等级为 F250，抗氯离子渗透性能电通量为 1000C，其标记为：

A-C50-180（S4）-F250 Q-Ⅲ（1000）-GB/T 14902

示例 2：采用通用硅酸盐水泥、河砂（也可是陶砂）、陶粒、矿物掺合料、外加剂、合成纤维和水配制的轻骨料纤维混凝土，强度等级为 LC40，坍落度为 210mm，抗冻等级为 F150，其标记为：

B-LF-LC40-210（S4）-P8F150-GB/T 14902

6.1.2　原材料与配合比

1. 水泥

(1) 水泥应符合 GB 175、GB 200、GB 13693 等的规定。

(2) 水泥进场应提供出厂检验报告等质量证明文件，并应进行检验。检验项目及检验批量应符合 GB 50164 的规定。

2. 骨料

(1) 普通混凝土用骨料应符合 JGJ 52 的规定，高性能混凝土用骨料应符合 JG/T 568 的规定，海砂应符合 JGJ 206 的规定，再生粗骨料和再生细骨料应分别符合 GB/T 25177 和 GB/T 25176 的规定，轻骨料应符合 GB/T 17431.1 的规定，防辐射混凝土用骨料应符合 GB/T 50557 和 GB/T 34008 的规定。

(2) 骨料进场应进行检验。普通混凝土用骨料检验项目及检验批量应符合 GB 50164 的规定。再生骨料检验项目及检验批量应符合 JGJ/T 240 的规定，轻骨料检验项目及检验批量应符合 JGJ/T 12 的规定，防辐射混凝土用骨料应符合 GB/T 34008 的规定。

3. 水

（1）混凝土拌合用水应符合 JGJ 63 的规定。

（2）混凝土拌合用水检验项目及检验批量应符合 JGJ 63 的规定，检验频率应符合 GB 50204 等的规定。

4. 外加剂

（1）外加剂应符合 GB 8076、GB 23439、GB 50119、JG/T 377、JC 474 和 JC 475 等的规定。

（2）外加剂进场应提供出厂检验报告等质量证明文件，并应进行检验。检验项目及检验批量应符合 GB 50164 的规定。

5. 矿物掺合料

（1）粉煤灰应符合 GB/T 1596 的规定，粒化高炉矿渣粉应符合 GB/T 18046 的规定，硅灰应符合 GB/T 27690 的规定，钢渣粉应符合 GB/T 20491 的规定，粒化电炉磷渣粉应符合 JG/T 317 的规定，天然火山灰质材料应符合 JG/T 315 的规定，天然沸石粉应符合 JG/T 566 的规定，石灰石粉应符合 GB/T 35164 的规定，精炼渣粉应符合 GB/T 33813 的规定，镍铁渣粉应符合 JC/T 2503 的规定，铜尾矿粉应符合 T/CECS 10100 的规定。

（2）矿物掺合料进场应提供出厂检验报告等质量证明文件，并应进行检验。检验项目及检验批量应符合 GB 50164 的规定。

6. 纤维

（1）用于混凝土中的钢纤维和合成纤维应符合 JGJ/T 221 的规定。

（2）钢纤维和合成纤维进场应提供出厂检验报告等质量证明文件，并应进行检验。检验项目及检验批量应符合 JGJ/T 221 的规定。

7. 配合比

（1）普通混凝土配合比设计应由供货方按 JGJ 55 的规定执行，轻骨料混凝土配合比设计应由供货方按 JGJ/T 12 的规定执行，纤维混凝土配合比设计应由供货方按 JGJ/T 221的规定执行，防辐射混凝土配合比设计应由供货方按 GB/T 50557 和 GB/T 34008的规定执行。

（2）应根据工程要求对设计配合比进行施工适应性调整后确定施工配合比。

6.1.3　质量要求

1. 强度

混凝土强度应满足设计要求，检验评定应符合 GB/T 50107 的规定。

2. 坍落度和坍落度经时损失

混凝土坍落度实测值与控制目标值的允许偏差应符合表 6.1-8 的规定。常规品的泵送混凝土坍落度控制目标值不宜大于 180mm，并应满足施工要求，坍落度经时损失不宜大于 30mm/h；特制品混凝土坍落度应满足相关标准规定和施工要求。

表 6.1-8　混凝土拌合物稠度允许偏差

项目	控制目标值	允许偏差
坍落度（mm）	≤40	±10
	50~90	±20
	≥100	±30
扩展度（mm）	≥350	±30

3．扩展度

扩展度实测值与控制目标值的允许偏差宜符合表 6.1-8 的规定。自密实混凝土扩展度控制目标值不宜小于 550mm，并应满足施工要求。

4．含气量

混凝土含气量实测值不宜大于 7%，并与合同规定值的允许偏差不宜超过 ±1.0%。

5．水溶性氯离子含量

混凝土拌合物中水溶性氯离子最大含量实测值应符合表 6.1-9 的规定。

表 6.1-9　混凝土拌合物中水溶性氯离子最大含量

环境条件	水溶性氯离子最大含量（%，胶凝材料用量质量百分比）	
	钢筋混凝土	预应力混凝土
干燥环境	0.30	0.06
潮湿但不含氯离子的环境	0.20	
潮湿而含有氯离子的环境	0.15	
除冰盐等侵蚀性物质的腐蚀环境、盐渍土环境	0.10	

6．耐久性能

混凝土的耐久性能应满足设计要求，检验评定应符合 JGJ/T 193 的规定。

7．其他性能

当需方提出其他混凝土性能要求时，应按国家现行有关标准规定进行试验，无相应标准时应按合同规定进行试验，其结果应符合标准及合同要求。

6.1.4　制备

1．一般规定

（1）混凝土搅拌站（楼）应符合 GB 10171 的规定。

（2）预拌混凝土制备应包括原材料贮存、计量、搅拌和运输。

（3）特制品的制备除应符合本条的规定外，重晶石混凝土、轻骨料混凝土和纤维混凝土还应符合 GB/T 50557、JGJ/T 12 和 JGJ/T 221 的规定。

（4）预拌混凝土制备应符合环保的规定，并宜符合 HJ/T 412 的规定。粉料输送和计量应在密封状态下进行，并应有收尘装置；搅拌站机房宜为封闭系统；运输车出厂前应将车外壁和料斗壁上的混凝土残浆清洗干净；搅拌站应对生产过程中产生的工业废水和固体废弃物进行回收处理和再生利用。

2. 原材料贮存

（1）各种材料必须分仓贮存，并应有明显的标识。

（2）水泥应按品种、强度等级和生产厂家分别标识和贮存；应防止水泥受潮及污染，不应采用结块的水泥；水泥用于生产时的温度不宜高于 60℃；水泥出厂超过 3 个月应进行复检，合格者方可使用。

（3）骨料堆场应为能排水的硬质地面，并应有防尘和遮雨设施；不同品种、规格的骨料应分别贮存，避免混杂或污染。

（4）外加剂应按品种和生产厂家分别标识和贮存；粉状外加剂应防止受潮结块，如有结块，应进行检验，合格者应经粉碎至全部通过 300μm 方孔筛筛孔后方可使用；液态外加剂应贮存在密闭容器内，并应防晒和防冻。如有沉淀等异常现象，应经检验合格后方可使用。

（5）矿物掺合料应按品种、质量等级和产地分别标识和贮存，不应与水泥等其他粉状料混杂，并应防潮、防雨。

（6）纤维应按品种、规格和生产厂家分别标识和贮存。

3. 计量

（1）固体原材料应按质量进行计量，水和液体外加剂可按体积进行计量。

（2）原材料计量应采用电子计量设备。计量设备应能连续计量不同混凝土配合比的各种原材料，并应具有逐盘记录和储存计量结果（数据）的功能，其精度应符合 GB 10171 的规定。计量设备应具有法定计量部门签发的有效检定证书，并应定期校验。混凝土生产单位每月应至少自检一次；每一工作班开始前，应对计量设备进行零点校准。

（3）原材料的计量允许偏差不应大于表 6.1-9 规定的范围，并应每班检查 1 次。

表 6.1-9　混凝土原材料计量允许偏差

原材料品种	水泥	骨料	水	外加剂	掺合料
每盘计量允许偏差（%）	±2	±3	±1	±1	±2
累计计量允许偏差[a]（%）	±1	±2	±1	±1	±1

[a] 累计计量允许偏差是指每一运输车中各盘混凝土的每种材料计量和的偏差。

4. 搅拌

（1）搅拌机型式应为强制式，并应符合 GB 10171 的规定。

（2）搅拌应保证预拌混凝土拌合物质量均匀，同一盘混凝土的搅拌匀质性应符合

GB 50164 的规定。

（3）预拌混凝土搅拌时间应符合下列规定：

①对于采用搅拌运输车运送混凝土的情况，混凝土在搅拌机中的搅拌时间应满足设备说明书的要求，并且不应少于 30s（从全部材料投完算起）；

②对于采用翻斗车运送混凝土的情况，应适当延长搅拌时间；

③在制备特制品或掺用引气剂、膨胀剂和粉状外加剂的混凝土时，应适当延长搅拌时间。

5. 运输

（1）混凝土搅拌运输车应符合 JG/T 5094 的规定，翻斗车应仅限用于运送坍落度小于 80mm 的混凝土拌合物。运输车在运输时应能保证混凝土拌合物均匀且不产生分层、离析。对于寒冷、严寒或炎热的天气情况，搅拌运输车的搅拌罐应有保温或隔热措施。

（2）搅拌运输车在装料前应将搅拌罐内积水排尽，装料后严禁向搅拌罐内的混凝土拌合物中加水。

（3）当卸料前需要在混凝土拌合物中掺入外加剂时，应在外加剂掺入后采用快挡旋转搅拌罐进行搅拌；外加剂掺量和搅拌时间应有经试验确定的预案。

（4）预拌混凝土从搅拌机卸入搅拌运输车至卸料时的运输时间不宜大于 90min，如需延长运送时间，则应采取相应的有效技术措施，并应通过试验验证；当采用翻斗车时，运输时间不应大于 45min。

6.1.5 试验方法

1. 强度

混凝土强度试验方法应符合 GB/T 50081 的规定。

2. 坍落度、坍落度经时损失、扩展度、含气量、表观密度

混凝土拌合物坍落度、坍落度经时损失、扩展度、含气量和表观密度的试验方法应符合 GB/T 50080 的规定。

3. 水溶性氯离子含量

混凝土拌合物中水溶性氯离子含量应按 JGJ/T 322 中混凝土拌合物中水溶性氯离子含量快速测定方法或其他精确度更高的方法进行测定。

4. 耐久性能

混凝土耐久性能试验方法应符合 GB/T 50082 的规定。

5. 特殊要求项目

对合同中特殊要求的其他检验项目，其试验方法应符合国家现行有关标准的规定；无标准的，则应按合同规定进行。

6.1.6 检验规则

1. 一般规定

(1) 预拌混凝土质量检验分为出厂检验和交货检验。出厂检验的取样和试验工作应由供方承担；交货检验的取样和试验工作应由需方承担，当需方不具备试验和人员的技术资质时，供需双方可协商确定并委托有检验资质的单位承担，并应在合同中予以明确。

(2) 交货检验的试验结果应在试验结束后 10d 内通知供方。

(3) 预拌混凝土质量验收应以交货检验结果作为依据。

2. 检验项目

(1) 常规品应检验混凝土强度、拌合物坍落度和设计要求的耐久性能，掺有引气型外加剂的混凝土还应检验拌合物的含气量。

(2) 特制品除应检验常规品应检验所列项目外，还应按相关标准和合同规定检验其他项目。

3. 取样与检验频率

(1) 混凝土出厂检验应在搅拌地点取样；混凝土交货检验应在交货地点取样，交货检验试样应随机从同一运输车卸料量的 1/4 至 3/4 之间抽取。

(2) 混凝土交货检验取样及坍落度试验应在混凝土运到交货地点时开始算起 20min 内完成，试件制作应在混凝土运到交货地点时开始算起 40min 内完成。

(3) 混凝土强度检验的取样频率应符合下列规定：

①出厂检验时，每 100 盘相同配合比混凝土取样不应少于 1 次，每一个工作班相同配合比混凝土达不到 100 盘时应按 100 盘计，每次取样应至少进行一组试验；

②交货检验的取样频率应符合 GB/T 50107 的规定。

(4) 混凝土坍落度检验的取样频率应与强度检验相同。

(5) 同一配合比混凝土拌合物中的水溶性氯离子含量检验应至少取样检验 1 次。海砂混凝土拌合物中的水溶性氯离子含量检验的取样频率应符合 JGJ 206 的规定。

(6) 混凝土耐久性能检验的取样频率应符合 JGJ/T 193 的规定。

(7) 混凝土的含气量、扩展度及其他项目检验的取样频率应符合国家现行有关标准和合同的规定。

4. 评定

(1) 混凝土强度检验结果符合 6.1.3 第 1 款的规定时为合格。

(2) 混凝土坍落度、扩展度和含气量的检验结果分别符合 6.1.3 条第 2 款、6.1.3 条第 3 款和 6.1.3 条第 4 款规定时为合格；若不符合要求，则应立即用试样余下部分或重新取样进行复检，当复检结果分别符合 6.1.3 条第 2 款、6.1.3 条第 3 款和 6.1.3 条第 4 款的规定时，应评定为合格。

(3) 混凝土拌合物中水溶性氯离子含量检验结果符合 6.1.3 条第 5 款规定时为合格。

（4）混凝土耐久性能检验结果符合 6.1.3 第 6 款规定时为合格。

（5）其他的混凝土性能检验结果符合 6.1.3 第 7 款规定时为合格。

6.1.7 订货与交货

1. 供货量

（1）预拌混凝土供货量应以体积计，计算单位为立方米（m³）。

（2）预拌混凝土体积应由运输车实际装载的混凝土拌合物质量除以混凝土拌合物的表观密度求得。

注：一辆运输车实际装载量可由用于该车混凝土中全部原材料的质量之和求得，或可由运输车卸料前后的重量差求得。

（3）预拌混凝土供货量应以运输车的发货总量计算。如需要以工程实际量（不扣除混凝土结构中的钢筋所占体积）进行复核时，其误差应不超过±2%。

2. 订货

（1）购买预拌混凝土时，供需双方应先签订合同。

（2）合同签订后，供方应按订货单组织生产和供应。订货单应至少包括以下内容：

①订货单位及联系人；

②施工单位及联系人；

③工程名称；

④浇筑部位及浇筑方式；

⑤混凝土标记；

⑥标记内容以外的技术要求；

⑦订货量（m³）；

⑧交货地点；

⑨供货起止时间。

3. 交货

（1）供方应按分部工程向需方提供同一配合比混凝土的出厂合格证。出厂合格证应至少包括以下内容：

①出厂合格证编号；

②合同编号；

③工程名称；

④需方；

⑤供方；

⑥供货日期；

⑦浇筑部位；

⑧混凝土标记；

⑨标记内容以外的技术要求；

⑩供货量（m³）；

⑪原材料的品种、规格、级别及检验报告编号；

⑫混凝土配合比编号；

⑬混凝土质量评定。

（2）交货时，需方应指定专人及时对供方所供预拌混凝土的质量、数量进行确认。

（3）供方应随每一辆运输车向需方提供该车混凝土的发货单，发货单应至少包括以下内容：

①合同编号；

②发货单编号；

③需方；

④供方；

⑤工程名称；

⑥浇筑部位；

⑦混凝土标记；

⑧本车的供货量（m³）；

⑨运输车号；

⑩交货地点；

⑪交货日期；

⑫发车时间和到达时间；

⑬供需（含施工方）双方交接人员签字。

6.2 冬期施工条件下预拌混凝土的质量控制

6.2.1 概述

我国地域辽阔、气候复杂。北方广大地区每年都有较长的负温天气，这些地区混凝土的破坏多与冻融作用有关。据统计，75％以上的工程质量事故发生在冬期施工时期。冬期施工工程质量事故具有滞后性及隐蔽性等特点，施工后很难及时发现，处理难度较大。混凝土冻害是关系到建筑物寿命、工程质量、安全运营等方面的重大问题，必须认识其严重性，了解其破坏原因，采取正确的设计、生产、施工和管理措施，将冻害对混凝土的破坏作用降低到最小范围。

对于混凝土冻害的研究，多年来国内外学者按照混凝土遭受冻害的时间阶段将其分成早期冻害和后期冻害两大类型。混凝土的早期冻害指混凝土浇筑后，在凝结硬化期间受到一次冻结或反复冻融而引起混凝土内部产生损伤所引发的性能劣化；混凝土的后期冻害指充分硬化、强度达到设计要求的混凝土，在其使用过程中，因周围介质的温度在正负间反复变化而发生破坏所引起的冻害。前者是由于负温施工引起的，后者是使用过程中因为混凝土遭受冻融循环作用引起的，二者对混凝土的耐久性都会造成不同程度的影响。本节将重点对负温施工引起混凝土冻害的产生过程和造成的破坏进行详细叙述。

6.2.2 低温条件下混凝土质量的劣化

1. 低温条件下的混凝土施工需求

我国广大北方地区天气都比较寒冷，平均温度低于5℃达4~6个月之长。南方很多地区在十二月、一月、二月这三个月内平均气温也低于5℃。我国绝大部分国土面积在冬季平均气温低于5℃，其中山东地区平均气温处于−8℃到0℃之间。

当今我国社会正处于城市化进程加速发展的阶段，国家的基础设施建设以前所未有的速度和规模在发展，越来越多的工程需要在较低温度条件下进行混凝土施工。我国规定，室外日平均气温连续5d稳定低于5℃即进入冬期施工，室外日平均气温连续5d稳定高于5℃时解除冬期施工。北方大部分地区全年大约有三分之一的时间处于冬期施工条件下，希望能在低温条件下以较快的速度建成质量有保证的现代化工程。为拓展建设时间、保证建设速度，实现建设经济效益，需要大力发展混凝土冬期施工技术及质量保障措施，这为混凝土技术人员提出了新的挑战。

2. 温度对水泥水化进程的影响

混凝土的凝结硬化是由水泥水化引起的，水泥水化是一个复杂的过程，水泥是多种矿物聚集在一起的粉状材料，主要含有硅酸三钙（C_3S）、硅酸二钙（C_2S）、铝酸三钙（C_3A）、铁铝酸四钙（C_4FA）四种熟料矿物。水泥与水拌合后发生水化反应，其中C_3A反应速度最快，C_3S和C_4AF水化也较快，各类矿物与水反应后在水泥颗粒表面生成针状钙矾石、水化硅酸钙及$Ca(OH)_2$或水化铝酸钙等水化产物。这些水化产物逐渐生成、增多、聚集，最后实现水泥的凝结硬化。

在水化反应初期，C_3S迅速溶解出$Ca(OH)_2$，形成$Ca(OH)_2$的过饱和溶液，随着反应的进行，$Ca(OH)_2$和无定形C—S—H凝胶在水泥颗粒表面开始生长，析出$Ca(OH)_2$晶体和C—S—H凝胶，引起液相中$Ca(OH)_2$浓度和C—S—H浓度的降低，促进水泥中各类矿物的进一步水化。随着钙矾石的逐渐生成和液相中硫酸根离子的不断减少，钙矾石（AFt）逐渐向单硫型硫铝酸钙（AFm）转变。水泥的水化反应是一个放热反应过程，图6.2−1为硅酸盐水泥的水化放热曲线图。

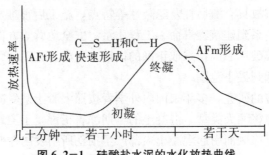

图6.2−1 硅酸盐水泥的水化放热曲线

从图6.2−1可以看出，硅酸盐水泥的水化分为四个阶段：初始期、诱导期、加速期和稳定期。初始期主要为钙矾石AFt的生成，诱导期主要为C_3S水化生成$Ca(OH)_2$和无定形的C—S—H凝胶，加速期为$Ca(OH)_2$和无定形的C—S—H的快速形成，稳定期内发生钙矾石 AFt 向 AFm 转化。

在水泥水化的过程中，温度对水泥的水化影响巨大，也遵循一般的化学规律，即温度越高，水化反应越快。在低温条件下，硅酸盐水泥及其组成矿物的水化机理与常温相比并无明显差别，但反应速率会大大降低。水泥在 $-5℃$ 下仍能发生缓慢水化，在 $-10℃$ 时水化基本中止。水泥矿物中 C_2S 反应活性较低，对反应温度及反应环境要求较高，在低温时反应受影响最大。

图 6.2-2 为温度对硅酸盐水泥水化速率的影响规律示意图，图 6.2-3 为不同温度时 C_3S 的水化热变化。

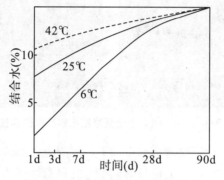

图 6.2-2 温度对水化速率的影响

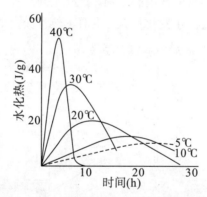

图 6.2-3 不同温度时 C_3S 的水化热变化

由图 6.2-2 可以看出，随着温度的降低，硅酸盐水泥的水化速率降低，但在 28d 后水化程度基本趋于一致。由图 6.2-3 可知，温度越高，C_3S 的水化反应越剧烈，水化热的释放速度越快。所以在低温条件下，水泥的水化速度较慢，混凝土的强度增长幅度较慢。单位时间内放出的水化热较少，水化热引起的混凝土自身温度上升的幅度较低。

3. 混凝土的早期冻害

混凝土的早期冻害指混凝土浇筑后，在凝结硬化期间受到一次冻结或反复冻融而引起混凝土内部产生损伤所引发的性能劣化。如果混凝土在早期遭受冻害，由于此时水泥尚未充分水化，起缓冲调节作用的凝胶孔未完全形成，并且此时混凝土内部的抗压强度和抗拉强度不足以抵抗混凝土中毛细孔水结冰所引起的膨胀应力，水分结冰所产生的膨胀将使混凝土内部结构产生严重破坏，造成不可恢复的强度损失。因此这种早期冻害对混凝土及钢筋混凝土结构工程危害最大，严重劣化了混凝土的物理、力学性能和耐久性能，尤其是对于冬季路面、桥梁、海洋平台和高层建筑物，它们受早期冻害破坏的影响更为严重。混凝土遭受早期冻害易产生冻胀裂缝、边角脱落等破坏，如图 6.2-4 所示。

图 6.2-4　混凝土遭受早期冻害产生的损伤

当新浇筑的混凝土自身温度达到冰点以下，混凝土内部的游离水就会开始结冰，这会导致混凝土的冻害损伤。混凝土自身的温度与它自身储备的热量多少及水泥水化快慢有关。同时，混凝土温度与外界气温有差别，混凝土与周围环境之间会发生热交换，这也会导致混凝土自身的温度发生变化。新拌混凝土热量交换如图 6.2-5 所示，

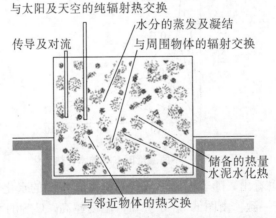

图 6.2-5　新拌混凝土与周围环境的热交换示意图

由图 6.2-5 可知，新拌混凝土除了水泥水化增加混凝土的热量外，其余都属于混凝土与周围环境的热交换。当环境温度很低时，这种热交换会很快降低混凝土的温度。对新拌混凝土而言，温度的高低决定了水化程度的大小。所以温度越低，混凝土的强度增长就越慢。混凝土受冻龄期越早，留在混凝土内部的游离水分也就越多，单位体积内的结冰量就越多，结冰后产生的冻胀应力就愈大，混凝土更容易被冻坏。

由于水泥水化产物中大部分含有结晶水，所以在不同温度下测定水泥石的失水可以判断水泥矿物的水化程度。表 6.2-1 为水泥在不同负温条件下水化程度的试验结果。

表 6.2-1 负温下水泥的水化程度

冰冻前标养静置的时间（h）	冻结温度（℃）	C₂S水化程度（%）	化学结合水数量（%）		
			105℃失重	1000℃失重	1000℃总失重
0	−2	—	4.96	4.05	9.01
0	−5	7.6	2.80	1.48	4.28
0	−10	2	2.58	1.63	4.21
0	−20	2	2.10	0.64	2.74
3	−20		2.04	0.60	2.64
6	−20		2.37	0.99	3.36
9	−20		2.66	1.26	3.92
12	−20	21.5	4.08	4.35	8.43
24	−20	30	4.21	4.63	8.84
48	−20	—	7.12	6.49	13.61

混凝土拌合物在低于0℃的某个范围内游离水将开始结冰，温度达到−15℃时，游离水几乎全部结冰，致使水化反应停止，混凝土强度停止增长。若在混凝土拌合水中掺入一些防冻组分，可使液相冰点下降，从而使新拌混凝土在一定的负温范围内仍有液相存在，水泥水化反应得以进行。

混凝土的早期受冻问题归结起来有以下两个方面：

（1）混凝土硬化前（混凝土拌合物）受冻。

当拌合水尚未参与水化反应（参与水化反应有限）时，混凝土的冰冻作用类似于饱和黏土冻胀的情况，即拌合水结冰使混凝土体积膨胀。混凝土的凝结过程因拌合水结冰而中断，直到温度上升到混凝土拌合水融化为止。假如又重新振捣密实，则混凝土照常凝结硬化，对其强度的增长就不会产生不利的影响；但如不重新振捣密实，则混凝土中就会因留下的水结冰而形成的大量孔隙，使其强度大为降低。重新振捣是万不得已时才采用的，一般情况下还是要注意早期养护，尽量避免混凝土过早受冻。

（2）混凝土凝结后但未达到足够强度时受冻。

此时受冻混凝土强度损失最大，因为与毛细孔水结冰相关的膨胀将使混凝土内部结构严重受损，造成不可恢复的强度损失。混凝土的强度越低，其抗冻能力就越差，因为此时水泥尚未充分水化，起缓冲调节作用的胶凝孔尚未完全形成，所以这种早期冻害对混凝土及钢筋混凝土结构的危害最大，必须尽量避免。各国的混凝土施工规范中对冬季施工混凝土有特殊的规定，严格控制混凝土的硬化强度不得低于允许受冻临界强度。

4. 混凝土的冻融循环破坏

冻融循环对混凝土造成的破坏是指内部孔隙中含有水分的混凝土在反复冻融循环作用下而导致的损伤。冻融循环对混凝土结构易造成冻融循环裂缝、表层脱落等破坏，如图 6.2-6 所示。

图 6.2-6　冻融循环对混凝土结构造成的破坏

水结冰时体积膨胀约 9%，膨胀作用迫使未结冰的水被压缩。如果水分能被压入其他孔隙（未充满水），冰胀压力可被缓解和消除，但当孔隙充满水或被冰晶堵塞时，冰压将对毛细管孔壁产生很大的压力，使混凝土中的水泥石产生微小裂缝而被损伤。当这种损伤积累到一定程度，便会对混凝土结构产生破坏。图 6.2-7 表示在水灰比为 0.65、不掺引气剂的水泥石遭受反复冻融后的长度变化情况。

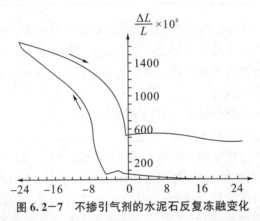

图 6.2-7　不掺引气剂的水泥石反复冻融变化

图 6.2-7 说明，冻结膨胀开始剧烈，而后变缓，在 -25℃时约达 1.6mm/m。这一规律说明，水泥石中的水并不是一起结冰，而是表面张力比较小的粗毛细管中的水先结冰，而后逐渐波及表面张力高的更细毛细管中的水。这是由于水的饱和蒸汽压随温度的降低而下降。毛细管中的水呈现向下凹的弯液面，由于表面张力的作用，比平液面的水更难蒸发，在相同温度下饱和蒸汽压下降。所以在 0℃时，毛细管中水和冰的饱和蒸汽压不相等，水和冰不能共存，因而并不结冰，而是在低于 0℃时才结冰。毛细管管径越细，弯月面的曲率半径越小，表面张力越大，则饱和蒸汽压越低，冰点也越低。图 6.2-8 为毛细管半径和冰点的关系。

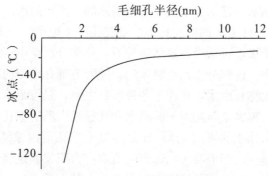

图 6.2-8　毛细管半径与冰点的关系

如图 6.2-8 所示，当毛细管半径为 12nm 时，冰点为 $-10℃$；毛细管半径为 4nm 时，冰点为 $-35℃$ 左右；而当半径为 1.5nm 时，冰点则下降到 $-76℃$，即在一定负温条件下，细到一定程度的毛细管中的水是不会结冰的。

混凝土冰冻过程产生膨胀，融解过程表现收缩，但未能完全恢复到原来状态而留有残余约 1/3 的变形，表明冻融使水泥石结构变得疏松而受到了永久性损伤。在混凝土中引入适量微小的气泡，并使均匀分布、密闭气泡的间距在 0.25mm 以下，在经过冻融循环作用后，混凝土可恢复到原来状态而没有产生残余变形，因而水泥石结构未变疏松，冻融循环的破坏作用得到大大降低。

若混凝土中的水泥石在未硬化前即遭受冻害，由于初始结构强度过低而不能抵抗冻胀压力，水泥石结构将受到损伤；当温度回升时，虽然水泥矿物成分的水化反应得以恢复，但由于水泥石初始结构已受损伤，其最终强度已恢复不到不受冻害时应达到的强度。如混凝土先在正温下硬化并已获得一定的强度值后再受冻害，则水泥石的结构损伤将会明显减轻，混凝土的最终强度值也会更接近不受冻害时应达到的强度值。冻害减轻的程度，随着混凝土受冻前已获得强度百分率的增大而提高，这就是混凝土在受冻之前必须达到临界强度的原因。

6.2.3　混凝土冻害的产生过程与影响因素

1. 混凝土冻害的产生过程

混凝土是由水泥水化产物、骨料、水、空气共同组成的气、液、固三相平衡体系，当混凝土处于负温条件时，其内部孔隙中的水分将发生从液相到固相的转变。对于混凝土受冻破坏的现象，人们最初仅仅是以水结冰时体积膨胀 9% 这一自然现象来解释，认为这种现象和盛满水的密闭容器受冻后胀裂的破坏情况类似。当孔溶液体积超过 91% 时，溶液结冰后产生膨胀压力使混凝土结构破坏。但这种过于简单的观点无法解释复杂的混凝土受冻破坏的动力学过程。而且实验表明水饱和度低于 91% 时，混凝土也可能受冻破坏。这说明混凝土受冻破坏的机理远远不止这么简单。大量的研究表明，影响混凝土受冻破坏的原因很多，其机理相当复杂。但从本质上说，混凝土受冻破坏主要取决于混凝土中水的存在形式。

在混凝土硬化初期，混凝土中水的存在主要有以下形式：①结晶水。如钙矾石等晶体中所含的水成为结晶水，这部分水是不可能结冰的。②吸附水。也称凝胶水，存在于各种水化物，如 C—S—H 凝胶的凝胶孔中。凝胶孔尺寸很小，一般为 $10\sim20\mu m$ 之间，仅比水分子大一个数量级，可认为在自然条件下，这部分水是不可能结冰的。（3）毛细孔水。存在于毛细孔中，这部分水是可结冰的。随着毛细孔半径的减少，水的冰点也随之降低。④游离水。也称自由水，存在于各种颗粒之间，是可结冰的水。

由此可见，混凝土冻害是首先由于游离水和孔径较大的毛细孔中的毛细孔水结冰开始的。这部分水结冰后体积膨胀约 9%，导致混凝土中孔道内未结冰的水分发生迁移，进而产生静水压、渗透压。当混凝土内部产生的内应力积累到足够大时，导致混凝土结构产生破坏。所以可以说混凝土的受冻破坏主要是一种力学行为，即水的运动对混凝土结构的影响。同时，混凝土内部水的存在形式、保水程度、干燥程度等也会对混凝土受冻破坏产生影响。

混凝土拌合物的强度低，孔隙率高、游离水含量高，极易发生冻胀破坏。冻胀破坏的外观特征是材料体内出现若干的冰夹层，彼此平行而垂直于热流方向。其过程为：新浇筑的混凝土结构表面降温时，冷流向混凝土材料体内延伸，在深处某水平位置开始冻结，一般从较粗大孔中水分开始结冰，冰晶形成后从间隙吸水，发育增长，且是不可逆的过程。水分从材料未冻结水或是从外部水源补给，并形成宏观规模的移动。第一层孔隙中的水结冰后，在冰晶生长的过程中产生体积膨胀，材料本身受到拉应力，如果超过抗拉强度即产生冻害。

冻害的产生从温度低的混凝土表层开始，表层毛细管中的水分最先冻结。伴随着表层水分的冻结发生体积膨胀，挤压未冻结的水分，向未受冻的混凝土内部移动，如图 6.2−9 所示。

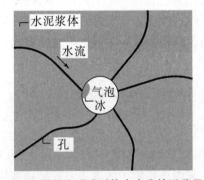

图 6.2−9　混凝土受冻时体内水分的迁移示意图

随着冰的体积不断增大，继续压迫未冻结水，未冻水被压迫得无路可走，在毛细孔内产生越来越大的压力。水压如超过混凝土的抗拉强度，就在混凝土中产生微裂纹，裂纹扩展导致混凝土劣化，即产生冻害劣化。

2. 原材料性能对混凝土冻害的影响

（1）骨料对混凝土抗冻性的影响。

混凝土中使用的骨料，其种类和品质对混凝土的抗冻性和抗冻融性能影响很大。不适用的骨料，会使混凝土在受冻时发生剥落和生成贯通型的裂缝。剥落和开裂是混凝土受冻破坏最普通的形式，剥落劣化多发生于混凝土表面，饱水骨料在混凝土受冻时，骨料体积膨胀。由于骨料强度高于水泥石的强度，使骨料上面的混凝土剥离。这完全是由保水骨料受冻造成的。由于饱水骨料在混凝土受冻造成的表面崩裂如图6.2-10所示。

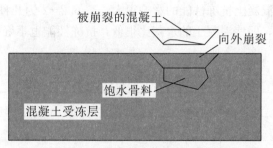

图6.2-10　由于饱水骨料在混凝土受冻造成的表面崩裂示意图

混凝土结构在受冻破坏中，由于水分和融雪剂的作用容易脱皮。在混凝土结构中，某些骨料在反复冻融作用下，通常会沿结构边缘及节点的平行方向缓慢开裂，最终形成一个类似于"D"字形裂缝，如图6.2-11所示。

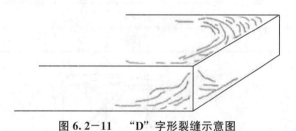

图6.2-11　"D"字形裂缝示意图

在混凝土路面板的接缝处，水分从表面、下表面与侧面渗入混凝土，受冻时容易出现"D"字形裂缝。

骨料对混凝土冻害影响的主要因素有骨料的孔隙率、强度、粒径等。骨料的饱水程度和吸水量对于骨料的抗冻性能起着主要作用。除了骨料的总孔隙率之外，骨料中孔径大小的分布也很重要。因为毛细管水上升的高度与孔隙半径成反比。平均孔直径小、总孔隙率大的骨料的抗冻性能差。图6.2-12为骨料的总孔隙率、平均孔径和抗冻害性能的关系。

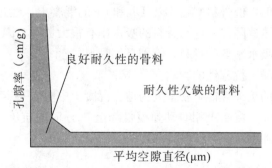

图6.2-12　骨料的总孔隙率、平均孔径和抗冻害性能的关系

一般来讲，吸水率小、坚固性好、强度高的骨料抗冻效果良好。粗骨料粒径大者比

粒径小者抗冻性能差，天然砂对冻害比较敏感，石粉含量对混凝土抗冻性能有一定影响。水灰比的提高对混凝土抗冻性不利，但在混凝土中单位体积用水量一定时，适当增加胶凝材料用量对混凝土抗冻性有利。

骨料的吸水率对混凝土抗冻性能的影响很大，表 6.2－2 为几种常用骨料的吸水率。如果骨料的吸水率高，即使混凝土的水灰比很低，抗冻性能也不好。骨料吸水率对混凝土抗冻性的影响如图 6.2－13 所示。

表 6.2－2　几种常用骨料的吸水率

符号	种类	吸水率（％）
A	硬质砂岩碎石	0.78
B	安山岩碎石	1.49
C	安山岩碎石	2.44
D	安山岩碎石	2.3
a	河砂	1.69
b	河砂	3.80
c	碎石砂	4.90

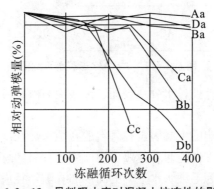

图 6.2－13　骨料吸水率对混凝土抗冻性的影响

由图 6.2－13 所示，骨料 Aa、Ba 和 Da 的混凝土，经过 300 次冻融循环后，相对动弹模量几乎没有降低，但骨料 Ca、Ba、Db 和 Cc 的混凝土，经过 150～200 次冻融循环后，相对动弹模量迅速降低。这与骨料的吸水率有很大关系，因此要提高混凝土的抗冻性能，要注意选择吸水率低的骨料，特别是细骨料。

（2）引气剂对混凝土抗冻性的影响。

为了提高混凝土的抗冻性能，常常人为地在混凝土中引入一定气泡。含气量对混凝土抗冻性能的影响明显，混凝土相对动弹模量降至 50％时的抗冻融循环次数与含气量的关系如图 6.2－14 所示。

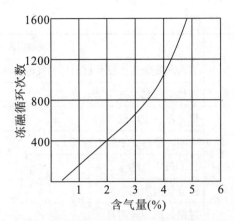

图 6.2－14　混凝土相对动弹模量降至 50%时的抗冻融循环次数与含气量的关系

所以，掺加适量的引气剂，在浆体中形成细小的、分散的、球状的封闭气孔，有助于提高混凝土抗冻性，同时也能改善混凝土拌合物的和易性。

引气剂的副作用是使混凝土的强度降低，一般情况下，引气 1%，抗压强度降低约 4%～6%。大部分引气剂都具有增加流动性的效果，在达到相同混凝土流动性的条件下，可以适当降低水灰比，以补偿因加引气剂带来的强度降低。

人为地在混凝土中引气，使混凝土具有良好的抗冻性，主要是气孔断开了冻结水的通道，如图 6.2－15 所示。浆体中的气泡中断了连续的毛细管孔隙结构，降低了混凝土对液体的吸收，同时为冻结水的膨胀提供了释放的空间，如图 6.2－16 所示。

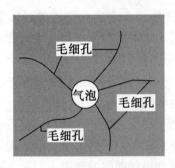

图 6.2－15　气泡中断毛细管结构示意图

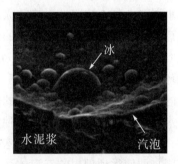

图 6.2－16　气孔中存在的冰

引气剂在混凝土中的引气量会受到诸多因素的影响，新拌混凝土含气量的影响因素及影响规律如表 6.2－3 所示。

表 6.2－3　新拌混凝土含气量的影响因素及影响规律

影响因素	影响规律
细骨料	<0.125mm，抑制气泡形成
	>0.125mm，<1.0mm，促进气泡形成
	>1.0mm，抑制气泡形成
粗骨料	球状粒径促进气泡形成

续表

影响因素	影响规律
掺合料	火山灰及潜在水硬性材料抑制气泡形成
外加剂	掺加引气剂促进气泡形成
搅拌时间	短，不可能形成气泡
	中间，最适宜于气泡形成
	长，破坏气泡
强搅拌	促进气泡形成
振捣时间	过振，减少气泡量
振捣类型	插入式振捣器、附着式振捣器和振动台都破坏气泡
运输时间	运输时间长，气泡减少
温度	新拌混凝土温度升高抑制气泡形成

当前混凝土外加剂中采用的引气剂种类很多，主要有松香树脂类、烷基和烷基芳香烃磺酸盐类、脂肪醇磺酸盐类、非离子聚醚类、皂苷类等。在引气剂的实际使用过程中，应考虑到混凝土其他材料及环境条件对引气效果的影响并根据实际情况做出相应的调整。

（3）水泥对混凝土抗冻性的影响。

水泥对混凝土抗冻性影响重大，特别是水泥中 C_3A 含量和矿渣微粉掺量对抗冻性能的评价是非常重要的。从目前的研究结果来看，水泥对混凝土抗冻性的影响不是直接依赖 C_3A 含量，而是与水泥石中冻融开始时单硫型硫铝酸钙（AFm）的含量相关。冻融循环作用促进了 AFm 向钙矾石（AFt）的转变，虽然发生很少的相转变，但会引起很大的体积膨胀，从而对混凝土的内部结构产生影响。

水泥中矿物掺合料的掺量和种类也会对混凝土的抗冻性产生影响，随着矿渣掺量的增加，引气效果会逐渐降低，抗冻融性能也会逐渐降低。矿渣含量高的水泥，虽然掺加引气剂，即使得到理想的气泡体系，抗冻性也不会得到理想的改善。

普通硅酸盐水泥的水化速度比矿渣水泥要快，普通硅酸盐水泥经过 28d 标养之后水化程度在 85%~90% 之间；而在同一龄期养护的矿渣水泥，其水化程度与矿渣的品质、水泥细度有关，一般水化程度在 30%~65%。水化程度影响混凝土内部水泥石的组织结构，进而影响混凝土的抗冻性能。

3. 水灰比对混凝土抗冻性的影响

水灰比对混凝土抗冻性的影响是使混凝土结构生成不同的孔隙体系，其与混凝土的抗冻性能有很重要的关系，水泥的水化进行完全时，根据水泥的矿物组成，约有 25% 的拌合用水成为水化物中的结合水，约 15% 为物理结合水（水泥凝胶孔隙吸附水）。因此，从化学物理的观点来看，为了使混凝土中的全部水泥水化，水灰比约为 0.40，但从施工来看，很多情况水灰比高于 0.40，这样才能满足施工作业的需求。在高水灰比的混凝土中，非化学和非物理结合水将会在混凝土结构硬化过程中蒸发，形成毛细管孔隙。混凝土的抗冻性能与水泥石中形成的毛细管孔隙密切相关，水灰比与水泥石中形成的毛细管孔隙密切相关，所以水灰比对混凝土抗冻性具有直接影响。研究表明，当毛细管孔隙为2%以下时，抗冻融循环次数高于800次；而当毛细管孔隙为6%左右时，抗冻融循环次数仅能达到300次左右。由此可以进一步说明高强混凝土抗冻性能高的原因。所以，适当调整水灰比使毛细管孔隙达到最小，就有可能提高混凝土的抗冻性能。

4. 施工工艺对混凝土抗冻性的影响

施工工艺对混凝土抗冻性影响的原因很多，其中混凝土的振捣和养护占有特别位置。混凝土浇筑过程中如果振捣不充分，混凝土将会产生局部缺陷，容易出现裂缝、抗冻性能降低等问题；如果混凝土浇筑过程中过振，则会导致混凝土产生骨料与浆体的分离、局部水胶比过大、表层混凝土抗冻性能大大降低等问题。

养护的作用是确保混凝土中水泥水化进行所必要的水分。由于养护不充分，导致混凝土早期失水过多，降低了水化程度，其结果是混凝土强度降低，靠近混凝土表面产生特别高的孔隙率，尤其是毛细管孔隙增多，对混凝土抗冻性能产生不良影响。

5. 外部环境对混凝土抗冻性的影响

在混凝土冬期施工过程中，冻害受温度的影响，特别是最低温度、温差变化速度和冷暖交替频率的影响更为明显。

（1）低温度：最低温度低时混凝土遭受的冻害程度增大。温度越低，混凝土内部形成的冰越多，产生的体积膨胀越大，对毛细孔中未结冰水分产生的压力越大，冻融循环破坏越大。当气温降至更低温度时，对混凝土的抗冻性产生强烈的影响。最低温度达到$-10℃$时，冻融破坏的力量将明显增大。最低温度在$-40℃$以下时，凝胶孔中大部分水分会冻结，混凝土的裂化程度会激烈上升。

（2）温差变化速度：温差变化速度会使混凝土结构断面上产生很大的自应力，超过结构承载能力时，造成结构破坏。

（3）冷暖交替次数：混凝土结构在服役期间，有多少次暴露于冻融环境的作用下非常重要，经历的冷暖交替次数越多，混凝土的冻融循环破坏越严重。

（4）混凝土中的含水量：混凝土的含水量对混凝土抗冻性能的影响也很大，在极限饱水标准以下状态的混凝土结构，即使经过多次冻融循环破坏，混凝土的裂化程度也很低。在极限含水量以上时，混凝土结构很低次数的冻融循环作用下就发生破坏。对混凝土饱水程度起决定作用的，一是混凝土结构中毛细管吸收能力，二是混凝土结构收容水的能力。混凝土结构中的吸水总量是根据结构中毛细管孔隙的比例和毛细管孔隙的大小决定的。

（5）冻结速率：冻结速率对混凝土的冻融破坏有一定的影响。冻结速率越快，混凝土的冻融破坏力越强，混凝土容易裂化。

6. 混凝土冬季施工的几个常用术语

（1）受冻临界强度。

冬期浇筑的混凝土在受冻以前必须达到的最低强度。

（2）蓄热法。

混凝土浇筑后，利用原材料加热以及水泥水化放热，并采取适当保温措施延缓混凝土冷却，在混凝土温度降到 0℃以前达到受冻临界强度的施工方法。

（3）综合蓄热法。

掺早强剂或早强型复合外加剂的混凝土浇筑后，利用原材料加热以及水泥水化放热，并采取适当保温措施延缓混凝土冷却，在混凝土温度降到 0℃以前达到受冻临界强度的施工方法。

（4）电加热法。

冬期浇筑的混凝土利用电能进行加热养护的施工方法。

（5）电极加热法。

用钢筋做电极，利用电流通过混凝土所产生的热量对混凝土进行养护的施工方法。

（6）电热毯法。

混凝土浇筑后，在混凝土表面或模板外覆盖柔性电热毯，通过电加热养护混凝土的施工方法。

（7）暖棚法。

将混凝土构件或结构置于搭设的棚中，内部设置散热器、排管、电热器或火炉等加热棚内空气，使混凝土处于正温环境下养护的施工方法。

（8）负温养护法。

在混凝土中掺入防冻剂，使其在负温条件下能够不断硬化，在混凝土温度降到规定温度前达到受冻临界强度的施工方法。

（9）硫铝酸盐水泥负温施工法。

冬期条件下，采用快硬硫铝酸盐水泥且掺入亚硝酸钠等外加剂配制的混凝土，并采取适当保温措施的负温施工方法。

（10）起始养护温度。

混凝土浇筑结束，表面覆盖保温材料结束后的起始温度。

（11）成熟度。

混凝土在养护期间养护温度和养护时间的乘积。

（12）等效龄期。

混凝土在养护期间温度不断变化，在这一段时间内，其养护的效果与在标准条件下养护达到的效果相同时所需的时间。

7. 混凝土受冻临界强度

混凝土受冻临界强度是指冬期浇筑的混凝土在受冻以前必须达到的最低强度。混凝土临界硬化强度取决于所用水泥的等级及混凝土强度等级、水灰比、温度、使用的骨料、化学外加剂等。如果低温混凝土在达到抗冻临界强度之前遭受冻害，即使后期良好的养护也无法恢复混凝土正常使用的能力。工程中经常通过采用掺加防冻剂和早期蓄热养护等方法，使低温混凝土在遭受冻害之前达到抗冻临界强度，从而抵抗混凝土受冻所产生的冻胀应力破坏，保证其后期的安全使用。

不同情况下混凝土受冻临界强度的规定如下：

（1）采用蓄热法、暖棚法、加热法等施工的普通混凝土，采用硅酸盐水泥、普通硅酸盐水泥配制时，其受冻临界强度不应小于设计混凝土强度等级值的 30％；采用矿渣硅酸盐水泥、粉煤灰硅酸盐水泥、火山灰质硅酸盐水泥、复合硅酸盐水泥时，不应小于设计混凝土强度等级值的 40％。

（2）当室外最低气温不低于−15℃时，采用综合蓄热法、负温养护法施工的混凝土受冻临界强度不应小于 4.0MPa；当室外最低气温不低于−30℃时，采用负温养护法施工的混凝土受冻临界强度不应小子 5.0MPa。

（3）对于强度等级不低于 C50 的混凝土，不宜小于设计混凝土强度等级值的 30％。

（4）对有抗渗要求的混凝土，不宜小于设计混凝土强度等级值的 50％。

（5）对有抗冻耐久性要求的混凝土，不宜小于设计混凝土强度等级值的 70％。

（6）在采用暖棚法施工的混凝土中掺入早强剂时，可按综合蓄热法受冻临界强度取值。

（7）当施工需要提高混凝土强度等级时，应按提高后的强度等级确定受冻临界强度。

综上所述，混凝土免遭冻害的条件可以主要归纳为以下几个方面：

（1）通过提高混凝土的自身温度、降低水的冰点等措施，保持混凝土中的水分不结冰，从而有效避免混凝土出现早期冻害。

（2）通过控制原材料性能、优化配合比设计、优化生产工艺以及采取各种养护方法措施，提高混凝土的早期强度，使得混凝土在受冻时的强度高于临界强度，从而有效避免早期冻害。

（3）降低硬化混凝土中的含水率，使混凝土的饱水程度低于临界饱和度，可以使混凝土在遭受冻融循环的过程中大大降低混凝土内部产生的破坏性应力，使混凝土免遭冻害。

6.2.4　负温条件下混凝土质量控制技术措施

为了使混凝土在负温环境中免遭冻害，应从原材料选择、配合比设计、混凝土的生产、施工等各个环节采取相应的技术措施，实现混凝土本身温度的提高、保障混凝土凝结硬化过程中的水化条件、在混凝土受冻之前达到临界强度，从而提高混凝土结构的施工质量。下面主要介绍负温养护法混凝土（掺防冻剂混凝土）的质量控制技术措施。

能够使混凝土在负温下硬化，并在规定养护条件下达到预期性能的外加剂称为防冻剂。对于氯离子含量≤0.1％的防冻剂称为无氯盐防冻剂，掺有防冻剂的混凝土可以在负温下硬化而不需要加热，最终达到与常温养护的混凝土相同的质量水平。

1．防冻剂的作用

使用防冻外加剂是一种有效地提高混凝土抗冻性的措施。使用防冻剂是寒冷地区保证混凝土冬季施工质量、节省能源、降低工程造价的有效措施。加入防冻外加剂积极进行混凝土冬季施工，其主要作用有以下几点：

（1）降低混凝土早期受冻的临界强度。

掺外加剂后可使临界强度降低（20%～30%）R_{+28}，这就大大地缩短了混凝土的养护时间，降低了养护的造价，缩短了施工周期。

（2）促使新拌混凝土内固相水－冰的结晶畸变。

掺防冻外加剂混凝土中液相的固化，实际上是把一部分水"储存"起来，随着结冰的进程，由于液相的减少，使外加剂的浓度不断增大。与此同时，一部分水用于水泥的水化并结合于水化物中，也使浓度增加，冰点下降。当防冻外加剂的浓度在混凝土液相中接近饱和时，则水泥所需要的水量就由融冰来获得。其结果是混凝土中的含水量逐渐减少直到消失。

（3）改变混凝土的孔结构。

无论是混凝土拌合物还是已硬化混凝土的抗冻性，均与混凝土的孔结构有关。通过防冻外加剂的引气成分使混凝土具有一定的含气量，从而改变混凝土的孔结构，可以提高其耐久性及早期抗冻能力。

（4）提高混凝土的早期强度。

早强作用主要是加快水泥中水硬性矿物的水化，从而加速水泥混凝土的硬化。水化生成的水化物，在某种程度上加强了水泥浆的结构形成作用，使新浇筑的混凝土较快地达到临界强度。

（5）减小水灰比及降低拌合用水量。

防冻理论日渐完善，使得防冻剂的性能得到了长足的发展，冬期施工中可使用的防冻剂除防冻组分外，还有引气、减水、早强等组分，常常是复合使用。水胶比影响混凝土的孔结构及结构形成的过程，因此冬期施工力图通过外加剂的减水增强作用不断降低混凝土的水灰比。

2. 掺防冻剂混凝土

（1）外加剂的选用。

防冻剂的品种、掺量应以混凝土浇筑后 5d 内预计的日最低气温选用，起始养护温度不应低于 5℃。

①日最低气温为 0～－5℃，混凝土采用塑料薄膜和保温材料覆盖养护时，可采用早强剂或早强减水剂；

②在日最低气温为－5～－10℃、－10～－15℃、－15～－20℃，采用上款保温措施时，宜分别采用规定温度为－5℃、－10℃、－15℃的防冻剂；

③非加热养护法混凝土施工，所选用的外加剂的含气量宜控制在 3%～5%。

④防冻剂与其他品种外加剂共同使用时，应先进行试验，满足要求后方可使用。

（2）防冻剂进场检验。

防冻剂运到工地（或混凝土搅拌站）首先应该检查液体防冻剂否有沉淀、结晶，粉状外加剂是否接结块。检验项目应包括氯离子含量、密度（或细度）、含固量（或含水量）、碱含量和含气量，复合类防冻还应检测减水率。合格后方可入库、使用。检验含有硫氰酸盐、甲酸盐等防冻剂的氯子含量时，应采用离子色谱法。

（3）掺防冻剂混凝土所用原材料。

①宜选用硅酸盐水泥、普通硅酸盐水泥。使用前必须进行强度检验，合格后方可

使用。

②粗、细骨料必须清洁，不得含有冰、雪等冻结物及易冻裂的物质；骨料坚固性检验的质量损失不应大于 8%。

③当骨料具有碱活性时，应严格控制混凝土所用原材料的碱含量，使混凝土总碱含量不得超过 3kg/m³。

④使用液体防冻剂时，贮存和输送液体防冻剂的设备应采取保温措施。

（4）掺防冻剂混凝土配合比。

①含引气组分防冻剂的混凝土的砂率，比不掺外加剂混凝土的砂率可降低 2%~3%。

②混凝土最小水泥用量不宜低于 280kg/m³，水胶比不应大于 0.55；大体积混凝土的最少水泥用量应根据实际情况而定；强度等级不大于 C15 的混凝土，其水胶比和最少水泥用量可不受此限制。

③掺加掺合料宜少掺加或者不掺。

（5）掺防冻剂混凝土原材料的加热。

①混凝土原材料的加热宜采用加热水的方法。当加热水仍能满足要求时，可对骨料进行加热，水、骨料加热的最高温度应符合表 6.2-4 的规定。

表 6.2-4　拌合水及骨料的最高加热温度

水泥强度等级	拌合水温度（℃）	骨料温度（℃）
<42.5	80	60
≥42.5	60	40

当水和骨料的温度仍不能满足热工计算要求时，可提高水温至 100℃，但水泥不得与 80℃以上的水直接接触。

②水泥不得直接加热。

③骨料冻结成块时必须加热，用蒸汽直接加热骨料带入的水分，应从拌合水中扣除。

（6）掺防冻剂混凝土搅拌。

①严格控制防冻剂的掺量；

②严格控制水灰比，由骨料带入的水及外加剂溶液中的水应从拌合水中扣除。

③搅拌前，应用热水或蒸汽冲洗搅拌机，最短搅拌时间应符合表 6.2-5 的规定。

④为保证标准要求的入模温度不得低于 5℃，掺防冻剂混凝土拌合物的出机温度，一般严寒地区不低于 15℃，寒冷地区不低 10℃。

表 6.2-5　混凝土搅拌的最短时间

混凝土坍落度（mm）	搅拌机容积（L）	混凝土搅拌的最短时间（s）
≤80	<250	90
	250～500	135
	>500	180
>80	<250	90
	250～500	90
	>500	135

（7）掺防冻剂混凝土的运输及浇筑。

①混凝土在运输、浇筑过程中的温度和覆盖的保温材料，应按 6.2.4 第 5 款进行热工计算后确定，且入模温度不应低于 5℃。当不符合要求时，应采取措施进行调整。

②混凝土运输与输送机具应进行保温或具有加热装置，泵送混凝土在施筑前应对泵管进行保温。并应采用与施工混凝土同配比砂浆进行预热。

③混凝土浇筑前，应清除模板和钢筋上的冰雪和污垢，不得用蒸汽直接融化冰雪，避免再度结冰。

④冬期不得在强冻胀性地基土上浇筑混凝土，在弱冻胀性地基土上浇筑混凝土时，基土不得受冻。在冻胀性地基土上浇筑混凝土时，混凝土的临界强度应符合 6.2.3 第 6 款的规定。

⑤在大体积混凝土分层浇筑时，已浇筑层的混凝土在未被上一层混凝土覆盖前，温度不应低于 2℃。采用加热法养护混凝土时，养护前的混凝土温度也不得低于 2℃。

（8）掺防冻剂混凝土的养护（负温养护法混凝土养护）。

①在负温条件下养护时，不得浇水，混凝土浇筑后，应立即用塑料薄膜及保温材料覆盖，严寒地区应加强保温措施；

②初期养护温度不得低于规定温度；

③当混凝土温度降到规定温度时，混凝土强度必须达到受冻临界强度，应符合 6.2.3 第 6 款的规定；

3. 掺防冻剂混凝土的质量控制

（1）混凝土冬期施工质量检查除应符合现行国家标准《混凝土结构工程施工质量验收规范》（GB 50204）以及国家现行有关标准规定外，还符合下列规定：

①应根据施工方案确定的参数检查水、骨料、外加剂溶液和混凝土出机、浇筑、起始养护时的温度；

②应检查混凝土从入摸到拆除保温层或保温模板期间的温度；

③预拌混凝土生产企业应进行原材料、搅拌、运输过程中的温度及混凝土质量的检查，并应将记录资料提供给施工单位。

（2）施工期间的测温项目与频次。

施工期间的测温项目与频次应符合表 6.2-6 规定。

表 6.2-6　施工期间的测温项目与频次

测温项目	测温次数
室外气温	测量最高和最低温度
环境温度	每昼夜不少于 4 次
搅拌机棚温度	每一班工作不少于 4 次
水、水泥、矿物掺合料、砂石及外加剂溶液温度	每一班工作不少于 4 次
混凝土出机、浇筑、入模温度	每一班工作不少于 4 次

（3）混凝土养护期间的温度测量。

混凝土养护期间的温度测量应符合下列规定：

①在达到受冻临界强度之前，应每隔 2h 测量一次温度；

②混凝土在达到受冻临界强度后，可停止测温；

③大体积混凝土养护期间的温度测量应符合现行国家标准《大体积混凝土施工标准》（GB 50496）的相关规定。

（4）养护温度的测量方法。

①测温孔应编号，并应绘制测温孔温布置图，现场应设置明显标识。

②测温时，测温元件应采取措施与外界气温隔离；测温元件测量位置应处于结构表面下 20mm 处，留置在测温孔内的时间不应少于 3min。

③测温孔应设置在易于散热的部位。

（5）掺防冻剂混凝土的质量检查。

掺防冻剂混凝土的质量检查应符合下列规定：

①应检查混凝土表面是否受冻、粘连、收缩裂缝、边角是否脱落，施工缝处有无受冻痕迹；

②应检查同条件养护试块的养护条件是否与结构实体相一致；

③按成熟度法推定混凝土强度时，应检查测温记录与计算公式要求是否相符。

（6）模板的拆除。

模板和保温层在混凝土达到预期强度并冷却到 5℃后方可拆除，拆除时混凝土表面与环境温差大于 20℃时，凝土表面应及时覆盖，缓慢冷却。

（7）混凝土抗压强度试件的留置。

混凝土抗压强度试件的留置除应符现行国家标准《混凝土结构工程施工质量验收规范》（GB 50204）的规定外，尚应增设不少于 2 组同条件养护试件。

4. 混凝土防冻剂使用注意事项

混凝土防冻剂技术的发展，促进了防冻剂性能的逐步优化。从防冻成分的区别来划分，防冻剂可分为无机盐类、有机化合物类和复合型三种。使用过程中应注意以下几点：

（1）氯盐类防冻剂具有很好的防冻效果，但会引起钢筋锈蚀。所以在预应力混凝土、钢筋混凝土和钢纤维混凝土结构中严禁使用氯盐类防冻剂。

（2）以某些醇类、尿素等有机化合物为防冻组分的外加剂液具有良好的防冻效果，其应用范围也在逐步扩大。但尿素在碱性条件下会缓慢地释放出有刺激性气味的氨气，对室内空气质量造成不良影响。

（3）目前使用的防冻剂大多含有无机盐成分，无机盐的溶解度受外部环境的影响非常大，在低温条件下，其溶解度会大大降低，甚至会从外加剂中以水和结晶盐的形式析出并沉淀于罐体底部。所以在防冻剂的储存使用过程中注意加强储存罐的搅拌，保持罐体内的外加剂不同部位的浓度均匀。同时应做好传输管道及储存罐体的外部保温，避免外加剂的自身温度过低。如罐体内出现沉淀应及时清理，避免此部分沉淀对混凝土质量造成不良影响。

5. 冬期施工条件下的混凝土热工计算

（1）热工计算的必要性。

冬期施工期间，混凝土入模温度要求 $\geq 5℃$。混凝土入模温度与混凝土出机温度、运输过程、泵送浇筑过程密切相关。运输过程中混凝土热量损失，泵送过程也有相应的热量损失。混凝土入模温度的控制是为了保证混凝土拌合物浇筑后，有一段正温养护期供水泥早期水化，从而保证混凝土尽快达到受冻临界强度，不至于引起冻害。结合实际情况，冬期施工期间对混凝土进行热工计算，并进行必要的保证措施很有必要。

（2）热工计算。

①混凝土拌合物温度的计算。

根据混凝土配合比及其各种原材料的温度、骨料的含水率，计算出混凝土拌合物的温度。混凝土拌合物温度 T_0 可按式（6.2-1）计算（由于外加剂掺量少，没有考虑外加剂的影响）：

$$T_0 = \frac{0.92(m_{ce}T_{ce} + m_sT_s + m_{sa}T_{sa} + m_gT_g) + 4.2T_w(m_w - w_{sa}m_{sa} - w_gm_g) + C_w(w_{sa}m_{sa}T_{sa} + w_gm_gT_g) - C_i(w_sm_{Sa} + w_gm_g)}{4.2m_w + 0.92(m_{ce} + m_s + m_{sa} + m_g)}$$

$$(6.2-1)$$

式中：T_0——混凝土拌合物温度（℃）。

m_{ce}、m_s、m_{sa}、m_g、m_w——分别表示水泥用量、掺合料用量、砂用量、石子用量、拌合水用量（kg）。

T_{ce}、T_s、T_{sa}、T_g、T_w——分别表示水泥温度、掺合料温度、砂温度、石子温度、拌合水温度（℃）。

ω_{sa}、ω_g——分别表示砂子的含水率、石子的含水率（%）。

C_w——水的比热容 [kJ/（kg·K）]。

C_i——冰的溶解热（kJ/kg），当骨料的温度大于0℃时：$C_w = 4.2$，$C_i = 0$；当骨料温度小于或等于0℃时：$C_w = 2.1$，$C_i = 335$。

②混凝土拌合物出机温度可按式（6.2-2）计算：

$$T_1 = T_0 - 0.16(T_0 - T_P) \qquad (6.2-2)$$

式中：T_1——混凝土拌合物出机温度（℃）；

T_P——搅拌机棚内温度（℃）。

③混凝土拌合物运输至浇筑地点的温度 T_2 可按下式计算：

现场拌制混凝土采用装卸式运输工具时：

$$T_2 = T_1 - \Delta T_Y \tag{6.2-3}$$

现场拌制混凝土采用泵送施工时：

$$T_2 = T_1 - \Delta T_b \tag{6.2-4}$$

采用预拌混凝土泵送施工时：

$$T_2 = T_1 - \Delta T_Y - \Delta T_b \tag{6.2-5}$$

式中：ΔT_Y、ΔT_b——分别为采用装卸式运输工具运输混凝土时的温度降低和采用泵管输送混凝土时降低的温度（℃），可按下列公式进行计算：

$$\Delta T_Y = (\alpha \cdot t_1 + 0.32n) \times (T_1 - T)_a \tag{6.2-6}$$

$$\Delta T_b = 4w \times \left[\frac{3.6}{0.04 + \dfrac{d_b}{\lambda_b}} \right] \times \Delta T_1 \times t_2 \times [D_w / C_c \times \rho_c \times D_i^2] \tag{6.2-7}$$

式中：T_2——混凝土拌合物运输到与输送到浇筑地点时的温度（℃）。

　　　　ΔT_Y——采用装卸式运输工具运输混凝土时的温度降低（℃）。

　　　　ΔT_b——采用泵管输送混凝土时降低的温度（℃）。

　　　　ΔT_1——泵管内混凝土的温度与环境气温差（℃）。当现场拌制混凝土采用泵送工艺输送时：$\Delta T_1 = T_1 - T_a$；当预拌混凝土采用泵送工艺输送时：$\Delta T_1 = T_1 - T_Y - T_a$。

　　　　T_a——室外环境温度（℃）。

　　　　t_1——混凝土拌合物运输时间（h）。

　　　　t_2——混凝土在泵管内输送时间（h）。

　　　　n——混凝土拌合物运转次数。

　　　　C_c——混凝土拌合物比热容 [kJ/ (kg·K)]。

　　　　ρ_c——混凝土的质量密度（kg/m³）。

　　　　λ_b——泵管外保温材料导热系数 [W/ (m·K)]。

　　　　d_b——泵管外保温层厚度（m）。

　　　　D_i——混凝土泵管内径（m）。

　　　　D_w——混凝土泵管外围直径（包括外围保温材料）（m）。

　　　　ω——透风系数可按表 6.2-7 选取。

　　　　α——温度损失系数（h⁻¹）。采用混凝土搅拌车时：$\alpha = 0.25$；采用开敞式大型自卸汽车时：$\alpha = 0.20$；采用开敞式小型自卸汽车时：$\alpha = 0.30$；采用封闭式自卸汽车时：$\alpha = 0.1$；采用手推车或吊斗时：$\alpha = 0.50$。

表 6.2-7　透风系数

围护层种类	透风系数 ω		
	$v_w<3\text{m/s}$	$3\text{m/s}\leqslant v_w\leqslant5\text{m/s}$	$v_w>5\text{m/s}$
易透风材料组成易透风保温材料外包	2.0	2.5	3.0
不易透风材料不	1.5	1.8	2.0
易透风材料组成	1.3	1.45	1.6

注：v_w 表示风速。

④考虑模板和钢筋吸热影响，混凝土浇筑完成时的温度可按式（6.2-8）计算：

$$T_3 = \frac{C_c m_c T_2 + C_f m_f T_f + C_s m_s T_s}{C_c m_c + C_f m_f + C_s m_s} \tag{6.2-8}$$

式中：T_3——砼浇筑完成时的温度（℃）；

　　C_f——模板的比热容 [kJ/（kg·K）]；

　　C_s——钢筋的比热容 [kJ/（kg·K）]；

　　m_c——每立方混凝土的重量（kg）；

　　m_f——每立方混凝土相接触的模板的重量（kg）；

　　m_s——每立方混凝土相接触的钢筋的重量（kg）；

　　T_f——模板的温度（℃），未预热时可采用当时的环境温度；

　　T_s——钢筋的温度（℃），未预热时可采用当时的环境温度。

（3）热工计算应用举例。

当气温低于0℃，以C40混凝土为例进行混凝土热工计算。C40混凝土配合比如表6.2-8所示。

表 6.2-8　C40 混凝土配合比

材料名称	水泥	掺和料	砂	石子	外加。	水
重量比	1	0.666	3.146	4.521	0.0167	0.583
每立方用量（kg）	240	160	755	1085	4.0	140

①混凝土的拌合温度。

混凝土拌合物温度可按式（6.2-1）计算。

取 $T_w=40℃$，$T_{ce}=5℃$，$T_s=5℃$，$T_{sa}=10℃$，$T_g=10℃$，$w_{sa}=4\%$，$w_g=1\%$，将以上数据及表6.2-8中数值带入式（6.2-1），计算得到混凝土的拌合物温度为14.01℃。

②混凝土拌合物出机温度。

混凝土拌合物出机温度 T_1 按式（6.2-9）计算：

$$T_1 = T_0 - 0.16(T_0 - T_P) \tag{6.2-9}$$

如搅拌机棚内温度为0℃，可计算出混凝土拌合物的出机温度为11.77℃。

③混凝土拌合物经运输到浇筑地点时温度 T_2。

混凝土拌合物经运输到浇筑地点时温度按式（6.2-10）～（6.2-12）计算：

$$T_2 = T_1 - \Delta T_Y - \Delta T_b \tag{6.2-10}$$

$$\Delta T_Y = (\alpha t_1 + 0.032n)(T_1 - T_2) \tag{6.2-11}$$

$$\Delta T_b = 4w \times \left[\frac{3.6}{0.04 + \dfrac{d_b}{\lambda_b}} \times \Delta T_1 \times t_2 \times [D_w / C_c \times \rho_c \times D_i^2] \right] \tag{6.2-12}$$

取 $t_1 = 1$，$n = 1$，$T_a = 5$，$\alpha = 0.25$，经计算，混凝土拌合物经运输到浇筑时温度为 7.98℃。

④混凝土浇筑成型完成时的温度。

混凝土浇筑成型完成时的温度可按式（6.2-13）计算：

$$T_3 = \frac{C_c m_c T_2 + C_f m_f T_f + C_s m_s T_s}{C_c m_c + C_f m_f + C_s m_s} \tag{6.2-13}$$

取 $C_c = 1$，$C_f = 0.48$，$C_s = 0.48$，$m_c = 2400$，$m_f = 306$，$m_s = 182$，$T_f = 5$，$T_s = 5$，经计算，混凝土浇筑成型完成时的温度为 7.72℃。

⑤结论。

混凝土浇筑成型完成时的温度为 7.72℃（>5℃），混凝土初始养护温度满足要求。

在环境温度达到 0℃ 的情况下，混凝土组成材料加热温度要求：水加热温度到 40℃，砂子加热温度到 10℃，石子加热温度到 10℃。

6.3　预拌混凝土的常见质量问题与原因分析

6.3.1　概述

混凝土在生产、运输、浇筑、养护和使用过程中，由于材料因素、人为因素、环境因素的影响，不可避免地会出现各种质量问题。预拌混凝土企业的原材料质量、混凝土配合比的合理性、生产管理控制环节的严谨程度等会影响到混凝土质量；施工现场混凝土拌合物坍落度大小的控制、混凝土的浇筑振捣是否规范、养护是否及时到位、表面处理的方法和时机是否恰当等因素也会影响到混凝土结构的质量；混凝土施工过程中环境温度的高低、风速的大小、日照的强烈程度也会影响到混凝土的质量。如何深入认识这些质量问题的成因，充分考虑各种因素的综合作用，并采取有效的技术措施，避免这些质量问题的出现，是预拌混凝土企业技术人员需要面对的重要工作内容。

下面结合预拌混凝土企业在运营过程中的实际情况，具体阐述混凝土常见质量问题的成因，针对混凝土拌合物性能、力学性能和长期耐久性的常见质量问题，特别是混凝土裂缝和表观质量问题，进行原因分析，并提出可行的解决方法。

6.3.2　新拌混凝土泌水、离析

新拌混凝土泌水、离析主要是混凝土的流动性和黏聚性失去平衡导致的，严重时会导致混凝土在泵送过程中堵管，影响混凝土施工，进而影响硬化混凝土的性能。

1. 混凝土泌水、离析的常见原因分析

导致混凝土泌水、离析的原因很多，原材料质量存在问题及配合比不合理均会导致新拌混凝土出现此类问题，主要包括：

(1) 砂子细度模数过大或者过小、颗粒级配不合理，$300\mu m$ 以下颗粒含量过少；

(2) 石子表观密度过大或过小、颗粒级配差、针片状含量高、级配不连续、最大粒径过大、空隙率高等，易导致混凝土泌水、离析，尤其在泵送停歇期间，粗骨料下沉或上浮，极易造成堵泵；

(3) 水泥的粒度分布差，碱含量大，水泥中矿渣掺量高；

(4) 粉煤灰筛余量过大，微观粒型差，或为磨细粉煤灰；

(5) 外加剂的减水率过高、掺量过大、引气与增黏缓凝组分过少，缓凝剂组分不适宜；

(6) 混凝土配合比中胶浆的体积率过少、浆体与骨料的体积比低、用水量过大、砂率低。

2. 应用聚羧酸减水剂条件下混凝土泌水、离析的原因分析

目前减水率更高的聚羧酸减水剂得到了更为广泛的应用，不仅在一定程度上实现了生产成本的降低，还可提高混凝土的综合质量，但采用聚羧酸减水剂生产混凝土，常常遇到混凝土可泵性不稳定的现象。即使混凝土水胶比和出厂坍落度控制很严，混凝土也常常出现离析、泌水现象。墙、柱等部位拆模后，混凝土表面易出现砂线，甚至有蜂窝、"狗洞"，石子裸露，有时还会出现堵泵、爆管等现象。聚羧酸减水剂应用不当，更容易引起混凝土的离析、泌水。应用聚羧酸减水剂条件下混凝土易出现泌水离析的主要原因如下：

(1) 聚羧酸高效减水剂对掺量和用水量的敏感性非常强。

聚羧酸外加剂掺量或用水量稍低，混凝土就会出现流动性大幅度降低的问题。掺量稍高，混凝土的黏度立即下降，浆体和骨料分离，不能包裹骨料一起流动，出现泌水、离析。若将此混凝土勉强注入模板内，胶浆就会从模板缝隙里窜出，使结构表面留下干净的砂石，形成砂线、麻面。

(2) 聚羧酸高效减水剂的使用受原材料和配合比的影响。

①砂中的含泥量对聚羧酸减水剂的减水率影响较大。通常情况下，当砂含泥量＜3％时，使用效果较好。随着砂含泥量增加，混凝土的流动性明显下降，此时盲目上调外加剂用量来增加坍落度，则很可能会导致混凝土泌水、离析、堵泵或造成混凝土表面严重缺陷。

②混凝土砂率、砂的细度和浆体体积量会影响新拌混凝土的工作性能。聚羧酸减水剂配制的混凝土由于用水量低，在胶凝材料用量一定时，影响工作性能的主要参数是砂率。砂率的选择通常由粗细骨料密实堆积体积下的空隙率来决定。如骨料级配差，空隙率大，就会造成填充空隙的细骨料用量过大，进而填充空隙和包裹骨料的胶凝材料用量会增大。浆体体积不足时，混凝土会离析、堵泵。

（3）水泥的熟料矿物成分、含碱量、混合材品种和掺量、水泥温度、颗粒分布都对聚羧酸减水剂配制的混凝土有影响，其中水泥粒度分布、含碱量、混合材品种的影响较大。试验数据证明，水泥粒度分布集中在 $4\sim30\mu m$ 时水泥分散性好，力学性能可以充分发挥。用不同的水泥品种配制混凝土时，聚羧酸减水剂的饱和点会有很大的差别，因此，对于不同的水泥，其饱和点会有所不同。使用中要高度重视混凝土对聚羧酸掺量的敏感性，特别是当胶凝材料用量大时，掺量的影响会更明显。水泥碱含量对聚羧酸高效减水剂的适应性有较大影响，碱含量高的水泥对聚羧酸高效减水剂的适应性较差。当水泥中的碱含量增大，水泥净浆流动性会大幅度下降。

（4）掺合料对掺聚羧酸外加剂的混凝土流动性也有影响。粉煤灰的变化对混凝土的含气量、单方用水量、外加剂掺量等都有较大影响。例如表 6.3-1 中 6 个厂家的粉煤灰虽同是Ⅰ级粉煤灰，需水量也比较接近，但混凝土的流动性却相差很多。因此不能只看粉煤灰的三个检测指标，而需要通过试配来选择粉煤灰。此外水泥含有煤矸石等混合材时需水量大，用其配制的混凝土坍落度损失也非常快。表中 1 号和 5 号粉煤灰为二次研磨粉煤灰（磨细后表面玻璃体被破坏，使用效果差）。

表 6.3-1 不同粉煤灰配制的混凝土性能对比

序号	细度（%）	烧失量（%）	需水量比（%）	坍落度保留值（mm）			标准抗压强度（MPa）		混凝土工作性能
				初始	1h	2h	28d	60d	
1	6.5	0.6	95	195	170	120	50.5	58.2	黏稠无操作性
2	11.2	3.6	93	200	185	150	50.7	59.3	和易性好
3	12.0	4.5	95	215	205	190	54.4	63.7	和易性、可泵性差
4	11.6	3.0	94	230	225	215	56.9	65.1	和易性好
5	9.0	1.0	95	200	170	125	53.6	63.6	黏稠，可泵性差
6	10.0	2.2	95	205	190	170	53.0	64.3	和易性良好

注：各配比中聚羧酸高效减水剂掺量相同。

（5）聚羧酸高效减水剂在低强度等级混凝土中的应用效果不如高强度等级混凝土。由于低强度等级混凝土胶凝材料总量低，混凝土中浆体含量低，混凝土坍落度较大时，稍不注意混凝土就容易离析、分层和堵泵。

3. 处理措施

（1）表面砂线、少量麻面并不影响结构承载力，待混凝土养护至 600℃·d 时，可在麻面处用高强砂浆进行表面修补。

（2）结构表面有"狗洞"，应用水钻在缺陷严重处取芯，以判断内部缺陷的状况，然后用铁钎将缺陷周围不密实的混凝土全部凿除，直至见到密实的混凝土为止，再用细石混凝土或砂浆支高模板，最后人工插捣混凝土填充缺陷。混凝土配成干料在现场随用随加水拌合，也可以采用Ⅳ类水泥基灌浆材料。缺陷处凿净后用钢丝刷清理，进行压力水冲洗，刷界面处理剂后再浇混凝土，之后人工充分插捣，在混凝土初凝前将高牛腿拆除，表面压光湿养护 7d。

4. 预防措施

（1）由于混凝土对聚羧酸减水剂的掺量非常敏感，宜将聚羧酸高减水剂稀释后使用，这样就可以减小误差波动带来的影响。聚羧酸减水剂应采用精度高的计量系统，定时自校，以确保聚羧酸减水剂的计量精度。此外，由于聚羧酸高减水剂中复配了数种辅料，如消泡剂、引气剂等，为保证减水剂的均匀性、稳定性，储罐（宜用塑料）中宜设置定时搅拌器，防止产生悬浮物或沉淀物。

（2）鉴于聚羧酸减水剂对混凝土用水量的敏感性，生产中应随时检测砂石含水率的变化。砂含水率每相差 $\pm1\%$，就会带来混凝土搅拌用水量 $7\sim8kg/m^3$ 的变化。砂堆场应常用铲车翻动，提高砂子的均匀性和稳定性。

（3）混凝土原材料发生变化时，要通过混凝土配合比试验确定最合适的外加剂掺量。原材料质量在合理范围内的波动是无法免除的，尤其是砂和粉煤灰相关指标的变化更应引起注意。在日常工作中应努力提高应用聚羧酸减水剂的应用技术水平，加强原材料跟踪检查，使用前进行配合比试验并合理调整外加剂掺量和用水量等参数。

（4）要有混凝土配合比设计和调整的思路及技术储备。采用聚羧酸减水剂配制混凝土重点两方面：一是要使混凝土拌合物具有满足其和易性的适量浆体（浆体由胶凝材料、砂中 $300\mu m$ 以下的颗粒、水、外加剂和含气量组成），二是要实现浆体对骨料的良好包裹性。上述两点受骨料表面状态、细骨料颗粒组成、粗骨料空隙率和级配、外加剂与胶凝材料的相容性等因素的影响。配合比要综合考虑这些因素，通过试配来确定浆体数量，其中要注意根据聚羧酸减水剂的特点，在保证混凝土水胶比的前提下，必要时可采取增加浆体体积或适当减少外加剂掺量的办法来降低混凝土拌合物对用水量的敏感性。防止追求过高的减水率而加大外加剂掺量，造成混凝土拌合物中的自由水含量过低，对用水量的敏感性过大。采用增加外加剂掺量的方法虽然可以增加拌合物的流动性，但聚羧酸外加剂在过量使用情况下，极易使浆体与骨料分离、骨料下沉、泌水、离析。此时通过降低用水量虽然可以使拌合物性能暂时得到改善，但实际生产中会加大混凝土对用水量的敏感性，因此外加剂用量要严格控制。

对于低强度等级混凝土，混凝土中浆体含量相对较少，混凝土拌合物易离析、分层，甚至堵管，此时可掺加矿物掺合料。C40 及其以上强度等级的混凝土，由于单掺矿粉混凝土拌合物黏性过大，可泵性差，建议采用双掺矿粉和粉煤灰。

新拌混凝土含气量在 $4\%\sim5\%$ 时，混凝土流动性好。当含气量降低至 2.5% 以下时，混凝土流动性明显降低，这样的混凝土不易泵送。所以调整混凝土拌合物的含气量，适当提高浆体体积，可有效改善浆体对骨料的包裹性，改善混凝土的流动性。

注意骨料质量对混凝土流动性的影响。砂石颗粒级配不良、粒型不好（针片状颗粒含量多、不规则颗粒含量多）、空隙率高，对提高混凝土流动性非常不利。因为这需要消耗一定的浆体去填充骨料的空隙和包裹骨料表面，分布在骨料表面的胶浆厚度减少了，从而减少了有助于混凝土流动性的有效浆体量。当砂子过粗，$300\mu m$ 以下的细颗粒少 10%时，混凝土易泌水，此时可适当调整胶材用量或掺加一些特细砂以降低骨料的空隙率。

（5）用聚羧酸高效减水剂配制混凝土，有时会因聚羧酸减水剂的种类（如保坍型或者缓释型）和温度的影响，新拌混凝土的坍落度有出现倒增长现象，俗称坍落度"倒大"，表现为在搅拌站出料时流动性较低，而运到工地后坍落度会变大。因此要适当延长混凝土的搅拌时间，同时注意新拌混凝土流动性的变化规律，避免坍落度倒增长，造成现场混凝土离析，或在浇筑后造成更严重的质量问题。

（6）混凝土浇筑时要严格控制振捣半径和振捣时间。由于聚羧酸高效减水剂配制的混凝土坍落度一般较大，流动性更好，因此施工时的振捣半径和振捣时间要通过试验确定，一旦过振，浇筑体气泡会严重损失或集中在上部，骨料和浆体严重分层，造成结构缺陷。

6.3.3　混凝土拌合物坍落度损失过快

混凝土拌合物坍落度损失过快是混凝土质量控制过程中的常见问题，这会导致混凝土运输到交货地点之后流动性差，严重影响新拌混凝土的泵送与浇筑。为了保证施工顺利，有必要从混凝土原材料性能、配合比和环境条件三个方面对新拌混凝土坍落度损失过快的原因进行分析，以便在实际工作中找到出现问题的关键原因，并采取正确的技术措施解决出现的问题。

1. 原材料

（1）水泥。

混凝土各种原材料性能的变化会对新拌混凝土的坍落度损失速度产生明显的影响。其中水泥性能的变化对新拌混凝土的坍落度损失速度影响最为明显，主要表现在水泥自身温度、细度、熟料矿物成分的比例、水泥中石膏的掺量与品种对水泥水化速度的影响上。水泥自身的温度越高，搅拌成混凝土后的水化速度就越快，新拌混凝土中的自由水损失速度就越快，坍落度损失速度也就越快。所以在预拌混凝土企业生产混凝土时，尽量避免使用高温水泥。水泥熟料的主要成分为 C_3A、C_4AF、C_3S、C_2S，这四种熟料矿物的水化速度不同，其中 C_3AC、C_3S 的水化速度较快，如果这两种熟料矿物的含量较高，则混凝土拌合物的坍落度损失较快。水泥的细度对水泥的水化速度会产生明显影响。水泥越细，其比表面积越大，水化速度越快，混凝土拌合物坍落度损失越快。水泥中的石膏掺量对混凝土拌合物的坍落度损失速度会产生明显影响。石膏在水泥中成分虽然只占到 4% 左右甚至更少，但是却在水泥中扮演着举足轻重的角色。石膏在水泥中的主要作用是延缓水泥的凝结时间，有利于混凝土的搅拌、运输和施工。如果水泥中的石膏加入量不足，水泥加水拌合之后，熟料中的 C_3A 和水迅速反应生成水化铝酸钙水化物，导致混凝土拌合物坍落度损失过快。不同种类的石膏对混凝土拌合物的坍落度损失速度也会产生明显影响。二水石膏是最常用的水泥缓凝剂，缓凝效果最好。硬石膏的效果较差，半水石膏不仅不能作为水泥缓凝剂使用，还会使水泥产生假凝，不利于混凝土拌合物坍落度的保持。

（2）混凝土外加剂。

混凝土外加剂对混凝土拌合物坍落度损失也会产生明显影响，主要表现为外加剂的掺量、品种及外加剂中缓凝组分的含量对混凝土拌合物坍落度损失的影响。如果混凝土中外加剂掺量不足，会导致混凝土拌合物出机流动性较低，坍落度损失较快。不同品种的减水组分对混凝土拌合物坍落度损失速度影响存在区别，一般来讲当采用萘系减水剂时混凝土的坍落度度损失速度较快，而采用聚羧酸类减水剂时，混凝土的坍落度损失速度较小，特别是采用保坍型（缓释型）的聚羧酸减水剂，如果掺量过高，甚至还可能会导致混凝土拌合物坍落度的倒增长现象。另外，外加剂中的缓凝组分的含量也会影响混凝土拌合物坍落度损失速度。缓凝组分含量越多，水泥的水化速度越慢，混凝土拌合物坍落度损失速度越慢，反之亦然。

（3）骨料。

骨料中的含泥量和泥块含量也会对混凝土拌合物坍落度损失产生明显影响。如果含泥量和泥块含量过高，这部分黏土的需水量很大，导致混凝土拌合物中的自由水含量大大降低，进而导致混凝土拌合物坍落度损失加快。同时，骨料中含泥量和泥块含量会吸附混凝土拌合物中的外加剂，黏土对聚羧酸外加剂的吸附量是水泥的几十倍，导致混凝土中外加剂的有效掺加量大幅度降低，进而导致混凝土拌合物坍落度损失加快；另外，如果人工砂中的石粉含量过高，这部分石粉也会导致混凝土拌合物中的自由水含量降低，导致混凝土拌合物坍落度损失快。另外由于骨料坚固性差，存在较多的开口孔隙和裂隙，会逐渐吸收混凝土拌合物中的水分，从而造成混凝土拌合物坍落度的损失，而且在泵送压力的作用下，在泵送过程中加速吸水，导致混凝土拌合物坍落度损失，而造成堵泵，这对泵送轻骨料混凝土尤其严重。

（4）矿物掺合料。

矿物掺合料的自身温度、需水量、有害物质的含量均会对混凝土拌合物坍落度损失产生影响。掺合料的自身温度越高，混凝土拌合物的温度就越高，坍落度损失也就越快。掺合料的需水量越大，新拌混凝土中的自由水含量越低，坍落度损失就越快。掺合料中有害物质的含量，如粉煤灰中含有的未燃尽的碳为比表面积很大的多孔状物质，可以吸附外加剂中的减水组分等高分子化合物，这就相当于降低了混凝土中外加剂的掺量，进而导致混凝土中的自由水减少，坍落度损失加快。

2. 混凝土配合比

对混凝土拌合物坍落度损失速度影响最明显的配合比参数是水灰比。水灰比较小的混凝土中参与水化反应的水泥相对较多，水化反应总量越多，自由水含量损失速度越快，混凝土拌合物坍落度损失也就越快。所以，在生产水灰比较低的混凝土时，一般需要适当提高外加剂的掺量以保持混凝土拌合物良好的流动性和较小的坍落度损失。

3. 环境条件

环境中的温度和湿度是影响混凝土坍落度损失的两个主要因素。环境中温度过高，水泥的水化速度变快，就会消耗拌合水量，并生成水化产物，从而使水泥浆体的变稠，混凝土坍落度损失增大。环境相对湿度越小，水分蒸发越快，浆体流动性越小，混凝土坍落度损失加大。

总之，混凝土各种原材料性能的变化均会对混凝土拌合物坍落度损失产生影响。在实际工作中应根据实际进行具体分析，找到关键影响因素，并采取对应的技术措施对混凝土的坍落度损失速度加以调整，确保混凝土的质量和施工顺利进行。

6.3.4　混凝土的异常凝结

混凝土的凝结时间异常一般表现为急凝（也称速凝和瞬凝）、假凝和过度缓凝三种，混凝土外加剂、水泥、掺合料、环境温度、太阳直射以及风速都可能最终导致水泥混凝土异常凝结的发生。就现阶段混凝土工程质量状况来看，缓凝剂品种、缓凝剂掺量不当、外加剂与水泥的不适应、水泥温度过高（混凝土拌合物温度高）、环境温度是水泥混凝土异常凝结甚至造成混凝土工程事故的主要原因。

1. 混凝土急凝的原因分析

混凝土拌合物在 5~10min 内失去流动性，并趋于硬化的现象称为混凝土的急凝。急凝现象一般不多见（更常见的是混凝土拌合物的流动性迅速降低），但一旦出现，就会严重影响预拌混凝土的运输和施工，甚至会导致混凝土运输车罐体的报废。造成混凝土急凝的原因主要有以下几个方面：

（1）水泥中石膏掺加量严重不足，无法对水泥中 C_3A 起到缓凝作用，导致混凝土急凝。在此情况下，在水泥中适当多掺加部分二水石膏，可提高混凝土的流动性，降低混凝土的坍落度损失，此做法称为"补硫"。另外水泥熟料矿物粉磨过细、水泥过热（例如超过 60℃）、水泥中的 C_3A 含量过高，均会导致水泥的水化速度大幅度提高，也是导致混凝土急凝的重要原因。

（2）某些掺加硬石膏的水泥与一些外加剂适应性不好，也会导致混凝土急凝。例如水泥遇到木质素和糖蜜类减水剂时，会降低石膏的溶解度，导致混凝土急凝。有时水泥和外加剂按国家标准检验合格，但采用两者生产的混凝土在某些情况下却会出现严重的急凝现象，这是典型的水泥与外加剂不相容事例。在这种情况下，即使几倍、几十倍地添加缓凝剂，也难以解决问题。所以，预拌混凝土企业应把水泥与外加剂是否具有良好的相容性作为重要指标，对进场水泥和外加剂进行相容性试验检测，合格后方可使用。

（3）冬季施工过程中采用热水搅拌混凝土，水温过高同时投料顺序不正确，热水与水泥直接接触也会导致新拌混凝土急凝。应注意搅拌混凝土的热水不宜超过 60℃，投料时避免热水与水泥直接接触。

2. 混凝土假凝的原因分析

混凝土拌合物在几分钟内失去流动性，并不趋于硬化的现象称为混凝土的假凝。从急凝和假凝最初表现来看，都是混凝土拌合物很快变稠，坍落度损失快，但假凝可以通过搅拌恢复一定的流动性，并不会硬化，重新搅拌后对强度没有影响，其危害没有急凝那么严重。造成混凝土急凝的原因主要有以下两个。

（1）水泥在粉磨时产生较高的温度，使较多的二水石膏脱水成为半水石膏，而水泥中半水石膏可以迅速地溶于水，又迅速重新水化为二水石膏，二水石膏结晶长大，针状结晶形成网状结构，从而引使混凝土拌合物很快变稠，坍落度损失加快，造成假凝。

（2）对于某些含碱量高的水泥，所含硫酸钾会和二水石膏一起遇水发生反应，会迅速生成钾石膏（$K_2SO_4 \cdot CaSO_4 \cdot H_2O$），钾石膏结晶迅速长大，针状结晶形成网状结构，从而引使混凝土拌合物很快变稠，坍落度损失加快，也是造成假凝的原因。

3. 混凝土凝结时间过长的原因分析

新拌混凝土在浇筑后凝结时间明显高于正常的凝结时间，超过 20 个小时甚至几天才能凝固。凝结时间过长这种现象经常遇见，它可分为整体严重缓凝和局部严重缓凝两种情况。凝结时间过长这种现象不仅会延误施工进度，还会影响混凝土质量，在混凝土生产过程中应尽量避免。造成混凝土凝结时间过长的原因很多，主要有以下几个方面：

（1）外加剂掺量过大或外加剂中缓凝剂的使用量过多。外加剂的掺量越大，缓凝剂用量越大，混凝土凝结时间的延长幅度就会越大。特别是在较低环境温度条件下，蔗糖等缓凝剂会表现出更为强烈的缓凝效果，更易导致混凝土凝结时间过长问题的出现。为了有效避免因外加剂导致的混凝土凝结时间过长的问题，首先应通过混凝土配合比试验确定合适的外加剂掺量和掺合料掺量，并查看在获得良好混凝土和易性的同时，其凝结时间是否合适。如果凝结时间过长，则需在混凝土生产之前及时调整外加剂中缓凝成分的含量和混凝土配合比的相关技术参数。缓凝组分的用量和品种应根据环境温度和原材料的性能及混凝土配合比加以调整。同时，应及时校对混凝土生产系统中的剂量器具，避免因计量不准确导致外加剂的实际掺量过大。

（2）掺合料导致混凝土凝结时间过长，掺合料的温度敏感性一般都比较强，尤其在环境温度（混凝土拌合物温度）低的情况下凝结时间会更长。常用的混凝土掺合料，如粉煤灰或矿渣微粉均会延长混凝土的凝结时间。掺合料的掺量越大，温度越低，凝结时间的延缓幅度越大。在掺合料出现质量变化时，应特别注意掺合料对混凝土缓凝时间的影响。

脱硫粉煤灰对混凝土缓凝的作用，应引起我们足够的重视。目前电厂普遍采用石灰水或石灰粉与 150℃ 的烟气在密封的脱硫塔中接触，会生成一部分脱硫粉煤灰。脱硫粉煤灰中的半水亚硫酸钙的缓凝作用很大。如果在生产混凝土时采用脱硫灰，必然会造成混凝土的凝结时间大幅度延长。

在预拌混凝土的生产过程中，一定要警惕脱硫粉煤灰给混凝土质量带来的巨大影响。这就要求预拌混凝土技术人员能够掌握脱硫灰的鉴别方法。最直接的办法是测定半水亚硫酸钙的含量是否超过标准要求。不具备化学分析能力时，可在粉煤灰中加入稀盐酸看是否有刺激性气体产生，如果产生的刺激性气体比较多，那就是半水亚硫酸钙含量比较高，有可能会对混凝土拌合物造成过度缓凝；也可以通过在所用水泥中掺加一定量粉煤灰进行凝结时间测定，然后与水泥凝结时间进行比较，间接判断半水亚硫酸钙的含量是否会造成混凝土的超缓凝。另外要求预拌混凝土企业与粉煤灰供应商进行必要的技术交流，让供应商明白脱硫粉煤灰给混凝土质量带来巨大危害，同时应在供货合同上注明，一旦供应了脱硫粉煤灰，供应商要承担由此带来的后果及损失。

此外，混凝土的水灰比越大、环境温度越低、矿物掺合料掺加越多混凝土的凝结时间越长。所以，导致混凝土凝结时间延长的影响因素很多，特别是当这些导致凝结时间延长的因素相遇叠加时，就可能会导致较为严重的后果。

4. 混凝土局部凝结时间过长的原因分析

混凝土浇筑后，不同结构部位混凝土的凝结时间不一致，特别是在泌水较多的结构部位，局部凝结时间过长的问题更为显眼。这种现象不仅会延误施工进度，还会导致不同部位的混凝土因凝结时间存在差别而存在收缩不一致，导致混凝土出现裂缝。

造成混凝土局部凝结时间过长的原因是多方面的。当混凝土坍落度损失过大时，一般采取二次掺加外加剂的方法加以调整。如果二次掺加的外加剂包括缓凝组分，掺加过量或搅拌不均匀，使得部分混凝土中的外加剂含量过大，便会导致这部分混凝土局部凝结时间过长；混凝土生产过程中采用的粉状外加剂结块，且搅拌时间不够充分，导致混凝土局部外加剂严重过量，也会导致这部分混凝土局部凝结时间过长；高强混凝土等特制品混凝土生产搅拌时间短，外加剂分布不均匀，运到现场的混凝土会出现稀稠不均、坍落度大的混凝土拌合物，外加剂多一些，会造成混凝土局部缓凝；预拌混凝土企业的液体外加剂储罐长期得不到清理，液体外加剂罐底的沉淀物中含有不易溶解的缓凝组分，当这部分未溶解的缓凝组分被抽取用于生产混凝土时，便会导致混凝土出现严重的局部缓凝。

施工人员不按施工规程进行混凝土浇筑，存在现场加水或局部过振捣等现象，导致混凝土浇筑后局部浆体集中、水灰比变大且外加剂过量，也会导致过振部位局部凝结时间过长。

所以，为了有效避免混凝土出现局部缓凝问题，用于调整混凝土流动性二次掺加的外加剂，应经试验确定，并应记录备案，二次添加的外加剂不应包括援凝、引气组分。且二次掺加不要超量，掺加后一定要搅拌均匀；搅拌站在生产混凝土时，要避免使用粉状结块的外加剂，液体外加剂罐底的沉淀要定期清理，避免罐底的沉淀混入新拌混凝土中；要经常检查外加剂计量系统的管道阀门是否关不严；应保证混凝土的搅拌时间，使外加剂在混凝土拌合物中分布均匀。

5. 混凝土表面"硬壳"的原因分析

混凝土浇筑后（一般是与外界接触面积比较大的结构部位），混凝土表面已经"硬化"，形成"糖芯"，姑且称之为"硬壳"现象。但内部仍然是未凝结状态。如果此时表面承重，表层的"硬壳"有可能会被破坏，进而显现出内部未凝固的混凝土。

新浇筑的混凝土表面"硬壳"现象出现的时间，会明显短于混凝土的正常凝结时间，仅仅是表面"硬化"，内部混凝土仍处于塑性状态，并且常伴有不同程度的裂缝，该裂缝很难用抹子抹平。这一现象经常出现在天气炎热、气候干燥的季节，或者大风的天气。其实表面并非真正硬化，很大程度上是由于水分过快蒸发使得混凝土失水干燥造成的。表层混凝土的强度将降 30% 左右，而且再浇水养护也无济于事，严重影响混凝土的施工质量。

造成混凝土出现表面"硬壳"的原因主要是在炎热、干燥和大风的环境条件下，混凝土表面水分散失速度过快，导致混凝土失水干燥，在较高温度和较低水灰比条件下出现的非正常硬化。同时，糖类及其类似缓凝组分在较高温度条件下的缓凝效果大大降低，也是导致混凝土在炎热干燥条件下出现表面"硬壳"现象的重要因素。

　　为了在炎热干燥的气候条件下有效避免混凝土出现表面"硬壳"问题，首先应尽可能降低混凝土的出机温度和入模温度，这就需要预拌混凝土企业尽量降低原材料温度，如采用冰水生产混凝土等；同时，在混凝土生产时选择合适品种的缓凝剂，避免出现高温条件下缓凝效果严重降低现象；另外，在混凝土施工过程中注意表面保湿养护，避免表层混凝土失水过快过多。

6.3.5　混凝土抗压强度不足的原因分析

　　"结构混凝土的强度必须符合设计要求"，这是工程建设施工规范规定的强制性条文，必须严格执行。但是至今仍有一些工程的混凝土因强度不足而造成质量问题。

　　影响混凝土抗压强度的因素很多，主要可分为原材料、配合比、生产施工以及抗压强度试件管理几个方面的因素。实际上，混凝土抗压强度不足可能是以上两个或几个方面的因素叠加导致的。

　　1. 原材料质量问题

　　(1) 水泥质量不良。

　　①水泥实际活性（强度）低。

　　常见的有两种情况：一是水泥出厂质量差，而在实际工程中应用时，又在水泥 28d 强度试验结果未测出前，根据水泥强度等级估计水泥强度配制混凝土，当 28d 水泥实测强度低于原估计值时，就会造成混凝土强度不足；二是水泥保管条件差，或储存时间过长，造成水泥结块，活性降低而影响强度。

　　②水泥安定性不良。

　　其主要原因是水泥熟料中含有过多的游离氧化钙（CaO）或游离氧化镁（MgO），有时也可能由于掺入石膏过多而造成。因为水泥熟料中的 CaO 和 MgO 都是烧过的，遇水后熟化极缓慢，熟化所产生的体积膨胀延续很长时间。当石膏掺量过多时，石膏与水化后水泥的水化产物水化铝酸钙反应生成水化铝硫酸钙，也会使体积膨胀。这些体积变化若在混凝土硬化后产生，会破坏水泥水化形成的结构，从而会降低混凝土强度，甚至会导致混凝土开裂。尤其需要注意的是有些安定性不合格的水泥所配制的混凝土表面虽无明显裂缝，但强度会降低。

　　(2) 骨料（砂、石）质量不良。

　　①石子强度低。

　　在有些混凝土试块试压中，可见不少石子被压碎，说明石子强度低于混凝土的强度（甚至有一些软弱颗粒），导致混凝土实际强度下降。

　　②石子体积稳定性差。

　　有些由多孔燧石、页岩、带有膨胀黏土的石灰岩等制成的碎石，在干湿交替或冻融循环作用下，常表现为体积稳定性差，而导致混凝土强度下降。

　　③石子形状与表面状态不良。

　　针片状颗粒和不规则颗粒含量高，不但会影响混凝土抗压强度，对混凝土的抗弯和抗拉强度影响更大。卵石表面光滑，降低了水泥浆与其的黏结力，在水泥和水灰比相同的条件下，卵石混凝土比碎石混凝土的强度低 10% 左右。

④骨料（尤其是砂）中有机杂质含量高。

如骨料中含腐烂动植物等有机杂质（主要是鞣酸及其衍生物），对水泥水化产生不利影响，而使混凝土强度下降。

⑤含泥量、石粉含量高。

泥粉、石粉含量高造成的混凝土强度下降主要表现在以下三方面：一是这些很细小的微粒包裹在骨料表面，影响骨料与水泥的黏结；二是加大骨料表面积，增加用水量；三是黏土颗粒、体积不稳定，干缩湿胀，对混凝土有一定破坏作用。

⑥三氧化硫含量高。

骨料中含有硫铁矿（FeS_2）等硫化物或硫酸盐，当其含量以三氧化硫计较高时，会与水泥的水化产物发生反应，生产二水石膏，二水石膏甚至还会继续和水泥水化产物继续反应生成水化硫铝酸钙，均会发生体积膨胀，导致硬化的混凝土强度下降，甚至产生裂缝。

⑦云母含量高。

由于云母是层状结构且表面光滑，与水泥石的黏结性能极差，并极易沿节理裂开，因此云母含量较高时，会降低混凝土的强度以及其他性能。

（3）拌合水质量不合格。

拌制混凝土若使用有机杂质含量较高的沼泽水及含有腐殖酸或其他酸、盐（特别是硫酸盐）的污水和工业废水，可能造成混凝土物理力学性能下降。

（4）外加剂质量差。

目前一些小厂生产的外加剂质量不合格的现象相当普遍，由于外加剂造成混凝土强度不足，甚至混凝土不正常凝结硬化的事故时有发生。

（5）碱−骨料反应。

当混凝土总含碱量较高时，又使用了含有碱活性骨料混凝土，其中的碱（包括外界渗入的碱）与骨料中的碱活性矿物成分发生化学反应，导致混凝土膨胀开裂或强度下降。日本有资料介绍，在其他条件相同的情况下，碱−骨料反应后混凝土强度仅为正常值的 60% 左右。

2.　混凝土配合比不当

混凝土配合比是决定强度的重要因素之一，其中水灰比的大小直接影响混凝土强度，其他如用水量、砂率、浆骨比等也影响混凝土的各种性能，从而造成强度不足。一般表现在如下几个方面：

（1）配合比调整不到位。

生产企业在启用备用混凝土配合比的过程中，没有根据原材料的质量变化及工程特点等具体要求进行验证或调整，也有的因为考虑不周，混凝土配合比调整得不到位；另外就是当原材料质量发生显著变化，工程设计要求及施工要求与备用配合比设计时考虑的不一样，相差较大，在这种情况下，没有按要求重新进行配合比设计，从造成混凝土强度的降低。

（2）砂石含水率调整不及时。

砂石含水率调整不及时甚至没有调整，造成用水量加大，混凝土抗压强度降低。

（3）原材料用错。

生产过程中原材料用错，导致没有按混凝土配合比进行生产或者混凝土配合比不当，造成强度降低。

①砂石。

砂、石品种、规格用错，或者使用了质量相差比较大的砂、石。

②胶凝材料。

错把水泥当成某一矿物掺合料，而另一种矿物掺合料错用为水泥，导致混凝土中水泥用量不足。

③外加剂。

外加剂用错主要有两种：一是品种用错，在未搞清外加剂属早强、缓凝、减水等性能前，盲目乱掺外加剂，导致混凝土达不到预期的强度；二是掺量不准。

3. 混凝土生产施工问题

（1）混凝土搅拌不匀。

向搅拌机中加料顺序颠倒，搅拌时间过短，造成拌合物不均匀，影响强度。

（2）计量误差偏大。

计量设备没有及时进行检定/校准和自校，计量设备陈旧或维修管理不善，造成一种或几种材料计量偏差过大，使混凝土配合比不能准确执行，从而导致混凝土强度偏低。

（3）运输条件差。

在运输中发现混凝土离析，但没有采取有效措施（如重新搅拌等），运输工具漏浆等均影响强度。

（4）额外加水。

运输车罐体内的积水未清理就运输混凝土、施工现场向混凝土中加水等现象会导致混凝土水灰比过大，抗压强度降低。

（5）混凝土浇筑前等待时间长。

混凝土到达施工现场后等待时间很长，后加入部分外加剂和水再进行浇筑，水泥部分水化，并增大了水灰比，抗压强度降低。

（6）浇筑方法不当。

如浇筑时混凝土已初凝、混凝土浇筑前已离析等均可造成混凝土强度不足。

（7）模板严重漏浆。

某工程钢模严重变形，板缝 5～10mm，严重漏浆，导致混凝土疏松，降低混凝土强度。

（8）成型振捣不密实。

混凝土入模后的空隙率达 10%～20%，如果振捣不实，或模板漏浆必然影响强度。

（9）养护不良。

主要是温度、湿度不够，早期受冻，或早期缺水干燥，造成混凝土强度偏低。

4. 试块管理不善

（1）混凝土拌合物取样不规范。

混凝土拌合物取样不规范，没有代表性，如果所取混凝土拌合物水灰比大，自然会造成混凝土强度降低。

（2）交工试块未经标准养护。

至今还有一些工地和不少施工人员不知道交工用混凝土试块应在温度为（20±2）℃和相对湿度为95％以上的标准条件下养护，而将试块在施工同条件下养护，有些试块的温、湿度条件很差，并且有的试块被撞坏，因此试块的强度偏低。

（3）试模管理差。

试模变形不及时修理或更换。

（4）不按规定制作试块。

如试模尺寸和石料粒径不相适应，试块中石子过少，试块没有按标准振实等。

（5）试块同条件养护不规范。

试块同条件养护随意放置，没有按标准要求放置在合适的位置，另外同条件养护试块抗压强度按 GB/T 50081 检测，没有按 GB 50204 的要求进行强度换算。

为了有效避免以上问题的出现，应该严把材料质量关，使用合格的原材料生产预拌混凝土；优化设计出合理的配合比，并根据原材料的变化合理地调整配合比进行生产；定期对生产计量设备进行检定/校准，并定期检查设备是否正常；严格按标准进行施工；严格按标准进行混凝土试件的制作与养护。另外混凝土公司宜采用卫星监控系统，调度要随时与各泵车司机、罐车司机取得联系。混凝土从运输到入模的时间应符合 GB 50666 的要求，见表 6.3－2 和表 6.3－3 的相关规定，凡即将达到"临界时间"的车辆要提前联系，以便采取合理措施。超时混凝土的调配、使用必须由技术部门来决定。同时，混凝土运输车司机应有高度责任感，保护混凝土在卸料前不受损伤，混凝土即将超时前，要及时与调度取得联系。当班技术人员要密切注意各工程的施工情况，超时混凝土要视其流动性、型号、气温、停留时间、工程部位和重要程度来处理，严重的报废处理，及时进行砂石分离。

表 6.3－2　混凝土运输、输送入模的延续时间

条件	延续时间（min）	
	气温≤25℃	气温>25℃
不掺外加剂	90	60
掺外加剂	150	120

表 6.3－3　混凝土运输、输送入模及其间歇总的时间限值

条件	间歇总的时间限值（min）	
	气温≤25℃	气温>25℃
不掺外加剂	180	150
掺外加剂	240	210

6.3.6 混凝土的早期裂缝

长期以来，混凝土的力学性能受到普遍的关注，现在人们对混凝土耐久性能越来越重视，但混凝土的体积稳定性问题并未引起足够的重视。

混凝土结构中出现裂缝比较普遍，裂缝的类型很多，产生的原因也很多。根据混凝土原材料、配合比和施工现场的情况，结合外部环境条件的变化，分析并确定裂缝形成的原因、采取必要的技术措施，在后续工程中避免或减少裂缝的出现，是预拌混凝土企业技术人员的一项重要工作。

混凝土在浇筑后的不同阶段产生不同的变形，如图 6.3-1 所示。根据裂缝产生的时间，裂缝可分为混凝土硬化前的裂缝和硬化后的裂缝。硬化前的裂缝主要包括塑性阶段由于塑性收缩、沉降收缩引起的裂缝，由于模板位移、地基沉降引起的裂缝，由于混凝土早期受冻引起的冻胀裂缝等。硬化后的裂缝主要包括由于混凝土干燥收缩、温度变形引起的裂缝、早期荷载引起的裂缝等。在此，对常见的裂缝，特别是早期裂缝产生的原因及预防措施加以阐述。

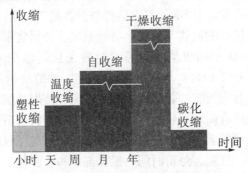

图 6.3-1 混凝土在不同阶段的收缩变形

1. 塑性收缩裂缝

塑性收缩裂缝多发生在板一类的暴露面积大的混凝土结构中，在混凝土凝结硬化前已产生，一般在浇筑后几小时产生，裂缝长度在几十厘米至一米多，间距大多为几十厘米且分布不规则，如图 6.3-2 所示。这类裂缝开始深度一般为几厘米的表面裂缝，硬化后有可能继续发展，甚至形成危害较大的贯通裂缝。

图 6.3-2 混凝土的塑性收缩裂缝

塑性收缩裂缝是在混凝土浇筑之后凝结之前产生的，是因为混凝土表面大量失水而产生的，如大风、太阳照射、未及时保湿养护等，在塑性裂缝的产生阶段，新浇筑混凝土的泌水率低于表面失水率。为了防止新浇筑的混凝土出现塑性收缩裂缝，混凝土浇筑后应尽量避免阳光直射并采取必要的覆盖和遮阳措施，选择恰当的时机进行振实和二次抹面，及时进行混凝土表面保湿养护，如喷雾养护或覆盖。

2. 塑性沉降收缩裂缝

混凝土的塑性沉降收缩裂缝是在混凝土凝结前发生在钢筋位置（钢筋顶或边上）或钢筋底部或梁板交接处。沿钢筋走向出现的纵缝俗称"顺筋裂缝"，如图 6.3-3 所示。"顺筋裂缝"是最常见的混凝土塑性沉降收缩裂缝，这类裂缝一般较深，易引起钢筋锈蚀，对结构的危害很大，应引起重视，需进行及时处理。

图 6.3-3 混凝土的"顺筋裂缝"

塑性沉降收缩裂缝是在施工过程中混凝土尚无任何强度时，由于混凝土拌合物坍落度过大、离析泌水较大、振捣不充分、模板渗漏或松动，在早期沉降时，受到钢筋的阻碍等原因引起的，如图 6.3-4 所示。

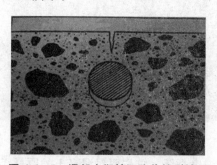

图 6.3-4 混凝土塑性沉降收缩裂缝示

预防混凝土塑性沉降收缩裂缝，首先要控制好混凝土拌合物的和易性，要求混凝土拌合物坍落度适宜、和易性良好，减小泌水。同时在混凝土浇筑前应充分润湿模板，并避免有积水的存在。在混凝土的泵送与浇筑过程中，应合理振捣，避免过振、漏振，尤其要避免在施工现场为提高混凝土的流动性向混凝土中加水。

3. 混凝土的温度裂缝

水泥的水化过程是一个放热反应，在混凝土浇筑后的硬化过程中必然伴随着大量水泥水化热的产生，如果这部分热量不能及时散失，便会引起混凝土自身温度的升高。特别是大体积混凝土浇筑之后，由于混凝土是热的不良导体，大体积混凝土内部产生的水化热不易散失，会使结构内部与外部产生较大温差，混凝土温度变形受到约束时，就在混凝土内部产生较大的温度应力。当产生的温度应力大于混凝土的抗拉强度时，便会产生裂缝（称为温度裂缝）。大体积混凝土温度裂缝的形成示意图如图 6.3−5 所示。

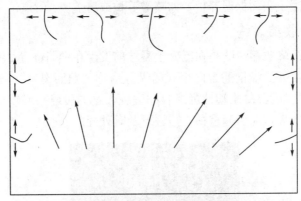

图 6.3−5　大体积混凝土温度裂缝的形成示意图

大体积混凝土的温度裂缝一般同构件截面垂直，如图 6.3−6 所示。有时也会出现在位于构件表面或贯穿整个截面的现象，危害极大，应尽量避免。如果出现温度裂缝，要根据裂缝的深度和宽度进行处理。

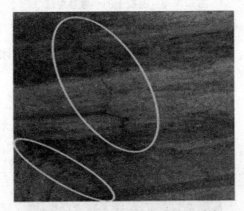

图 6.3−6　大体积混凝土的温度裂缝

预防大体积混凝土的温度裂缝，首先要对混凝土的原材料进行优化选择，其原则是降低胶凝材料总的水化放热量和减缓水化放热速率（宜采用 60d 或 90d 强度），以便降低绝热温升和温度峰值，以及推迟温峰出现的时间。应选择低水化热低的水泥，适当增加掺合料的掺量，选用具有一定缓凝作用的外加剂；配合比设计应符合 GB 50496 的要求。在混凝土的生产过程中，可采用骨料预冷、加冰水等措施适当降低混凝土的自身温度，以满足混凝土入模温度不高于 30℃ 的要求；在施工过程中，可采用跳仓施工法等措施，以降低单个混凝土构件的体积，进而降低混凝土的内部温度峰值，同时结合大体积混凝土的施工方法配置控制温度和收缩的构造钢筋；大体积混凝土施工前，应对混凝土浇筑体的温度、应力及收缩应力进行试算，并确定混凝土浇筑体的温升峰值、里表温差及降温速率的控制指标，制定相应的温控技术措施。大体积混凝土施工控制指标应符合下列规定：混凝土浇筑体在入模温度基础上的温升值不宜大 50℃，混凝土浇筑体里表温差（不含混凝土收缩当量温度）不宜大于 25℃，混凝土浇筑体降温速率不宜大于 2.0℃/d，拆除保温覆盖时混凝土浇筑体表面与大气温差不应大于 20℃。必要情况下可在大体积混凝土中预埋冷却水管，通过冷却水对混凝土进行降温处理，如图 6.3－7 所示。

图 6.3－7　在大体积混凝土中预埋冷却水管降温

4. 混凝土的自缩开裂

混凝土的自缩开裂是在凝结期间或硬化后结构表面形成的裂缝，易产生于低水胶比的高强度混凝土。此种裂缝分布的规律性不强，大多为贯通性裂缝。此种裂缝产生的主要原因是混凝土由于受到模板和周围构件的约束，且混凝土表面未采取保温养护措施，导致混凝土收缩不匀。裂缝形状与构件表面垂直。其本质原因是水分蒸发或者水泥水化后水化产物的体积小于发生水化反应所需水泥矿物和水的体积之和，引起混凝土自身体积的减少造成的。不同的水泥熟料矿物水化后都会产生一定的体积收缩，如 C_3S 发生水化反应：

$$C_3S + 5.2H \Longrightarrow C_{1.7}SH_{3.9} + 1.3CH$$

生成物的体积相比于反应物约缩减 6.6%。

C_3A 发生水化反应：

$$C_3A + 3C SH_2 + 26H \Longrightarrow C_6AS_3H_{32}$$

生成物的体积相比于反应物约缩减 9.6%。

控制混凝土早期自缩开裂的技术措施是多方面的，首先应针对工程结构的特点，科学合理地选择混凝土原材料，如选择能够降低混凝土收缩的聚羧酸类减水剂，适当掺加优质粉煤灰或掺加适量具有补偿收缩功能的膨胀剂等；同时，对混凝土配合比加以优化，如降低骨料的空隙率，在保证混凝土综合性能的前提下降低混凝土中胶凝材料的用量，达到降低混凝土收缩的目的；另外要特别注意加强混凝土的早期保湿养护，使散失的水分尽量减少，保证有充足的水分参与水化反应。

5. 施工不当引起的裂缝

在混凝土施工过程中，施工措施不当也会引起严重裂缝。比较突出的行为如钢筋变形、在施工现场向混凝土中加水、过振、过早承重、养护不到位等不恰当的施工均会引起裂缝。

钢筋配置不当或绑扎不牢固、施工过程中对钢筋未采取防护措施、混凝土浇筑过程中操作人员随意踩踏导致钢筋变形等，会引起混凝土结构出现裂缝。

在施工现场向混凝土拌合物中加水，不仅会造成混凝土水胶比过大、强度下降，还易造成混凝土离析、泌水、堵管，导致混凝土凝结时间延长。同时易造成表层混凝土强度过低，出现起灰、起砂等质量问题。还会导致混凝土质量不均匀，结构的不同部位出现性能差异。另外，混凝土中的自由水过多易导致混凝土收缩过大，出现沉降裂缝的概率增大，严重影响施工质量。

混凝土施工过程中过度振捣，俗称"过振"，不仅会导致混凝土上下分层、局部水灰比增大、结构均匀性变差，层间结合强度低，还会导致混凝土下层骨料富集、浆体流失量多，密实性差，混凝土上层浆体富集，收缩增大，易产生裂缝。

混凝土浇筑后要达到一定强度需要一定时间，而施工单位为追求施工速度，往往会出现在混凝土强度很低时吊压重物、支撑拆除过早、预应力张拉失控等不当的施工行为，这些均会引起混凝土结构裂缝，严重影响结构质量。

混凝土浇筑后养护不到位，未在合适的时间同时采取必要的保温、保湿措施，混凝土无法处于良好的水化环境中，易导致混凝土出现干缩裂缝等。另外，负温条件下严禁在混凝土表面洒水，水冻结后不仅会导致混凝土出现表层裂缝，还会使混凝土表面的导热系数增大，增加混凝土冻伤的概率。

6. 混凝土早期开裂的原因分析和处理措施

裂缝产生的原因，常常不是单一的，往往是几种原因相互叠加造成的。分析裂缝产生的原因时，应详细调查清楚裂缝的形态、出现时间、部位、分布区域等，充分了解混凝土材料组成和特性、混凝土施工和养护情况以及混凝土结构早期受荷载情况等，明确裂缝产生的主要原因。必要时对裂缝逐条测量实际宽度、长度和深度，了解混凝土的浇筑时间和裂缝出现及发展时间，以此判断裂缝的稳定性。在明确裂缝产生的主要原因后，要针对不同裂缝的产生原因，及时采取措施避免裂缝的发展。一旦出现裂缝，应根据其性质、形态、部位、大小、结构、强度等级和受力状况加以区别治理。

钢筋混凝土结构或构件出现裂缝总会造成不良影响，有的裂缝破坏结构整体性、降低结构刚度，影响承载力，有的裂缝会引起钢筋锈蚀而降低耐久性，有的裂缝则出现渗漏而影响使用功能。因此，出现有害裂缝后应根据《建筑工程裂缝防治技术规程》(JGJ/T 317)和《地下工程渗漏治理技术规程》(JG/T 212)采取必要的处理措施。

6.3.7 混凝土早期裂缝工程实例

1. 露天水池池壁裂缝产生的原因分析及预防措施

某化工厂地上露天污水池长76m、宽46m、高10m、池壁厚400mm，基础底板为C40 P8混凝土，底板施工后约20d浇筑池壁C40 P6混凝土。为防止胀模，池壁分两次浇筑。第一次于8月上旬施工，环境温度约30℃，浇筑后第二天未拆模但池壁上部发现裂缝。3d 后拆模，墙体长向中部发现池壁内外约有 7~8 条裂缝，短向中部也有 1~2 条裂缝。数日后两个方向陆续出现一批批竖向等距离裂缝，裂缝间距约 3~4m。两周后，裂缝数量增加至 70 余条，裂缝在池壁两侧几乎对称。

在总结第一次施工问题的基础上，9月上旬继续施工水池上半部墙体。墙体上端有纵横4道大梁，相当于减少了墙的长度。混凝土公司更换了水泥品种，改进了砂石质量，适当调整了混凝土配合比，适当提高了抗裂防水剂掺量；施工单位加强了养护工作，墙体带模养护10d，浇筑混凝土后第4d松动模板对拉螺栓。从墙体上部设水管喷淋浇水，拆模后墙体裂缝数量较第一次施工明显减少，裂缝主要发生在池壁长向中部，短向基本没有发现裂缝。

（1）原因分析。

①混凝土原材料及配比。

两次混凝土配合比见表 6.3-4。

表 6.3-4 混凝土配合比

浇筑顺序	水泥品种	水泥 (kg/m³)	粉煤灰/矿渣粉 (kg/m³)	膨胀剂 (HEA) (kg/m³)	砂 (kg/m³)	石 (kg/m³)	水 (kg/m³)	外加剂 (kg/m³)	R_7 (kg/m³)	R_{28} (kg/m³)
1	P.O42.5	320	80/50	30	738	1025	175	12.0	37.0	50.1
2	P.S32.5	370	53/0	37	802	981	175	10.7	31.9	50.7

第一次浇筑：池壁下部墙体采用 P.O 42.5 水泥（$R_3 = 32$MPa，$R_{28} = 48.7$MPa），该水泥早期强度高，C_3A 含量高，水化速率快，水化热释放量大。胶凝料总用量为 480kg/m³，用量偏大；下部墙体采用的砂细度模数为 2.0，砂偏细对控制裂缝不利。

第二次浇筑：水池上部改用 P.S 32.5 水泥，混凝土胶凝材料总量降至 460kg/m³，水泥用量为 370kg/m³（$R_3 = 17.2$MPa，$R_{28} = 43.5$MPa），矿渣水泥的水化速率慢，发热量小。同时改用优质机制砂，细度模数为 2.9，使池壁上部裂缝得到有效控制。

②设计方面。

A. 混凝土墙体在均匀降温及收缩作用下，受到基础底板对墙体的强劲约束，这种约束应力可导致结构的贯穿性裂缝，这是裂缝产生的主要原因。露天池壁混凝土经受温差及收缩的共同作用，即温差与收缩引起长墙的约束应力和池壁内外不均匀温差与收缩引起的弯曲应力，两者叠加形成偏拉受力结构，一般表现为壁外宽、壁内窄的贯穿裂缝，壁外表面裂缝多于内表面。

B. 该水池属超长结构，按设计规范要求，地上露天剪力墙应每隔20m设后浇带或加强带，该工程上下两层混凝土墙均未设加强带，裸露在地上，墙体拆模后，墙体表面水分大量流失，很容易开裂。池壁上端纵横有4道大梁，减小了池壁的自由长度，对裂缝控制有利，这是池壁上部裂缝较少的原因之一。

③施工方面。

第一次浇筑混凝土3d后拆模，拆模偏早。当时正值8月炎热天气，日照强烈，环境温度30℃左右，天气干燥，浇水养护不及时。第二次施工池壁上部养护条件得到改善，是裂缝减少的重要原因。

（2）处理措施。

①池壁裂缝、工艺交接面裂缝及池底板裂缝修补的主要步骤：

A. 裂缝基层处理，并在基层面进行裂缝长度、走向标识，记录编图。

B. 沿裂缝开"V"形槽，槽口宽约 25～30mm，槽深 25mm，冲水并清理。

C. 设置注浆口，注浆口设在裂缝较宽、开口较通畅部位，沿裂缝交错，间距 200～300mm。

D. 打注浆孔，斜跨裂缝打孔 $\phi 14$，深 350mm 以上，并埋设专制金属注浆嘴。

E. 用硫铝酸盐快硬水泥配制封缝浆料封堵"V"形槽，作裂缝缝头封堵。

F. 用压力注浆机将化学浆料（聚氨醋）压入注浆嘴。

G. 注浆工艺要求：注浆由上而下进行；注浆压力大于 8MPa，注浆时间持续 1min 以上；相邻上部注浆嘴或裂缝附近冒出浆液；移至上部注浆嘴重复注浆至全部注满。

H. 清理注浆表面，要求在注浆 1d 后待冒出浆料固化后可以清理。一般需观察注浆裂缝一段时间，确认无渗水湿渍后，去掉注浆嘴，用与混凝土颜色接近的防水砂浆修补注浆嘴孔洞。

Ⅰ. 验收。验收资料包括：质保书、测试报告等报审资料齐全；专项方案规定的所有工艺程序符合要求，有检验批、自检记录；检查无湿渍；经连续一个月，每周复检二次无湿渍。

②伸缩缝裂缝修补的主要步骤：

A. 对整条渗漏的伸缩缝清理槽缝内的填充材料，挖深到止水带位置，约 400mm；

B. 用堵漏水泥掺和麻丝封堵槽缝底部，并预留注浆通道；

C. 每隔 500～600mm 设一个注浆嘴；

D. 注浆由池底板伸缩缝中部开始，压力大于 8MPa，保持 1min 左右，以前后及池壁冒出浆液为准；

E. 待 1d 后，浆液凝固再切除注浆嘴，凿除封堵水泥；

F. 将原来采用的机塑板填入槽缝；

G. 用水泥修复槽缝并预留柔性材料所需的缝隙，填堵柔性材料；

H. 验收。

（3）预防措施。

①设计方面。

A. 地上长剪力墙易出现裂缝，按《混凝土结构设计规范》（GB 50010）规定，钢筋混凝土结构伸缩缝最大间距应为 30m（室内或土中）或 20m（露天），长剪力墙应设膨胀加强带。

B. 按《补偿收缩混凝土应用技术规程》（JGJ/T 178）规定，剪力墙限制膨胀率应 ≥0.02%。

C. 墙体水平抗拉筋应进行温度应力验算，且应采用小直径、小间距钢筋，并设置在主筋外侧，如钢筋直径在 8～14mm 之间，间距为 150mm 较合理。

D. 墙体混凝土等级不宜大于 C35。

E. 采用底板和墙体分离的设计方法。这样既使底板对墙体的约束取消，对控制墙体裂缝十分有利。

②混凝土生产方面。

A. 要高度重视超长结构混凝土配合比设计，采用级配良好的砂石，不宜采用细砂和含泥量>3%的砂，以减少混凝土收缩。在满足泵送的前提下，尽量降低砂率和坍落度。

B. 水泥和胶凝材料用量不是越多越好，C40 混凝土控制胶凝材料用量不宜高于 $450kg/m^3$，以减小混凝土收缩，并根据设计要求，合理选用水泥品种、水泥用量并确定抗裂防水剂掺量，对配合比强度和限制膨胀率进行测试，必须满足设计要求。

C. 严格控制混凝土坍落度。混凝土坍落度是施工性能的要求，而不是混凝土质量的要求。坍落度越大，混凝土收缩就会越大。混凝土应确保连续供应，防止冷缝的产生（冷缝处极易产生渗漏）。

③施工方面。

A. 混凝土应分层浇筑，每层宜在 300~500mm，不得漏振或过振，宜采用二次复振。二次复振有利于提高混凝土密实度和强度，从而提高混凝土的抗裂性，减少裂缝。

B. 要高度重视超长结构的养护工作。混凝土带模养护时间宜为 7~10d，浇筑后 3d 松开对拉螺栓并从墙体上部用小流量水喷淋湿润混凝土，这样不仅可以保湿养护，也可以防止墙体与环境的温度差、湿度差过大，减少混凝土开裂的概率。

2. 超长混凝土地面无分割产生的无规则裂缝

某工程为 180m 长的室外地面，浇筑 C30 混凝土，工程处于远郊区，陆续施工数月后，地面开裂严重。

（1）原因分析。

①该工程是超长混凝土结构，易出现的温度收缩裂缝，但在施工过程中未采取相关技术措施对裂缝加以控制。

②室外地面应以 6m×6m 分割，即纵横向每隔 6m 事先设分隔条（分隔条可用塑料、玻璃、木条等），以便使混凝土收缩在分隔条处形成有规则的"裂缝"，防止无规则的裂缝，或浇筑混凝土后当其强度达到 10MPa 左右时，及时切割成缝。

（2）预防措施。

①新开工程施工之前，预拌混凝土企业的相关人员一定要到现场勘察，了解工程情况和业主已知或隐含的需求，发现需要交底的事项以书面和口头向业主介绍，最大限度地避免施工过程中出现质量问题。

②地面工程不可忽视，施工方要做好基层处理、地面分割、施工后养护等工作。混凝土公司要控制砂石质量、砂率和坍落度，防止裂缝产生。

3. 混凝土施工冷缝造成楼面开裂

某楼 5 月浇筑的 C30 顶板混凝土硬化后出现裂缝，裂缝超过 0.2mm，而且许多裂缝通透，上部浇水可直接流入下层。

（1）原因分析。

据施工单位反映，该楼层浇筑混凝土时，预拌混凝土供应不连续，每隔 1～5h 运来一车混凝土，楼板上留下了大量施工冷缝（指上下两层混凝土的浇筑时间间隔超过初凝时间而形成的施工质量缝），经查混凝土发货单，客户反映情况属实。5 月份日照较强，12cm 厚楼板在阳光下照射数小时，表面已接近终凝，虽然混凝土在试验室里初凝时间是 4～6h，但这种情况下，对于很薄的楼板，一个多小时已初凝了，到处是施工缝的楼板必然会开裂，并产生通缝。

（2）处理方法。

①楼层下搭脚手架，用环氧胶泥将板下缝堵塞。用水浴法加热环氧树脂，加稀释剂（丙酮）稀释待用，嵌缝前将稀释好的环氧树脂和固化剂按 10：1（体积比）的比例兑好，掺入水泥，配成胶泥迅速嵌缝（注意：时间太长胶泥会变硬，随调随用）。

②在开裂的板上缝注环氧灌缝浆。用压缩空气将缝内灰尘清理干净，稀释的环氧树脂与固化剂之比为（6～10）：1，固化剂用量根据环境温度随用随调。灌缝浆需多次注入才能充满裂缝。

（3）预防措施。

①调度室应根据企业已有的生产能力，尤其是运输车数量来安排计划。本着"集中力量打歼灭战"的原则，不要同时开太多工程，只要是已安排施工的工地，就要保证混凝土的连续供应，尽量保持车与车之间间隔小于 20min。

②楼板结构很容易产生裂缝，要事先进行技术交底，强调二次以上的抹压（混凝土振捣完毕时就对混凝土表面进行的抹平压实，为一次抹压；在混凝土表面水分析出后进行第二次抹压。一般进行二次或二次以上的抹压，可有效控制混凝土表面裂缝的发展，往往在混凝土初凝前和终凝前进行）。尤其是要设专人在混凝土初凝前消除裂缝，预拌混凝土养护要适时，混凝土表面收水结膜后就开始洒水保湿养护。大风天要采取措施防止表面水分过快蒸发，有条件的可采取二次复振或滚压办法消除早期裂缝。

4. 高层建筑楼板拆模 28d 后出现大面积贯通裂缝

某工程春天施工的九层楼板，拆模后发现楼板上有很多不规则裂缝，裂缝宽度为 0.05～0.15mm，且上下贯通，楼板上面比下面开裂处多。

（1）原因分析。

①后经调查，施工时环境干燥，风速大。当时上午 9 时气温为 13℃，风速 7m/s，相对湿度 40%；中午气温为 15℃，风速 13m/s，最大风速达 18m/s，相对湿度 29%；下午 5 时，温度为 11℃，风速 11m/s，相对湿度 39%。由于异常干燥加上强风的影响，混凝土表面水分急剧蒸发而开裂。据资料介绍，一般情况下，当风速为 16m/s 时，蒸发速度为无风时的 4 倍；当相对湿度为 10% 时，蒸发速度为相对湿度 90% 时的 9 倍以上。如果将风速和相对湿度影响叠加，则可推算出此时的混凝土干燥速度将达通常条件下的 10 倍之多。

②通过查询混凝土相关数据，发现当时混凝土用砂含泥量达到 4.5%，而含泥越多，混凝土干缩越大。

（2）处理方法：经过对楼板混凝土强度及承载力测试，均未见异常，开裂时楼板刚度及承载力降低很小。为了建筑物的耐久性，使用树脂注入法进行修补。

（3）预防措施。

①混凝土生产方面。

A. 细骨料宜采用细度模数为 2.8~3.0 的中砂，如果砂的细度不在合适范围之内，可调整粗细砂所占比例来调控混合砂的细度模数，并控制砂含泥量≤3%。

B. 掺入适量优质粉煤灰可适当减小混凝土早期收缩，有利于减小混凝土早期开裂。

C. 满足混凝土工作性能的前提下尽可能降低混凝土坍落度。

②混凝土施工质量的控制。

A. 首次振捣后 1~2h 宜复振一次，愈合早期裂缝，并用木抹子对梁板结构表面进行二次以上的抹压，特别是在混凝土终凝前设专人寻找裂缝，用木抹子拍打裂缝处，使混凝土表面裂缝愈合。

B. 对于大风天施工表面积大的混凝土楼板工程，尤其是高层建筑，要采取防风措施，施工层周围应设防风围网，防止大风袭击和阳光暴晒。

C. 梁板结构养护要早且适时，即混凝土初凝（用手按有手印而不黏手）时，开始喷雾保湿养护，保持混凝土表面湿润。当混凝土终凝时，宜用 5~10mm 水膜覆盖梁板结构。24h 后，设专人一日浇水数次，保持湿润养护 7d 以上并防止干湿交替。

5. 梁板结构混凝土表面的顺筋裂缝

某工程浇筑地下车库顶板，次日发现楼板上有裂缝，裂缝基本上是顺着钢筋方向的。

（1）原因分析。

混凝土楼板结构出现顺筋裂缝一般有以下原因：

①混凝土坍落度过大，会造成很大的早期沉缩，当混凝土下沉受到钢筋阻挡时，就会在钢筋处产生裂缝。

②梁板结构上部架力筋保护层过小或上部预埋管线太多，混凝土硬化过程稍有下沉就受到阻挡，很容易产生顺着钢筋或管线方向的裂缝。

（2）处理方法。

地下车库顶板一般上部有 1m 多土层，上面有绿化，因此对抗渗有要求，而且混凝土结构处于潮湿环境，钢筋容易锈蚀，因此必须将裂缝封闭，可用环氧灌缝材料封闭裂缝，或用水泥基渗透结晶型防水材料调成糊状反复涂刮裂缝处，加强湿养护，让水泥基结晶后封闭裂缝。

（3）预防措施。

①梁板结构用混凝土必须在浇筑时严格控制坍落度，防止混凝土沉缩过大。

②梁板结构混凝土浇筑后要进行两次以上的抹压，尤其要注意在混凝土终凝前通过抹压消除裂缝。

③混凝土浇筑前要检查上部架力筋和水电管线是否留有足够的保护层，检查合格后再浇筑混凝土。

6.3.8 混凝土的表面质量问题

1. 地图状裂缝

混凝土地面，特别是室内地面混凝土在浇筑后，易出现间隔较小的、无规则的、深度较浅的地图状裂缝，如图 6.3-8 所示。

图 6.3-8　混凝土表面的地图状裂缝

混凝土表面出现地图状裂缝的主要原因在于地面表层的收缩比底层大，具体来讲就是表层混凝土中的浆体含量多、收缩率大，底层混凝土中的骨料含量多、收缩率小。这种混凝土地面表层和底层收缩率的不一致，导致混凝土表面出现地图状裂缝。

混凝土表面的地图状裂缝通常在以下情况下发生：

(1) 采用过大流动性的混凝土，在施工过程中易出现浆体上浮，导致混凝土凝固后上层浆体含量多、收缩大。

(2) 混凝土表面收光过早或收光过度，特别是混凝土仍处于泌水期时就过早地进行收光操作，易导致表层浆体富集，浆体中的细颗粒过多集中于混凝土表层。

(3) 为了消除混凝土表面的泌水，在表面撒水泥作为干燥剂，也会导致混凝土表面浆体富集。

(4) 混凝土浇筑后早期养护不当，如在表面终饰后几小时才养护或养护过程中出现了干湿交替，也容易导致混凝土表面出现地图状裂缝。

为了有效避免和减少混凝土表面出现地图状裂缝，可采用低坍落度的混凝土进行施工，调整混凝土配合比，降低混凝土的泌水率。混凝土浇筑后，等泌水消失后再进行收光终饰，可吸去混凝土表层出现的泌水，但不能用撒干水泥的办法吸收泌水。施工过程中避免表面过分收光，收光终饰后及时养护，保证表面连续潮湿养护 3~7d，避免干湿交替。

2. 混凝土表层起皮起灰

混凝土路面在正常使用过程中，出现表面薄层剥离现象，如图 6.3-9 所示。当路面表层起皮剥离后，混凝土中的骨料露出，导致路面表面粗糙，严重影响混凝土路面的正常使用。

图 6.3－9 混凝土的表层起皮现象

混凝土表面出现起皮现象主要与路面施工的早期终饰收光有关。如果混凝土仍处于泌水期时就进行抹面收光，由于泌出的水分被过早抹面产生的浆体层阻挡，水分只能分布于表层浆体和混凝土基层之间，如图 6.3－10 所示，这样就会导致面层浆体与混凝土基体之间的局部水灰比过大，凝固后二者之间的黏结强度薄弱，进而出现混凝土的表层起皮现象。混凝土表面的过度收光，会导致未凝结硬化的浆体表面细颗粒富集量更多，透水性更差，进而导致更多的水分富集于面层与混凝土基体之间，加重混凝土表层起皮。

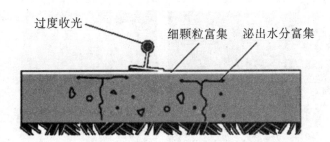

图 6.3－10 混凝土表层过早过度收光导致的起皮现象

混凝土泌水过多，会导致表面浆体层的水灰比很大，表面浆体层无法进行正常的凝结硬化，如果表层水分很快散失，水泥来不及水化硬化，便会导致混凝土表面起灰现象，如图 6.3－11 所示。表现为混凝土表层硬度很差，表面存在的粉尘总是清扫不净。

采用较低坍落度的混凝土进行施工，降低混凝土的泌水率，等泌水消失后再进行收光，避免表面过分收光，加强混凝土的早期养护，可有效避免混凝土的表层起皮、起粉现象的发生。

图 6.3-11　混凝土表面起灰现象

3. 混凝土表面起泡与起鳞剥落

混凝土浇筑表面抹光后，在终凝之前，表面出现局部鼓起现象，俗称混凝土表面起泡，如图 6.3-12 所示。当混凝土终凝之后，表面起泡破碎，表现为混凝土表面起鳞剥落，如图 6.3-13 所示。当路面表层起鳞剥落后，混凝土中的骨料露出，导致表面粗糙，严重影响混凝土的正常使用。

图 6.3-12　混凝土表面起泡　　　　图 6.3-13　混凝土表面起鳞剥落

混凝土在施工过程中表面过早收光且收光过度是造成混凝土表面起泡与起鳞剥落的主要原因。与此同时，在混凝土的浆体水灰比低、黏度大、含气量高、泌水量大的情况下，出现表面起泡与起鳞剥落的可能性增大。

采用较低坍落度的混凝土进行施工，降低混凝土的泌水率，在恰当时间进行收光，避免表面过分收光，加强混凝土的早期养护，避免表面过早暴露，避免养护过程中的干湿交替，可有效避免混凝土的表层起皮、起粉现象的发生。

4. 混凝土的表面剥离

混凝土浇筑后，在路面或墙体的表面出现小块混凝土从表面胀裂、脱落现象，出现膨胀的部位随机分布，膨胀面积大小不一，如图 6.3-14 所示。这种现象不仅影响混凝土的表观质量，严重时还会影响结构的正常使用。

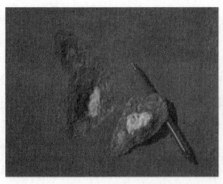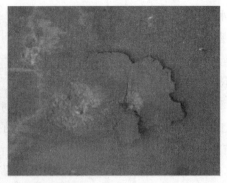

图 6.3—14 混凝土的表面剥离

导致混凝土表面剥离的原因可能有两方面：一是冰冻引起吸水骨料膨胀造成的，在此不做赘述，相关内容详见 6.2.3 第 2 款中骨料对混凝土抗冻性的影响。二是煅烧过的白云石或石灰石混入骨料，搅拌成混凝土后在凝结硬化过程中吸水反应膨胀造成的。混凝土表面局部胀裂后，可发现位于脱落部位基体的中间位置均存在白色或土黄色粉状物质，如图 6.3—15 所示。

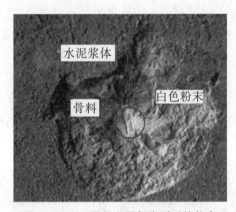

图 6.3—15 混凝土局部胀裂后的状态

将墙体脱落部位基体中间存在的白色粉状物质收集并进行化学分析，知其主要成分为 Ca (OH)$_2$，即熟石灰。而熟石灰是由生石灰与水反应生成的，这个过程称为石灰的"熟化"。生石灰的"熟化"过程不仅伴随着大量热量产生，还会产生一定量的体积膨胀。经过对膨胀部位白色粉末化学成分的分析可以确定，混凝土发生局部破坏性膨胀的原因是在生产混凝土的过程中，有部分烧制过的石灰石（生石灰颗粒）混入粗骨料中。当含生石灰颗粒的混凝土浇筑成墙体后，必将会发生"熟化"并产生局部破坏性膨胀拉应力。当这种破坏性拉应力大于混凝土的抗拉强度时，便会导致墙体局部的表皮胀裂、脱落。由于块状生石灰的颗粒较大，且混凝土的水灰比相对较低，所以发生"熟化"反应的过程相对较为缓慢，但产生的膨胀应力相对较大，造成的破坏也较为明显。此外一些大的泥块、钢渣以及其他一些吸水膨胀、与水反应膨胀的颗粒状材料也会发生以上类似不良现象。

预拌混凝土企业在选择骨料时，需特别注意避免骨料中混有生石灰颗粒或者其他一些吸水膨胀、与水反应膨胀的颗粒状材料。一旦发现，坚决作为不合格原材料做退场处理，切不可将这种具有潜在膨胀性的"骨料"用于混凝土生产，以避免重大质量事故的发生。

5. 混凝土表面缺陷的修补

当混凝土的表面缺陷影响到正常使用时应进行修补。可采用修补砂浆进行修补。修补施工时先将混凝土表面进行处理，凿掉强度偏低的表层后，清除掉产生的粉尘。如表面存在明显裂缝，则先用快干修补腻子进行修补。之后在已进行凿毛处理的表面涂刷界面剂，以保证混凝土基层与修补砂浆的黏结强度。做好修补准备工作后用自流平修补砂浆进行表面修补，修补完成后喷养护剂，最后在修补后的表层涂刷封闭剂或渗透固化剂，以保证获得良好的修补效果。存在表面缺陷的混凝土路面在进行正确的修补后，可获得良好的表面强度和耐磨效果，修补砂浆与混凝土基层之间的黏结强度满足路面使用要求，室外与室内路面的修补效果如图 6.3-16 所和图 6.3-17 所示。

图 6.3-16 室外路面的修补

图 6.3-17 室内路面的修补

6. 混凝土的表面返碱

混凝土浇筑、拆模后经过一段时间，结构表面开始局部泛白，严重时表面出现一种白色松软絮状物质，如图 6.3-18 所示，这种现象称为混凝土的表面返碱，也称为盐析，在冬季施工的混凝土表面出现的概率更大。混凝土的表面返碱严重影响建构筑物的美观和建筑工程质量等级的评定。

图 6.3—18　混凝土的表面返碱

混凝土浇筑后，浆体中存在的可溶性碱性物质或无机盐类物质随着水分的迁移到达混凝土表面，当水分蒸发后，溶于水中的碱性物质或无机盐类物质附着于混凝土表面，形成盐析。由于碱性物质或无机盐类物质析出的量、温度的变化速率、水分的散失速率等因素的变化，混凝土表面的盐析形态也表现为多种形态。

要抑制或减少混凝土表面盐析，应尽量提高混凝土的抗渗性，减少碱性物质或无机盐类物质随水分迁移到混凝土表面的数量。同时尽可能降低浆体中可溶性碱性物质或无机盐类物质的含量，这就需要选择碱含量低的原材料，控制混凝土碱含量。

掺加适量引气剂，有助于降低新拌混凝土的泌水率，也有助于抑制或减少混凝土的盐析；掺加适量的矿物掺合料，有助于增加混凝土的密实性，同时消耗掉部分碱性物质和无机盐类物质，从而降低盐析；适当降低混凝土水胶比，减少泌水、增加密实性，也有助于减少混凝土的表面返碱。

6.3.9　混凝土长期性能与耐久性能的常见质量问题

混凝土的耐久性是混凝土抵抗气候变化、化学侵蚀、磨损或任何其他破坏过程的能力，当在暴露的环境中，耐久性好的混凝土应保持其形态、质量和使用功能。提高混凝土的长期性能与耐久性可延长建筑物的生命周期，具有重大社会效益和经济效益。

混凝土耐久性的影响因素很多，归纳起来就是两大因素：一是内在的因素，也就是混凝土本身存在的问题；二是外部因素，也就是混凝土所处的环境条件。影响混凝土耐久性的内在因素主要是混凝土本身密实度不够，存在孔隙，混凝土含有氢氧化钙、水化铝酸钙等水化产物，含有一定量的可溶性的碱和碱活性骨料，含有一定量的体积稳定性不良的组分以及氯离子等。外在的因素就是混凝土所处环境中有一些腐蚀性介质存在，容易通过混凝土孔隙与混凝土内部的一些成分发生物理化学反应，从而引起混凝土的腐蚀，降低混凝土的耐久性，在此不再赘述。

值得注意的是，混凝土的破坏是多因素共同作用的结果，极少有单因素导致的破坏。各种因素相互作用，共同导致混凝土的加速劣化。下面针对混凝土的钢筋锈蚀、碱－骨料反应、抗冻性、硫酸盐腐蚀等加以简单阐述。

1. 钢筋锈蚀

目前的建筑物大多为钢筋混凝土结构。如果混凝土包裹的钢筋发生锈蚀，在锈蚀的过程中生成物的体积大于反应物的体积，伴随着反应物体积的增大，当钢筋完全锈蚀后体积膨胀约为最初的 6.5 倍，如图 6.3-19 所示。

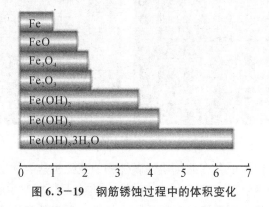

图 6.3-19　钢筋锈蚀过程中的体积变化

　　伴随着钢筋锈蚀产生的体积膨胀，在外部混凝土约束之下会产生巨大的膨胀应力。当钢筋锈蚀产生的膨胀应力大于混凝土的抗拉强度时，便会导致混凝土保护层胀裂脱落，如图 6.3-20 所示。钢筋锈蚀会严重影响结构质量和使用，导致建筑物寿命的降低，其破坏性巨大，必须引起足够的重视。

图 6.3-20　钢筋锈蚀导致的混凝土保护层胀裂脱落

　　钢筋锈蚀的本质就是铁发生氧化反应。通常情况下，混凝土孔隙中充满着水泥水解时产生的 Ca（OH）$_2$ 过饱和溶液，这使得混凝土具有很强的碱性，pH 值一般在 12.5 以上，钢筋在这种高碱度的环境中处于惰性状态。当外界酸性物质侵入并与 Ca（OH）$_2$ 作用时，混凝土的碱度就会降低。当混凝土 pH 值降至 11.5 以下时，钢筋表面的钝化膜受到破坏，从而失去对钢筋的保护作用，若有空气和水分侵入，钢筋便开始锈蚀，这就是通常所说的碳化引起钢筋锈蚀的原因。更为严重的是，如果混凝土中有氯离子存在，会促使钢筋发生电化学反应，钢筋锈蚀速度大大加快。

　　由此可见，影响钢筋锈蚀的因素很多，钢筋保护层厚度、混凝土的碳化深度、混凝土的密实性等均是影响钢筋锈蚀的重要因素。同时，混凝土及环境中水溶性氯离子的含量更是影响钢锈蚀重要诱因。所以要减少钢筋锈蚀，就要限制混凝土中可溶性氯离子的含量，因此就需要在日常工作中限制含有氯离子的海砂的使用，限制水泥、掺合料和外加剂等原材料中氯离子的含量。

2. 碱－骨料反应

碱－骨料反应是指水泥中的碱性物质与骨料中所含的活性物质发生化学反应，并在骨料表面生成凝胶，吸水后会产生较大的体积膨胀，导致混凝土胀裂的现象。混凝土的碱－骨料反应过程如图 6.3－21 所示。

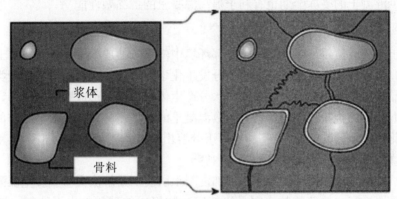

图 6.3－21　混凝土的碱－骨料反应过程

混凝土中只要有足够的碱和活性骨料，在混凝土浇筑后就会逐渐反应，在反应产物吸水膨胀和内应力足以使混凝土开裂的时候，工程便开始出现裂缝。这种裂缝工程的损害随着碱－骨料反应的发展而日趋严重，甚至会导致混凝土结构开裂，且碱－骨料反应造成的危害难以修复，所以也称为混凝土癌症。

（1）碱－骨料反应必须同时具备以下三个条件：一是混凝土中有足够的碱性物质，二是所用骨料中含有碱活性骨料，三是必须有水的存在。

（2）预防碱骨料反应发生的措施：

①混凝土工程宜采用非碱活性骨料（尽量采用非活性骨料，或者减少活性骨料的掺加量）；

②在勘察和选择采料场时，应对制作骨料的岩石或骨料进行碱活性检验；

③对快速砂浆棒法检验结果膨胀率不小于 0.10% 的骨料，应按 GB 50733 进行抑制骨料碱－硅酸反应活性有效性试验，并验证有效；

④在盐渍土、海水和受除冰盐作用等含碱环境中，重要结构的混凝土不得采用碱活性骨料；

⑤具有碱－碳酸盐反应活性的骨料不得用于配制混凝土；

⑥采用碱－硅酸反应活性骨料时，应选用碱含量低的原材料，使混凝土的最大碱含量不大于 $3kg/m^3$；

⑦掺加一定引气剂或者引气减水剂；

⑧掺加一定量的掺合料。

3. 混凝土的冻融循环破坏

混凝土的冻融循环破坏是指混凝土浆体内部孔隙中含有水分的混凝土在反复冻融循

环作用下而导致的损伤。冻融循环破坏的产生机理详见 4.4.2 相关内容。

混凝土抗冻融性的影响因素很多，从原材料方面来讲，提高水泥中的熟料含量、提高骨料的坚固性、适当增加外加剂的减水率、采用优质引气剂、适当降低掺合料的掺量、掺加合适品种的纤维，均有利于提高混凝土的抗冻性；从优化混凝土配合比方面，降低混凝土的水灰比从而增加混凝土的致密性，在混凝土中引入微小且分布均匀不易聚集破裂的气泡，也有利于提高混凝土的抗冻性；从外部环境方面，降低硬化混凝土的含水率、减少混凝土的受冻龄期也有利于提高混凝土的抗冻融性能。

4. 混凝土的硫酸盐侵蚀破坏

混凝土的硫酸盐侵蚀破坏是由于外部环境中的硫酸盐或 SO_4^{-2} 侵入混凝土内部形成盐类晶体，或者与水泥石的一些固相组分发生化学反应而生成一些难溶的盐类。而形成的盐类结晶体或难溶的盐类会吸收大量水分产生体积膨胀，形成膨胀内应力，当膨胀内应力超过混凝土的抗拉强度时，就会导致混凝土的破坏。另外，硫酸盐参与的化学反应也可使硬化水泥中的 CH 和 C—S—H 等组分溶出或分解，导致混凝土强度和黏结性能的降低，详见 4.4.4 的硫酸盐腐蚀相关内容。

采用抗硫酸盐水泥配制混凝土或掺加混凝土防腐剂是解决混凝土发生硫酸盐腐蚀破坏的两条重要途径。抗硫酸盐水泥是以特定矿物组成的硅酸盐水泥熟料，加入适量石膏，磨细制成的具有抵抗较高浓度硫酸根离子侵蚀的水硬性胶凝材料。抗硫酸盐水泥具备良好的抵抗硫酸根溶液静态浸泡腐蚀的能力，但用抗硫酸盐水泥制备的混凝土的抗渗性与固化氯离子的能力变差。服役于滨海环境的混凝土，高渗透性会加速有害介质向混凝土内部的侵入，尤其在干湿交变情况下，硫酸盐结晶以及碳化将加速混凝土与内部钢筋的劣化失效。此外，抗硫酸盐水泥属于特种水泥范畴，其烧成工艺控制较复杂且成本较高，大范围使用的经济性不强。

混凝土防腐剂可有效促进早期钙矾石生成、提高密实程度。混凝土防腐剂能够通过螯合作用阻挡外界硫酸根离子进入混凝土基体内部，同时通过晶格占位的方式，阻碍结晶膨胀产物的生成，进而抑制结晶类破坏。此外，混凝土防腐剂可有效提升混凝土基体内氢氧化钙的稳定性，使镁盐为主的侵蚀难以发生，有效抑制 C—S—H 凝胶分解破坏。

山东省海岸线长，沿海地区经济更为发达，混凝土结构的建筑物很多，在对混凝土长期耐久性更为重视的今天，更需注意防治硫酸盐导致的混凝土裂化。

参考文献

[1] 全国混凝土标准化技术委员会. 预拌混凝土：GB/T 14902—2019 [S]. 北京：中国标准出版社，2019.

[2] 中国建筑科学研究院. 混凝土结构设计规范：GB 50010—2010 [S]. 北京：中国建筑工业出版社，2010.

[3] 中国建筑科学研究院. 混凝土结构工程施工规范：GB 50666—2019 [S]. 北京：中国建筑工业出版社，2019.

[4] 中华人民共和国住房和城乡建设部. 混凝土结构工程施工质量验收规范：GB 50204—2015 [S]. 北京：中国建筑工业出版社，2015.

[5] 北京市技术监督局. 测量误差及数据处理技术规范：JJG 1027—1991 [S]. 北京：北京市技术监督局，1991.

[6] 全国统计方法应用标准化技术委员会. 数值修约规则与极限数值的表示与判定：GB/T 8170—2008 [S]. 北京：中国标准出版社，2008.

[7] 中华人民共和国工业和信息化部. 通用硅酸盐水泥：GB 175—2020 [S]. 北京：中国标准出版社，2020.

[8] 全国水泥标准化技术委员会. 水泥取样方法：GB/T 12573—2008 [S]. 北京：中国标准出版社，2009.

[9] 全国水泥标准化技术委员会. 水泥化学分析方法：GB/T 176—2017 [S]. 北京：中国标准出版社，2018.

[10] 全国水泥标准化技术委员会. 水泥细度检验方法　筛析法：GB/T 1345—2005 [S]. 北京：中国标准出版社，2005.

[11] 全国水泥标准化技术委员会. 水泥标准稠度用水量、凝结时间、安定性检验方法：GB 1346—2011 [S]. 北京：中国标准出版社，2012.

[12] 全国水泥标准化技术委员会. 水泥比表面积测定方法　勃氏法：GB/T 8074—2008 [S]. 北京：中国标准出版社，2008.

[13] 全国水泥标准化技术委员会. 水泥胶砂强度检验方法（ISO 法）：GB/T 17671—1999 [S]. 北京：中国标准出版社，1999.

[14] 全国水泥标准化技术委员会. 水泥胶砂流动度测定方法：GB/T 2419—2016 [S]. 北京：中国标准出版社，2005.

[15] 全国水泥标准化技术委员会. 水泥密度测定方法：GB/T 208—2014 [S]. 北京：中国标准出版社，2014.

[16] 中国建筑科学研究院. 混凝土质量控制标准：GB 50164—2011 [S]. 北京：中国标准出版社，2014.

[17] 中华人民共和国住房和城乡建设部. 普通混凝土用砂、石质量及检验方法标准：JGJ 52—2017 [S]. 北京：中国建筑工业出版社，2017

[18] 中华人民共和国住房和城乡建设部. 混凝土用水标准：JGJ 63—2019 [S]. 北京：中国建筑工业出版社，2019.

[19] 中华人民共和国住房和城乡建设部. 矿物掺合料应用技术规范：GB/T 51003—2014 [S]. 北京：中国建筑工业出版社，2015.

[20] 全国水泥标准化技术委员会. 用于水泥和混凝土中的粉煤灰：GB/T 1596—2017 [S]. 北京：中国标准出版社，2018.

[21] 全国水泥标准化技术委员会. 用于水泥、砂浆和混凝土中的粒化高炉矿渣粉：GB/T 18046—2017 [S]. 北京：中国标准出版社，2018.

[22] 全国水泥制品标准化技术委员会. 砂浆和混凝土用硅灰：GB/T 27690—2011 [S]. 北京：中国标准出版社，2012.

[23] 全国钢标准化技术委员会. 钢铁渣粉：GB/T 28293—2012 [S]. 北京：中国标准出版社，2013.

[24] 全国钢标准化技术委员会. 钢铁渣粉混凝土应用技术规范：GB/T 50912—2013 [S]. 北京：中国计划出版社，2014.

[25] 中华人民共和国住房和城乡建设部. 石灰石粉在混凝土中应用技术规程：JGJ/T 318—2014 [S]. 北京：中国建筑工业出版社，2014.

[26] 中华人民共和国水利部. 粉煤灰混凝土应用技术规范：GB/T 50146—2014 [S]. 北京：中国计划出版社，2015.

[27] 中华人民共和国工业和信息化部. 混凝土外加剂：GB 8076—2008 [S]. 北京：中国标准出版社，2009.

[28] 全国水泥制品标准化技术委员会. 混凝土外加剂术语：GB/T 8075—2017 [S]. 北京：中国标准出版社，2018.

[29] 全国水泥制品标准化技术委员会. 混凝土外加剂匀质性试验方法：GB/T 8077—2012 [S]. 北京：中国标准出版社，2013.

[30] 全国水泥标准化技术委员会. 水泥净浆搅拌机：JC/T 729—2005 [S]. 北京：中国建材工业出版社，2005.

[31] 中国建筑材料联合会. 建设用砂：GB/T 14684—2011 [S]. 北京：中国标准出版社，2012.

[32] 中国建筑材料联合会. 建设用卵石、碎石：GB/T 14685—2011 [S]. 北京：中国标准出版社，2012.

[33] 中华人民共和国住房和城乡建设部. 混凝土试验用搅拌机：JG 244—2009 [S]. 北京：中国标准出版社，2009.

[34] 中华人民共和国住房和城乡建设部. 普通混凝土拌合物性能试验方法标准：GB/T 50080—2016 [S]. 北京：中国建筑工业出版社，2017.

［35］中华人民共和国住房和城乡建设部. 混凝土外加剂应用技术规范：GB 50119—2013［S］. 北京：中国建筑工业出版社，2014.

［36］中华人民共和国住房和城乡建设部. 大体积混凝土施工标准：GB 50496—2018［S］. 北京：中国计划出版社，2018.

［37］中国建筑科学研究院. 预防混凝土碱-骨料反应技术规范：GB/T 50733—2011［S］. 北京：中国建筑工业出版社，2012.

［38］中华人民共和国住房和城乡建设部. 混凝土物理力学性能试验方法标准：GB/T 50081—2019［S］. 北京：中国建筑工业出版社，2019.

［39］中华人民共和国住房和城乡建设部. 普通混凝土长期性能和耐久性能试验方法标准：GB/T 50082—2009［S］. 北京：中国建筑工业出版社，2010.

［40］中国建筑科学研究院. 混凝土强度检验评定标准：GB/T 50107—2010［S］. 北京：中国建筑工业出版社，2010.

［41］中华人民共和国住房和城乡建设部. 普通混凝土配合比设计规程：JGJ 55—2011［S］. 北京：中国建筑工业出版社，2011.

［42］中华人民共和国住房和城乡建设部. 高强混凝土应用技术规程：JGJ/T 281—2012［S］. 北京：中国建筑工业出版社，2012.

［43］中华人民共和国住房和城乡建设部. 混凝土中氯离子含量检测技术规程：JGJ/T 322—2013［S］. 北京：中国建筑工业出版社，2014.

［44］中华人民共和国住房和城乡建设部. 建筑工程裂缝防治技术规程：JGJ/T 317—2014［S］. 北京：中国建筑工业出版社，2014.

［45］中华人民共和国住房和城乡建设部. 地下工程渗漏治理技术规程：JGJ/T 212—2010［S］. 北京：中国建筑工业出版社，2011.

［46］中华人民共和国住房和城乡建设部. 自密实混凝土应用技术规程：JGJ/T 283—2012［S］. 北京：中国建筑工业出版社，2012.

［47］中华人民共和国住房和城乡建设部. 建筑工程冬期施工规程：JGJ/T 104—2011［S］. 北京：中国建筑工业出版社，2011.

［48］中华人民共和国住房和城乡建设部. 混凝土耐久性检验评定标准：JGJ/T 193—2009［S］. 北京：中国建筑工业出版社，2010.

［49］马德亮. 预拌混凝土生产企业试验室管理要点［J］. 工程项目管理，2019（7）：291-293.

［50］查文刚. 混凝土搅拌站试验室的作用于管理机制［J］. 城市建筑，2013（10）：280-281.

［51］张慧爱. 商品混凝土试验室的质量控制管理［J］. 建材技术与应用，2010（10）：36-38.

［52］戴会生，谭万春，范须顺. 预拌混凝土企业试验室管理［J］. 混凝土，2009（12）：87-89+92.

［53］冯乃谦. 建筑工程材料［M］. 北京：中国建材工业出版社，1992.

［54］侯伟，李坦平，吴锦杨. 混凝土工艺学［M］. 北京：化学工业出版社，2018.

[55] 冯乃谦. 高性能混凝土 [M]. 北京：中国建筑工业出版社，2005.

[56] 安文汉. 铁路工程试验与检测 [M]. 太原：山西科学技术出版社，2006.

[57] 柯国军，严兵，刘红宇. 土木工程材料 [M]. 北京：北京大学出版社，2006.